Ute Rüsch gen. Klaas
Untersuchungen zu Cristoforo Landino,
De anima

Beiträge zur Altertumskunde

Herausgegeben von
Ernst Heitsch, Ludwig Koenen,
Reinhold Merkelbach, Clemens Zintzen

Band 41

B. G. Teubner Stuttgart

Untersuchungen zu Cristoforo Landino, *De anima*

Von
Ute Rüsch gen. Klaas

B. G. Teubner Stuttgart 1993

Die Deutsche Bibliothek – CIP-Einheitsaufnahme

Rüsch-Klaas, Ute:
Untersuchungen zu Christoforo Landino, De anima /
von Ute Rüsch gen. Klaas. – Stuttgart: Teubner, 1993
(Beiträge zur Altertumskunde; Bd. 41)
Zugl.: Köln, Univ., Diss., 1992/93
ISBN 3-519-07490-7
NE: GT

Printed in Germany
Druck und Bindung: Röck, Weinsberg

Meinem Vater

Vorwort

Das vorliegende Buch ist die geringfügig überarbeitete Fassung meiner Dissertation, die im WS 1992/93 von der Philosophischen Fakultät der Universität zu Köln angenommen wurde.*
Bei den Herausgebern der *Beiträge zur Altertumskunde* möchte ich mich für die Aufnahme meiner Arbeit in diese Reihe bedanken.
Ebenso bin ich Herrn Prof. Dr. H. van Thiel für die Beschaffung einer Kopie des MS Magliabecchi V 42 der Biblioteca Nazionale di Firenze zu Dank verpflichtet.
Mein besonderer Dank gilt Herrn Prof. Dr. C. Menze für die Übernahme des Korreferats, viele Hinweise und Denkanstöße, sowie die mir an seinem Lehrstuhl gewährten Arbeitsmöglichkeiten.
Die Gedankenwelt der Renaissance eröffnet hat mir mein Doktorvater Herr Prof. Dr. C. Zintzen, dem ich an dieser Stelle für die interessante Themenstellung und die mit zahlreichen Anregungen hilfreiche Betreuung meinen herzlichsten Dank aussprechen möchte.

---

* Rigorosumstermin war der 6.2.1993.

Inhaltsverzeichnis

Themenstellung

Der Dialog *De anima* zählt zu den weniger bekannten Werken Cristoforo Landinos. Der Autor ist heute, wie auch schon bei seinen Zeitgenossen, eher bekannt als der Dichter der Elegiensammlung *Xandra*, als der Verfasser der *Disputationes Camaldulenses* über den Vorrang von *"vita activa"* oder *"vita contemplativa"*, als Verfechter der *"Theologia Poetica"* im Gefolge seines jüngeren Freundes Marsilio Ficino und, auf der Grundlage dieser Theorie, als Meister der Allegorese in seinem großen *Dante*-Kommentar. Die spekulative Philosophie, der sich der Dialog *De anima* schon durch den Titel zugehörig zeigt, galt und gilt gemeinhin nicht als Landinos Domäne. Entsprechend wenig Beachtung hat *De anima* in der Forschung bis jetzt erfahren. Eine spezielle Untersuchung liegt bis jetzt nicht vor. Die Quellenlage ist noch unerforscht. In übergeordneten Zusammenhängen - sei es im Hinblick auf spätere Werke Landinos, sei es im Rahmen themengeschichtlicher Erörterungen - sind immer nur einzelne Aspekte hervorgehoben worden, entsprechend denen der Dialog dann etikettiert wurde. So sind recht divergierende Beurteilungen zu finden:
S. Caramella [1] sieht Landino in der Abhängigkeit von Nikolaus von Kues und Avicenna. G. Di Napoli [2] konstatiert für das dritte Buch von *De anima* eine Synthese von Plato und Aristoteles, genauer von Plato und Thomas von Aquin, die den Schwerpunkt auf das Denken des ersteren legt. Ficino dagegen glaubt er, im gesamten Dialog weder als Person noch in den

---

[1] Caramella, L'anima, 136: "Se accettiamo la pretesa del Landino all' anteriorità, la quale corrisponde anche agli *explicit* delle opere, vediamo che egli rappresenta non tanto una tendenza dissidente dagli altri platonici, quanto una prima fase delle loro ricerche rispetto alla prevalenza del Ficino. Egli accetta la teoria del Cusano riguardo alla funzione unificatrice della *vis animi* come energia attuosa ... Rimane propria dell' anima umana soltanto la ragione: e in questa e nelle sue relazioni con i contrari si devono cercare le prove della immortalità secondo la dottrina platonica. Questo è quel punto di avicennismo attuale in cui il Landino si distacca dalla stessa tradizione agostiniana, ma non dalla preparazione del Rinascimento; poiché era caratteristica della psicologia di Avicenna la partecipazione dell'anima alle intelligenze separate in vista della resurrezione."

[2] Di Napoli, L'immortalità, 114: " ... a tale proposito si ricordi che il Ficino è presente nelle *Disputationes camaldulenses* come persona e come idee, ma non lo è nel *De anima*;"; 116: "...il Landino offre qui, nel l. III, i *summa capita* di una dottrina sull' anima che potrebbe dirsi sintesi di platonismo e di aristotelismo; una sintesi che può anche dirsi tomistica, ma di un tomismo piuttosto platonizzante."

Spuren seines Neuplatonismus finden zu können. E. Garin [3] ist da ganz anderer Meinung und erkennt bereits in diesem ersten philosophischen Werk den Einfluß Ficinos. Aus derselben Einschätzung heraus sprechen C. Carbonara [4] und M. Lentzen [5] vom "neuplatonischen Grundtenor" , vor allem des dritten Buches, wobei Carbonara zudem auf die mangelnde Originalität des Werkes hinweist. Auch G. Saitta [6] sieht den Dialog eher als philosophiegeschichtlichen Abriß denn als selbständiges philosophisches Werk. Dennoch würdigt er eine gewisse Eigenständigkeit des Autors im Umgang mit der antiken, patristischen und scholastischen Tradition. Er lenkt das Augenmerk auf die ethisch-diesseitige Ausrichtung des Werkes. In

---

[3] Garin, Testi inediti, 9: "Nella qual posizione il Landino era sullo stesso piano del Ficino, da cui non era molto lontano neppure nelle opere di carattere strettamente filosofico, stese tutte in forma dialogica, e cioè nei dialoghi *de anima, de vera nobilitate,* e nelle *disputationes camaldulenses.*"

[4] Carbonara, Il secolo XV, 355: "Si può dire che Cristoforo Landino ..., nella sua opera (sc. *De nobilitate animae dialogi*), per ciò che riguarda la nobilità dell'uomo e la determinazione del fine ultimo della sua vita, riassuma e raccolga i diversi motivi della filsofia classica, platonica ed aristotelica, nonchè l'ispirazione propria del Cristianesimo, con una intonazione chiaramente neoplatonica, dovuta all'influenza del Ficino, di cui il Landino stesso era ammiratore ed amico. ... ma a noi interessa prendere in considerazione la sua attività letterario- filosofica, non tanto per l'originalità, che, a dire il vero, vi scarseggia, quanto per la moltitudine di elementi culturali che in essa concorrono."

[5] Lentzen, Studien, 16: "Gerade dieses letzte Buch läßt den neuplatonischen Grundtenor - hervorgerufen durch die Wirkung der Accademia Platonica - aufs deutlichste verspüren."

[6] Saitta, L'umanesimo, I 501 f: "Perché radicalmente platonico è il Landino non solo nelle sue *Quaestiones*, ma anche nel suo trattato *De anima*, ... Lo scopo a cui mira il Landino é quello di presentare una filosofia che sia in funzione della attività sociale, politica dell'uomo."; 507 f: "Landino, non riuscivano a produrre una filosofia originale, il loro tentativo ebbe una significazione storica di prim'ordine. La conoscenza, seppure non sempre criticamente vagliata di tutta la storia del pensiero, riportava l'uomo alla conoscenza di sé più compiuta, delle sue energie più profonde, e a vedere la mutilazione che s'era operata della sua natura, e quindi a rifarsi da un concetto più profondo, che consiste nel riferire l'attività teoretica dell'uomo ad una idealità concreta che è l'idealità della società humana."; 513 f: "Platone, Agostino, Ficino sono continuamente presenti alla sua mente, ma li porta ad una chiarificazione e ad uno sviluppo di problemi speculativi e pratici, che nella stessa impostazione manifestano una certa originalità.. Nella soluzione di alcuni di questi problemi egli non si allontana dalla Scolastica ortodossa, ... , ma in altri problemi, che dinotano il sentimento laico dell'Umanesimo, le sue instanze non sono più quelle medievali, ma sono lo specchio del nuovo compito sociale e politico che l'umanista coscientemente assume."

diesem Sinne legt R. Cardini [7] das Gewicht auf die rhetorisch-moralphilosophische Orientierung Landinos. Bleibt am Rande noch R. Weiss [8] zu nennen, der insofern aus dem Rahmen fällt, als er eine rein werkimmanente Interpretation vorgelegt hat, die den Versuch einer geistesgeschichtlichen Einordnung erst gar nicht unternimmt und somit den Dialog als völlig eigenständige spekulative Leistung Landinos verstanden wissen will.

Diese Vielfalt der Meinungen illustriert deutlich die Notwendigkeit einer genaueren Analyse, nicht nur um dem Werk selbst endlich einmal Gerechtigkeit widerfahren zu lassen, sondern auch in Anbetracht der Bedeutung dieses ersten philosophischen Dialogs für Landinos späteres Schaffen, über die in der Forschung Einigkeit herrscht. Da in diesem Zusammenhang die Entwicklung des metaphysisch-ethischen Denkens des Autors von vorrangigem Interesse ist, werden die medizinisch-naturphilosophischen Erwägungen des II. Buches nur insoweit berücksichtigt werden, als sie für das Gesamtverständnis von Bedeutung sind.

---

[7] Cardini, La critica, 81 ff.: " ... è certo che il principale raccordo con la *Praefatio* (sc. *in Tusculanis Ciceronis*) è dato dall'esplicita ... e soprattutto dal metodo intenzionalmente retorico. Un metodo che, insieme alla vocazione eclettica et conciliatrice di platonismo, stoicismo e cristianesimo (ma che, in questa forma, almeno in parte, non può rinviare che allo stimolo ficiniano), sarà esplicamente e non casualmente indicato dallo stesso Landino come l'elemento di maggior interesse dei suoi dialoghi. Ed infatti fu forse merito di non poco conto il tentativo di sottrare una tematica tradizionalmente scolastica alle spinose analisi e ai tecnicismi raffinati ma aridi e oscuri dei dialettici, per offrire ad un largo pubblico di non specialisti, mediante una trattazione e un lianguaggio persuasivi, chiari e ordinati, una specie di primo manuale umanistico su un tema vitale. Soprattuto quando si aggiunga il consapevole intento di ricondurre il problema, oltre ogni deformazione (ma non senza peraltro un possesso davvero notevole della speculazione cristiano-medievale, da Agostino ad Alberto Magno, da tutti i principali commentatori di Aristotele a Tommaso e a Egidio), ai suoi termini essenziali, risalendo al genuino pensiero, storicamente esposto, delle posizioni fondamentali."

[8] Weiss, Das Metaphorische, 37-65.

Einleitung - Voraussetzung und Bedeutung der Seelenthematik im Florenz des Quattrocento

Eine Beschränkung der Untersuchung auf ethische und metaphysische Fragen tut dem Werk keineswegs Gewalt an, denn die Problematik der Seele ist im 15. Jahrhundert in erster Linie die Problematik ihrer Unsterblichkeit und damit eine metaphysische Fragestellung. Das neu aufkommende Interesse an dem Beweis der Unvergänglichkeit der individuellen Einzelseele ist ein Verdienst der Renaissance, das auf dem Laterankonzil 1513 mit dem Unsterblichkeitsdogma belohnt wurde. Es ist erwachsen aus jenem Phänomen der Renaissance, daß J. Burckhardt die "Entdeckung des Individuums" genannt hat. P. O. Kristeller hat diesen Zusammenhang herausgestellt:

> "I cannot help feeling that the widespread and prominent concern of Renaissance thinkers with the immortality of the soul was on the metaphysical level another expression of the same kind of individualism." [9]

Die neue Sicht des Menschen, die nicht mehr seine *"miseria"* betonte, sondern aus seiner zentralen Stellung im Kosmos seine *"excellentia"* und *"dignitas"*[10] ableitete, gründete sich zunächst auf eine Aufwertung der menschlichen diesseitigen Natur, seine Fähigkeiten und Leistungen. Insofern ist sie als Beitrag der Humanisten zu sehen. Denn wenn auch der 'Renaissance-Humanismus' nach der heute weithin akzeptierten Auffassung Kristellers nicht mehr als philosophische Bewegung sondern als "Kultur- und Bildungsprogramm" verstanden wird, das neben einigen *"artes liberales"* allenfalls die Ethik einschloß[11], so ist doch gerade dieses Ideal einer Laienbildung, die sich im Rückgriff auf die Antike von der stark kirchlich geprägten mittelalterlichen Tradition emanzipiert, Ausdruck jener neuen Auffassung von der Rolle und Lebensaufgabe des Menschen.[12] Wenn auf der Grundlage dieser neuen Weltsicht auch das Verhältnis des Menschen zu Gott dahingehend neu formuliert wird, daß nicht mehr sein

---

[9] P.O.Kristeller, Renaissance Thought, 183. Vgl. Cassirer, Erkenntnisproblem, I 75 ff.

[10] Der florentiner Humanist Manetti verfaßte in der ersten Hälfte des 15. Jh. als Antwort auf die Enzyklika des Papstes Innozenz III, *De miseria humanae vitae*, die auch zu dieser Zeit noch große Beachtung fand, seine Schrift *De excellentia et dignitate hominis*. Vgl. Di Napoli, L' immortalità, 89-97. Zum Aufblühen der *dignitas*-Literatur im 15. Jh. vgl. Trinkaus, Image, I 179 ff.

[11] Kristeller, Humanismus, I 11 ff; I 87 ff.

[12] Zu den Entstehungsbedingungen des Humanismus in Florenz s. Zintzen, Grundlagen.

unüberbrückbarer Abstand zu Gott, sondern in der Formel seiner Gottesebenbildlichkeit (*Gen.* I 2) seine Nähe und Verwandtschaft zum Schöpfer hervorgehoben wird, wächst die Idee über die ursprünglichen Belange der Humanisten hinaus. Da es nun unvorstellbar wird, daß der individuelle Eigenwert dieses "*Homo-Deus*" mit seinem Tode verloren gehen soll[13]und die Forderung nach dem Beweis der Unsterblichkeit der individuellen Einzelseele eine neue Dimension erhält, wird die Philosophie aufgerufen, eine neue Metaphysik und Theologie zu entwerfen, die diesen Bedürfnissen Rechnung trägt[14], indem sie die "drei großen Probleme" "Gott, Freiheit und Unsterblichkeit" [15]löst.[16] Diejenigen Denker, die sich diesem Ziel verschreiben, entwickeln nicht nur die Ideen der Humanisten weiter, sondern benutzen auch ihre Methode. Sie kehren ebenfalls *"ad fontes"* zurück, zu den großen Philosophen der Antike und zu den Kirchenvätern. Denn Philosophie und Theologie lassen sich in Fragestellungen, die den Menschen betreffen, kaum trennen, und da sich die meisten Denker der Renaissance als Christen verstehen, bleibt ihnen nur die Möglichkeit, Philosophie auf der Grundlage der christlichen Glaubenssätze und der christlichen Quellen zu betreiben. Sie können allenfalls versuchen, den christlichen Kanon um bisher unbekannte oder unbeachtete antike Quellen zu erweitern und, wenn es sich um heidnisches Gedankengut handelt, dessen Vereinbarkeit mit dem Christentum nachzuweisen. Sie können aber auch versuchen, die von der Kirche als Glaubensgrundlagen anerkannten Quellen neu zu gewichten und neu zu interpretieren. Das bedeutet, den humanistischen Umgang mit Texten auf die Glaubenstexte zu übertragen.[17] Lorenzo Vallas Bibelkritik mag als Beispiel dienen.

Dieser Ansatz bringt die humanistischen Philosophen aber zwangsläufig in Konflikt mit der Geistesrichtung, die bis zu diesem Zeitpunkt das Monopol auf christliche Philosophie beanspruchen konnte, der Scholastik. Auch wenn die italienische Scholastik erst eine späte Blüte erreicht und parallel mit der

---

[13] So argumentiert Ficino in seiner *Theologia Platonica,* II 261 f: *Conatur* (sc. *homo*) *quoque esse et semper, ut Deus. ... Primo quod per omne futurum tempus in ore hominum restare contendit, doletque neque potuisse etiam in omnibus praeteritis saeculis celebrari, neque posse in futuris ab omnibus tum hominum nationibus tum brutorum generibus honorari. ... Non prodest laus quae non sentitur. Quapropter species humana vaticinatur se in saeculis futuris sensu non carituram ..."*

[14] Garin, Cultura, 127 ff.

[15] Cassirer, Individuum, 4.

[16] S. Zintzen, Grundlagen 12.

[17] Kristeller, Humanismus, I 69 ff.

humanistischen Bewegung ensteht[18] , kann sie doch auf das Lehrgebäude der europäischen Hochscholastik zurückgreifen und weiß die Kirche auf ihrer Seite. Viele Inhalte, die von der Kirche bereits anerkannt wurden, sind daher für die Renaissance-Denker, die sich im Rahmen des christlichen Dogmas bewegen wollen, unangreifbar. Von daher wird es verständlich, daß die Auseinandersetzungen vieler Humanisten, die sich mit Philosophie befassen, mit der ungeliebten Konkurrenz häufig weniger inhaltlicher als formaler Natur sind, daß sie sich gegen Sprache und Stil der Gegner und allenfalls gegen deren mangelnde Kenntnis der antiken Autoren richten, was beim modernen Leser Befremden über die mangelnde Originalität und Substantialität der Traktate auslöst.[19]

In der Frage der Unsterblichkeit sind aber im 15. Jh. die Würfel noch nicht gefallen, und eine Lösung des Problems ist auch nicht in Sicht.[20]

Die christliche Scholastik stand seit dem 11. Jahrhundert unter der Vorherrschaft des Aristoteles. Die Philosophie des Stagiriten wurde in der Interpretation der beiden großen Aristoteles-Kommentatoren, Avicenna und Averroes, im lateinischen Abendland bekannt. Insbesondere Avicennas Lehre enthält viele neuplatonische Elemente. Das Problem, das das Denken der Aristoteles bezüglich der Unsterblichkeit der Seele birgt, ist folgendes:

Er hatte in seiner Schrift *De anima* die Seele als Entelechie und Form des Körpers bestimmt [21], sie in ein nährendes, fühlendes und denkendes Vermögen gegliedert, andererseits aber erklärt, daß nur der Intellekt unvermischt, vom Körper unabhängig und unsterblich sei[22] , und darüber hinaus in seiner Schrift *De animalium generatione* festgestellt, daß eben dieser 'von außen' dazutrete.[23] Zudem hatte er den Erkenntnisprozeß als

---

[18] Kristeller, Humanismus, I 30 ff; I 87 ff.

[19] Kristeller, Humanismus, I 24; I 104 ff.

[20] Für die Darstellung der Situation der Scholastik wurden des weiteren herangezogen: Copleston, Philosophy, I u. II; Gilson, Christian Philosophy; Gilson/Böhner, Christliche Philosophie; Scheider, Psychologie; Überweg/Geyer, Grundriß II; Schmitt, Cambridge History of Renaissance Philosophy; Kretzmann, History of Later Medieval Philosophy; Kurfess, **ΝΟΥΣ ΠΟΙΗΤΙΚΟΣ** und **ΠΑΘΗΤΙΚΟΣ**.

[21] Arist. *De ani.* 412 a/b: "διο ἡ ψυχή ἐστιν ἐντελέχεια ἡ πρώτη σώματος φυσικοῦ δυνάμει ζωὴν ἔχοντος. τοιοῦτον δέ ὃ ἂν ᾖ ὀργανικόν. ... εἰ δή τι κοινὸν ἐπὶ πάσης ψυχῆς δεῖ λέγειν, εἴη ἂν ἐντελέχεια ἡ πρώτη σώματος φυσικοῦ ὀργανικοῦ."

[22] Arist. *De ani.* 430 a: "οὗτος ὁ νοῦς χωριστὸς καὶ ἀπαθὴς καὶ ἀμιγής, τῇ οὐσίᾳ ὢν ἐνέργεια ..."

[23] Arist. *De ani. gen.* 736 b: "λείπεται δὴ τὸν νοῦν μόνον θύραθεν ἐπεισιέναι καὶ θεῖον εἶναι μόνον".

Abstraktionsprozeß beschrieben, der aktive und passive Elemente enthalte.[24] Unklar bleibt demnach in diesen Äußerungen das Verhältnis des Intellekts zur menschlichen Seele als *"forma corporis"*. Das Problem beschäftigte bereits die Antike. Alexander von Aphrodisias (ca. 220 v. Chr.) entwickelte daraus die Lehre vom *"νοῦϲ παθητικόϲ"* und *"νοῦϲ ποιητικόϲ"*, die auf dem Umweg über Arabien im lateinischen Mittelalter die Lehre vom *"intellectus possibilis"* und *"intellectus agens"* werden sollte. Umstritten blieb bei den arabischen Philosophen, ob diese Verstandeskräfte Bestandteile der menschlichen Seele seien oder nicht. Nur sie konnten nach Aristoteles die Garanten für die Unsterblichkeit sein, da sie in ihrer wesenhaften Tätigkeit vom Körper unabhängig waren, und daher - in scholastischer Terminologie - weder der *"corruptio per se"* noch der *"corruptio per accidens"* anheim fallen konnten. Avicenna beließ der Seele den *"intellectus possibilis"* und ihre Stellung auf der dritten Stufe des neuplatonischen Kosmos. Der *"intellectus agens"* stehe als niederste von 10 Intelligenzen über ihr und erleuchte sie im Verstehensprozeß als der *"dator formarum"*. Averroes dagegen nahm der Seele beide Vermögen, die, überindividuell und unsterblich, sich ihr nur im Verstehensprozeß zu Lebzeiten mitteilen würden, während die Seele selbst zusammen mit dem Körper als dessen Form zugrunde gehe. Die spezifisch menschliche Form der Seele bestimmt sich seiner Auffassung nach durch ihren höchsten *"sensus internus"*, die *"vis cogitativa"*, die in ihrer Tätigkeit dem Körper verhaftet und somit vergänglich ist. Nur der 'Eine' Intellekt ist unsterblich. Er kann nicht individuell sein, da nach Aristoteles nur die Materie als Prinzip der Individuation in Frage kommt. Eine immaterielle Substanz wie der Intellekt kann demnach nicht individuiert werden.

Mit diesen Versionen wurde die christliche Theologie konfrontiert, die sich bis dahin an dem platonisch beeinflußten Denken des Augustinus orientiert hatte. Es galt dessen Definition der Seele als *"substantia quaedam rationis particeps regendo corpori accomodata"*.[25] Ihre Unsterblichkeit, die der Kirchenvater zu beweisen versucht hatte [26], war bis zum 11. Jahrhundert kein Thema von besonderem Interesse gewesen. Nun wurde sie (neben dem Problem der Ewigkeit der Welt, die die Philosophie des Aristoteles forderte, die christliche Offenbarung der *"creatio ex nihilo"* aber verbot,) zum Prüfstein für die Vereinbarkeit dieser, wegen ihrer Umfänglichkeit und Systematik allseits bewunderten, Philosophie mit dem christlichen Glauben.

---

[24] Arist. *De ani.* 430 ff.

[25] Aug. *De quant. ani.* 13, 21.

[26] Aug. *De quant. ani.; De immortal. ani; Soliloqui.*

Avicennas Interpretation, die die Seele ja immerhin als unsterblich ansah, ließ sich noch halbwegs unterbringen, indem man Gott zum *"intellectus agens"* erklärte (Bacon). Wesentlich größere Probleme bereitete die Auffassung des Averroes, der zum Aristoteles-Kommentator schlechthin avancierte.

Albertus Magnus verwarf seine Lehre vom 'Einen' Intellekt, erkannte aber der Seele *"intellectus agens"* und *"intellectus possibilis"* zu. Gleichzeitig behielt er jedoch die platonische Seelendefinition des Augustinus, derzufolge die Seele eine unabhängige Substanz ist, bei und ließ die aristotelische Bestimmung als Form und Entelechie nur als Erklärung ihres Verhältnisses zum Körper gelten. Überhaupt ist sein Denken durch das Bemühen gekennzeichnet, der augustinisch-platonischen Tradition in einer Synthese mit der aristotelischen Philosophie einen gesicherten Platz zu bewahren. In Glaubensfragen hat Augustinus das letzte Wort. Die Verdienste des Aristoteles sieht er eher in der Naturphilosophie:

> *"Unde sciendum, quod* ***Augustino in his quae sunt de Fide et moribus plus quam philosophis credendum, si dissentiunt.*** *Sed si de medicina loqueretur, plus ego crederem Galeno, vel Hippocrati: et si de* ***de naturis rerum*** *loquatur,* ***credo Aristoteli*** *plus vel alii experto in rerum naturis."*[27]

Diese Haltung entstammt zum Teil auch einer Unsicherheit gegenüber dem neuen Denken, das überhaupt erst einmal in seiner Bedeutung erfaßt werden mußte, und dessen Gültigkeitsbereich von der Kirche noch nicht abgesteckt worden war. So trägt dieser erste Versuch des mittelalterlichen Abendlandes, das platonische mit dem aristotelischen System zu verbinden, mitunter recht sonderbare Früchte. Doch ist es leicht einsehbar, daß gerade dieser Denker, der der Überzeugung ist:

> *"... quod non perficitur homo in philosophia nisi* ***ex scientia duarum philosophiarum Aristotelis et Platonis.****"*[28]

für jene Humanisten, die die platonische Philosophie favorisierten und dazu einen Rückhalt in der Tradition suchten, von besonderer Bedeutung werden sollte. Cristoforo Landino ist einer von ihnen. Da der *Doctor universalis* an dem Punkt der Entwicklung steht, an dem das aristotelische Denken auf das platonische stößt, läßt sich sein Denken hervorragend dazu benutzen, das 'Rad der Geistesgeschichte' wieder zurückzudrehen. Die Defizite seines

---

[27] II. *Sent.* d. 13, C, art. 2. Zitiert von Gilson/Böhner, Christliche Philosophie, 458. Der Fettdruck wurde, wie auch im folgenden, von der Verfasserin dieser Arbeit eingesetzt, um besonders wichtige Begriffe und Formulierungen hervorzuheben.

[28] *Met.* 1. I, tr.5, c.15. Zitiert von Gilson/Böhner, Christliche Philosophie, 459.

Systems, die aus der Umbruchsituation seines Schaffens resultieren, werden in Kauf genommen um den Preis, sich auf eine kirchliche Autorität berufen zu können.

Bis dahin ist es allerdings noch lange hin. Alberts Schüler Thomas von Aquin entwickelte dessen Ansätze zu Lasten Platos und zugunsten des Aristoteles weiter Er versuchte aber zu einer Synthese der traditionellen platonischen Seelendefinition mit der aristotelischen zu gelangen, indem er die Seele als *"forma corporis subsistens"* bestimmte. Diese Lösung befriedigte weder die augustinisch gesinnten Theologen noch die Aristoteliker, da die Vertreter beider Richtungen sie als Verwässerung der Lehre ihres Philosophen ansahen. Die Situation verkomplizierte sich zudem, da die Philosophie des Aristoteles Eingang in die Artistenfakultäten der Universitäten fand. Dort wurden vorwiegend seine Logik und Naturphilosophie behandelt und man kam häufig zu Ergebnissen, die innerhalb dieser Gebiete zwar vertretbar waren, aber auf die christliche Metaphysik übertragen mit dem Glauben in Konflikt gerieten. Damit stellte sich plötzlich die Frage nach dem Verhältnis von Theologie und Philosophie. Nicht jeder Philosoph der Artistenfakultät vertrat zwangsläufig die Auffassung von einer 'doppia verità', doch wurde das Problem häufig schlichtweg umgangen, indem man die Konsequenzen für die Theologie nicht zog. Scotus und Occham leugneten schließlich die rationale Beweisbarkeit der Unsterblichkeit der Seele und verwiesen sie auf den Glauben zurück. 1311/12 wurde zwar die Definition der Seele als *"anima rationalis" = "forma corporis"* zum Dogma erhoben [29], doch ließ diese Formel Raum für Spekulationen aller Art, da sie die Unsterblichkeit der Seele nicht mit einschloß. Die Folgezeit brachte kein endgültiges Ergebnis. Keine Richtung konnte sich durchsetzen. Dabei verflossen zum Teil die Grenzen, da das begriffliche und logische Instrumentarium sowie bestimmte inhaltliche Aspekte, wie das erkenntnistheoretische Abstraktionsmodell, die dreigliedrige Seelenteilung, der Hylemorphismus, Allgemeingut und häufig nur modifiziert gedeutet wurden. In der Ablehnung der Lehre des Averroes waren sich die Theologen schon seit der Zeit von Thomas und Bonaventura einig. Diese 'Patt-Situation' führte dazu, daß man, in Ermangelung grundlegender Neuansätze, wenn nicht auf die Logik und Naturphilosophie, so doch auf Randprobleme, wie die Auffassung vom Verstandesbild, der *"species"*, die Anzahl der Engel etc. auswich. Diese Phase wird gemeinhin als "tarda scolastica" bezeichnet.

Nochmals muß allerdings hervorgehoben werden, daß sich die Situation in

---

[29] Nardi, Anima, 75.

Italien anders darstellt. Da hier die Scholastik erst sehr spät Einzug hält, sind die Abnutzungserscheinungen noch nicht so groß wie im übrigen Europa. Florenz kann im 14. und 15. Jahrhundert als eine Hochburg der Dominikaner bezeichnet werden.[30] Von 1446 an ist mit St. Antonius ein Dominikaner Bischof von Florenz und einige Zeit später Rektor des Studio Fiorentino.[31] Zwischen 1420 und 1480 lesen dort mehr als 20 Dominikanermönche, sei es über den Sentenzen-Kommentar des Lombardus, sei es aber auch über Dante.[32]
Am Ende des Quattrocento kommt mit Savonarola nochmals ein Vertreter desselben Ordens zu bedeutendem Einfluß. Die Dominikaner besitzen mit Santa Maria Novella[33], die Augustiner-Eremiten mit Santo Spirito[34] eine klösterliche Ausbildungsstätte (*"studium generale"*) mit einer umfangreichen Bibliothek in Florenz. Die Mediceer verfügen über eine private Gebetszelle im Dominikaner-Kloster, und selbst Landino hat persönlichen Kontakt zu dem Dominikaner-Mönch Caroli, der ihm in den 70-ziger Jahren sein Werk widmet.[35] Andererseits erlangt die Theologie an den italienischen Universitäten nie eine führende Bedeutung, sondern steht immer im Schatten der aristotelischen (Natur-)Philosophie. Daher gewinnt vor allem in Bologna und Padua, aber auch in Venedig jene Richtung der aristotelischen Philosophie Dominanz, die den Humanisten so verhaßt ist, da sie sie als "mortificazione dell' uomo e della sua spiritualità"[36] begreifen. Ob die Bezeichnung 'Averroismus' für die Lehren dieser Universitäten zutreffend ist, ist fraglich geworden.[37] Heute stellen sich die Inhalte als zu unterschiedlich und zu sehr von der jeweiligen Person des Lehrers abhängig dar, als daß sie mit einem Terminus belegt werden könnten, der per se die Lehre vom 'Einen' Intellekt impliziert. Daß die

---

[30] Brucker, Florenz, 230 ff. Vgl. auch Kristeller, Le Thomisme.

[31] Einem Zeugnis des Fra Zanobio Acciaiuoli zufolge (*Praefatio Theodoreti e Graeco traducti et Leoni X. dedicati*, Della Torre, Academia Platonica, 518, Kristeller, Suppl. Fic. II 204) hat der Bischof den jungen Ficino persönlich aufgefordert, bevor er sich weiter mit platonischer Philosophie befasse, die *Summa contra gentiles* Thomas von Aquins zu lesen, um nicht der Häresie zu verfallen. Vgl. Kristeller, Renaissance Thought, I 200/201. Marcel, Ficin, 203 ff. glaubt, im Gegensatz zu Kristeller, aus diesem Beleg einen weitergehenden Einfluß von seiten des St.Antonius annehmen zu können.

[32] Vgl. Orlandi, Necrologio.

[33] Orlandi, Biblioteca di Santa Maria Novella.

[34] Guitiérrez, Biblioteca di Santo Spirito.

[35] Camporeale, Giovanni Caroli.

[36] Di Napoli, Bessarione, 330.

[37] Kristeller, Humanismus, I 37 ff.

Interpretation des Kommentators behandelt wurde und ihre Anhänger hatte, wird aus den Reaktionen der Humanisten und Renaissance-Philosophen jedenfalls überdeutlich. Diese Richtung der averroistisch beeinflußten Naturphilosophie ist es, gegen die sie Sturm laufen, während scholastische Denker, die die bemängelten Defizite nicht aufweisen, verschont werden und geachtet bleiben, z.T. sogar den Rang von höchsten Autoritäten einnehmen.

Petrarca, "the first great representative of Renaissance Humanism"[38] , ist auch der erste, der mit diesen fragwürdig gewordenen Problemstellungen der Scholastik, die die eigentlichen Schwierigkeiten außen vor lassen, auch gleich ihren Philosophen über Bord wirft und provokativ erklärt:

"A maioribus Plato, Aristoteles laudatur a pluribus."[39]

Er gibt allerdings zu bedenken, daß vielleicht auch Aristoteles, dessen *"flumen orationis aureum fundens"* Cicero preist[40], mit der scholastischen Methode Gewalt angetan worden sei, und bereitet somit auch einer neuen humanistischen Aristoteles-Interpretation den Weg. Bei Petrarca ist es eher eine gefühlsmäßige Reaktion als eine reflektierte Erkenntnis, die ihn gegen eine Theologie, die dem Menschen nicht mehr gerecht wird, rebellieren läßt. Er stößt sich nicht an speziellen Fragestellungen sondern empfindet das Mittelalter allgemein als Irrweg und kehrt daher zur Antike, zu Cicero, Augustinus und Plato zurück. Schon ihm dient das Urteil des Kirchenvaters über Plato, der von den heidnischen Philosophen dem Christentum am nächsten stehe[41], als Rechtfertigung für diesen Schritt.[42] Die Platoniker des Quattrocento werden ihm darin folgen.[43]

Was aber kann die platonische Philosophie der Scholastik in der Frage der Unsterblichkeit der Seele entgegenstellen? Plato selbst hat seinem Verständnis von Philosophie entsprechend keine fertige Definition der Seele aufgestellt, aber in seinen Aussagen über sie, insbesondere in den Unsterblichkeitsbeweisen des *Phaidon*, *Phaidros,* der *Res publica* und der

---

[38] Kristeller, Eight Philosophers, 5.

[39] Petrarca, *De ignorantia,* 75; zitiert von Kristeller, Eight Philosophers, 9.

[40] *Acad. prior.* II 38, 119.

[41] Aug. *De civ. Dei* VIII, c.5; *De vera relig.* IV 7; *Confess.* VII 9, 13.

[42] *De ignorantia,* 754: *"... propius venit Plato, de quo nullus christianorum et imprimis Augustinus librorum fidelis lector hesitaverit."* Vgl. Zintzen, Grundlagen 11/12 u. Anm. 22/23.

[43] Fic. *Th.Pl.* I 36: *"... cum Plato de his ita sentiat, ut Aurelius Augustinus eum, tamquam christianae veritati omnium proximum, ex omni philosophorum numero elegerit imitandum, asseruitque Platonicos, mutatis paucis, christianos fore."*

Leges[44] erkennen lassen, daß er die menschliche Seele für eine vom Körper unabhängige, ihm nur auf Zeit verhaftete, immaterielle Substanz hält. Im *Timaios* als aus Veränderlichem und Unveränderlichem[45] zusammengesetzt beschrieben, wird sie im Neuplatonismus zur Schnittstelle zwischen intelligibler und materieller Welt. Plotin versteht sie als zweite Emanationsstufe des Einen, hervorgegangen aus der ersten, dem Geist, gefolgt von der Materie. Indem die Seele als Weltseele nach oben zum reinen Intelligiblen und als Einzelseele nach unten zu Körper und Materie blickt, kommt ihr die Aufgabe zu, die Kluft zwischen Geist und Materie zu überbrücken. Als intelligible Substanz ist sie unsterblich. Wenn sie sich auf ihre Immaterialität, ihre Verwandtschaft zum Einen besinnt, kann sie zu ihrem Ursprung zurückkehren. Wenn sie sich an die sinnliche Welt verliert, ist sie zur Seelenwanderung verdammt.[46] Augustinus hat diese Vorstellung aufgegriffen und für das Christentum adaptierbar gemacht, indem er das Eine mit Gott, und - in der Nachfolge des Antiochos von Askalon - die Emanationsstufe des *νοῦς* mit dem Geist Gottes, der die Ideen der Dinge berge, gleichsetzte.

Somit fand in erster Linie ein christlicher Neuplatonismus, ergänzt durch die Schriften des Dionysios Areopagita, Eingang in die mittelalterliche lateinische Tradition. Weitere Quellen (neu-)platonischen Gedankenguts waren der Kommentar des Chalcidius zum *Timaios*, sowie Macrobius, Apuleius und Boethius, die im 12. Jh. um die Übersetzung des *Menon* und *Phaidon* von Henricus Aristippus erweitert wurden. Das ist, Cicero eingeschlossen, das Material, auf das Petrarca, der wie die meisten seiner abendländischen Zeitgenossen des Griechischen nicht mächtig ist, um die Mitte des 14. Jahrhunderts zurückgreifen kann.

Das Aufblühen der platonischen Philosophie in Florenz ist daher eng verknüpft mit der Zunahme der griechischen Sprachkenntnisse.[47] 1397 wird für Chrysoloras am Studio Fiorentino der erste Lehrstuhl für Griechisch eingerichtet. Doch den Interessen der Humanisten zufolge richtet sich das Augenmerk zuerst weniger auf die metaphysischen Schriften Platos, als auf seine Staatstheorie und Ethik. In diesem Zusammenhang findet auch Aristoteles Beachtung. Leonardo Bruni übersetzt Platos *Res publica*, die *Nikomachische Ethik* und die *Politik* des Aristoteles, sowie den

---

[44] Plat. *Phaidon*, 69 e - 107 b; *Phaidros* 245 c - 246 a; *Res publ.* 608 d - 611b; *Leg.* 894 b ff.

[45] Plat. *Tim.* 35 a/b.

[46] S. Zintzen, Neuplatonismus XIII; Creuzer, Skizze 5 ff; Cumont, Plotin 15 ff.

[47] S. Kristeller, Humanismus, I 33 ff; 51 ff. Zintzen, Grundlagen, 9 ff. Lentzen, Studien 41 ff. Mohler, Bessarion, I 347 ff.

pseudoaristotelischen *Oikonomikos*. Er übersetzt aber auch den *Phaidros*, die *Apologie* und den *Phaidon*. In seiner Vorrede zu der Übersetzung des letztgenannten Dialogs erklärt er, daß Platos Seelenlehre mit der des Christentums übereinstimme. Doch sind derartige Stellungnahmen zu diesem Zeitpunkt singulär. Entscheidende Unterstützung erhält die metaphysische Fragestellung der Seele innerhalb der platonischen Philosophie erst durch die Verlegung des kirchlichen Unionskonzils von Ferrara nach Florenz. Denn nun präsentiert sich der aristotelisch geprägten Theologie der lateinischen Welt eine gleichwertige, ebensoweit entwickelte christliche Philosophie auf der Grundlage (neu-)platonischen Denkens. Der Alleinanspruch der lateinischen Scholastik wird zum ersten Mal von einem ebenbürtigen Gegner in Frage gestellt. Und das geschieht überaus vehement. Im Gefolge der byzantinischen Delegation kommt 1438 der byzantinische Gelehrte Georgios Gemisthos Plethon nach Florenz.[48] Er bleibt 1 1/2 Jahre und absolviert 1439 eine viermonatige Vortragsreise durch Italien, um den Westen mit seinem synkretistischen Neuplatonismus bekannt zu machen. Seine Philosophie stützt sich nicht nur auf die Originalschriften Platos und der Neuplatoniker, sondern benutzt auch derartig obskure Quellen wie die *Chaldäischen Orakel*, die fälschlicherweise Zarathustra zugerechnet wurden, und die sog. hermetischen Schriften aus dem 1. Jh. n. Chr., die ebenso inkorrekt dem ägyptischen Weisen Hermes Trismegistos zugeschrieben wurden. Er glaubt einen zusammenhängenden Überlieferungsstrang eines religiös-metaphysischen Wissens erkennen zu können, der von Ägypten bis zu Plato und den Neuplatonikern führt, und den er selbst wiederzubeleben und fortzusetzen gedenkt. Er lehrt also eine zwar religiös gefärbte aber im Grunde heidnische, neuplatonische Philosophie. Doch hält er diesen Aspekt in Italien bewußt zurück und versteht es wohl mehr durch seine Persönlichkeit als durch konkrete philosophische Inhalte für Plato zu werben. Sein einzig faßbares inhaltliches Vermächtnis bleibt seine Theorie der Philosophiegeschichte. Offenbar hat er großen Erfolg. Einer Anekdote zufolge soll er Cosimo de' Medici zur Gründung der Platonischen Akademie unter der Leitung Marsilio Ficinos veranlaßt haben. [49]Ficino ist es auch, der diese Theorie zur Konzeption der christlichen *"pia philosophia"* weiterentwickelt, indem er Plethons Überlieferungsstrang in das Christentum einmünden läßt. Von ebenso großer

[48] Zu Person und Lehre des byzantinischen Gelehrten s. Mönch, Platonrenaissance, 1-22 ff. Masai, Plêthon. Tambrun-Krasker (Ed.), Plêthon, Traité des vertus, Intr. VII - LXXXVI. Woodhouse, Plethon. Blum (Ed.), Plethon, Politik, Philosophie und Rhetorik, Intr. 1-91.

[49] Fic. *Op. om.* II 1539.

Bedeutung aber ist, wiederum weniger aufgrund ihrer inhaltlichen Aussage als aufgrund ihrer Wirkung, die Streitschrift "Περὶ ὧν Ἀριστοτέλης πρὸς Πλάτωνα διαφέρεται"[50], die Plethon ohne großen Aufwand und Anspruch an Genauigkeit und Stichhaltigkeit der Einzelaussagen während seines Aufenthaltes in Italien verfaßt. Sie ist eine Kampfansage an die aristotelische Scholastik des Abendlandes.[51] Er stellt Aristoteles als Atheisten dar, der Gott durch seine Lehre von der Ewigkeit der Welt seiner schöpferischen Allmacht beraubt und in der Rolle des ewigen Bewegers zum Handlanger degradiert habe. Des weiteren wirft er ihm vor, Platos Ideenlehre nicht verstanden zu haben. Er kritisiert den Stagiriten von einem metaphysisch-religiösen Ansatz her, um zu beweisen, daß seine Philosophie für die christliche Theologie gänzlich unbrauchbar sei. In diesen Zusammenhang gehört demnach auch die Frage der Seele, und er eröffnet seine Schrift mit den Worten:

> *"Unsere Vorfahren, sowohl Griechen als auch Römer, brachten Platon eine wesentlich höhere Verehrung entgegen als dem Aristoteles. Unsere heutigen Zeitgenossen hingegen, ganz besonders diejenigen im westlichen Abendland, die sich für klüger halten als die Alten, bewundern Aristoteles viel mehr als Platon: damit folgen sie dem Averroes, einem Araber, denn dieser hatte behauptet, allein Aristoteles sei in bezug auf die Philosophie ein vollkommenes und echtes Naturtalent gewesen. Ob Averroes in anderer Hinsicht Wertvolles gesagt hat, will ich nicht leichtfertig beurteilen, doch mit seiner Aussage über das Wesen der Seele ist er derart dekadent, daß er diese doch wirklich als sterblich ansetzt: ..."*[52]

Aristoteles selbst wird von Plethon zwar nicht direkt beschuldigt, die Sterblichkeit der Seele gelehrt zu haben, wohl aber das Problem nicht sorgfältig durchdacht und die individuelle Unsterblichkeit nicht zureichend erklärt zu haben, da er in seiner Ethik nicht auf dieses Problem zu sprechen komme.[53] Allein dieses 'Argument' spricht schon für sich selbst und zeigt den rein polemischen Charakter des Werkes. Für Byzanz ist eine so vehemente Ablehnung des Aristoteles untypisch, da der Neuplatonismus tendenziell eher die Harmonie von Lehrer und Schüler herausstellt.[54] Doch

---

[50] Pléthon, Differences (ed. Lagarde); Übers. Blum, Plethon, Politik, Philosophie und Rhetorik, 112 ff.

[51] S. zudem Kristeller, Platonismo bizantino.

[52] Blum (Ed.), Plethon, Politik, Philosophie und Rhetorik, 112.

[53] Plethon, Differences IV, 3.

[54] Näheres zum *"Concordia"*-Gedanken s. Purnell, Philosophic concord.

die einseitige Stellungnahme zugunsten Platos hat, nach einem internen byzantinischen Zwischenspiel, in dem Scholarios Gennadios II. die Partei des Aristoteles ergreift, worauf Plethon nochmals antwortet, ein Plädoyer vergleichbaren Niveaus für Aristoteles zur Folge. 1455 veröffentlicht Georgios Trapezuntios seine lateinische (!) Schrift *Comparationes philosophorum Platonis et Aristotelis.*[55] Hat Plethon in erster Linie Unstimmigkeiten innerhalb des philosophischen Lehrgebäudes zum Kriterium gemacht, da ihm prinzipiell an einer Trennung von Philosophie und Christentum gelegen ist, und das Kriterium der Vereinbarkeit der jeweiligen Philosophie mit der Kirche nur eingeführt, um überhaupt Gehör zu finden, so tritt dieser Gesichtspunkt in der Schrift Trapezunts in den [56]Vordergrund. Er geht soweit, daß er Aristoteles die Vorwegnahme des Trinitätsdogmas und eine christliche Seelenlehre zuerkennt, während er Plato als mit der Kirche unvereinbar, unmoralisch und in seiner Lehre unlogisch regelrecht beleidigt. Dieser Affront veranlaßt einen Schüler Plethons, Kardinal Bessarion[57], (zwischen 1456 und 1458) zu der in griechischer (!) Sprache verfaßten Antwort: *In calumniatorem Platonis*[58]. Er überarbeitet diese Schrift mehrmals und veröffentlicht 1469 eine lateinische Übersetzung.

Gerade diese Übersetzung findet ein ungeheuer großes Echo bei den Lateinern. Mit ihr wird ihnen zum erstenmal eine systematische Übersicht über Platos Lehren, eine Gesamtdarstellung seiner Philosophie, in ihrer Muttersprache zugänglich gemacht.[59] Zudem ist auch Bessarions Darstellung des Aristoteles wesentlich ausgewogener. Der Kardinal bemüht sich expressis verbis um einen sachlichen Vergleich der beiden Philosophen. Er will zu einer Einschätzung ihres Verhältnisses zum Christentum gelangen, die ihrer historischen Stellung gerecht wird.

---

[55] Die Schrift wurde 1523 in Venedig gedruckt; ND New York 1965.

[56] Vgl. Cassirer, Erkenntnisproblem, I 83.

[57] Zu Person und Lehre Bessarions s. Mohler, Bessarion I-III; sein Verhältnis zur platonischen Philosophie und zum Humanismus I 325-416. Miscellanea Francescana 73 (1973), Card. Bessarione, 249-386. Labowsky, Bessarion Studies. Zintzen, Grundlagen 10/11. Über sein Eintreten für Plato hinaus machte sich Bessarion um den italienischen Humanismus verdient, indem er ihm eine große Anzahl von griechischen Handschriften zugänglich machte. Er vermachte seine Bibliothek mit 800 Codices der Bibliothek von Venedig.

[58] Ed. Mohler, *Bessarions in calumniatorem Platonis libri quattuor.*

[59] So auch Bessarions eigene Einschätzung: *"Platonis vero opiniones summo studio conabimur exponere, quoniam omnibus fere Latinis ignotae sunt, partim quia libri eius in Romanam converti linguam non habentur, partim quod, si qui habentur, interpretum vitio minus recte sententiam sui exprimunt auctoris."* (*In cal. Plat.* 85, 36 - 87, 3) zitiert von Di Napoli, Bessarione, 338, Anm.40.

*"... **doctrinam Platonis magis quam Aristotelis nostrae religioni consentaneum esse** demonstrabimus. **Quod non ideo faciemus, quia Platonem aut existimemus aut velimus ostendere Christianum fuisse; alienus enim uterque a nostra fide tam Plato quam Aristoteles fuit** et ut nomine sic religione gentilis uterque. ... Nos ... de Aristotele quoque semper honestissime loquimur, absitque a nobis tam prava atque insolens cogitatio, ut dum Platonem tuemur, detrahere illi velimus."* (*In cal. Plat.* 81, 16-20; 85, 6-8)[60]

Das Werk orientiert sich im Aufbau an den Kritikpunkten des Trapezuntios. Es ist in 4 Bücher untergliedert, von denen

- das erste allgemein Platos Lehre zu Grammatik, Rhetorik, Logik, Naturphilosophie, Theologie, Mathematik, Astronomie und Musik darlegt,
- das zweite Gott, Welt, Seele, Vorsehung und Verhängnis behandelt,
- das dritte Einzelgesichtspunkte des zweiten Buches vertieft und
- das vierte Platos Lebensauffassung, Moral- und Staatsphilosophie erläutert.

Dabei fällt das III. Buch sowohl stilistisch als auch inhaltlich aus dem Rahmen. Es ist wesentlich 'scholastischer' in Argumentation und Formulierung und befaßt sich mehr mit der Richtigstellung der Philosophie des Aristoteles als mit der Lehre Platos. Die Autoritäten der lateinischen Scholastik, Scotus, Albertus Magnus und Thomas, werden hier vermehrt bemüht, wobei sich der Autor allerdings eine eigenständige Position vorbehält.

Die Seelenlehre ist innerhalb dieser Darstellung also nur ein Einzelaspekt, dem ein Kapitel des II. und sieben Kapitel des III. Buches gewidmet sind.[61] Bessarion betont, daß im Gegensatz zu der Behauptung des Trapezuntios Plato mit seiner Auffassung von der Seele dem Christentum

---

60 Zitiert von Di Napoli, Bessarione, 338 Anm. 41, 339 Anm. 42.

61 *In cal. Plat.* II c.8: *"De anima quid senserit Plato."* (138-165); III c.22: *"Platonis de immortalitate argumenta probationibus Albertus approbat et de Aristotelis secundum quosdam Peripateticos de eadem sententia."* (364-391); III c.23: *"Confutatio adversarii dicentis plura eiusdem speciei individua esse posse in substantiis intellegibilibus secundum Aristotelem.* (392-399); III c.24: *"Confutatio eorum, quae tamquam ex opinione Aristotelis de pluralitate individuorum sub eadem specie adversarius affert."* (398/399); III c.25: *"De tribus erroribus adversarii de individuatione et compositione animi."* (400-403); III c.26: *"De elementis et linea recta, e quibus Plato constituit animum."* (402-405); III c. 27: *"Confutatio argumentorum adversarii, quibus tamquam ex principiis Aristotelis probare nititur animum esse immortalem ex parte post et eum cum corpore incipere esse per creationem a deo ex nihilo."* (404-411); III c.28: *"Quod non solum Plato ponit animam praeexistere corporibus, sed Aristoteles etiam idem sentire videtur."*(410-413)

näher stehe als Aristoteles [62]. Letzerer wäre, wollte er innerhalb seines Systems konsequent sein, gezwungen, den platonischen Lehren zuzustimmen, gegen die er polemisiert, und die von Trapezuntios als mit dem Christentum unvereinbar gebrandmarkt und lächerlich gemacht worden sind, z.B. die der Anamnese[63] und der Selbstbewegung der Seele[64]. Die Unsterblichkeit der individuellen Einzelseele sei mit Aristoteles allen Bemühungen der Scholastik zum Trotz nicht beweisbar[65]. Dagegen werden die Unsterblichkeitsbeweise der platonischen Dialoge gestellt. Besonders ausführlich interpretiert wird das Argument der Selbstbewegung. Damit bezieht eine Autorität der Kirche, ein Kardinal der Römischen Kurie, dezidiert Stellung zu diesem brisanten theologischen Thema.
Aus Florenz wurde bis jetzt immer auf zwei Reaktionen zu der Schrift

---

[62] *In cal. Plat.* 155, 15-18: *"Nam, quod saepe dixi, Platonem illis* (sc. *Aristoteli ceterisque gentilibus) dumtaxat comparamus, non cum fide et religione Christiana conferendum censemus, quamquam cum nostris plerumque conveniat magis quam Aristoteles, etsi in plerisque etiam discrepet."*

[63] *In cal. Plat.* 413, 5-16: *"Nec ipse sane Aristoteles ab huiusmodi opinione reminiscentiae longe abesse videtur, quippe verba illa ex septimo Physicorum ad hunc etiam sensum accomodari possunt, ut scilicet omnibus sedatis passionibus sive affectibus pravis sublatisque impedimentis incipiat anima scire et sapere. 'Scientiae primae acquisitio inquit, non est generatio. Scire enim et sapere dicimus eo, quod quieverit et constiterit intellectus. Ad quiescendum autem nulla est generatio. Nulla enim mutatio est, ut dictum iam est.' Quid vero inconsideratius dici potest, quam quod adversarius refert, ut anima intellectiva sine materia esse non possit, quam separabilem esse fatetur et perpetuam parte post? Nam si postea superesse perpetue sine materia potest, pari ratione vel ante praeexistere potest sine materia."* Bessarion hält die Präexistenz der Seele zwar für philosophisch konsequent, kann sie aber als Christ nicht billigen: *"Neque enim illam animarum praeexistentiam probo nec numerum deorum, non caeli ac siderum animas, non multa alia, quibus gentiles ab ecclesia damnantur;"* (87, 17-19)

[64] *In cal. Plat.* 141/143.

[65] *In cal. Plat.* 373, 7 ff.: *"Dixerit* (sc. *adversarius) animam dari a deo creatam de novo et propterea non subiici naturae rationi, ut quia inceperit, desinat, idque ita Aristotelem voluisse? Sed ubinam hoc ab Aristotele scriptum est? Aut quomodo ex libris, quos ille reliquit, id accipi potest? Tribuit adversarius Aristoteli, quae fidei nostrae peculiaria sunt."*; 375, 4-8: *Igitur alterum de his duobus dicat, necesse est, aut enim unum eundemque intellectum omnibus esse aut una cum corpore animam interire. Quo fit, ut nemo ex Aristotelis opinione possit animam dicere distingui ad corporis distinctionem et eandem post corporis corruptionem permanere."* Bezüglich des Argumentes der *"corruptio per se"* bzw. *"per accidens"* heißt es 377, 31-37: *"Verum nisi probetur non dependere a toto corruptibili, quod nusquam probatum ab Aristotele est, non sequitur incorruptibilem esse suo esse. Ergo si intellectus non habet instrumentum corporeum, non corrumpitur per instrumenti ipsius laesionem, et ob eam rem non corrumpitur ab amplificatione rei intellegibilis. Sed non sequitur, ut simpliciter incorruptibilis sit, cum dependeat in esse a toto, cuius est actus primus."* Vgl. Di Napoli, Bessarione, 340 ff.

Bessarions verwiesen.[66] Beide beziehen sich auf die nach ihrer Fertigstellung 1469 vom Kardinal persönlich zugesandte Übersetzung. Das bedeutet von der Wirkungszeit Plethons um 1439 an gerechnet einen Zeitsprung von 30 Jahren. Nach der Beendigung des Konzils und dem Abzug des päpstlichen Hofes nach Rom setzt offenbar eine geistige Verarmung in Florenz ein.[67]Sie wird erst durch das Auftreten jener Persönlichkeit überwunden, der der Kardinal nicht von ungefähr die Übersetzung seines Werkes zusendet, dem byzantinischen Gelehrten Argyropulos.[68] Sein Schaffen ist ein weiteres Beispiel für die Komplexität der geistesgeschichtlichen Situation der hier interessierenden Thematik.

Argyropulos ist Aristoteliker. Er nimmt wahrscheinlich als junger Mann, wie auch Bessarion, am Unionskonzil teil, geht dann an die Universität von Padua und beschließt sein Studium 1444 mit dem Rang eines *"publica doctoratus"*. Nachdem er einige Jahre in Konstantinopel unterrichtet hat, muß er seine Heimat verlassen, besucht 1454 wieder Florenz und übernimmt 1456/57 die Professur für Philosophie am Studio Fiorentino, die er bis 1471 und nochmals zwischen 1478 und 1481 innehat. Er fällt aus dem üblichen Schema Scholastik/Averroismus/Humanismus heraus, da er sich um eine dem griechischen Originaltext getreue Auslegung des Aristoteles bemüht. Sein Interesse gilt in erster Linie der Philosophie. Seine Interpretationsmethode läßt sich als humanistischer Ansatz verstehen. Was ihn von den Humanisten trennt, ist sein überaus zwiespältiges Verhältnis zu Stilistik und Rhetorik, die er bereit ist, zugunsten der präzisen Erfassung

---

[66] Mohler, Bessarion, I 384 ff.; Di Napoli, Bessarione, 342 ff.

[67] Zintzen, Grundlagen, 14 ff.

[68] Zu Person und Lehre s. Seigel, Teaching. Geanakoplos, Italian Renaissance. Garin, Medioevo e Rinascimento, 236 ff. Gentile (Ed.), Fic. *Lettere*, Intr. XXVI/XVII. Field, Origins, Camelli, Dotti bizantini, II. Speziell zur Seelenlehre: Garin, Cultura, 102 ff. Di Napoli, L'immortalità, 105/106.

eines philosophischen Gedankens aufzugeben.[69] Er behandelt den Kanon der aristotelischen Schriften in ihrer organischen Reihenfolge und in diesem Zusammenhang 1460 *De anima*. Seiner Vorlesung legt er eine eigene lateinische Übersetzung zugrunde. Eine Mitschrift ist erhalten.[70] Ihrzufolge kommentiert der Grieche fortlaufend den lateinischen Text. Zu jeder Passage wird eine Auswahl aus Lehrmeinungen der lateinischen Scholastik, des Alexander von Aphrodisias, des Averroes, aber auch Platos in der äußerlichen Form der scholastischen *"disputatio"* diskutiert. Ohne das Verhältnis Theologie/Philosophie ausdrücklich zu thematisieren, wird Auffassungen, die der Kirche zuwider laufen, die christliche Lehrmeinung entgegengestellt. Die Auffassung des Argyropulos bleibt dabei häufig nur schwer greifbar. Da innerhalb dieser fortlaufenden Kommentierung keine Schwerpunkte gesetzt werden, soll hier nur anhand der Auslegung von *De anima* 430 a ff:

> *"Philosophus dixit in praeteritis intellectum humanum esse incorruptibilem. Dubitatur utrum sit perpetuus et incorruptibilis... :"* (Ms Magliab. V 42, 230 v - 235)

versucht werden, einen Einblick in die Seelenlehre des Argyropulos zu geben.

Zunächst werden die *"rationes"* angeführt, die die Unsterblichkeit bestreiten. Es sind die klassischen scholastischen Einwände, die dahingehen, daß die Unsterblichkeit des individuellen Intellekts die Existenz von

---

69 Vgl. *Praefatio* zur Übersetzung von Aristoteles, *De interpretatione* und *Priora Analytica*, ed. von Seigel, Teaching, App. 257-259. Adressat ist Piero de' Medici. *"Neminem esse profecto foreque arbitror qui non oratorum quorumvis erudimentis neglectis atque posthabitis ad archana philosophiae sententiasque persubtiles aristotelis elegantius explicatas illustratasve summa cum aviditate proficiscatur. ... Hoc scias solum tantum his attributum a me concinnitatis atque elegantiae esse quantum philosophia materies atque ipsi termini patiuntur. Non enim his in rebus pervagari nimium licet, nec amplus ad dicendum campus conceditur."* (258; 259) Dennoch wird Polizians Zeugnis (s. Anm. 134), demzufolge Argyropulos sich vernichtend über den Exponenten der Verbindung von Philosophie und Rhetorik, das philosophische Vorbild der ersten Humanistengeneration, Cicero, geäußert habe, heute in Zweifel gezogen. Es erscheint unwahrscheinlich, daß sich der byzantinische Gelehrte in seiner Gaststadt so vehement gegen den Zeitgeist gestellt hätte. Es ist wahrscheinlicher, daß er sich, wie auch in der Plato-Aristoteles-Kontroverse, zurückhielt, ohne sich deshalb von seiner Position abbringen zu lassen. Zur Bedeutung dieser Haltung für Landino s. Anm. 134.

70 Ms Magliab. V 42. Es handelt sich um die Mitschrift Donato Acciaiuolis. Bis jetzt sind nur das Inhaltverzeichnis (Garin, Cultura, App. 120/121) und die Passage über den aktiven Intellekt, ff. 224-228, ediert (Brown, Argiropulo). Einige kürzere Bemerkungen zitieren Garin, Cultura, 104 und Di Napoli, L'immortalità, 106. Die Übersetzung des Argyropulos von Arist. *De ani.* ist als Ms Magliab. V 41 ebenfalls in einer Abschrift Acciaiuolis erhalten.

"infinita in actu" zur Folge hätte, daß jedes Zusammengesetzte zugrunde gehe, wenn die Form vergeht, die es zusammenhält, der Mensch aber sterbe und seine Form, die Seele, demnach auch vergänglich sei etc. . (230 v - 231) Diesen Argumenten werden nun vier *"opiniones"* gegenübergestellt, die Platos, die des Alexander von Aphrodisias, die des Averroes und die der *"fides nostra"*. (231 v - 234) Die Auffassung der Aristoteles-Kommentatoren ist die allseits bekannte. Interessant sind die Stellungnahmen zu Plato und zur christlichen Glaubenslehre: Plato habe die Unsterblichkeit der individuellen Einzelseele, aber auch die Seelenwanderung gelehrt. Das Eingehen der menschlichen Seele in Tierkörper sei allerdings nur im übertragenen Sinne als Bild für den Charakter zu verstehen. (231 v) Es wird festgehalten:

"Has animas humanas dixerunt esse ab eterno productas a primo deo et esse veluti intelligentias quasdam numero certo et has esse immortales et habere scientias innatas et insitas. ***Istam defendere opinionem erit vehementer longum sed hoc tantum dicitur quod ista sententia anima humana reminiscitur cum videtur intelligere."*** (231 v)

Die Auffassung Alexanders wird verworfen, die des Averroes

"existimantis esse aristotelis"

nur insofern gebilligt, als die grundsätzliche Annahme von *"intellectus agens"* und *"possibilis"* akzeptiert, die Existenz des 'Einen' separaten Intellekts aber unter Berufung auf die *"theologi"* geleugnet wird:

"Ista expositio reprobatur a fide nostra et ab expositoribus: qui nullomodo volunt philosophum habuisse hanc sententiam et theologi arguunt contra sic: ..." (233)

Wiederum folgen die klassischen Gegenargumente: Wenn es nur 'Einen' Intellekt gäbe, gäbe es nur eine menschliche Form und alle Menschen wären gleich. Alle wüßten dasselbe etc.. Diese Argumente werden als

"robustissimae rationes"

des christlichen Glaubens gewürdigt, der

"et si non habet rationes demonstrativas: tum habet veritatem propter revelationes quibus consistit nostra fides." (233)

Ausdrücklich wird die christliche Lehrmeinung aufgerufen:

"Veritas nostrae fidei inquam est talis: Semen hominis non videtur efficere anima<m> sed corpus: quod quidem ut est bene dispositum statim oritur anima nostra immortalis et infunditur ab ipso deo: nec egreditur de potentia materiae nec etiam extenditur extensione subiecti [nec potest] nec per accidens dividi potest quia si dividi posset etiam corrumpi posset. ... Est igitur indivisibilis et forma

corporis substantialis et tota in toto et tota qualibet parte." (234)

Aus diesen vier *"opiniones"* werden nun vier Bestimmungen des menschlichen Intellekts gewonnen: Die *"anima intellectiva"* kann aufgefaßt werden als

1) *"intellectus humanus"*,
2) *"intellectus agens et possibilis"*, die als *"potentiae quaedam secundum fidem nostram existentes in anima"* bestimmt werden.
3) *"intellectus in actu vel habitu constitutus"* und
4) *"intellectus passivus"*, d.h. *"vis cogitativa"*. (234)

Nun folgen die *"conclusiones"*: Nach Bestimmumg

1) ist sie unsterblich. Darin stimmen Plato, Averroes und *"nostra fides"* überein.

   "Verum Plato multitudinem animarum: Averroes unicam ponit." (234)

2) ist sie ebenfalls unsterblich. Für diese Auffassung werden auch wieder Plato, Averroes *"vel philosophus"* und der christliche Glaube in Anspruch genommen. (234)
3) ist sie nach der übereinstimmenden Auffassung von Plato, Averroes und Alexander sterblich. Die Theologen sind dagegen geteilter Ansicht. (234v)
4) ist sie in Übereinstimmung aller vier Meinungen sterblich.

   "Nota tamen quod multae sunt differentiae inter opinionem aristotelis et illam quam attribuunt averroi: et illam alexandri. Alexander voluit eam qua intellegitur esse corruptibilem. Aristoteles noster et averrois incorruptibilem: nec esse eam in corpore ut formam in materia." (234 v)

Auf der Grundlage dieses Ergebnisses werden nun die eingangs vorgestellten Gegenargumente entkräftet.

Die Darstellung des Argyropulos ist deshalb von Bedeutung, weil hier greifbar wird, auf welchen Boden der Vorstoß Bessarions zugunsten Platos in dieser Zeit in Florenz fällt. Es versteht sich von selbst, daß Bessarion seine Rechtfertigung Platos seinem Landsmann nicht geschickt hätte, wenn er hätte befürchten müssen, auf taube Ohren zu stoßen. Die oben zitierte Probe ist für die Vorlesungsmitschrift repräsentativ. Sie zeigt, daß Plato sehr wohl in die Darlegung der aristotelischen Philosophie mit einbezogen wird, daß versucht wird, seiner Lehre gerecht zu werden, und auf Übereinstimmungen mit Aristoteles hingewiesen wird, wo sie gegeben scheinen. Dennoch zeigt schon dieser kurze Auszug, daß weder die platonische Philosophie, noch der *"concordia"*-Gedanke im Vordergrund stehen. Platos Auffassung dient neben den Lehrmeinungen anderer

Philosophen nur zur Kommentierung des aristotelischen Denkens, um die Summe der übereinstimmenden Auffassungen, die als Rechtfertigung für die Auslegung des Aristoteles gilt, zu erhöhen. Sie ist allenfalls eine Folie, die den Zugang zu Aristoteles erleichtert. Die im christlichen 15. Jahrhundert unbedingt erforderliche Rechtfertigung oder zumindest Erklärung seiner Lehre von der Praeexistenz der Seelen wird aus Zeitgründen beiseite gelassen. Argyropulos als erklärten Wegbereiter der platonischen Seelenlehre zu sehen, ist auf der Grundlage dieser Vorlesung nicht möglich.[71] Sein 'humanistisches' Bemühen, die aristotelische Philosophie auch aus ihrer platonischen Grundlage heraus zu erschließen, mag allerdings dazu beigetragen haben, Plato 'hoffähig' zu machen.

---

[71] S. dazu die unterschiedlichen Positionen Garins, Medioevo, 242: "L'immagine e l'insegnamento fiorentino dell'Argiropulo, dal' 57 in poi, sono stati troppo speso deformati sotto il segno di un preteso aristotelismo in antitesi col nascente platonismo ficiniano, e magari con l'insegnamento landiniano, si che ormai un esatto restauro non è facile.In realtà, e conviene dirlo alto e chiaro, fu proprio il commento dell' Argiropulo che portò in primo piano, insieme ai più tardi interpreti greci d'Aristotele, tutta l'Accademia e Plotino e Proclo."; 254/255: "Il fenomeno Ficino ... ci porta in un' atmosfera che non ha ormai quasi più nulla di comune con quella del primo Quattrocento. E forse il punto di crisi, almeno sul piano della cultura filosofica, è proprio da cercarsi in Argiropulo." und Fields, Origins, 126: "His (sc. Argyropulos') sympathetic treatment of Plato no doubt smoothed for many the transition to Ficinos's Academy. But Argyropoulos created no school: he certainly did not sponsor the civic humanism incorrectly sociated with him, nor did he sponsor a Neoplatonism or a revival of ancient theology." Die Einschätzung Seigels, Teaching, 248, dürfte, nach der Vorlesung zu *De anima* zu urteilen, der Bedeutung des Byzantiners für die florentiner Kultur auf jeden Fall gerecht werden:"... we may say that Argyropoulo's teaching helped to shift the axis of philosophical learning in Florence away from grammatical and rhetorical interests of the early humanists and back toward dialectical and speculative concerns resembling those of scholastism."

Die Antwort an Bessarion bestätigt 9 Jahre später diese Einschätzung.[72] Argyropulos würdigt Platos Leistung, aber sein Lob bleibt sehr allgemein. Er begrüßt Bessarions Versuch, Platos Lehre auf ihrer historischen Textgrundlage zu erklären. Da er dasselbe für Aristoteles unternimmt, weiß er die Intention zu würdigen. Daß sein Interesse aber vorwiegend der aristotelischen Philosophie gilt, kommt darin zum Ausdruck, daß er sofort auf die Früchte zu sprechen kommt, die das Werk des Kardinals für die Einschätzung des Aristoteles bringt:

> *"Imprimis beneficii tibi obnoxii sunt Latini. Neque enim posthac huiusmodi ineptiis seduci poterunt et ea, quibus ab Aristotele carpi Plato videretur, ita ut capienda sunt accipient et Platonem insuper talem fuisse, qualis natura moribus scientia fuit, si auctoritati doctorum hominum credere, si rationibus obtemperare voluerint, existimabunt."*[73]

Die zweite Reaktion aus Florenz ist wesentlich euphorischer. Es ist die Marsilio Ficinos. Er sieht in seinem Brief, mit dem er sich für die

---

[72] Brief vom 27.10.1469, ed. u. übers. von Neuhausen/Trapp, Humanistenbriefe, 142 - 145: *"IOHANNES ARGYROPYLUS BESSARIONI CARDINALI SALUTEM PLURIMAM DICIT. In ipso meo acerbissimo casu ac miserabili calamitate duobus liberis intra paucos dies in ipso flore iuventutis amissis divinum opus tuum mihi oblatum est adversus Platonis nostri foedissimum calumniatorem editum. ... Ea vero in eo opere inveni, quae ab acutissimo tuo ingenio et singulari rerum omnium scientia proficisci posse certo sciebam. Nihil profecto desiderari in eo potest, quod ad summam rei de qua agitur perfectionem pertinere videatur. Est in illo elegantia sermonis Platonis similis, est subtilitas gravitasque sententiarum, est praetera dispositio rerum, qua nulla alia accommodatior excogitari fingique potest. Quid plura? Is est splendor libri totius, ea dignitas, id artificium, quae et proposita materies et eius viri, cuius partes defendebantur, dignitas postulabat. ... Et hominem innocentissimum, sapientissimum, optime de hominum genere meritum contumeliis affectum iniquis et ut ignarum et flagitiosum notatum defendisti. Tum rabulae illius, qui divino homini bellum nescio quo modo indixerat, rationes ineptissimas dissolvisti. ... Imprimis autem tanti tibi beneficii obnoxii sunt Latini. Neque enim posthac huiusmodi ineptiis seduci poterunt et ea, quibus ab Aristotele carpi Plato videretur, ita ut capienda sunt accipient et Platonem insuper talem fuisse, qualis natura moribus scientia fuit, si auctoritati doctorum hominum credere, si rationibus obtemperare voluerint, existimabunt. ..."*

[73] Vgl. die Bewertung der Antwort des Argyropulos in der Forschung: Di Napoli, Bessarione, 342/343: "L'Argiropulo risponde se complementandosi con l'autore, ma sola nei limiti della difesa di Platone;". Geanakoplos, Italian Renaissance, 24: "But Argyropoulos merely congratulated Bessarion for his brilliant defence of Plato and went no further."

Zusendung der Übersetzung bedankt[74] , jene Zeit gekommen,

"quo",

wie Plato prophezeit habe,

"theologie mysteria exactissima discussione velut igne aurum purgarentur."

Es ist die Vermutung geäußert worden, daß Bessarions Schrift Ficino den Anlaß gegeben hätte, seinen eigenen Beitrag zu der *"exactissima discussio"*, die *Theologia Platonica*, zu verfassen, da er mit diesem Werk ausgerechnet 1469 beginnt.[75] Diese Überlegung hat einiges für sich. Doch sollte bedacht werden, daß es sich dabei höchstens um einen letzten Impuls handeln kann. 1469 kann Ficino, wie er auch in seinem Brief andeutet, schon auf ein umfangreiches Schaffen zurückblicken. Seit 1463 leitet er seine Akademie. Er hat bereits Teile des *Corpus Hermeticum* sowie 10 Dialoge Platons übersetzt. In seinem Kommentar zu Platos Symposion *De amore*, den er 1469 vollendet, hat er bereits seine eigene Philosophie in Grundzügen entwickelt. Die menschliche Seele gilt ihm schon als die plotinische dritte Hypostase des Seienden, die durch die irdische Schönheit angeregt, in Liebe zu dem intelligiblen Ursprung der Schönheit und ihrer selbst

---

[74] Ficino, Lettere I, 35/36 (2. Fassung 246/247): *"Marsilius Ficinus Florentinus Bessarioni Greco cardinali Sabino s.d. . Plato noster, venerande pater, cum in Phedro, ut te non latet, subtiliter et copiose de pulchritudine disputasset, pulchritudinem animi a Deo, quam sapientiam et aurum appellavit pretiosissimum, postulavit. Aurum hoc Platoni a Deo tributum, Platonico in sinu utpote mundissimo fulgebat clarissime; verbis autem et litteris licet luculentissimis, mente tamen obscurioribus involutum, evasit obscurius, et quasi terreno quodam ambitu obsitum eos homines latuit, qui Linceos oculos non habebant. Quamobrem nonnulli quondam minutiores philodoxi exteriori gleba decepti, cum non possent ad intima penetrare, latentem thesaurum comtemnebant. Verum in Plotini primum, Porphyrii deinde et Iamblici ac denique Proculi officinam aurum illud iniectum, exquisitissimo ignis examine excussis arenis enituit usque adeo, ut omnem orbem miro splendore repleverit. Tantis utique radiis noctue sive bubones quidam, ut videtur offensi sacrum illum Platonis nostri thesaurum non solum spernere, ut nonnulli quondam, sed (proh nefas!) improbare ceperunt, quod multo erat priori errore deterius. Verum Bessarion, Academie lumen, medelam confestim hebetibus et caligatis oculis adhibuit saluberimam, ut aurum illud non solum mundum sit et splendidum, verum etiam tractabile manibus oculisque innoxium. Hoc vaticinatus Plato: fore tempus multa post secula, regi Dionysio inquit, quo theologie mysteria exactissima discussione velut igne aurum purgarentur. Venerunt iam, venerunt secula illa, Bessarion, quibus et Platonis gaudeat numen et nos omnis eius familia summopere gratulemur. Vale."* (Antwort auf den Brief Bessarions vom September 1469, den der Kardinal der Übersetzung beifügte.)

[75] Mönch, Platonrenaissance 69. Di Napoli, Bessarione 345.

entflammt wird und zu ihm zurückzukehren versucht.[76]
Von Bessarion wird er in dem Begleitbrief zur Übersetzung ausdrücklich als Kapazität für platonische Philosophie angesprochen, sein *"ingenium"* und sein *"Platonice philosophie studium eximium"* gewürdigt.[77]
Dennoch wird die Hypothese besonders reizvoll angesichts der dritten, indirekten Reaktion auf Bessarions Schrift, die bis jetzt unbeachtet geblieben ist - Cristoforo Landinos Dialog *De anima.*[78]

Cristoforo Landino übernimmt in dem zur Untersuchung anstehenden Dialog wörtlich, allerdings ohne Quellenangabe, weite Passagen aus Bessarions Darstellung der Seelenlehre.[79] Hervorzuheben ist die Übernahme der Einleitungspassage an der zentralen Stelle zu Beginn des I. Buches, in der er seine Erörterung über die Seele unter die Schirmherrschaft Platos stellt. Sie legt die Vermutung nahe, daß Bessarions Schrift den Anlaß für Landinos Dialog gegeben hat. Sollte das wirklich auch für Ficinos *Theologia Platonica de immortalitate animae* gelten, wird ein 'Konkurrenz-

---

76 *De amore,* 142: *"Divina potestas omnia supereminens statim a se natis angelis atque animis, suum illum radium in quo fecunda vis inest omnium creandorum, tamquam filiis, clementer infundit. His in eis utpote sibi propinquoribus totius mundi dispositionem et ordinem multo pingit exactius quam in mundi materia. Quamobrem hec mundi pictura quam cernimus universa in angelis et animis lucet expressior. ... Unus igitur dei vultus tribus deinceps per ordinem positis lucet in speculis: angelo, animo, corpore mundi. ... Vultus huius, ut idem sepius repetam, nitor et gratia sive in angelo, sive in animo, sive in mundi materia pulchritudo universalis est appellanda. Impetus ad illam universalis dicendus est amor."*; 158/160: *... ex supradictis breviter concludamus pulchritudinem esse gratiam vivacem et spiritalem, dei radio illustrante, angelo primum infusam, inde et animis hominum, corporumque figuris et vocibus, que per rationem, visum, auditum animos nostros movet atque delectat, delectando rapit, rapiendo ardenti inflammat amore.;* 290: *"Artifex unus omnium deus est, qui per angelos atque animas pulchram quotidie reddit omnem mundi materiam. Propterea veram illam pulchritudinis rationem in deo eiusque ministris potius quam in mundi corpore reperiri putandum. Ad eam rursus iis gradatibus facile, ut arbitror, ascendes, o Socrates."*

77 Fic. *Lettere I,* 34, 5/6.

78 Di Napoli, L' immortalità, 119, macht nur auf eine inhaltliche Übereinstimmung in *De anima* III mit Bessarions Werk aufmerksam: "e conto la critica di Aristotele (che il Landino come si era soliti, attribuisce ad invidia) vien chiamato in aiuto Alberto Magno con la nota interpretazione del *motus* come *operatio* o, come diceva il Bessarione, *energia.*" Anm. 235: "Abbiamo incontrato in Bessarione la sottolineatura dell' argumento del Fedro insieme al ricorso ad Alberto Magno; Landino fa come il Bessarione, ma non lo cita."

79 S. die folgende Analyse: 2.3.1; 2.3.2.4; 2.3.3.5; 2.5.3.2; 2.5.3.8; 2.5.3.11; 2.5.3.12; 2.5.4.

projekt' der beiden Freunde vorstellbar.[80] In der platonischen Akademie wird die Problematik bestimmt ausführlich erörtert. Einige Ergebnisse dieses Gedankenaustausches werden in dem vorliegenden Dialog faßbar. Es ist in hohem Maße wahrscheinlich, daß Landino erst durch seinen Freund Kenntnis von Bessarions Werk erhält, sich von dessen Begeisterung anstecken läßt und sich durch dieses Signal einer kirchlichen Autorität ermutigt fühlt, nun seinerseits eine 'platonische' Abhandlung über die Seele zu verfassen. Im Gegensatz zu Ficino ist dies für ihn ein neues Terrain.[81] Sein einziges größeres Werk ist zu diesem Zeitpunkt die Elegiendichtung *Xandra*.[82] Spätestens seit 1456 Dozent, seit 1458 Professor für Rhetorik am Studio Fiorentino, hat er sich bis jetzt fast ausschließlich mit der zum Teil allegorisierenden Interpretation von klassischen lateinischen Dichtern,

---

80 Zum Vergleich beider Werke s. Anhang.

81 Zu Biographie und Werk Landinos s. Rombach, Vita activa und vita contemplativa, 19-32. Grundlegend sind Bandini, Specimen. Wolf, Cristoforo Landino, II ff. Lentzen, Studien, 1-26, 280 ff. "Bibilographia Landiniana"; ders. Wolfenbütteler Renaissance-Mitteilungen 5 (1981) 95 ff.; ders. Rom. Forsch. 81 (1969), 60 ff. Cardini, La Critica; ders. Scritti. Field, Origins 231 ff.

82 *Carmina omnia*, ed. A. Perosa, Florenz 1939. Im Anschluß an *De anima* verfaßt Landino noch zwei weitere Dialoge: 1472 stellt er die *Disputationes Camaldulenses* über den Vorrang von *"vita activa"* oder *"vita contemplativa"* fertig, die er 1482 veröffentlicht (moderne Ed. Lohe), 1481 oder 1487 vollendet er *De vera nobilitate* (moderne Ed. Lentzen und Liaci) über den Vorrang von Geburtsadel oder edlem Charakter. Des weiteren schreibt er einen allegorischen Kommentar zu Dantes *Göttlicher Komödie* (1481 gedr., moderne Ed. nur von *Orazione di Messere Cristoforo Landino Fiorentino avuta alla illustrissima Signoria Fiorentina quando presentò el Comento suo di Dante*, ed. Cardini, Scritti, I 165-174; *Proemio al Commento Dantesco*, Cardini, Scritti, I 95-164), einen grammatisch-stilistischen Kommentar zu Horaz (gedr. 1482, moderne Ed. nur von *Prohemium* zu *Christophori Landini Florentini in Q. Horatii Flacci libros omnes ad illustrissimum G. Feltrium Magni Federici Ducis filium interpretationes*, Cardini Scritti, I 193-202) und zu Vergil (gedr. 1488, moderne Ed. nur von *Christophori Landini Florentini in P. Vergilii Interpretationes Prohemium ad Petrum Medicem Magni Laurentii Filium*, Cardini, Scritti, I 203 - 225 und von dem speziellen Vorwort zur *Aeneis*-Erklärung, *Christophori Landini Florentini ad Petrum Medicem Laurentii Filium in P. Vergilii Interpretationes. Prohemium*, ed. Cardini, Scritti, I 226-233). Außerdem übersetzt er die *Naturalis historia* des Plinius (gedr. 1476, moderne Ed. nur von *Proemio alla Istoria Naturale di C. Plinio secondo tradotta di lingua latina in fiorentina per Cristoforo Landino,* Cardini, Scritti, 77-93) und die *Sforziada* (gedr. 1490, moderne Ed. nur von *Proemio di Cristoforo Landino Fiorentino nella traduzione di latino in lingua fiorentina della Sforziada di G. Simoneta*, Cardini, Scritti, I 183-191). Frucht seines Bemühens um das Volgare ist auch das *Formulario di epistole* (gedr. 1485, moderne Ed. nur von *Proemio al formulario di epistole*, Cardini, Scritti, I 175-182). Dazu kommen zahlreiche Reden und Briefe. (Sie sind nur teilweise ediert. S. Lentzen, Studien 191 ff; ders., Reden. Bandini, Specimen, I 152 ff.)

sowie Dante und Petrarca, befaßt[83].
Nur eine Vorlesung war einem philosophischen Werk, Ciceros *Tusculanae disputationes,* gewidmet. Nur die Einführungsvorlesung ist erhalten.[84] Sie läßt bereits höchste Wertschätzung für "*Plato divinus*" erkennen, bleibt aber in ihrem Bekenntnis zum Ideal der Verbindung von Philosophie und Rhetorik in klassisch ciceronianischen und humanistischen Bahnen.[85] Landino ist also bis zu diesem Zeitpunkt der Humanist par excellence, der einen rhetorisch-literarischen, wenn auch allegorisierenden, Zugang zu den Texten der römischen (und italienischen) Klassiker sucht.[86] Sein Vorstoß in die Metaphysik ist allerdings charakteristisch für die Phase des geistigen Umbruchs in Florenz. Die Humanisten-Generation der 1. Hälfte des Quattrocento wird von jenen Denkern abgelöst, die sich auf der Grundlage humanistischer Ideen wieder der spekulativen Philosophie zuwenden, Argyropulos und Ficino.[87] Landino dürfte die Zeichen der Zeit erkannt haben; er muß sich nicht nur in einer freundschaftlichen Konkurrenz zu dem führenden Florentiner Platoniker, sondern ebenso in einer u.U.

---

[83] Zu Landinos Lehrtätigkeit am Studio Fiorentino s. insbes. Lentzen Wolfenbütteler Renaissance-Mitteilungen 5 (1981) 92 ff. Nach dem heutigen Stand der Forschung liest er 1460/61 über die Oden des Horaz, im folgenden Jahr über Persius und Iuvenal, von 1462-64 Vergil (Erhalten ist die Prolusio, *Clarissimi viri Christophori Landini Praefatio in Virgilio habita in Gymnasio Florentino,* ed. Cardini, Scritti, I 17-28), 1464/65 über die Regeln der Poetik und Rhetorik unter Berücksichtigung der *Ars poetica* des Horaz, 1465/66 über Ciceros *Epistulae ad familiares,* 1467 über Petrarcas *Canzoniere* (erhalten ist nur die Antrittsvorlesung *Orazione fatta per Cristofano da Pratovecchio quando cominciò a leggere i sonetti di Messere Francesco Petrarca in Studio,* ed. Cardini, Scritti, I 29-40) 1468/1469 über die Eklogen Vergils. Die genaue Datierung der Dante-Vorlesung ist umstritten. Lentzen (s. auch Rom. Forsch. 90 (1978), 578 ff.) hält die *Orazione fatta per Messere Cristoforo Landino quando cominciò a leggere la Divina Comedia di Dante in Studio* (ed. Lentzen, Reden 22-35; Cardini, Sritti, I 41-55) möglicherweise für die Antrittsvorlesung des Jahres 1458. Dagegen verlegt sie Cardini, La Critica, 16 ff und 287 ff, in das Jahr 1473.

[84] *Christophori Landini viri clarissimi Praefatio in Tusculanis Ciceronis habita in Gymnasio Florentino,* ed. Cardini, Scritti, I 1-15; ders., La Critica, 16 ff. hält sie im Gegensatz zu Lentzen (Wolfenbütteler Renaissance-Mitteilungen 5 (1981) 93/94), der sie noch vor Landinos Berufung zum Professor verlegt, für die Antrittsvorlesung.

[85] S. Exkurs zur Philosophiegeschichte.

[86] Zu diesem Bild paßt auch sein stetiges Bemühen um eine gefestigte Position im öffentlichen Leben, die er benötigt, um seinen Lebensunterhalt zu verdienen. Er wird Erzieher des jungen Lorenzo de' Medici, spätestens 1467 Parteilsekretär der Guelfen und nach langjährigen vergeblichen Anstrengungen 1483 Kanzleisekretär.

[87] Vgl. Kristeller, Humanismus, II 101. Garin, Medioevo 240 ff; ders., Cultura, 106 ff.

weniger wohlwollenden Rivalität zu dem byzantinischen Gelehrten gesehen haben. Der Verlauf der sog. Florentiner Studiokontroverse, die 1456 ausgelöst wurde, als mit dem Tode Carlo Marsuppinis, eines der letzten großen Florentiner Humanisten der alten Generation, der Lehrstuhl für griechische und lateinische Literatur, Rhetorik, Poetik und Moralphilosophie vakant wurde[88], ist bis jetzt noch nicht vollständig geklärt: Sei es, daß sich Landino um diesen Lehrstuhl vergebens bewarb[89] , sei es daß er sich in Kenntnis der eigenen Grenzen nur um den Lehrauftrag für Rhetorik bemühte[90] und damit Erfolg hatte, so daß dieser später in einen zweiten Lehrstuhl für Poesie und Rhetorik umgewandelt wurde; eindeutig ist jedenfalls, daß man sich wohl auf verstärktes Betreiben des Acciaiuoli-Kreises hin in Florenz nicht dazu durchringen konnte, ihn am Studio Philosophie unterrichten zu lassen, und Argyropulos berief. Landino ging aus diesem 'Gerangel' nicht ohne Blessuren hervor. Neben lauthals geäußerten Zweifeln an seiner Qualifikation mußte er sich mit dem Vorwurf auseinandersetzen, daß er in seinem ehrgeizigen Streben nach einer Stellung am Studio sogar seinen langjährigen Lehrer Marsuppini verunglimpft hätte.[91] Er verwahrt sich gegen diese Anschuldigung in einem langen Brief an Piero de' Medici aufs heftigste.[92] So erfüllt dieser Dialog für ihn vielleicht einen dreifachen Zweck. Indem er Marsuppini zum Gesprächsführer macht, kann er sich nochmals von besagtem Vorwurf reinwaschen. Er kann sich zudem auf einem Gebiet zu etablieren versuchen, das zunehmend an Bedeutung gewinnt, und das man ihm offensichtlich nicht zugetraut hat. Nicht unterschätzt werden sollte aber auch seine Begeisterung für Plato. Sie ist wohl vorwiegend gefühlsmäßiger Natur und gründet sich auf Kenntnisse aus zweiter Hand, was auf Petrarca zurückweist. Daß Landino im Dialog die Darstellung der Lehre des historischen Plato ausschließlich aus Bessarions Werk übernimmt, ist ein Indiz dafür, daß er sich in den mindestens 13 Jahren seit seiner Tusculanen-Vorlesung, in der er Plato bereits feiert, nicht ausgiebig mit platonischen Texten befaßt hat. Doch mögen ihm Ficinos Brief aus dem Jahre 1456, *De divino furore* [93], sowie die Gespräche in der Platonischen Akademie

88 Zu den Fächern, die dieser Lehrstuhl umfaßte, vgl. Field, Origins, 80 u. Anm. 8.

89 Marcel, Ficin, 189 ff. Lentzen, Studien, 6-8.

90 Field, Origins, 77 ff.

91 S. Lentzen, Studien, 6.

92 Ed. in: Land. *Carm.* 181 ff.

93 Ed. Gentile, Fic. *Lettere I*, Brief 6. Vgl. dazu Zintzen, Inspiration.

bereits einen Eindruck von der Bedeutung vermittelt haben, die die platonische Philosophie für seine Dichtungsinterpretationen haben könnte. Mit der Veröffentlichung von Bessarions Übersetzung sieht er plötzlich die Möglichkeit, sich mit Hilfe dieser neuen Sekundärquelle eine erste theoretische Grundlage für seine *"theologia poetica"* zu schaffen.

Die Erwartung an theoretische Reflexion sollte allerdings nicht zu hoch gesteckt werden. *De anima* ist zum großen Teil eine Kompilation von Quellen, die sich nur mit viel gutem Willen als platonisch ansehen lassen. In seiner philosophischen Unselbständigkeit bleibt Landino der Wanderer zwischen zwei Welten, dem der Sprung zur neuen (platonisierenden) Spekulation nie ganz gelingt, da er mit einem Fuß im rhetorisch-literarischen Ideal des Humanismus, mit dem anderen aber in der Scholastik stecken bleibt.

1 Der Dialog *De anima* - eine allgemeine Einführung

1.1 Überlieferung

Der Text des Dialogs *De anima* ist vollständig überliefert im Cod. Urb. lat 1370 der Biblioteca Vaticana in Rom. Ausschließlich auf diesem basiert die bis heute einzige vorliegende moderne Edition von A. Paoli und G. Gentile aus den Jahren 1915 - 17, die die Textgrundlage dieser Arbeit bildet. [94] Eine neue Edition ist allerdings wünschenswert, in die folgende Textzeugnisse mit einbezogen werden müßten:

- das verstümmelte Autograph (Cod. Ricc. K. IV 24 [N 417],
- die Auszüge, die Bartolomeo Fonzio aus dem Dialog festhielt (Cod. Ricc. N. III 27),
- der Cod. Laur. Gaddi 104, der Fragmente des Buches II enthält, und
- ein vollständige Handschrift aus dem 15. Jahrhundert, die in der Universitätsbibliothek Würzburg liegt (Cod. M. ch. f 45). [95]

Zudem wäre ein Similien-Apparat vonnöten, der die Quellen, die die vorliegende Analyse erstmals nachweisen wird, berücksichtigt.
M. Lentzen hat bereits eine neue Ausgabe in Aussicht gestellt. [96]

1.2 Entstehungszeit

Die Datierung der Schrift stützte sich bis jetzt auf die Widmung an den Herzog Ercole d'Este von Ferrara und die Person des wichtigsten Dialogpartners, Carlo Marsuppini. Das Gespräch ist auf das Osterfest kurz vor Marsuppinis Tod (1453) verlegt.
Diese fiktive Zeit hielt A. B. Bandini, der Landino in sein Werk *Specimen Literaturae Florentinae Saec.* XV aufgenommen hat, fälschlicherweise für die Abfassungszeit und setzte den Dialog entsprechend für den Zeitraum zwischen 1446 und 1452 an. [97] Diesen Fehler konnte der Herausgeber G. Gentile bereits in der Praefatio des III. Buches von *De anima* korrigieren.

---

[94] Ausgabe: Buch I, Annali delle Università Toscane 34 (1915), 1-50, Einleitung von A. Paoli, III-XX; Buch II, Annali delle Università Toscane NS 1 (1916), 1-138; Buch III, Annali delle Università Toscane NS 2 (1917), Einleitung von G. Gentile, III-XIII. Die Verfasserin dieser Arbeit hat sich erlaubt, zum besseren Auffinden der Zitate ein Zeilenraster an das herangezogene Exemplar anzulegen, das hoffentlich auch dem Benutzer eines anderen Abdrucks einen ersten Überblick erleichtern wird.

[95] Lentzen, Studien, 15

[96] Lentzen, Wolfenbütteler Renaissance-Mitteilungen 5, Heft 2 (1981), 92-100.

[97] Bandini, *Specimen*, I 132/133; Bandini zitiert den Dialog unter dem Titel *De nobilitate animae.*

Die wichtigsten Kriterien seiner eher indirekten Argumentation waren, daß Landino 1456 angesichts der bereits erwähnten Vorwürfe der Kompromittierung seines Lehrers nicht auf dessen positive Rolle in *De anima* verweist und in dem Prooemium des I. Buches auf Ereignisse aus der Biographie des Herzogs Ercole d'Este anspielt, die auf die Zeit des Thronwechsels von Borso zu Ercole (1471) hindeuten und damit einen neuen Terminus post quem liefern.

Diese These konnte von R. Cardini durch eine nähere Untersuchung der Codices gestützt werden. Er führt folgendes an [98] :

Mit dem ersten Prooemium widmet Landino sein Werk Ercole d'Este, der im August 1471 den Platz des verstorbenen Borso einnahm. Dem letzteren ist jedoch erstaunlicherweise das Prooemium des zweiten Buches gewidmet. Ein Vergleich der Codices ergibt nunmehr, daß Cod. Vat. Urb. lat 1370 die Lesart *"Borso"* aufweist, im Cod. Ricc. N 417 *"Borso"* jedoch handschriftlich in *"Hercules"* abgeändert worden ist. Dieses Autograph diente vermutlich als Vorlage für den Vaticanus. Die Abfassungszeit ist somit identisch mit der des Herrscherwechsels. Landino wird demnach sein Werk Ende 1471 beendet haben.

Ein Indiz dafür, daß er längere Zeit an dem Dialog gearbeitet hat, wurde in dem zeigenössischen Epigramm von Gentile Becchi gesehen:

> *"Cur non ederet de anima Landinus ad Fici<ni>anum excusatio. -*
> *Edere vis animam Landinum Ficiniane.*
> *Et quereris quod non iam videatur opus.*
> *Parce, mori non vult anima properante poeta.*
> *Parce, etiam si non videris, hec anima est."* [99]

Doch spricht nun gegen den Beginn in den frühen Sechzigern, daß sich als wahrscheinlich erweist, daß Bessarions Veröffentlichung seiner lateinischen Übersetzung der *Libri quattuor in calumniatorem Platonis* 1469 den Anlaß zur Abfassung des Dialoges geliefert hat. Im Rahmen dieser Arbeit

[98] Cardini, La critica, 78-80, Anm. 19; vgl. auch Lentzen, Studien, 16.

[99] G. Becchi, *Poesie Latine,* 292; zitiert von Cardini, La critica 80, Anm.16.

wird eine andere Deutung des Epigramms versucht.[100]

1.3 Dialogpartner

Teilnehmer des Gesprächs sind
- Carlo Marsuppini
- der junge Landino selbst,
- ein gewisser *"Paulus"* der als *"medicus philosophus nobilissimus"* (I 7, 11) und des weiteren als *"physicus mathematicusque"* (I 8, 19) vorgestellt wird und bei dem es sich mit höchster Wahrscheinlichkeit um Paolo Toscanelli handelt.

Carlo Marsuppini [101], geb. 1398, wurde im Herbst 1431 an das Studio Fiorentino berufen. Er erhielt den Lehrstuhl für Philosophie, Rhetorik, Poesie, Griechisch und Moralphilosophie. Kristeller charakterisiert ihn, ebenso wie Boccaccio, Bruni, Salutati und Alberti, als den Vertreter einer

> "rhetorischen, poetischen und nicht zuletzt klassischen, durch das Studium der antiken griechischen und lateinischen Autoren genährten Kultur", die "gewiß eine große Zahl von Gedanken über Probleme des Staates, der Erziehung und des moralischen Handelns" umfaßte, aber der "es an besonderem Interesse für die metaphysische Spekulation mangelte."[102]

Von seinen Prosaschriften ist nur eine *Epistola consolatoria* zum Tode von Piccarda de' Medici aus dem Jahr 1433 erhalten [103] , die mit ihrer Überfülle an klassischen Zitaten und rhetorischer Raffinesse dann auch geradezu ein Paradebeispiel für das literarische Schaffen dieser Humanistengeneration darstellt. So erwarb Marsuppini sich zum einen die Bewunderung seiner Zeitgenossen wegen seiner ungeheuren Gelehrsamkeit,

---

[100] Bezüglich der Widmung muß des weiteren darauf aufmerksam gemacht werden, daß Landino sein Werk mit Borso d'Este zunächst einem Fürsten zugeeignet hat, der bei dem Putschversuch gegen Piero de' Medici auf der Seite von dessen Gegnern stand. Vgl. Rubinstein, The Government, 161/162. In der ungeklärten Situation in Florenz nach dem Tode Piero de'Medicis am 13.12.1469 scheint Landino davor zurückgescheut zu haben, sein Schicksal allzu eng mit dem Hause de' Medici zu verbinden, und sich vorsichtshalber schon um einen anderen Mäzen bemüht zu haben. Daß auch Ficino zu dieser Zeit "must have felt uncertain of his future and hence had good reasons to look for new patrons" gibt Kristeller, Ficino and the Roman Curia, 87 u. Anm.19, zu bedenken. S. auch Fubini, Ficino.

[101] Vgl. Zippel, Carlo Marsuppini, 198-214.

[102] Kristeller, Humanismus, I 101/102.

[103] Ed. Ricci, Una consolatoria inedita di Carlo Marsuppini.

insbesondere wegen seiner Übersetzung der für homerisch gehaltenen Βατραχομυομαχία. Zum anderen wurde auch seine Elegiendichtung geschätzt, von der jedoch nur sehr wenig erhalten ist.
Auch im öffentlichen Leben war ihm Erfolg beschieden. Zeit seines Lebens eng mit dem Haus der Medici verbunden, wurde er 1444 in der Nachfolge Leonardo Brunis zum Sekretär der Signoria ernannt, wurde vielleicht sogar Kanzler. 1451 nahm er zudem seine Lehrtätigkeit am Studio nochmals auf bis zu seinem Tod 1453.
Marsuppinis hohes Ansehen spiegelt sich in den Werken einflußreicher Humanisten. Dabei erscheint er als Autorität auf den verschiedensten Gebieten. Poggio Bracciolini macht ihn zum Gesprächspartner des Aristotelikers und Mediziners Niccolò Tignosi und des Arztes Benedetto Accolti in einem Dialog seiner *Historia Tripartita* über die Wertschätzung von Recht und Medizin; ebenso Giovanni d'Arezzo in einem Dialog gleichen Themas *De medicinae et legum praestantia*, in dem Marsuppini zugunsten des Rechts mit Leonardo Aretino und wiederum mit Niccolò Tignosi disputiert.[104]
Landino bekundet seine Hochschätzung für den Lehrer, außer in dem bereits erwähnten Rechtfertigungsschreiben, bei vielen Gelegenheiten; so u.a. in der *Praefatio in Tusculanis Ciceronis*, aber auch in einem *Eulogium*, in dem er die philosophischen Verdienste Marsuppinis preist:

"*I nunc Crecropiis vigilanti pectore chartis,*
insuda, ut veterum dogmata prisca legas,
et nunc Socrati noscas praecepta Platonis,
nunc quod Aristotelis pagina multa docet.
Tu mundi secreta paras abdita rerum
discere: quid coelum, quid mare, terra ferat,
unde genus nostrum, vel quo phantasia surgat,
..."[105]

Im Dialog *De anima* setzt Landino ihm sein letztes Denkmal und gesteht ihm die Rolle des Gesprächsführers zu. Sich selbst die Rolle des wißbegierigen jungen Mannes zumessend, inszeniert er die klassische Schüler-Lehrersituation des ciceronianischen Dialogs. Dem Naturwissenschaftler Toscanelli kommt nur eine Nebenrolle zu. Er wird als Experte in biologischen Fragen herangezogen.

[104] Vgl. Thorndike, Science and Thought, 24-58.

[105] Land. *Carm.* 107/108, V.95 ff. Zitiert von Field, 16-48.

Paolo Toscanelli [106], geb. in Florenz 1397, Astronom, Astrologe, Mathematiker, Arzt und Geograph, ist heute insbesondere als Verfertiger der Seekarte bekannt, die Columbus möglicherweise zur Planung seiner ersten Entdeckungsreise benützte.
Auch in seiner Zeit genoß er hohes Ansehen und wurde u.a. nach dem Erdbeben von 1453 konsultiert. Viele Persönlichkeiten des geistigen Lebens widmeten ihm ihre Schriften; so Alberti, Nikolaus Cusanus und auch Landino. In den *Disputationes Camaldulenses* würdigt er ihn als den Inbegriff eines Vertreters der *"vita contemplativa"*, im Prooemium seines Dantekommentars als *"imagine d'antichità"*.[107]

[106] Vgl. Uzielli/Ceroria, Vita e Tempi di Paolo Toscanelli und Enziclopedia Italiana s.v. 'Toscanelli'. Eine Würdigung seiner Person versucht Garin, Cultura, 313-344.

[107] Cardini, Scritti, I 118: *"E benché e' sia mia proposito non nominare alcuno de' vivi, nientedimeno aggiugnerò a questo primo Paolo el secundo già in ultima senectù constituto, uomo nella medesima dottrina essercitato e dottisimo e ancora fisico e medico eccellentissimo, e a noi veneranda imagine d'antichità."*

2 Analyse

2.1 Gliederung

Im Aufbau des Dialogs *De anima* ahmt Landino die gleichnamige aristotelische Schrift nach. Er untergliedert ihn ebenfalls in 3 Bücher, denen er abweichend jeweils ein Prooemium voranstellt. Für die inhaltliche Gliederung ergibt sich somit folgendes:

- Buch I:
  Prooemium
  Definition der Seele nach vorausgehender Doxographie der antiken Seelendefinitionen und ihrer Kritik
  Auseinandersetzung über den Ursprung der Seele
- Buch II:
  Prooemium
  Darstellung der *"anima vegetativa"*, *"anima sensitiva"* und - wiederum abweichend von der aristotelischen Vorlage - der *"anima motiva"*.
- Buch III:
  Darstellung der *"anima intellectiva"* und Beweis ihrer Unsterblichkeit.

2.2 Die Prooemien: Intention, Methode und philosophische Grundüberzeugung des Autors

Den Prooemien kommt eine besondere Bedeutung zu. Hier meldet sich der Autor in eigener Person und Sache zu Wort, während er sich im Dialog hinter die fiktiven Gesprächspartner zurückzieht und sich damit einen, wenn auch begrenzten, Spielraum für die Interpretation seiner eigenen Position offenhält. Letzte Sicherheit über die Auffassung Landinos läßt sich also nur aus den wenigen Bemerkungen gewinnen, die er den einzelnen Büchern voranstellt. Diese sind hinsichtlich der Intention und Methode, wozu er sich in den ersten beiden Prooemien äußert, recht konkret, was die philosophische Überzeugung angeht, jedoch außerordentlich allgemein und vorsichtig. Allein das 3. Prooemium bietet überhaupt einen Anhaltspunkt, der inhaltlichen Überzeugung des Autors näher zu kommen. Das 1. Prooemium, von dem sich der Leser eine grundlegende Gesamtübersicht versprechen würde, erfüllt diese Erwartung nur im Hinblick auf die erstgenannten Gesichtspunkte. Dort charakterisiert Landino sein Werk, wie folgt:

> *"Nam, etsi* ***nihil*** *quod ab antiquis scriptoribus aut relictum aut praetermissum sit in hanc disputationem tanquam* ***novum*** *allaturus esse videar, iis tamen, qui in suis multis occupationibus ista quoque nosse cupiunt, non parum conducere existimavi, si quae non uno quidem in loco, sed* ***pluribus*** *ac* ***diversis voluminibus*** *magis, nisi fallor,* ***acute*** *et* ***artificiose,*** *quam plane et perspicue posita sunt, ea nos ita in unum cogeremus, ut si non* ***eleganter et copiose, dilucide*** *tamen et* ***aperte*** *illis se exponerent, quibus ocium ad tot libros evolvendos minime suppetere videbamus."* (I 2, 17-24).

Gelegen ist ihm also nicht an der Entwicklung einer eigenen philosophischen These, sondern er möchte dem Leser, dem es aus Zeitgründen unmöglich ist, sich ausgiebig mit dem Thema zu befassen, eine Übersicht über die Lehrmeinungen der entsprechenden antiken - will man ihm Glauben schenken - Autoritäten geben. Besonderes Augenmerk ist hier auf die Beschreibung der angestrebten Form zu lenken. Es fallen die Schlüsselbegriffe *"eleganter"*, *"copiose"*, *"dilucide"* und *"aperte"*, die sofort die Vorstellung Ciceros von der Philosophie als *"medicina animi"* heraufbeschwören, die durch ihre eingängige Form mittels der *"persuasio"* das Herz des Adressaten erreicht.

Ein Blick auf das Prooemium des II. Buches bestätigt diese Interpretation. Hier wird Landino deutlicher. Er lobt einen Zeitgenossen, der dieses Ideal der Verbindung von Philosophie und Rhetorik erfüllt:

> *"Qui a teneris annis, cum naturae beneficio suffultus, tum multo magis ardentissimo quodam studio erectus* ***omnium philosophorum familias, omnium rhetorum scholas*** *sectatus et* ***recte sciendi*** *et* ***ornate dicendi*** *simul exactissimam rationem assecutus est. Efficit enim id, quod iam diu nulli, nostra vero aetate paucis omnino contigit. Nam quae prisci scriptores coniunctim tradiderunt, deinceps vero sive rei difficultate, sive hominum neglegentia seorsum tractata sunt, ... ea ipse utraque complectens et omnia* ***docte sapienterque*** *tenet et eadem illa* ***copiose*** *et* ***ornate*** *proferre vel eo maxime valet, quod Graecis Latinisque litteris eruditissimus sit."* (I 5, 14-27).

Die Rückbesinnung auf diese Form des Philosophierens würdigt er dabei ausdrücklich als Verdienst der geistigen Bewegung seiner Zeit, des Humanismus, der sich darin abhebt von den vorausgehenden Jahrhunderten der Scholastik mit ihrer formalistischen, prosaischen Summen- und Quaestionenliteratur. In diesem Zusammenhang ist eine weitere Bemerkung aufschlußreich. Im Einleitungssatz des Prooemiums des ersten Buches werden die Anhänger der Philosophie besonders gepriesen, die

> *"... nullis disciplinis instituti, duce tantum natura, ad hoc sese*

speculationis genus erexerunt". (I 1, 5/6)

Das könnte zunächst als Widerspruch erscheinen; denn die *"ratio recte sciendi"*, bzw. das *"omnia docte sapienterque tenere"*, ist nach der oben zitierten Stelle durchaus Bestandteil des Philosophierens - und muß es ja auch sein. Der Impetus dieser Feststellung kann daher ebenfalls nur gegen die streng logisch-systematische Ausbildung der scholastischen Philosophie gerichtet sein, von der sich die Humanisten mit der Berufung auf den 'gesunden Menschenverstand' des in den *"studia humanitatis"* gebildeten Laien distanzieren.

In diesem Sinne äußert sich Landino bereits 14 Jahre früher in der in ihrer Bedeutung für seine Konzeption von Philosophie bereits mehrmals hervorgehobenen *Praefatio in Tusculanis Ciceronis* auf seine eigene Person bezogen:

> *"Neque tamen sit aliquis, qui mei me adeo oblitum existimet, ut ... **philosophum** me profiteri audeam ... Ego enim, ... si **rhetoris** igitur nomen mihi aliqua ex parte usurpem, erit vestrae porro humanitatis, ei, qui non bene in difficili doctrina exercitatus sit, veniam dare; **philosophi** autem nomen neque mihi postulo, neque, si ultro afferatur, accipio. Quam ob rem ... si qui ex philosophia loci occurrent, eos **non** tanquam **huius facultatis professor**, sed ut **homo qui nonnulla legerim** ... explicabo."* (*Praef.* 6, 23 -7, 8)

Landino differenziert hier ausdrücklich zwischen Philosoph und Rhetor. Ersterer ist der Fachmann, letzterer kann auch der Laie sein. Obwohl er die Formulierungen Ciceros benutzt [108] erhebt er nicht dessen Perfektionsanspruch an den *"vir bonus dicendi peritus"*. Der Laie kann seinen Mitmenschen den Dienst erweisen, die für sie wichtigen philosophischen Überlegungen verständlich und ansprechend zu übermitteln. In dieser Einschätzung liegt natürlich der Vorwurf, daß der Fachmann, der Philosoph, dazu häufig nicht in der Lage sei. Sie erwächst wohl auch aus der Erkenntnis, daß das Gebiet des Spezialisten zu umfangreich sei, als daß es der Durchschnittsmensch, der in die Alltagspflichten eingebunden ist, überschauen könnte, und läßt Landino zu dem Schluß gelangen, daß das auch gar nicht notwendig sei. Wichtig ist, daß die Früchte dieser Arbeit, die fertigen Ergebnisse, den Mitmenschen zugänglich gemacht werden. Eben dieses ist in Landinos Verständnis die Aufgabe des Rhetors, der damit zum Dolmetscher des Philosophen wird.

Genau das ist auch die Aufgabe, die er sich in *De anima* stellt, auch wenn er auf sein Selbstverständnis nicht mehr expressis verbis abhebt. Der

---

[108] Vgl. Cic. *De orat.* I 84.

mehrmalige Hinweis auf die *"plurima volumina"*, aus denen er das Wichtigste, *"ornate et copiose"* zusammenstellte, und die Betonung der Nützlichkeit dieses Vorgehens sind deutlich genug. Natürlich liegt in dieser Beschränkung auch das Eingeständnis der eigenen Grenzen. Sie ist eine Salvationsklausel und als solche von Landino mit Bedacht gewählt. Denn sie enthebt ihn nicht nur der Notwendigkeit, sondern auch der Gefahr der eigenen Spekulation. Die Gefahr liegt für ihn als Christen darin, in der Erörterung eines derartig vorbelasteten Themas mit den Glaubenssätzen der Kirche in Konflikt zu geraten. Will er nicht die 'doppelte Wahrheit' von Philosophie und Theologie vertreten, stehen diese für ihn als Ziel der philosophischen Erkenntnis und Grenze jeder Spekulation unwiderruflich fest. Das Selbstverständnis als Rhetor ermöglicht ihm eine gezielte Auswahl aus den *"plurima volumina"* (I 2, 23)[109], also den Eklektizismus. Sollte er dennoch einen Fehlgriff tun, kann er sich darauf berufen, daß er die Auffassung eines Spezialisten nur wiedergebe, die er aufgrund seiner begrenzten Kompetenz falsch eingeschätzt habe.

Er hat noch eine andere Sicherung eingebaut: die Dialogform.[110] Alle Wege führen ihn so immer wieder zu Cicero[111], wenn auch aufgrund einer anderen Intention. Der akademischen Skepsis nahestehend vertrat Cicero bekanntlich die Auffassung, daß der menschlichen Erkenntnis höchstens das *"veri simile"* offenstünde, absolute Sicherheit dagegen unmöglich sei. Um sich der Wahrheit möglichst zu nähern, muß aus allen bereits existierenden Lehrmeinungen das Richtige herausgefiltert werden. Um dabei der Gefahr des einseitigen Fehlschlusses zu entrinnen, forderte Cicero das *"in utramque partem disserere"*, den Dialog. Landino dagegen dürfte diese Form gewählt haben, um interessante, aber gefährliche Standpunkte nicht in eigener Person vertreten zu müssen. Bereits in der *Praefatio* zu Ciceros *Tusculanae disputationes*, die ihn mit derselben Thematik schon vor dasselbe Problem stellten, lobt er daher die Vorzüge der Dialogform und ihren Virtuosen Cicero sehr allgemein:

> *"Quae etsi in reliquis quos de philosophia scripsit libris penitus adimpleat* (sc. Cicero), *in hoc tamen se ipsum vicit, in quo epilogum*

---

[109] Vgl. auch II 3, 30-4,1: *"Quandoquidem gravissimas ex* ***variis*** *cuiusque doctioris* ***voluminibus*** *rationes unum in locum congerentes, illasque et eo ordine distribuentes ..."*

[110] Vgl. Marsh, Quattrocento Dialogue, c.I u.II.

[111] Land. *Praef.* 14, 11-15: *"Nam cum duplex in hanc philosphiae speciem progressus pateat, aut* ***disputando*** *aut* ***suadendo****, quid est quod ab eo* (sc. Cicerone) *aut non statim a principio* ***acutissime*** *et* ***plane*** *doceatur aut non deinde* ***graviter*** *et* ***ornate*** *peroretur?"*

> *etiam more oratorum se posuisse profitetur atque, ut in cunctis Platoni suo se simillimum reddat, argumentum omne in* ***dialogum*** *deduxit, cum* ***hic modus,*** *si Proclo, quem et ipsi Graeci inter Platonicos inprimis admirantur, quicquam credimus,* ***reliquos omnes ad persuadendum modos excedat."*** (*Praef.* 14, 29-36)

Aus diesen Überlegungen wird verständlich, warum die philosophisch inhaltlichen Aussagen in den Prooemien so auffällig allgemein und verhalten sind: Landino will sich in eigener Person nicht zu weit hervorwagen.

Daß sein eindeutiges Bekenntnis in den Prooemien zum ciceronianischen Ideal der Verbindung von Philosophie und Rhetorik jedoch nicht nur von taktischen Erwägungen bestimmt ist, zeigen die inhaltlichen Aussagen, die er gefahrlos machen zu können glaubt. Die Rolle der Philosophie als *"magistra vitae"* und *"medicina animi "*, die der ciceronianischen Konzeption zugrunde liegt, die die Spekulation in den Dienst der Ethik stellt, und somit ein Beispiel unter vielen für den allgegenwärtigen römischen Utilitätsgedanken ist, manifestiert sich in der Thematik der Seele:

> *"... ex omnibus philosophiae partibus .... nulla ... uberiores nobis fructus " affert, "quam ea, quae in* ***nostrorum animorum vim*** *ac* ***naturam*** *nos inducit. ... Qua quidem re quid* ***ad suavitatem vivendi iucundius,*** *aut* ***ad ultimum hominis bonum*** *comparandum magis* ***necessarium*** *sit, non reperio."* (I 1, 1-11).[112]

Die Kenntnis des Wesens der Seele ist unumgänglich für die *"vita beata"*. Die Selbsterkenntnis steht im Dienste der Eudaimonie, die alle Menschen erstreben. Warum? Die menschliche Seele hat eine *"divina origo"*, sie ist *"immortalis"*, sie ist *"rationis particeps"* und trägt insofern ein *"divinum quoddam"* in sich. Dieses muß sie verwirklichen, indem sich die Ratio durch die Ausübung der Kardinaltugenden[113] aus den Verstrickungen der

---

[112] Vgl. *Praef.* 10, 34 -11, 27: *"Et quod praeclarius munus divinissimus vir mortali hominum generi affere potuit, quam id, quo et* ***nos ipsos,*** *idest* ***animorum nostrorum vim*** *ac* ***naturam*** *cognoscere possemus (quae res nisi plurimum in se utilitatis, plurimum difficultatis et negotii contineret, profecto Apollinis oraculum, quo hoc ipsum a deo iubemur, non tantopere cuncti pene philosophi laudassent), tum maxime* ***cognita nostra natura*** *quod in ea summum bonum esset, sequeremur. ... magis huic ... debebimus, qui nos ... solida et diuturna, quae* ***ex summa tempestate atque medio naufragio*** *nos* ***in tutissimum portum*** *reducant, subministrat ... 'est profecto ...* ***animi medicina philosophia.'"*** Und über die Erwägungen des Prooemiums hinausgehend: *"haec ... causa est, ... ut tanquam* ***dii inter homines versemur."***

[113] Im Anschluß an das folgende Zitat werden diese an der Person des Adressaten des Dialogs, Ercole d'Este, exemplifiziert.

Sinnlichkeit befreit. Das ist die Antwort des 1. Prooemiums. Das *'nosce te ipsum'* wird stoisch stilisiert als Kampf der Ratio gegen die Affekte, ja sogar den popularphilosophischen Vorstellungen Rechnung tragend, als Kampf gegen die unberechenbare Fortuna[114]:

> *"Quod si hominem ipsum solum ex cunctis animantibus rationis participem* ***divinum quoddam*** *in se continere homines animadverterent, quod, si diligenter excolatur,* ***veram sapientiam*** *ex se parere possit, nulla profecto fortunae iniuria prohiberentur, quin densissimis errorum nebulis depulsis, ex concitissima perturbationum procella in tutum tranquillumque virtutis portum sese reciperent."* (I 2, 6-11)

Erst im 3. Prooemium, das dem Buch vorangeht, in dem die Geistseele behandelt wird, wird der metaphysische Hintergrund dieser Forderung deutlicher. Der Mensch soll sich nicht nur seiner Geistnatur bewußt werden, um sich durch dieses artspezifische Merkmal über die Tiere zu erheben, sondern weil

> *"****ratio*** *ipsa atque* ***mens*** *sola est, qua ita ab illis* (sc. *feris*) *discedimus, ut* ***immortali*** *etiam* ***Deo*** *per illam* ***adhaereamus****."* (III 4, 5/6)

Das ist eine Formulierung des Augustinus. Das Ziel des Menschen, das *"summum bonum"*, die *"vita beata"* liegt in Gott. Daher hält Landino die Menschen *"accumulatissima laude digni"*, die

> *"... omnibus* ***animi cupiditatibus****, quae paene innumeratae sunt,* ***coercitis*** *omnibusque* ***perturbationibus sedatis*** *nihil aliud curaturos, sed tamquam* ***maximas divinasque res speculaturosque ab ipso Deo in hanc vitam se missos*** *existimaverunt."* (III 3, 4-8)

Selbsterkenntnis, d.h. Erkenntnis der eigenen Geistnatur ist nicht Endziel, sondern nur Zwischenstufe auf dem Weg

> *"ad ipsos usque caelos"* (III 4 , 16),

d.h. zu Gott.

> *"Quapropter qui ita se instituerit, ut* ***ea optimis quibusque artibus exculta cum ad reliquas magnas atque praeclarissimas res insurgat****, tum in primis* ***ad sui ipsius originem ascendat****, et* ***quid ipse sit interius scrutetur****, huic ego nihil unquam ex iis,* ***quae ad bene beateque vivendum pertinent****, defuturum putabo. ... in asotorum numero reponendus is est, qui illud nesciat, quo ... modo* ***summique*** *quoque* ***Dei, ardentissima*** *quadam* ***cupiditate*** *inflammati,* ***essentiam*** *nosse tendamus"* (III 4, 6-18)

Selbsterkenntnis führt zur Gotteserkenntnis, die dem endlichen Verstand des Menschen, wie der Autor einräumt, nur eingeschränkt möglich ist.

---

[114] Vgl. Heitmann, Fortuna und Virtus.

Überhaupt möglich ist sie durch die Verwandtschaft der Seele mit Gott; denn nur Gleiches erkennt Gleiches. Dieser Gedanke bleibt unausgesprochen, steht im Hintergrund der Theologie des Augustinus, der sich Landino mit dem folgenden zweiten Zitat eindeutig anschließt. Er erhebt die berühmte Forderung:

> "***Redeat*** *ergo* ***in se mens****, ut se ipsa cognoscat; non enim peregrinam rem, et quae ab ultimis terrarum oris repetenda sit, inquirimus."* (III 4, 22-24)

Natürlich sind es platonische und neuplatonische Vorstellungen im Gewande der christlichen Philosophie des Augustinus, auf die er hier rekurriert. Die Seele auf der Grenze zwischen Geist und Materie, die zweite Emanationsstufe des Einen, das die christlichen Platoniker mit Gott gleichsetzen, hat einerseits Teil an seinem Wesen, ist aber in der Inkarnation an das Irdische, Sinnliche gebunden, das ihr wahres Wesen verdunkelt und ihr die Erkenntnis des Intelligiblen verwehrt:

> *"Exul itaque et per summam miseriam a sua* ***divinitate*** *profugus, solo sensu circa corpora ... versatur* (sc. *animus). Immo profundissimo somno oppressus et Lethaeis poculis ebrius nihil nisi caducum ac mortale somniat."* (III 5, 8-13)

Demnach muß sie sich von der Sinnlichkeit abwenden, sich auf sich selbst, d.h. auf ihre Geistnatur konzentrieren, um zu Gott zurückzufinden:

> *"Quod si aliquando, vel* ***sua nativa vi*** *erectus, vel* ***doctioris meliorisque praeceptis*** *admonitus, vel quod maxime est,* ***divino favore*** *sublevatus, tamquam ex diuturna aut phrenes<i> aut lethargia resipiscens, se excitet, et rationis lumen, idest suum vigorem,* ***corporea hactenus mole obrutum****, ex profundo* ***ad summum*** *educat, potest tum demum* ***in naturam suam reversus****, non modo humana, verum etiam* ***divina*** *intelligere, quorum* ***speculatione****, veluti* ***ambrosia nectareque*** *nutritus, mira omnino et quae mortali lingua nullo pacto exprimi possit, voluptate fruitur ac felix efficitur."* (III 5, 13-22)

Zum ersten Mal in den Prooemien sind es nun original platonische Motive

[115] mit denen Landino diesen Prozeß der 'Verstrickung' und 'Erweckung' beschreibt. Sie sollten im Gedächtnis bleiben; denn sie werden im Dialog selbst in einigen Modifikationen unzählige Male wiederholt werden. Das ihnen zugrundeliegende Σῶμα-Σῆμα-Schema durchzieht den Dialog wie ein roter Faden. Der Gegensatz Sinnlichkeit-Ratio ist die Minimalposition, auf die sich seine Hauptfigur Marsuppini immer wieder zurückziehen wird. Sie ist sowohl dem Christentum als auch jeder - mit Ausnahme der epikureischen - Richtung der abendländischen Philosophie konform.
Im 1. Prooemium hatte Landino diesen Konflikt der Seele im Sinne der Stoa beschrieben. Schaut man auf die von ihm an dieser Stelle angegebenen Lösungsmöglichkeiten, so wird sein Verständnis von der Funktion der Philosophie und seiner eigenen Aufgabe noch deutlicher: Drei Möglichkeiten der Befreiung der Seele gibt es: die eigene Kraft, die Vorschriften der Verständigeren und göttliche Gunst und Gnade. Die zweite ist die Domäne der Philosophie und damit des vorliegenden Dialogs selbst, der auf diese Weise einen Beitrag zur Vervollkommnung des Menschen leistet. Solange die Seele im 'irdischen' Kerker gefangen ist, ist sie rationalen Argumenten alleine nicht zugänglich. Sie benötigt das Stimulans der wohlklingenden *"persuasio"*, um sich schrittweise zu befreien.
Der erste Schritt ist die Erkenntnis der Belanglosigkeit des Irdischen angesichts ihrer Bestimmung der Hinwendung zu Gott.

"Vanitas vanitatum et omnia vanitas" (III 5, 31),

zitiert Landino das unter den Humanisten sehr beliebte Bibelwort. Diese Einsicht ist Ausdruck der

"vera sapientia" (III 5, 23)[116]

Damit überträgt er die Charakterisierung der *"prudentia"* durch Boethius[117] auf die Weisheit. Auch das wird für den Dialog selbst von Bedeutung sein.

---

[115] Vgl. Macr. *Comm.* 1. 12, *7* ff.: *"et hoc est quod Plato notavit in Phaedone animam in corpus trahi nova* ***ebrietate*** *trepidantem ... . arcani huius indicium est et Crater Liberi patris ... ebrietatem illic primum descensuris animis evenire silva influente significans, unde et comes ebrietatis* ***oblivio*** *illic animis incipit iam latenter obrepere. nam si animae memoriam* ***rerum divinarum****, quarum in caelo erant consciae, ad corpora usque defferrent, nulla inter homines foret de* ***divinitate*** *dissensio ... cum vera discimus, ea recognoscimus quae naturaliter noveramus, priusquam materalis influxio in corpus venientes animas* ***ebriaret****. haec est autem hyle, quae omne corpus mundi quod ubicumque cernimus ideis impressa formavit. sedaltissima et purissima pars eius, qua vel sustentantur divina vel constant,* ***nectar*** *vocatur, et creditur esse potus deorum, inferior vero atque turbidior potus animarum. et hoc est quod veteres* ***Lethaeum*** *fluvium vocaverunt."* Landino selbst wird auf diese Passage noch zu sprechen kommen.

[116] Vgl. Macr. *Comm.* 1.9, 1: *"et animae, dum corpore utitur, haec est perfecta sapientia ut, unde orta sit, de quo fonte venerit, recognoscat."*

[117] S. Santoro, Fortuna, 31. Vgl. Boeth. *Cons. Phil.* p.22.

Die Weisheit wird zur *"scientia humanarum divinarumque rerum".*
Hat die Seele die *"res humanae"* erkannt, kann sie sich im zweiten Schritt den *"res divinae"*, ihrer eigentlichen Bestimmung zuwenden. Für den gesamten Prozeß hat Landino noch ein anderes, zu seiner Zeit ebenfalls beliebtes Bild:

> *"Quapropter hominum stultitias vel ut alter* ***Heraclytus*** *miseratur* (sc. *animus*), *vel* ***Democritus*** *risu explodit, omnibusque quae temporanea sunt et ex solo corpore pendent, aut omnino abiectis, aut inter extrema saltem humillimaque reiectis, solis divinis incumbit, ex quibus ipse* ***alter paene deus*** *efficitur."* (III 5, 21-6, 4)

Bedeutsamer als das Motiv des lachenden und des weinenden Philosophen [118], das Ficino so sehr schätzte, daß er damit einen Raum seiner Villa Careggi ausmalen ließ [119], ist die Charakterisierung des Zustandes, den die menschliche Seele dann erreicht. *"Deus fieri"*, das ist, abgeleitet aus dem platonischen *Theaitet* [120], die plotinische Formel für die Bestimmung der Seele [121]. Sie ist nicht ausschließlich heidnisch, sondern gehört zum Vorstellungskreis der *"dignitas hominis"*, wie sie von einigen Kirchenvätern, vor allem von Laktanz, übernommen wurde. [122]
Schon damals wurde sie neben verschiedenen anderen Gesichtspunkten, wie dem aufrechten Gang des Menschen, der ihn dem Himmel näherbringe, dem Besitz der Ratio, wie sie auch schon Cicero anführt, insbesondere in Verbindung mit der Auslegung von Gen. I 26, *"faciamus hominem ad imaginem nostram"*, zu dem entscheidenden Argument für die Würde und herausragende Stellung des Menschen, die in seiner Geistnatur und der darin begründeten Verwandtschaft zu Gott bestehe.
Von den Humanisten wurde sie daher bereitwillig aufgegriffen, was zeigt, welche Kluft zwischen ihnen und einer Schrift wie *De miseria humanae vitae* von Papst Innozenz III. im 11. Jh. liegt. Der Mensch ist nicht mehr im 'Jammertal'. Er ist nicht nur Gott verwandt, er hat sogar aufgrund seiner Stellung als Bindeglied zwischen Geist und Materie als einziges Wesen die Wahl, zu welcher Seite er sich wendet, zum Irdischen oder Geistigen. Wählt

---

[118] Zur Herkunft des Motivs vgl. Buck, Democritus et Heraclitus, der seine Entstehung von Seneca über Iuvenal und Lukian nachzeichnet.

[119] Kristeller, Philosophie, 277. Er führt folgende Belege an: Fic. *Op. om.* 636,637 und 638. Für Näheres zum Abhängigkeitsverhältnis Landinos zu Ficino s. Anhang.

[120] 176 b.

[121] Plotin I 2 [19] 6, 3: "ἡ σπουδὴ οὐκ ἔξω ἁμαρτίας εἶναι, ἀλλὰ θεὸν εἶναι."

[122] Vgl. Garin, La *"dignitas hominis"*.

er den Geist, besinnt er sich auf den vornehmeren, ihn vor allen anderen Lebewesen auszeichnenden Teil seiner Natur und wird so Gott als rein geistigem Wesen ähnlich, wird zum *"alter deus"*. Wählt er dagegen die Materie, wird er zum Tier. Pico della Mirandola entwickelte in seinem berühmten Werk *De dignitate hominis* diesen Gedanken bis zur letzten Konsequenz, indem er den Menschen durch die Möglichkeit der Wahl sogar vor den Engeln ausgezeichnet sehen wollte, da diesen als rein geistigen Substanzen eine derartige Alternative nicht zu Gebote stünde.[123] Landino konnte diese Vorstellung bei Macrobius[124] finden, kannte sie aber wohl auch von Ficino[125].

Er führt das Motiv an dieser Stelle nicht weiter aus und räumt ihm auch im Dialog selbst nicht die Bedeutung ein, die das Werk eines platonisierenden Humanisten erwarten läßt. Vielleicht erschien ihm diese Behauptung zu kühn für einen *"rhetor"*, der nur Tradiertes vermitteln, nicht aber eigene Vorstellungen entwickeln will. Um so erstaunlicher ist es, daß er sie gerade in den Prooemien wagt. Sie erscheint fast als 'Ausrutscher' in diesen einleitenden Bemerkungen, in denen nicht einmal Platos Name fällt. Auch wenn diese Allgemeinheit der Aussage unbefriedigend ist, bleibt festzustellen, daß Landino eine verhaltene Sympathie für die platonische Weltsicht bekundet. Die Aufforderung zur Innerlichkeit und zur Hinwendung zum Intelligiblen, der die Auffassung von der Geistverwandschaft der menschlichen Seele zu Gott zu Grunde liegt, sind von grundlegender Bedeutung für die spätere Behandlung des Erkenntnisproblems[126] und die Beweise der

---

[123] Pico, *De dign. hom.* 28: *"Statuit tandem optimus opifex, ut cui dare nihil proprium poterat commune esset quicquid privatum singulis fuerat. Igitur hominem accepit indiscretae opus imaginis atque in mundi positum meditullio sic est alloquutus: 'nec certam sedem, nec propriam faciem, nec munus ullum peculiare tibi dedimus, o Adam, ut quam sedem, quam faciem, quae munera tute optaveris, ea, pro voto pro tua sententia, habeas et possideas ...' O summam Dei patris liberalitatem, summam et admirandam hominis felicitatem! cui datum id habere quod optat, id esse quod velit. Bruta simul atque nascuntur id secum afferunt, ut ait Lucilius, e bulga matris quod possesura sunt. Supremi spiritus aut ab initio aut paulo post mox id fuerunt, quod sunt futuri in perpetuas aeternitates."*

[124] *Comm.* 2. 11,6: *"et haec sit praesentis operis consummatio ut* ***animam*** *non solum immortalem, sed* ***deum*** *esse clarescat."*

[125] *Th.Pl.* II 46: *"Quis enim dubitet contemplationem nostram supernis esse persimilem, cum per eam animus, ut caelestes illi, seipsum et opera sua consideret, investiget quoque supernas causas earumque effectus, item ab effectibus inferioribus per medias causas usque ad causam supremam ascendat, atque vicissim a suprema causa usque ad infimos eventus circulo remeet? Ubi videtur universam divini operis seriem non alia virtute quam divina complecti, et* ***tamquam deus aliquis*** *illustrare."*

[126] Grundlegend hierzu: Cassirer, Erkenntnisproblem, I 72-114.

Unsterblichkeit. Des weiteren deutet sich schon hier ein möglicher Widerspruch zwischen der Vorliebe für eine spekulative Philosophie einerseits und einem äußerst praxisorientierten Verständnis von der Funktion der Philosophie andererseits an. Warum wird Menschen des politischen Lebens eine Philosophie an die Hand gegeben, die zur Abwendung vom Irdischen aufruft? Das nun folgende Gespräch gibt z.T. eine Antwort, wie es umgekehrt in manchen Fragen nur von den Aussagen der Prooemien her verständlich ist.

Die Scheu, den Namen des Philosophen zu nennen, dem diese Vorliebe gilt, überwindet der Autor dort jedenfalls im Schutze der fiktiven Figur Marsuppinis in den ersten Zeilen.

2.3 Buch I: Die Definition der Seele und ihr Ursprung

2.3.1 Einleitung: Plato als Schirmherr der Untersuchung

Zunächst erfolgt die Einführung in die Dialogsituation: Der junge Landino kommt an einem Ostertag zu seinem Lehrer Marsuppini, bei dem auch Toscanelli zu Gast ist. Er nutzt die Gunst der Stunde, da zwei so gelehrte Männer beisammen sind, seinen Lehrer zu bitten:

> *"Age igitur, bene volente Deo: explica primum* ***quid anima sit undeque illi origo existat,*** *deinde* ***quo pacto, in corpore constituta, suas vires exerceat:*** *postremo* ***sitne post interitum hominis incolumis duratura."*** (I 9, 4-7).

Damit ist der Ablauf des Gesprächs vorgegeben. Nachdem Marsuppini die Schwierigkeit des Themas gebührend herausgestellt hat, erklärt er, von welcher Seite er sich Hilfe verspricht:

> *"Quo in loco, quis divini Platonis ingenium, ut in aliis rebus, sic et in hac, non iure summopere admiretur?"* (I 9, 18/19).

Plato wird zum Schirmherrn der Untersuchung. Er habe auch die Methode der Behandlung dieser Frage bereits vorgegeben. Marsuppini stellt eine Untergliederung vor, die an eine scholastische *Quaestio disputata* erinnert. Hier übernimmt Landino, wie bereits erwähnt, ohne Quellenangabe, aber mit einigen bezeichnenden Änderungen, die Einleitung Bessarions zum Kapitel über die Seele im II. Buch seiner Schrift *In calumniatorem Platonis*:

Landino	Bessarion
"Ille enim, cum animorum nostrorum naturam investigandam aggrederetur,omnem quam ***de rebus materia carentibus quaestionem assumimus, duplicem esse*** *oportere ostendit: unam,* ***cur sint****, alteram,* ***quid sint****. Cur autem sint cum quaeritur id maxime quaeri videtur:* ***sitne causa*** *unde, veluti a sua effectrice, proveniant animae, an, ut Democritiis Epicureisque placet, temerario quodam casu extent, et fortuito atomorum concursu. Primum igitur quaerit sitne*	*"Cum* ***duplex de rebus immaterialibus quaestio sit:*** *una* ***cur sint****, altera* ***quid sint****, et de* ***causa*** *quidem, cur sint, agatur, tum causane vacent necne et spontene, an a deo productae sint, quaerimus, quid sint vero, indagemus, tum substantiane an accidens sint, scrutamur. Primum, an producta a deo anima sit, quaerendum est, mox quid sit, tum invento iam genere, in quo sit, quoniam bifariam genus omne dividitur - aut enim potentia aut actu est, ut ovum potentia*

adeo producta anima; mox etiam quid sit investigat; inde, adinvento ipso genere, id negocii tertio loco imminere putat, ut id cogitetur: ***sitne veluti potentia quaedam substantiae accomodata, an veluti actu subsistens natura existamanda sit.*** *Omne enim genus, ut res dilucidius exprimatur, bifariam dividere consuevere, ut aut potentia, aut actu id esse ostendatur. Dicunt ovum esse animal, dicunt et semen arborem, quoniam in utroque innata facultas sit ut hinc arbor, inde avis producatur; sed potentia solum. Pullus autem ab ovo profectus et laurus, quae a sua bacca coaluit, non iam sola potentia, sed actu quoque illa avis, haec arbor existit. Cum vero haec explicata iam fuerint,* ***de innata huiuscemodi facultate atque de actione animae cogitandum*** *putat, quandoquidem omnem essentiam et sua simul facultas et actus subsequatur. Neque tamen, cum huc pervenerimus, omnia explorata sunt; sed praeter ea, quae iam dixi, adhuc inquirendum videtur, cum animati corporis forma sit anima,* ***antene corpus fuerit an post corpus, an eodem tempore corpus animaque extiterint.*** *Quaesivit praeterea divinus ille vir* ***an*** *animal est, semen planta; sed avis non potentia, sed actu animal est, et arbor planta - idcirco tertio loco considerandum est,* ***utrum tamquam potentia quaedam subiecta et substantiae accomodata, an tamquam actu subsistens natura existimanda sit.*** *Ad haec* ***de eius potentia et actione cogitandum.*** *Omnis enim substantia et potentiam consequentem habet et actionem simul. Item, cum anima corporis animati forma sit,* ***utrum ante corpus, an post corpus, an una cum corpore sit,*** *investigandum. Et si ante corpus,* ***utrum post corpus etiam permaneat, an una cum corpore intereat.*** *Et si permanet, utrum, postquam multa subiit corpora seque in diversa saepenumero transtulit, ultimo tandem corpore exusta ipsa etiam moriatur,* ***an omnino incorruptibilis immortalisque sit*** *, atque ut ante omne corpus est, sic etiam post omne corpus perpetua maneat.*

Scrutandum praeterea, ***an partibilis necne sit,*** *et si partibilis, utrum ut corpus, an ut ars et scientia in partes scindatur. Sunt enim et medicinae partes et philosophiae. At si impartibilis est, simplexne omnino natura sit et nullius multi-*

post corporis interitum incolumes evadant animi; *quaesivit itidem possetne* ***plures in partes dividi anima;*** *et si dividatur, sitne existimandum ipsam, veluti ea quae corpus sunt, in varias partes secari, ut manus a bracchio scindatur, et a cruribus pedes; an potius, sicuti dicimus artis aut disciplinae alicuius partes, sic dicamus et animi. Quod si indivisibilis est, sitne simplex omnino illius natura et nullius multitudinis capax, an partium quidem numerum nullum, vires vero, quas et virtutes dicimus, habeat multas. Nec est quod dicas hoc plurimi non referre, nam pars alia ab alia substantivo quoque differt: non enim in eodem caput pectusque sunt. Virtus vero a virtute sola actione distat. Nec investigare intermisit* ***sitne eadem omnium animarum forma an plures et diversae;*** *quod, si diversae differant, ne etiam genere quemadmodum et forma. Postremo, ne quid ex iis quae ad hanc inquisitionem pertinent praetermitteret, diligentissime disputavit* ***essentne plures in eodem animae, ut in te alia sit qua vigeas, alia qua sentias, alia qua appetas, alia postremo, qua intelligas;*** *an omnes eiusdem sint animae, sive partes, sive vires. Et si partes, utrum ratio-tudinis capax, an partium quidem multitudinem nullam, potentias vero, quas etiam virtutes dicimus, habeat multas. Hoc enim plurimum refert, siquidem pars a parte subiecto differt, virtus autem a virtute actionis sive operationis diversitate. Post haec,* ***utrum omnes animae sub eadem specie contineantur, an sub diversis.*** *Et si diversae species sunt, utrum genere etiam differant, quem ad modum anima hominis et anima equi. Si differunt specie, an sint etiam genere diversae. At quamquam homo et equus sub uno animalis genere comprehenduntur, animae tamen eorum non sub eodem animae genere conveniunt. Quaerere etiam dignum est,* ***pluresne animae sint in unoquoque animali ut vegetativa, nutritiva, sensitiva, appetitiva, intellectiva, an haec unius animae partes seu virtutes dici debeant.*** *Et si partes unius animae sunt, utrum et ratione et subiecto inter se differant, an ratione diversae, subiecto eaedem sint.* (*In cal. Plat.* 139, 15 -141, 11)

ne et substantivo differant, an ratione quidem diversae substantivo vero non diversae existant. (I 9,19 -10-25)

Diese Passage ist deshalb so ausführlich zitiert worden, weil sie das genaue Programm des Dialogs liefert, das der Autor im Prooemium verschwiegen hatte. Das Thema der Seele soll von der platonischen Philosophie her erörtert werden. Die vom jungen Landino eingangs vorgeschlagene Gliederung der Untersuchung wird weiter differenziert. Es handelt sich gewissermaßen um ein Inhaltsverzeichnis. Daher ist es besonders aufschlußreich, daß Landino ausgerechnet diese zentrale Stelle aus einer Vorlage entnimmt. Sie ist also nicht das Ergebnis seiner eigenen Überlegungen. Sein gesamtes Vorhaben macht er damit von den Ausführungen einer - allerdings ungenannten - christlichen Autorität abhängig. Da er dieser jedoch nicht bedingungslos folgen will, sondern sie für seine abweichende Intention nutzen will, sieht er sich zu einigen bezeichnenden Modifikationen veranlaßt. Bezeichnend insofern, als daß sie die typische Methode des Eklektikers und Kompilators darstellen: Die Kunst, das Richtige wegzulassen und die Aussagen der Vorlagen durch unaufdringliche, sprachliche Abwandlungen des Textes zu verändern. Von daher ist eine exemplarische Analyse dieser Stelle für Landinos Behandlung der Vorlagen von Interesse: Inhaltlich führt die nähere Aufschlüsselung der Fragestellung des jungen Landino, zu folgenden Gesichtspunkten: die Gottgeschaffenheit der Seele, ihre Substanz im Verhältnis zu Akt und Potenz, ihre Handlungsweise, ihre (Un-)sterblichkeit, ihre (Un-)teilbarkeit, ihr Verhältnis zu ihren Vermögen. Einem Leser, der sich auf Landinos Darstellung beschränkt, entsteht der Eindruck, daß Plato selbst eine geschlossene Abhandlung über die Seele verfaßt und einleitend diese Vorgehensweise vorgeschrieben habe.

"Ille enim .... ostendit",

läßt Landino seinen Lehrer beginnen und entwickelt den folgenden Gedankengang mit Plato als persönlichem Subjekt. Die Absicht ist eindeutig: Plato wird so zur Autorität für alle angeführten Gesichtspunkte gemacht, völlig unabhängig davon, ob diese Zuweisungen sachlich richtig oder auch nur historisch möglich sind. Man denke nur an die Einteilung in Akt und Potenz und die Frage des Verhältnisses der aristotelischen (!) Seelenvermögen zur Seele selbst. Geschickt ist damit ein Rahmen vorbereitet, in den die unterschiedlichsten philosophischen Lehren eingearbeitet werden können.

Um dies zu erreichen, waren allerdings einige kunstvolle Abänderungen der

Vorlage erforderlich.
Die subtilste wurde bereits genannt: Der Wechsel von der unpersönlichen Satzkonstruktion Bessarions zum persönlichen Subjekt der 3. Person singularis, das 'Plato' ausfüllt. Bessarion argumentiert nämlich wissenschaftlich wesentlich korrekter. Er formuliert zunächst die Fragestellung, wie sie die Philosophie/Theologie seiner Zeit angehen würde, um dann im Anschluß zu überprüfen, ob Plato diesen Ansprüchen gerecht wird, ob sich zu jedem der aufgeführten Gesichtspunkte bereits eine Antwort in seiner Philosophie finden läßt:

> *"Iam de anima quid Plato senserit, explicabo. Vos ... an digna potius illustri magnoque ingenio ita, ut neque melius neque sublimius neque divinius ab homine* ***dumtaxat verae fidei lumine non illustrato dici potuerint****, iudicabitis. Cum ...* ***quaestio sit*** *..."* (*In cal. Plat.* 139, 10-15)

Diese einleitenden Überlegungen hat Landino dann auch wohlweislich nicht übernommen.
Auch ein Blick auf den Abschluß der Passage ist in diesem Sinne aufschlußreich. Marsuppini resümiert:

> *"Haec ille; atque hoc, quo demonstravimus, ordine,* ***divine potius quam humane disputat.****"* (I 10, 26-27)

Der junge Landino äußert sich begeistert über diese

> *"Platonis divisio"* (I 10, 30),

die ihm bisher unbekannt gewesen sei, und bittet:

> *"Itaque, si cetera omnia ad ea quae proposui capita* ***revocari*** *possunt, facies tu id quidem"* (I 10, 31/2).

Worauf Marsuppini mit einer Seneca-Reminiszenz antwortet:

> *"****Revocabuntur*** *profecto, quod si minus vocantem audierint, potuerunt vel* ***invita attrahi.****"* (I 10, 34/5),

um dann sofort zum ersten Punkt, der Frage nach dem Wesen der Seele überzugehen.
Ganz anders verfährt dagegen Bessarion. Er resümiert:

> *"Haec de anima* ***quaeri*** *maxime* ***solent*** *et cognita perspectaque scientiam eius absolute* ***perficiunt.****"* (*In cal. Plat.* 141, 12).

Nochmals macht er sein Anliegen deutlich:

> *"Animadvertendum ergo,* ***an Plato de his omnibus disseruit omnesque huiusmodi locos****, quantum* ***gentilis hominis ingenium*** *assequi potuit,* ***plene perfecteque tractaverit.****"* (*In cal. Plat.* 141, 13-15).

Nochmals verweist er darauf, daß ihm daran gelegen ist, die Lehren eines heidnischen Philosophen zu überprüfen, dem die Erkenntnisse der christlichen Offenbarung nicht zugänglich waren, und macht anschließend seine Intention unmißverständlich deutlich:

> *"**Neque** enim, ut saepe dixi, **Christianum** mihi animus est **ostendere Platonem**, sed inspiciendum censeo, an **magis consentaneae sint nostrae religioni Platonis de anima opiniones quam Aristotelis** ....".* (*In cal. Plat.* 141, 15-19)

Es versteht sich nun mittlerweile von selbst, daß Landino diesen Standpunkt nicht übernimmt. Vielmehr wird sich sogar zeigen, daß er Plato vorbehaltslos in die christliche Heilsgeschichte einordnen wird.

Abschließend noch eine Bemerkung zu Sprache und Stil von Landinos Adaption: Hier zu Beginn gibt er gleich ein Paradebeispiel humanistischer Eloquenz:

- Prägnante, kurze Formulierungen Bessarions werden aufgelöst in Nebensätze, die oft mit der zweiten Person der Gesprächssituation (und damit indirekt auch dem Verhältnis Autor - Leser) angepaßt werden:

Landino	Bessarion
"Nec est quod dicas hoc non plurimi referre .."	*"Hoc enim plurimum refert ..."*
"Nec tamen, cum huc pervenerimus, omnia explorata sunt;"	*"Item ..."*
"Omne enim genus, ut res dilucidius exprimatur..."	*"... quoniam omne genus ..."*

- Falls möglich werden Fachtermini in klassisches Latein übertragen:

"innata facultas"	*"potentia"*
"(anima) qua vigeas, qua sentias ..."	*"vegetativa, nutritiva, sensitiva.."*

- Beispiele werden eingefügt oder ausgeschmückt, sei es, um die eigene Gelehrsamkeit zu demonstrieren, sei es, um einfach durch eine hübsche Vorstellung Wohlgefallen zu erzeugen:

"... an, ut Democritiis Epicureisque placet, temerario quodam casu extent ..."	*"... causane vacent necne spontene"*
"Pullus autem ab ovo profectus et laurus, quae a sua bacca coaluit, non solum potentia, sed actu quoque illa avis, haec arbor existit."	*"... sed avis non potentia, sed actu animal est, et arbor plata"*

Diese Modifikationen Landinos sind Ausdruck seines Bemühens um das *"ornate et copiose dicere"*, zu dem er sich im Prooemium bekannt hat. Sie sind unerläßlich, um das Werk zumindest formal zu vereinheitlichen, und den vielen Versatzstücken aus unterschiedlichen Vorlagen den 'Stempel' Landinos aufzudrücken.
Schon jetzt verläßt er diese erste Vorlage, um sich der Definition der Seele zuzuwenden.

2.3.2 Die Definition der Seele

2.3.2.1 Doxographie

Marsuppini beginnt mit einer Doxographie, die sich in ihrer Einteilung an der des Aristoteles in seiner gleichnamigen Schrift orientiert, und zunächst die von Aristoteles genannten Philosophen, mit Ausnahme Platos, berücksichtigt, dann aber weit darüber hinaus geht. Sie ist sehr umfangreich, schließt die Vorsokratiker, die Atomisten, die alte Stoa, aber auch mythische Figuren, wie Orpheus, ein, beschränkt sich jedoch auf die vorchristliche Philosophie. [127] Es soll deutlich werden, daß in der Antike die Grundlagen für die christliche Theologie/Philosophie gelegt wurden. Um diese Aussage zu unterstreichen, unterbricht Landino diese Doxographie mit einem eigenwilligen

Exkurs zur Philosophiegeschichte:

Mit seiner Überzeugung von der Bedeutung der antiken Philosophie versucht er offensichtlich, sich von der zeitgenössischen Philosophie abzugrenzen. So äußert sich der junge Landino voller Bewunderung über

---

[127] Als Quellen kommen neben dem aristotelischen Vorbild und den Werken Ciceros wohl vor allem die *Vitae philosophorum* des Diogenes Laertios in Frage, die Ambrogio Traversari 1433 ins Lateinische übersetzte. Sie fanden in Florenz großes Interesse. Vgl. Stinger, Traversari, 73 ff. Zum Grundstock der Doxographie der Seelendefinition, wie er sich bei Cicero, *Tusc.* 1,18; Aetios, *Plac.* 4,3 u.2; Stobaios *ecl.* I 318, 19 f und Nemesios von Emesa, *De nat. hom.*, c.II findet, vgl. Dörrie, Symmikta Zetemata, 117 ff. Da, wie sich im folgenden zeigen wird, Landino die Schrift des Nemesios als Vorlage benutzt hat, stand ihm natürlich auch deren Doxographie zur Verfügung. Doch lassen sich keine spezifischen Übereinstimmungen, sondern vielmehr Abweichungen nachweisen. So übernimmt Landino weder die platonische Seelendefinition, die er dort bei Nemesios lesen konnte (*"substantia intelligibilis ex se ipsa mobilis secundum numerum enarmonicum"*), noch die pythagoräische (*"numerus se ipsum movens"*).

den Eifer, mit dem die 'alten Griechen' - vorausgehend waren die Definitionen der Vorsokratiker und der alten Stoa behandelt worden - dieses schwierige Problem angegangen seien, wenn ihnen auch dessen Lösung weder inhaltlich noch formal vollkommen geglückt sei [128]. Wesentlich sei, daß sie bereits die Fragestellung richtig formuliert hätten, was schwieriger sei, als anschließend von dieser Grundlage aus zur endgültigen Antwort zu gelangen. Mit dieser Feststellung holt er zum Schlag gegen seine Zeitgenossen aus:

> *"Quo etiam fit, ut maiori quodam stomacho* ***nostrae aetatis hominum arrogantiam*** *indigner, qui, cum neque excellentia ingenii neque tolerantia laborum quicquam ex se assecuti sint, sed* ***felicitate temporum haec****, quae ab illis qui inter nos et eos, quos paulo ante in disputationem adduxisti, intercesserunt, per multa saecla elaborata infinitorum paene scriptorum voluminibus depicta, ac postremo viventium praeceptorum vocibus usque ad fastidium quotidie decantata sunt,* ***verius quam prisci philosophi teneant****; illos tanquam hebetes rudesque ludibrio habeant; ac non potius in eo quod egerint, tanquam bene de nobis meritos, laudent, in eo vero quod assequi non potuerint humanae imbecillitati, quae nihil simul et inchoare et absolvere valeat, non modo veniam tribuant, sed quadam insuper commiseratione dignos iudicent."* (I 17, 8-19).

Wer sind nun diese *"homines nostrae aetatis"* ? Es kann sich dabei nur um Gelehrte handeln, die sich ebenfalls mit philosophisch-theologischen Problemen wie dem der Seele befassen, also um die Philosophen der traditionellen Scholastik, d.h. im 15. Jahrhundert der "tarda scolastica". Mit dem Angriff auf diese Gegner bewegt sich Landino in guter humanistischer Tradition.[129] Sie werden ausdrücklich getrennt von denjenigen,

> *"qui inter nos et eos, quos paulo ante in disputationem adduxisti "*.

Platz in diesem Zeitraum finden demnach Plato, Aristoteles - sie sind bis jetzt noch ausgespart worden -, die Kirchenväter und sogar die Vertreter der Hochscholastik, die auf die *"principia"* aufbauend ein philosophisches Lehrgebäude entwickelt haben, das für alle Zeitgenossen und für Landino selbst (!) noch Gültigkeit hat (*"verius teneant"*). Wogegen richtet sich dann seine Kritik? Eindeutig greift sie nicht die inhaltlichen Aussagen der zeitgenössischen Philosophie an. Sie tadelt vielmehr ihre angebliche Mißachtung der antiken Vorgänger, die Mißachtung der Tatsache, um es

---

[128] *"Magna enim profecto vel minorum etiam artium auctoribus gratia habenda est, cum promptius multo procliviusque sit plurima atque egregia inventis addere, quam ipsa principia qualiacunque sint, adinvenire.* (I 17, 5-8)

[129] Vgl. Analyse der Prooemien 2.2.

mit Bernardus Silvestris zu sagen, daß sie "Zwerge sind, die auf den Schultern von Riesen sitzen, so daß sie mehr und weiter sehen können als diese, (aber) keineswegs durch die Schärfe der eigenen Augen oder ihre eigene Körpergröße, sondern weil sie emporgehoben werden durch die Größe der Riesen."[130]

Liegt aber in dieser Tirade auch der Vorwurf der mangelnden Originalität? Die Gegner werden beschrieben als Gelehrte, die durch die Gunst der Stunde nur stumpfsinnig das wiederzugeben brauchen, was ihre Vorgänger bereits vollständig entwickelt haben, die also selbst die Leistung der *"inventio"* nicht erbracht haben. Andererseits verfährt Landino nach eigener Aussage (s.o.) selbst auch nicht anders, wenn er das Wissen über die Seele aus den *"diversa volumina"* zusammenträgt. So ist dieses Wortgeklingel ein Indiz für das Dilemma der Humanisten in der Auseinandersetzung mit der zeitgenössischen Scholastik. Sie fordern die Rückbesinnung auf die Antike, fühlen sich aber dennoch an das christliche Dogma gebunden und können daher die scholastischen Lehren nicht angreifen, sondern der unliebsamen Konkurrenz nur Marginalien vorwerfen, wie hier eine gewisse Selbstüberschätzung (*"arrogantia"*), oder ein barbarisches Latein. Für eigene Überlegungen müssen sie immer wieder ihre Vereinbarkeit mit den Lehren des Gegners beweisen. Der Respekt Landinos vor den scholastischen Gelehrten läßt sich nicht zuletzt daraus ablesen, daß er diese Tirade sich selbst als jugendlichem Heißsporn in den Mund gelegt hat, dem man einen solchen Temperamentsausbruch eher verzeiht als dem abgeklärten, weisen Lehrer.

Er hat aber noch ein anderes Ziel, das erst deutlich wird, als Marsuppini unter dem Vorwand, seinen Schüler zu besänftigen, die Argumentation in eine überraschende Richtung lenkt: Nicht die Zeitgenossen werden in Schutz genommen, vielmehr wird das Verdienst der Griechen in Frage gestellt:

> *"Sed vide ne de Graecis falsa quaedam concipias."* (I 17, 21)

Sie können nicht für sich in Anspruch nehmen, die Philosophie entdeckt zu haben, sondern das sei die Leistung der Ägypter. Und so bemüht sich Marsuppini dann auch nachzuweisen, daß die griechischen Philosophen von den drei mythischen Dichtern Orpheus, Musaios und Melampsos über die 7 Weisen, über Homer, Pythagoras, Demokrit bis zu Plato ihr Wissen dem Kontakt mit Ägypten verdanken, Plato insbesondere den *"fontes Trimegisti*

---

[130] J. Sarresberienses, *Metal.* III, c. 4: *"Dicebat Bernardus Carnotensis, nos esse quasi nanos, gigantium humeris insidentes, ut possimus plura eis et remotiora videre, non utique proprii visus acumine, sed quia in altum subvehimur et extollimur magnitudine gigantea."*

Mercurii". Der Nachweis Homers ägyptischer (!) Herkunft liegt ihm dabei besonders am Herzen. Er bemüht die einschlägigen Stellen der *Vitae Homeri* und der *Antologia Palatina.*[131]
Diese *"levissima natio"*, wie Marsuppini die Nation seines *"Plato divinus"* entsprechend der römischen Einschätzung apostrophiert, schmückt sich also mit fremden Federn und kann nicht für sich in Anspruch nehmen, was der junge Landino als ihre größte Leistung gepriesen hatte, die *"principia"* gefunden zu haben. Ihr Verdienst liegt in der Vermittlung dieses unschätzbaren Wissens, zu dem die Ägypter als erste gelangten.
Dieselben Ressentiments gegenüber den Griechen äußert Landino bereits in der *Praefatio in Tusculanis* teilweise in wörtlicher Übereinstimmung. Es handelt sich hier demnach um eine feste Überzeugung. Die Einschätzung, daß die Griechen sehr leichtfertig seien, allein könnte als schlichte Übernahme der Auffassung seines großen Vorbildes Ciceros erklärt werden, der ja von demselben Zwiespalt der Bewunderung der Leistungen der Griechen, vor allem Platos, einerseits und der Ablehnung ihres Temperaments andererseits geplagt war. Doch die Originalität hat er ihnen, wenn auch zähneknirschend zugebilligt. [132] Was bewegte also Landino zu einer solchen Aussage? Es ist in der Forschung die These aufgestellt worden, daß sie Folge der Rivalität Landinos mit seinem byzantinischen Kollegen Argyropulos gewesen sei, den Landino auf diese Weise 1456 in der *Praefatio* nach seinem Amtsantritt und 1471 mit diesem Dialog nach seinem Ausscheiden angegriffen habe. [133] Diese Annahme läßt sich bis jetzt

---

[131] Um zu demonstrieren, daß die Herkunft Homers nicht eindeutig feststeht, zählt Landino zwei Versionen der Homer-Viten auf: Nach der *Vita Homeri* V wurde Homer im ägyptischen Theben geboren, nach der *Vita* VII war er der Sohn eines Flußgottes aus Smyrna. Des weiteren erwähnt er den Wettstreit der sieben Städte um die Herkunft des Dichters (*Ant. Pal.* 294 und 298). (I 17, 32 - 18, 4)

[132] Cic. *De orat.* I 13.

[133] Cardini, La critica, 67 ff, insbs. 80ff.

weder endgültig beweisen noch widerlegen.[134]

Ein näherer Blick auf die in Rede stehende Stelle der *Praefatio* macht eine andere Erklärung wahrscheinlicher, die noch durch später zu behandelnde Passagen Unterstützung erhalten wird:

<u>*De anima*</u>	<u>*Praefatio*</u>
*"Nam, ut quaedam in tam numerosa hominum turba praeclarissima ingenia extitisse non negarim, ita nec ipsos philosophiae repertores ullo pacto assentiar. Ut enim vetustissimis huius nationis scriptoribus exordiar, **Orpheus** primo, **Musaeus** et **Melampus** quicquid aut de veteri **theologia**, aut de rerum principiis scripserunt, id omne de **sacerdotibus** cogno-*	*"Nunc vero non id vobis oneris imponitur, optimi adolescentes, ut ab ultimis terris aut ab ipsis bonarum omnium artium inventoribus Aegyptiis, longa quadam navigatione et maximis terrarum periculis haec petenda sint, quod prisci illi e Graecia praestantissimi viri, **Linus, Orpheus, Musaeus,** ac deinde **Atheniensis Solon, Thales Milesius, Pythagoras***

[134] Es sind bis jetzt keine namentlichen Angriffe Landinos auf Argyropulos bekannt. Eines der Hauptargumente Cardinis für eine eventuelle Auseinandersetzung Landinos mit dem Griechen ist dessen Ablehnung Ciceros und seines Ideals der Verbindung von Philosophie und Rhetorik. Er zitiert als Beleg eine Bemerkung Polizians, derzufolge sich Argyropulos unter Hinweis auf Ciceros Fehlinterpretation der aristotelischen Seelendefinition der ἐνδελέχεια (!) äußerst abfällig über die philosophischen Fähigkeiten des Römers geäußert habe. (Cardini, La critica, 75 Anm. 14, Zitat *Opera*, Venetiis 1498, Biiv-iii.) Seigel, Teaching , 244 ff - dort zitiert er auch Garin in diesem Sinne - hält dies für eine Polemik Polizianos (ähnl. auch Field, Origins 124, Anm. 58). Doch wird übereinstimmend darauf verwiesen, daß das Bemühen des Argyropulos um eine quellengetreue, historisch und sprachlich exakte Interpretation des Aristoteles mit der ciceronianischen Einstellung kollidieren mußte. Vgl. auch Garin, Medioevo, 236 ff. Doch scheint fraglich, ob daraus ein Gelehrtensteit mit Landino entstand. Erstens übernimmt Landino in *De anima* die Korrektur des Griechen. Zweitens lehrten beide auf unterschiedlichen Gebieten. Drittens konnten Landinos Vorwürfe an die *"levissima natio"*, die sich mit dem schönen rhetorischen Schein schmücke, einen Gegner der Rhetorik wohl kaum treffen. Ebensowenig konnte Argyropulos vorgeworfen werden, die Quellen der Philosophie nicht zu würdigen. Die Tirade des jungen Landino, die Cardini ebenfalls auf Argyropulos beziehen will, ginge damit ins Leere. Es mag sein, daß die 'Liebe' der beiden Professoren aufgrund ihrer unterschiedlichen Einstellungen nicht besonders groß war. Aber es ist unwahrscheinlich, daß Landino sich mit so ungerechtfertigten und unpassenden Vorwürfen lächerlich gemacht hätte. In seinem Dialog *De vera nobilitae,* der 1482 erschien, erwähnt er Argyropulos darüber hinaus völlig neutral, wenn nicht sogar positiv: *"Hunc* (sc. *Argyropylum*) *secuti sunt ex eius auditoribus viri nobiles Azaroli duo Petrus ac Donatus, Alamannus Rinuccinus qui cum iam diu dicendi artificio assiduisque declamationibus haud mediocri eloquentia ornati essent, summo deinceps studio sese in philosophia Argyropylo erudiendos tradiderant ..."* (*De vera nob.* 40 f).

verant. ... ***Solon ... Lycurgus ... Homer... Pythagoras ... Democritus ... Oenopides Chius*** *. Accessit postremo* ***Plato,*** *quem nemo unquam doctus philosophis omnibus praeponere dubitavit.Hic ergo,* ***tum ex aliorum Aegyptiorum, tum maxime Trimegisti Mercurii fontibus multa exhauriens,*** *patriam suam adeo ditavit, ut nemini posthac, quo haec sciret, Attica esset egrediendum. Quamobrem, cum* ***natio illa omnis praeter paucos levissima*** *sit et ad comminiscendum promptissima, quippe quae ne in historiis quidem a mendaciis temperet, tantum eloquentia sua (ad quam unam rem, ut vera fatear, nata est)* ***profecit, ut quarum rerum interpretes exornatoresque ipsi extiterint, earundem inventores et nonnulli eos assererent, et multi credere non dubitarent.*** *... Habes ergo de Graecis, qui quidem, si suis se finibus contineant, neque aliena invadentes* ***quicquid egregii apud alios excogitatum inventumque sit,*** *maximis suae eloquentiae prestigiis* ***nimis imprudenter sibi arrogent, id nobis profecto dederunt , quo illis maximas et paene divinas laudes debeamus*** *. Nam ut Phoenices, primi fortasse inter morta-*

et is, quem modo memoravi, ***Abderites Democritus*** *reliquique multi usque ad* ***Platonem*** *factitarunt. Etenim cum verbis aliquando magis quam rebus abundarent Graeci, extiterunt quidam, qui maxima sciendi cupiditate inflamati, quod domi non esset aliunde petere nullo labore aut difficultate deterrerentur; ex quibus* ***Plato,*** *qui ab unoquoque doctissimo princeps et pene deus philosophorum habetur semperque habitus est,* ***tum ex aliorum Aegyptiorum tum maxime Termaximi Mercurii fontibus tantum disciplinae exhausit,*** *ut nulli pene post eum, ut haec scirent, Atticam egredi coacti sint. Suis igitur studiis, cum neque ingenium neque facundia defuisset, tantum illi* ***profecerunt, ut, quarum rerum interpretes ornatoresque extiterant, earundem inventores nonnulli eos asserere auderent et multi credere non dubitarent, homines profecto divinos et omni immortalitate dignissimos et quibus nos,*** *si verum fateri volumus,* ***cunctas bonas artes debeamus.*** *Nam ut Phoenices - primi fortasse inter homines mercatores - orientales et antea nobis incognitas merces suis navigiis in nostrum orbem importarunt,*

les mercatores orientales, et antea nobis incognitas merces suis navigiis in nostrum orbem importarunt, ita et per hos, quos modo nominavi philosophos, Memphiticae Musae, quae hactenus Europam nusquam attigerant, Athenienses primo, deinde etiam Romanae effici non recusarunt. ***Sed video me iamdiu a proposito evagari;"*** (I 17, 21 -19 ,2)

ita et per hos quos modo nominavi philosophos Memphiticae Musae,quae hactenus Europam nusquam attigerant, Athenienses primo, deinde etiam Romanae effici non recusarunt. Sed ut Graecos omittam, ..., quis unquam e Latinis, qui modo primis, ut aiunt labris haec degustare voluisset, non est Graeciam petere coactus? ... Vos autem, cum iam nihil nisi a vestris petendum sit, cum haec omnia in vestra patria, in vestris penatibus, in ea urbe, in qua omnis generis librorum vis ingens et copia suppetit, consequi possitis, nonne omni studio ac vigilantia omni tantae rei incumbetis?" (*Praef.* 12, 34 - 14, 3)

Den Passus der *Praefatio* über die Philosophiegeschichte einleitend, sagt Landino, daß er es seinen Zuhörern nicht zumuten wolle, die Ägypter als

"bonarum omnium artium inventores"

- das Attribut Ciceros für die Griechen [135] - ausführlich zu behandeln. Dann führt er aus, wie auch im Dialog, daß die griechischen Gelehrten ihr Wissen auf den Reisen nach Ägypten erworben hätten. Dabei erwähnt er Homer nicht, verweist aber auch ausdrücklich auf Hermes Trismegistos als Quelle Platos, um dann, nach den entsprechenden Bemerkungen über den 'geistigen Raub' der Griechen, den Übermittlungsstrang weiter zu spinnen: Die Griechen übergaben ihrerseits dieses Wissen den Römern, die eigens deshalb zu ihnen kamen. Und schließlich - auf welchem Weg, wird nicht erläutert - gelangte es nach Florenz,

"in ea urbe, in qua omnis generis librorum vis ingens et copia suppetit."

Der Schwerpunkt dieser Ausführungen liegt hier also eindeutig auf dem Transport des Wissens über Philosophie. Im einleitenden Satz wird nicht

---

135 *De orat.* I 13. Für weitere Parallelstellen der *Praefatio* s. den Similienapparat der Ed. cit.

gesagt, daß angestrebt werde, den Anspruch der Griechen auf die Erfindung der Philosophie zu widerlegen. Statt dessen wird ein Traditionsstrang geknüpft von den Ägyptern, vor allem Hermes Trismegistos, bis zum Florenz des 15. Jahrhunderts, innerhalb dessen natürlich einige Bemerkungen gegen die herrschende Meinung bezüglich des Verdienstes Griechenlands nötig sind, um die eigene Theorie glaubhaft zu machen.

Diese Auffassung der Philosophiegeschichte hat Landino nicht selbst entwickelt. Sie ist, wie bereits in der Einleitung dargelegt, das Vermächtnis des byzantinischen Gelehrten Georgios Gemisthos Plethon an die Florentiner Platoniker. Plethon hatte gelehrt, daß ein Strang der heidnischen Philosophie bei den Ägyptern (Hermes Trismegistos) und den Persern (Zarathustra) in paralleler Entwicklung entstanden sei und über die legendären Dichter Orpheus, Musaios und Linos, dann über Pythagoras zu Platon und schließlich über die Neuplatoniker in die Gegenwart gelangt sei. Marsilio Ficino entwickelte daraus die Konzeption der *"pia philosophia"* [136], derzufolge das metaphysisch-religiöse Wissen der antiken Theologia (!) von Plato aus in die christliche Heilslehre einging. Hermes Trismegistos, der nach antiker Überlieferung dem ägyptischen Gott Thot, dem Gott der Weisheit und der Schrift, gleichzusetzen war, erfreute sich dieser Vorstellung zufolge in der Renaissance großer Beliebtheit, und das fälschlicherweise auf vorchristliche Zeit datierte *Corpus Hermeticum* galt als Autorität gleich der Bibel.[137]

Diesen Zusammenhang des antiken Wissens mit der christlichen Lehre entwickelt Landino in der *Praefatio* noch nicht. Er erscheint aber im Dialog. Hier fällt auch zum ersten Mal der Begriff der *"Theologia"*, der deutlicher als in der *Praefatio* anzeigt, daß es nun nicht mehr um die Überlieferung von Philosophie allgemein, sondern um religiös-metaphysische Vorstellungen geht.

An der vorliegenden Stelle bricht Marsuppini bei den Römern zunächst die Darstellung ab. Er gesteht ein, in seinen Darlegungen vom Thema abgekommen zu sein. Die Römer können in diesem Zusammenhang nicht von Interesse sein, denn der Übergang von Plato zum Christentum muß im Mittelpunkt stehen. Diesen beschreibt Marsuppini jedoch erst später, nachdem noch einige weitere Seelendefinitionen behandelt und widerlegt worden sind. Angesichts der platonischen heißt es dann:

> *"et hic* (sc. Plato) ***Christianorum religionem*** *ita illustrem reddidit, ut* ***nulli nostrorum theologorum cedat."*** (I 35, 28/9).

---

[136] Fic. *Op.om.* 871. Zitiert von Kristeller, Philosophie, 15.

[137] Mönch, Platonrenaissance, 1-22.

Im III. Buch wird Hermes Trismegistos sogar als christliche Autorität zitiert. Hier im I. Buch ist Landinos vorrangiges Interesse, die Einordnung der platonischen Philosophie in die christliche Lehre vorzubereiten, wobei er sich - aus Gründen der Ökonomie, die ihm nicht nur zur Nutzung fremder, sondern auch der eigenen Vorlagen rät - soweit wie möglich auf seine Ausführungen in der *Praefatio* stützt. Die im Vergleich zu dieser ausführlichere 'Beweisführung' zur Abhängigkeit der Griechen läßt sich leicht mit seiner Neigung, sein gelehrtes Wissen zur Schau zu stellen, erklären. Mit dem Hinweis auf abgelegenere Quellen konnte er auch etwas zu dieser, für die Argumentation des Dialogs zentralen Theorie beitragen.
Die negativen Attribute der Griechen sind im wesentlichen dieselben geblieben. Sie geben die römische Sicht wieder und dürften für den *"Ciceronianus"* Landino kaum mehr als Topoi sein. Zumal er in demselben Atemzug die Bedeutung der Leistung der Griechen für seine eigene Zeit in den höchsten Tönen lobt; begreiflicherweise, denn ohne sie wäre die *"pia philosophia"* nicht möglich geworden.
Obwohl diese Konzeption Ficinos für den Dialog von grundlegender Bedeutung ist, wird sie von Landino nicht thematisiert. Überhaupt stellt er selten theoretische Reflexionen über sein Vorgehen an und läßt wichtige Voraussetzungen und Gedanken oft nur assoziativ in Nebenbemerkungen anklingen, was durch die Dialogform erleichtert wird.
Erst vor dem Hintergrund dieses philosophiegeschichtlichen Modells wird jedoch die auffällige Umformung der Vorlage Bessarions völlig verständlich. Platos Lehre soll nicht nur als unabhängig vom Christentum, aber mit diesem in vielen Punkten als übereinstimmend erwiesen, sondern als fester, unabdingbarer Bestandteil in die christliche Heilsgeschichte der *"pia philosophia"* eingeordnet werden. In der Grundauffassung trennt sich Landino von Bessarion, dessen konkrete, inhaltliche Ausführungen zu Einzelfragen der platonischen Philosophie er gerne übernimmt, und wendet sich Ficino zu, der ihm die Legitimation für die Anlage des Werkes und seine grundlegende Aussage liefert. Dieser ist noch für eine weitere, von Bessarion abweichende, Eigentümlichkeit von Landinos Dialog verantwortlich: für das zwiespältige Verhältnis zu Aristoteles. Bessarion ist um eine Aussöhnung in den Grenzen des Möglichen bemüht, scheut aber nicht davor zurück, Unterschiede zwischen Plato und seinem Schüler als solche bestehen zu lassen, und wehrt sich gegen eine verchristlichende Interpretation beider Philosophen. Die Konzeption der *"pia philosophia"*, die Philosophie und Theologie zu Einem werden läßt, macht ein solches Vorgehen unmöglich. Die gerade Linie von Plato zum Christentum bedeutet die gerade Linie von Plato über den heidnischen zum christlichen

Aristoteles, oder aber dessen Ausschluß aus dem einheitlichen Wissensstrang, d.h. Ketzerei. Also muß der Stagirite irgendwie in die an und für sich rein platonische Konstruktion einbezogen werden. Die Widersprüche zwischen den beiden Systemen müssen geglättet werden, soll die Einheit der *"pia philosophia"* erhalten werden. Als Fremdkörper wird Aristotelels dabei soweit wie möglich an den Rand gedrängt.
Im Anschluß an diesen Exkurs gibt Marsuppini sogleich eine erste Probe dieses Vorgehens. Unter Mißachtung der Chronologie wendet er sich nun der aristotelischen Seelendefinition zu, um dann später ohne unliebsame Unterbrechung von Plato zum Christentum, d.h. zu Augustinus, fortschreiten zu können.

2.3.2.2 Die aristotelische Seelendefinition

Gerade die aristotelische Definition der Seele als *"forma corporis"* konnte Landino nicht übergehen oder sie auch nur so kurz wie die anderen innerhalb der Doxographie abhandeln; denn sie war seit 1311/12 christlicher Glaubenssatz.[138] So erklärt Marsuppini:

> *"Aristoteles autem, et qui ab Aristotele fluxerunt, Theophrastus, Alexander ac reliqui Peripatetici* ***quintam quandam naturam*** *praeter haec quatuor corpora excogitarunt carentem quidem corpore, quam novo etiam nomine* ***entelechian*** *nominarunt* ***corpori movendi accomodatam, actum*** *scilicet et* ***formam corporis."*** (I 19, 12-17)

Diese Darstellung ist äußerst interessant; denn hier scheint die Definition Ciceros, die Argyropulos verworfen und, wenn man denn Poliziano Glauben schenkt[139], zu einer Attacke gegen die philosophischen Kenntnisse des Römers genutzt hatte, noch durch. Die dubiose 'fünfte Natur' mit ihrer Funktion, den Körper zu bewegen, wird noch genannt, der Terminus der "entelecheia" ist aber bereits korrigiert (für Ciceros "endelecheia"). Die

---

138 *"Porro doctrinam omnem seu positionem, temere asserentem aut vertentem in dubium quod substantia animae rationalis seu intellectivae vere ac per se humani corporis forma non sit, velut erroneam ac veritati catholicae fidei inimicam, praedicto sacro approbante concilio, reprobamus, diffinientes, ut cunctis nota sit fidei sincerae veritas, ac praecludatur universis erroribus aditus, ne subintrent, quod quisquis deinceps asserere, defendere, seu tenere pertinaciter praesumpserit, quod anima rationalis seu intellectiva non sit forma corporis humani per se et essentialiter, tanquam haereticus sit censendus."* (*Const. Clement.*, I, 1 § 1, ed. Hefele/Leclercq, Histoire, 672/3) Vgl. Nardi, Anima, 74.

139 S. Anm. 134. In diesem Zusammenhang wird von Cardini zitiert Garin, 'Εντελέχεια'.

korrekte Definition als Akt und Form des Körpers wirkt in diesem Zusammenhang nachgeschoben. Landino scheint dies selbst empfunden zu haben; denn er läßt Marsuppini einen zweiten Ansatz in genauer Anlehnung an Aristoteles machen:

> "*Quapropter animam ita diffiniunt, ut sit actus primus corporis a natura compositi et instrumentis exornati et nativa sua facultate vitam habentis.*" (I 19, 17-19)

Die Bestandteile dieser Definition erläutert er dann ebenfalls dem locus classicus[140] entsprechend.[141]

Bemerkenswert ist auch die abschließende Wertung dieser Bestimmung der Seele:

> "*Vides igitur a* ***perspicacissimo philosopho*** *diffinitionem huiuscemodi et ita* ***ingeniose*** *excogitatam et ita commode explicatam, ut* ***non humanam solum, sed omnibus animantibus communem animam complectatur.*** *Nos vero, quoniam hoc tempore non quid solum sit, quo animalia vivunt, sed id multo magis,* ***quo homines sapiunt,*** *investigare contendimus,* ***alia ratione progrediendum*** *censemus.*" (I 20, 4-9).

Dem Stagiriten wird also zunächst die gebührende Hochachtung gezollt, seine Definition aber aufgrund ihrer weiteren Spanne nur als allgemeine Grundlage anerkannt, die im folgenden durch eine weitere - durch die platonische, wie der Leser hier nicht zu Unrecht vermuten wird, -, die speziell dem Menschen und seiner geistigen Potenz gerecht wird, ergänzt werden müsse. Diese Interpretation kann dem Vorwurf der Häresie nur dadurch entgehen, daß sie die Einheit der Seele akzeptiert, was bedeutet,

---

[140] Arist. *De anima* 412 a: "ἀναγκαῖον ἄρα τὴν ψυχὴν οὐϲίαν εἶναι ὡϲ εἶδοϲ ϲώματοϲ φυϲικοῦ δυνάμει ζωὴν ἔχοντοϲ: ἡ δ' οὐϲία ἐντελέχεια. τοιούτου ἄρα ϲώματου ἐντελέχεια. αὕτη δὲ λέγεται διχῶϲ, ἡ μὲν ὡϲ ἐπιϲτήμη, ἡ δ' ὡϲ τὸ θεωρεῖν. ... διὸ ἡ ψυχὴ ἐϲτιν ἐντελέχεια ἡ πρώτη ϲώματοϲ φυϲικοῦ δυνάμει ζωὴν ἔχοντοϲ. τοιοῦτον δὲ ὃ ἂν ᾖ ὀργανικόν:..."

[141] "*Placet ergo huius familiae principi essentia, quam Graeci* οὐϲίαν *dicunt, triplicem esse; materiam, formam atque id quod ex materia formaque compositum sit. Materiam autem 'potentiam' appellant, formam vero 'actum' . ... Actus duplex ab Aristotele traditur: primus, qui est forma; secundus, operatio a forma fluens: veluti, si scientiam in homine actum primum; speculationem vero ex ea scientia, secundum dicamus. ... Neque ab re est quod non cuiusvis corporis actus sit, sed eius, quod et natura produxerit et ita produxerit, ut variis etiam sit instrumentis exornatum. Nam neque ars corpus animatum efficiet, ... , neque rursus in naturali corpore inclusa anima se viresque suas commode explicare potuerit, nisi adsint instrumenta, quibus ad motus actionesque uti possit. Est enim a natura fabricatum corpus lapis. Verum quia caret corde ... reliquisque huiusmodi membris, quibus veluti instrumentis, ad suas vires explicandas anima utitur, nunquam animam suscipiet. Concludemus ergo quod, si actus, idest forma, corporis sit anima, erit profecto eius corporis quod ut Graeco verbo utar, et physicum et organicum. Quod, si ita erit, sua innata facultate vitam recipere poterit.*" (I, 19, 19 - 20, 3)

daß die ranghöchste Kraft der Seele, die *"anima intellectiva"*, die Funktionen der niederen Formen, d.h. *"vis sensitiva"* und *"vis vegetativa"*, mit übernimmt und auf diesem Umweg *"forma corporis"* bleibt, ohne selbst als solche bestimmt zu sein. Genau diesen Weg wird Landino einschlagen. Er weiß sich jedoch mit diesem Vorstoß nicht allein. Bessarion charakterisiert das Verhältnis der platonischen zur aristotelischen Seelendefinition an einer Stelle, die Landino später noch ausschreiben wird, genau so:

> *"Nam formam esse hanc* (sc. *animam*) *sive actum corporis vere quidem affirmamus.* ***Non tamen commune hoc cuiuscumque animae est,*** *siquidem* ***intellectivam animam corporis actum esse nemo diceret."*** (*In cal. Plat.* 143, 18-21).

Die Tradition, die auf diese Weise die platonische Auffassung von der Seele als geistiger Substanz mit der aristotelischen Bestimmung der Seele als *"forma corporis"*, die das genaue Verhältnis zur menschlichen Geistseele offen gelassen hatte, zu verbinden suchte, reicht wesentlich weiter zurück. Albertus Magnus, der seinerseits häufig, wenn auch nicht zu dieser speziellen Stelle, von Bessarion zitiert wird[142], schreibt in seiner *Summa theologica:*

> *"His ita praenotatis dicendum est ad primum, quod* ***Gregorius*** *bene diceret, si anima in se considerata esset endelecheia secundum essentiam. Hoc autem non est verum: non enim est endelecheia nisi per animationem quam facit corpori per opera vitae. In se autem spiritus est incorporeus et semper vivens, ut dicit Plato. ... Ad aliud dicendum, quod* ***animam considerando secundum se, consentiemus Platoni; considerando autem secundum formam animationis quam dat corpori, consentiemus Aristoteli."***[143]

Der *doctor universalis* diskutiert hier die Kritik an der aristotelischen Entelecheia-Definition eines gewissen Gregorius. Er meint jedoch Nemesios von Emesa, dessen Schrift Περὶ φύσεως ἀνθρώπου (um 400 n. Chr.) im Mittelalter in lateinischer Übersetzung unter dem Titel *De natura hominis* weit verbreitet war und fälschlicherweise Gregor von Nyssa zugeschrieben

142 Bessarion würdigt Albert, *In cal. Plat.* 247, als *"philosophus singularis"*. Ausdrücklich führt er ihn als Befürworter der platonischen Unsterblichkeitsbeweise an, III c.22: *"Platonis de animae immortalitate argumenta probationibus Albertus approbat et de Aristotelis secundum quosdam Peripateticos de eadem sententia."*

143 *Summ. Theol.* p.II, tr. 12, qu. 69, art. II. Zitiert von Gilson/Böhner, Christliche Philosophie, 460/1. Vgl. auch Schneider, Psychologie, 10 ff.

wurde. [144] Nemesios verwirft sogar zugunsten einer platonischen die Definition des Aristoteles, aufgrund des nämlichen Mangels, daß sie der spezifisch menschlichen rationalen Seele nicht gerecht werde. [145] Diesen Rigorismus korrigiert Albert, indem er die Definition Platos für die Seele an sich, die seines Schülers für ihr Verhältnis zum Körper gelten läßt, was faktisch auf die Interpretation Landinos hinausläuft. Dieser Zusammenhang ist insofern von besonderer Bedeutung, als Landino sich zum einen im Verlauf des Dialogs noch häufiger an der Lehre des Scholastikers orientieren und zwei seiner Schriften sogar ausführlichst ausschreiben wird [146], zum andern aber auch in direktem Anschluß an die Erörterung der aristotelischen Seelendefinition die Schrift des Nemesios über 12 Seiten hin als direkte Vorlage nutzen wird. Ob er über die Lektüre von Albertus Magnus zu ihr gekommen ist, läßt sich nicht klären; denn die Schrift erfreute sich auch in der Renaissance noch großer Beliebtheit.[147] Eindeutig ist jedoch, daß Landino die Auswahl seiner Quellen nach der hier charakterisierten Einschätzung der menschlichen Seele vornimmt, die nicht (!) die thomistische ist, die die *"anima rationalis"* wesensmäßig als *"forma subsistens"* begreift, sondern der platonischen größeres Gewicht einräumt. Eindeutig ist weiterhin, daß er sich bei diesem ersten und grundlegenden Bemühen um die Vereinbarung von Plato und Aristoteles einer aus der lateinischen (!) Tradition her zugänglichen Synthese bedient und kein eigenes Modell entwickelt. Zunächst steht allerdings der andere zur Synthese benötigte Teil, die Definition Platos, noch gar nicht im

---

[144] Nemesius d'Emese, *De natura hominis,* Traduction de Burgundio de Pise, ed. G. Verbeke et J. R. Moncho, Leiden 1975. Zur Geschichte der Schrift s. Einleitung 87 ff. Sie wurde zwei Mal ins Lateinische übersetzt, im 11. Jh. von Nicolas von Salerno, 1165 von Ricardus Burgundius von Pisa. Auch in der Bibliothek des Dominikanerklosters S. Maria Novella in Florenz wurde sie zu Landinos Zeit unter dem Namen Gregor von Nyssas geführt. S. den Bibliothekskatalog, La Biblioteca di S. Maria Novella in Firenze dal sec. XIV al sec. XIX, ed. Orlandi, 45 n.362: *Questiones Sancti Thome de anima.* ***Gregorius Nissenus de natura hominis.*** *Dominus Albertus Magnus de sompno et vigilia et quedam alia.*

[145] Kritik an Aristoteles, Nem. *De nat. hom.* 35, 75 - 39, 62 (= Ed. des griech. Originals von C. F. Matthaei, Halle 1802: M 93 - M 102); bes.: *"Sed primum quidem zoticam* [*quidem*] *partem animae animam vocat separans ab ea rationale. Oportebat autem omnem simul suscipere animam quae est hominis et non a parte et haec ab imbellicissima de toto enuntiare."*(37, 99 - 0 (M96))

[146] Es handelt sich hierbei um die Schriften *De natura et origine animae* und *Isagoge in libros de anima.* S. 2.4; 2.5.1.

[147] In der Renaissance wurden zwei neue lateinische Übersetzungen angefertigt: die erste von Georgio Valla erschien 1499, die zweite von Jean Cono 1512. 1565 gab Nicolosius Ellebodius das griechische Original heraus.

Mittelpunkt, sondern es gilt in einem ersten Schritt, die Bestimmungen, die dieser entgegen stehen, zu widerlegen.[148]

2.3.2.3 Widerlegung der falschen Seelendefinitionen mit Nemesios von Emesa: Die Seele ist weder Körper noch Harmonie.

2.3.2.3.1 Die Vorlage

Dazu und nur dazu greift Landino auf den Traktat des Nemesios zurück. Das ist insofern bemerkenswert, als daß dieses eklektizistische Werk viel neuplatonisches Gedankengut enthält. Nemesios bemüht sich, den Menschen in seiner Mittelposition zwischen Geist und Materie faßbar zu machen. Er denkt dabei durchaus christlich und definiert ihn zu Beginn seines Werkes wie folgt:

> *"Hominem ex anima intellectuali et corpore optime constructum et ita bene quod non conveniebat aliter genitum esse, multis et sapientibus viris visum est."* (*De nat. hom.* 4, 6/7 (M36))

Der Mensch ist zusammengesetzt aus Körper und Seele, er ist nicht etwa ausschließlich Seele, wie es die radikale Interpretation des Neuplatonismus sehen will. Daher untersucht Nemesios sowohl den Körper als auch die Seele getrennt, dann aber auch das 'Katholon'. Was dem Humanisten Landino jedoch besonders übernehmenswert hätte erscheinen müssen, ist die Einschätzung der *"excellentia hominis"* , die Nemesios aus dieser Zusammensetzung der Menschennatur aus Geist und Materie gewinnt [149]:

> *"Quasi igitur medius terminus irrationalis et rationalis naturae homo constitutus, si ad corpus quidem repserit et quae corporis plus amaverit, irrationalium amplectitur vitam et his connumerabitur et terrenus vocabitur secundum Paulum, et audiet: 'Terra es et in terram abibis"...; si vero ad* ***rationale*** *incesserit* ***contemnens corporales omnes voluptates, divinam et deo amabilem vitam*** *pertransit et eam quae ut hominis antecedenter, et erit secundum hoc quod dictum est: 'Qualis qui terrenus tales et qui terreni et qualis qui supercaelestis tales et qui supercaelestes.'* (*De nat. hom.* 9, 13-22 (M44/5);

---

[148] Also eine Modifikation des Arguments aus dem *Phaidon* (mit umgekehrten Vorzeichen).

[149] Vgl. E. Skard, RE Suppl. VII (1940), sp. 561-566.

Quis igitur digne admirabitur ***nobilitatem huius animalis****, quod copulat in se ipso mortalia immortalibus et rationalia irrationalibus colligit et fert in sui ipsius natura omnis creationis imaginem, propter quae et parvus mundus dictus est, qui tanta dignus factus est a Deo providentia, ... propter quem et Deus homo factus est, qui desinens in incorruptibilitatem et mortale suum effugiens in caelis regnat et, secundum* ***imaginem et similitudinem Dei factus*** *...* *et* ***Dei filius*** *est, omni principatui et potestati praesidet? Quis vero dicere potest huius animalis praeminentias? Pelagos pertransit, caelum intrat contemplatione, astrorum motum et intervalla dignoscit, terram et mare fructificat ... ".* (22, 78 -23, 89 (M63 - 65)

Besser läßt sich das Menschenbild des Renaissance-Humanismus wohl kaum in Worte fassen. Und hier liegt die Erklärung für das große Interesse an diesem Werk in der Renaissance.

Landino hat die Chance, diesen Hymnus auf den *"Homo-Deus"* im Schutz einer christlichen hochangesehenen Autorität anstimmen zu können, nicht genutzt, - oder sollte man sagen, sich entgehen lassen? Dieses wertvolle, potentielle Versatzstück steht im 1. Kapitel des Buches, das die Überschrift *"De homine"* trägt, während Landino ausschließlich aus dem 2. Kapitel zitiert, das *"De anima"* überschrieben ist. Es ist vorstellbar, daß er es bei rascher Durchsicht der Quelle nach Brauchbarem, wie sie noch öfter erkennbar sein wird, übersehen hat und sich sofort auf die Argumentation gegen die Gegner der platonischen Seelendefinition stürzte. Diese schöpft er allerdings, wiederum ohne (!) seine Quelle anzugeben, umfassend aus[150]. Nemesios geht implizit von der Definition der Seele als ἀσώματος οὐσία aus. Doch ist sein Ziel nicht, diese Position positiv zu beweisen und dogmatisch zu formulieren, sondern vielmehr nach der Methode der akademischen Skepsis die Argumente der Gegner Revue passieren zu lassen und zu widerlegen. Dazu gibt er eine Dihairesis der gegnerischen Positionen, die sich an den in unterschiedliche Richtung zielenden Abweichungen von der eigenen orientiert und gleichzeitig die Gliederung des Kapitels liefert[151]:

- Doxographie

  Zunächst werden die Philosophen genannt, die gegen die Bestimmung der Unkörperlichkeit verstoßen, die Seele also für eines der Elemente halten.

[150] Zum Kapitel II des Nemesios, *De anima*: Dörrie, Symmikta Zetemata, bes. III; IV. Mittelplatonisches und porphyrisches im Kapitel 2 des Nemesios.

[151] Vgl. Dörrie, Symmikta Zetemata, 114 ff.

Es folgen die richtigen Definitionen, die die Seele als unkörperliche Substanz bestimmen: Thales, Pythagoras und Plato. Dann schließen sich die Abweichler der anderen Richtung an, die die Seele als unkörperlich, aber nicht als Substanz begreifen: Aristoteles, der sie als Entelechie, und Dikaiarch, der sie als Harmonie definiert. Schließlich werden noch Fehleinschätzungen zeitgenössischer Philosophen bezüglich der Einheit der Seele aufgeführt.

- Widerlegung
  - -- Widerlegung der Auffassung von der Seele als Körper:
    - --- Argumentation gegen die Auffassung der Seele als Körper allgemein;
    - --- nach Ammonios Sakkas, dem Lehrer Plotins und des Pythagoräers Numenios;
    - --- Argumentation gegen die Auffassung der Seele als einer speziellen körperlichen Substanz, wie Blut, Wasser etc;
    - --- Auseinandersetzung mit der Stoa.

  - -- Widerlegung derjenigen, die die Seele nicht für eine Substanz halten:
    - --- Argumentation gegen die Definition der Seele als Harmonie (Dinarchus und Simmias) mit den Beweisen des *Phaidon*;
    - --- Argumentation gegen die Definition Galens als ausgewogene Mischung der Körpersäfte (*"complexio"*);
    - --- Argumentation gegen die Seelendefinition des Aristoteles als Entelechie;
    - --- Argumentation gegen die Seelendefinition des Pythagoras als selbstbewegende Zahl (obwohl die Bestimmung als Substanz ja an und für sich richtig ist).

- Problem der Einheit und Vielheit der Seele
  (Voraussetzung: Seele ist unkörperliche Substanz)
  - -- Widerlegung des Eunomios, Moses, Apolinarius und der Manichäer,
  - -- Darstellung der Lehre Platos von All- und Einzelseele,
  - -- Problem der Seelenwanderung:
    - --- nur von Mensch zu Mensch nach Plato und Porphyrios (wird nicht widerlegt);
    - --- zu jedem Lebewesen nach Iamblich (wird widerlegt);
    - --- Galens Haltung im Sinne Platos.

Landino hat nun die Darstellung bis einschließlich der Widerlegung der Seelendefinition Galens mutatis mutandis übernommen (Die augenfälligste

Änderung ist auch hier wieder die rhetorisch-sprachliche.). Daher erscheint eine nähere Charakterisierung der Passage notwendig[152]:
In seiner Grundkonzeption gründet sich das 2. Kapitel des Nemesios seinerseits auf eine mittelplatonische Vorlage, wohl in der Form eines Handbuchs, das dem Leser in der Auseinandersetzung mit einer gegnerischen Position die nötigen Argumente an die Hand liefern sollte. Als Indizien hierfür werden angesehen:

- die für den Mittelplatonismus typische Beschränkung auf die Widerlegung des Gegners unter Verzicht auf eine eigene Dogmatik,
- die Auswahl innerhalb der Doxographie, die den Kanon enthält, der sich von Cicero, über Aetios, Tertullian bis zu Plotin und Macrobius nachweisen läßt;[153]
- die unverhohlene Ablehnung des Peripatos;
- die Beschränkung auf die Minimaldefinition der Seele als ἀσώματος οὐσία unter Vernachlässigung anderer Bestandteile der Seelendefinition der Platoniker, wie der Selbstbewegung und der Intelligibilität, die die Vermutung nahelegt, daß zur Zeit der Abfassung der Schrift noch keine weitergehende Definition entwickelt war.

Gerade dieses letztgenannte Charakteristikum ermöglichte es aber Nemesios, als weitere Quelle die Σύμμικτα ζητήματα des Porphyrios heranzuziehen, der bewußt auf alle Attribute der Seele verzichtete, die sie mit dem Irdischen in Verbindung brachten, um ihre vollkommene Apatheia zu erweisen. Nemesios benutzt Porphyrios höchstwahrscheinlich für die Widerlegung der Körperlichkeit der Seele allgemein, sowie für die Widerlegung der Definition der Seele als Harmonie und meidet eindeutig Schlüsse der mittelplatonischen Vorlage, die seiner Lehre zuwider laufen.
Landino hat sich demnach mit dem Rückgriff auf diese Quelle mittel- und neuplatonisches Gedankengut eingehandelt, ohne sich dessen bewußt zu sein. Aus seiner Sicht brauchte ihn das nicht zu interessieren, da ihm nur an einer platonisierenden christlichen Quelle gelegen war. Auch ihm stellen sich jedoch die einer solchen Zusammenstellung immanenten Probleme, wenn die behandelten Lehrmeinungen schon in der Vorlage in Gegensatz zueinander geraten, insbesondere aber wenn er die Vorlage selbständig erweitert. Zudem hat er die Reihenfolge der Beweise geändert, so daß der Argumentationszusammenhang teilweise verloren geht. Er hat aber auch seinem Vorhaben durchaus zweckdienliche Modifikationen vorgenommen.
So läßt er Marsuppini damit beginnen, anzuführen

---

[152] Vgl. Dörrie, Symmikta Zetemata, 117 ff.
[153] S. Anm. 127.

"ea ..., quae ab Hammone Plotini magistro excogitata, et ab ipso deinde ***Plotino reliquisque Platonicis*** *atque* ***Christianis*** *suscepta contra eorum, qui animam corpus dicunt, opinionem afferuntur."* (I 20, 10-13),

was zunächst der Vorlage entspricht. Die Zuweisung der folgenden Argumente ist allerdings schon zweckmäßig geändert. Der Hinweis auf den pythagoräischen Schüler des Hammonios fehlt, dafür werden die übrigen Platoniker und die Christen ohne weitere Erklärung eingereiht.[154] Doch nun unterbricht der junge Landino und bittet um die Widerlegung der Stoa.

2.3.2.3.2 Die Auseinandersetzung mit der Stoa

Ihre Definition der Seele als *"spiritus calidus"*, d.h. *"πνεῦμα"*, war im Rahmen der Doxographie schon kurz genannt, aber mit der Feststellung, daß die Seelenlehren der Stoiker erstens untereinander widersprüchlich seien und zweitens der körperlichen Seele nach dem Tod nur eine begrenzte Lebenszeit zubilligen würden, beiseite geschoben worden. Bei einer so oberflächlichen Behandlung konnte es der Autor nicht bewenden lassen. Die Möglichkeit, daß die Seele ein Körper sei, mußte unwiderruflich ausgeschlossen werden, da Körperlichkeit Sterblichkeit bedeutet, im III. Buch aber die Unsterblichkeit der Seele auf der Grundlage der platonischen Bestimmung der Seele als unkörperliche Substanz bewiesen werden soll.

Die Stoiker wurden aufgrund ihrer hochentwickelten Logik und der weitgehenden Akzeptanz ihrer Ethik von römischer und später auch von christlicher Seite sehr geschätzt und galten daher auch bei Meinungsverschiedenheiten wie derjenigen über die Seelenlehre seit der Antike als ernstzunehmende Gegner, schwerer zu besiegen als etwa die Vorsokratik. So erhalten sie hier im Dialog den scheinbaren 'Ehrenplatz' in vorderster Reihe und der junge Landino, der ihre Argumente nun vortragen will, damit sein Lehrer sie entkräftet, erweist ihnen den gehörigen Respekt:

"Ego enim illorum acutissimas captiunculas ... reformido" (I 20, 16/17).[155]

In Wahrheit sollen die gewichtigen Argumente der Stoa aber wohl möglichst weit von der noch ausstehenden platonischen Definition fern-

---

[154] Vgl. *"Communiter ergo quidem adversus omnes qui corpus animam esse dicunt, sufficient quae ab* ***Ammonio doctore Plotini*** *et* ***Numenii Pythagorici*** *dicta sunt."* (*De nat. hom.* 24, 41 - 25,43 (M69/70)).

[155] Vgl. *"Quia vero et Cleanthis Stoici et Chrysippi feruntur sermones quidam non* ***contemptibiles****, exponendae sunt et horum solutiones, quas fecerunt quidam Platonici."* (*De nat. hom.* 28, 15/16) (M76))

gehalten werden.[156] Nemesios hatte im Interesse einer möglichst knappen, stringenten, nur auf die Geschlossenheit der Beweisführung zielenden Argumentation jedem Argument sofort seine Widerlegung angeschlossen. Landino hingegen löst diesen Zusammenhang im Rahmen seines aristotelischen Dialogs auf und läßt sich selbst drei Argumente vortragen, von denen zwei Kleanthes und das letzte Chrysipp zugesprochen werden, behält aber Marsuppini die anschließende Widerlegung vor. Der Übersichtlichkeit halber seien hier Argument und Widerlegung entgegen dem Text wieder zusammengestellt.

1. Argument des Kleanthes[157]

Die Ähnlichkeit der Kinder zu ihren Eltern erstreckt sich auch auf Charaktereigenschaften und damit auf die Seele. Ähnlichkeit aber ist die Eigenschaft eines Körpers. Also ist auch die Seele ein Körper.
Dieses Argument hatte auch Cicero in den *Tusculanae disputationes* angeführt, jedoch in der Tradition Plutarchs Panaitios zugeordnet. Landino schiebt diese Widerlegung Ciceros hier ein:

Landino	Cicero
"*Nam, quod de similitudine deque dissimilitudine dicunt, quis non videt haec ad corpus magis, quam ad animum, referri? Neque enim, cum de mente loquimur deque ea animi parte vique, quae aeterna incorruptibilisque habetur, de illis etiam partibus intelligimus, in quibus aut aegritudines, aut libidines, aut reliquae perturbationes excitantur, quas etiam ii, adversus quos haec dicimus, semotas a mente volunt. ...*" (I 21, 11-19)	"*sunt enim ignorantis, cum de aeternitate animorum dicatur, de mente dici, quae omni turbido motu semper vacet, non de partibus is, in quibus aegritudines irae libidinesque versentur, quas is, contra quem haec dicuntur, semotas a mente et disclusas putat ...*" (*Tusc.* I 80)

Charaktereigenschaften dagegen, fährt Landino in freierer Widergabe

[156] Nemesios hatte die Auffassung Platos in die Doxographie einbezogen: "*Plato vero substantiam intelligibilem ex se ipsa mobilem secundum numerum enarmonicum* (sc. *dixit*)." (*De nat. hom.* 24, 28/29 (M68))

[157] *De ani.* I 20, 14-28; 21, 12-36. *De nat. hom.* 28, 15 - 29, 33 (M76/78).

Ciceros fort, sind abhängig von der Säfte-Mischung der Körpers, nicht aber von der Geistseele. Letztere wird also als völlig vom Körper losgelöst aufgefaßt, im Gegensatz zu den Qualitäten des Körpers, die als ihm verhaftet begriffen werden.

Nun kehrt Landino zur Argumentation des Nemesios zurück:

Auch Zahlen und mathematische Figuren können einander ähnlich sein, sind aber unkörperlich.

Das Ziel des Arguments aber verschweigt er. Dieses lautet nämlich bei Nemesios, daß die *"similitudo"* Charakteristik einer Qualität ist.

Qualitäten waren nun aber gerade vorher mit dem Zitat Ciceros ausdrücklich zur Geistseele in Gegensatz gestellt worden, da sie nämlich sehr wohl dem Körper verhaftet wären. Daher konnte Landino den Analogieschluß Qualität-Seele hier nicht zulassen.

Er entzieht sich damit der Falle, die in der Verbindung unterschiedlicher platonischer Traditionen durch Nemesios liegt. Denn im Mittelplatonismus blieb die genaue Bestimmung des "ἀσώματον" lange uneinheitlich. Einerseits neigte die platonische Tradition dazu, den Begriff der Unkörperlichkeit sehr eng zu fassen und als völlige Unabhängigkeit und Beziehungslosigkeit gegenüber dem Körper nur dem Intelligiblen zuzubilligen, so daß "ἀσώματον" gleichbedeutend mit 'transzendenter Substanz' wurde. Andererseits versuchte man aber, zusammen mit dem Peripatos den Materialismus der Stoa zu bekämpfen, indem man nachwies, daß auch Qualitäten unkörperlich seien, was von der Stoa ja geleugnet wurde, und daraus einen Ansatzpunkt gewann, von dem aus die ganze Konzeption zu Fall gebracht werden konnte. Durch die Zulassung dieser weiteren unkörperlichen Gegenstände wurde allerdings die Sonderstellung der Seele geschwächt und sie in die Nähe einer Qualität gerückt. Diese Auffassung liegt der Argumentation des Nemesios an dieser Stelle zugrunde, während das Argument Ciceros die radikale Trennung von Geist bzw. Seele und Körperwelt voraussetzt. Diese letztere Konzeption erreichte ihre Vollendung unter den Neuplatonikern Plotin und Porphyrios, die die Seele völlig zur zweiten Hypostase des Nous hinwandten und ihre vollkommene Apatheia proklamierten.[158]

Landino hat sich einerseits gut aus der Affäre gezogen, indem er an der richtigen Stelle einhielt. Andererseits aber fehlt dem Argument nun die Beweiskraft, da der Begriff des Unkörperlichen auch bei ihm unklar und widersprüchlich bleibt. Später wird Landino die Definitionen von *"corpus"*, *"corporeum"* und *"incorporeum"*, vielleicht aus dem Empfinden des

---

[158] Dörrie, Symmikta Zetemata, 132 ff.

Mangels an dieser Stelle heraus, nachreichen.[159] Doch vermag er auch dort den hier anklingenden Widerspruch nicht zu lösen und zieht sich auf die radikalere Position zurück.
Festzuhalten bleibt an dieser Stelle, daß er sich zunächst wiederum auf die nützliche Strategie des richtigen Weglassens beschränkt, die von der ursprünglichen Aussage der bereits von Nemesios bearbeiteten Quelle nicht mehr viel übrig läßt. Zudem gerät er durch Einbeziehung von 'Schnipseln' anderer Traditionsstränge in Konflikte.

2. Argument des Kleanthes[160]

Körper und Unkörperliches können nicht gemeinsam etwas erleiden. Sie sind aufgrund ihrer unterschiedlichen Konstitution nur für jeweils spezifische Wirkungen empfänglich. Körper und Seele können aber u.U. von ein und derselben Krankheit in Mitleidenschaft gezogen werden. Also ist auch die Seele ein Körper.
Hier folgt Landino in der Widerlegung ausschließlich Nemesios, ändert aber die Reihenfolge. Er beginnt mit dem Argument, das Nemesios am Schluß nur noch *"ex superabundanti"* anführt:
Auch Qualitäten, die ja unkörperlich (!) sind, leiden zusammen mit dem Körper. Also kann das u.U. auch für die Seele gelten. Das Problem, das Landino so geschickt bei der Behandlung des ersten Argumentes umgangen hatte, scheint er hier übersehen zu haben. Seele und Qualität werden in Analogie gesetzt. Doch geht er auf dieses Argument nicht näher ein und schließt sich nun der Beweisabfolge der Vorlage an. Diese begann nicht ohne Grund mit einer aussagelogischen Kritik: Mit der Voraussetzung, nichts Unkörperliches leide zusammen mit Körperlichem, wird vorausgesetzt, was ja erst bewiesen werden soll. Es handelt sich also um einen Zirkelschluß. Landino meidet die Termini der Logik, was die Argumentation schwerer nachvollziehbar macht, folgt aber genau dem Beweisgang.
Weiteres Gegenargument: Selbst wenn diese Argumentation in sich schlüssig wäre, ist der Beweis nicht erbracht. Denn es ist nicht erwiesen, daß die Seele mit und durch den Körper leidet. Es ist denkbar, daß sie ihn nur bemitleidet. Letzteres ist gegeben, wenn sie vom Körper vollkommen unabhängig ist. (Hier scheint wiederum die Lehre des Porphyrios von der Apatheia der Seele durch.)

---

[159] S. 2.3.2.3.3.

[160] *De ani.* I 20, 28 - 21, 7; 21, 36 - 22, 15. *De nat. hom.* 29, 34 - 30, 56 (M78).

Das Argument des Chrysipp[161]

Körper und Unkörperliches können nicht getrennt werden, da sie sich auch nicht berühren können. Der Tod aber trennt Körper und Seele. Also ist die Seele ein Körper.
Landino schreibt immer noch Nemesios aus:
Auch hier ist die Voraussetzung zu allgemein und daher falsch formuliert: Linien und Eigenschaften, die ebenfalls unkörperlich (s.o.) sind, können einen Körper berühren. Die Argumentation verläuft also wiederum über die Analogie anderer unkörperlicher Dinge zur Seele, wird aber um einen Aspekt, der speziell der Seele gerecht wird, erweitert:
Würde die Seele den Körper wie ein Körper berühren, würde sie ihn nie ganz durchdringen, denn das ist zwei Körpern nicht möglich. Dann wäre ein Körper aber niemals durch und durch belebt. Die Seele als belebendes Prinzip wird hier also implizit vorausgesetzt.
Damit ist die Auseinandersetzung mit der Stoa abgeschlossen.

2.3.2.3.3 Widerlegung der Auffassung von der Seele als Körper allgemein

Marsuppini wendet sich nun den Argumenten der Platoniker zu, die sich gegen die Definition der Seele als Körper allgemein richten. Er beginnt mit einer allgemeinen Definition der Begriffe *"corpus"*, *"corporeum"* und *"incorporeum"*, die einen besseren Platz vor der Auseinandersetzung mit der Stoa gefunden hätte (s.o.). Im Kapitel des Nemesios hat sie kein Gegenstück. Dieser Einschub dient dem Zweck, das zentrale Argument für die Unsterblichkeit der Seele vorzubereiten, daß sie nämlich Unkörperliches erkenne und gemäß dem Grundsatz des Empedokles "γιγνώσκεται τὸ ὁμοῖον τῷ ὁμοίῳ" ebenfalls unkörperlich und damit unsterblich sei.[162]
Die Definitionen sind im Hinblick auf die vorausgehende Auseinandersetzung mit der Stoa bemerkenswert:

- *"corpus"*: *"ex materia formaque confectum"*,
- *"corporeum"*: *"etsi ex materia formaque non constet, a corpore tamen est et cum corpore una porrigitur atque secatur, ut dulce, flavum, candidum."*
- *"incorporeum"*: *"quoniam neque corporis quicquam habet neque corporei, ... sed soli se menti offert, non nisi ab iis, qui* ***mentem a sensibus sevocare*** *possunt, cognoscitur"* (I 23, 3-16)

---

161 *De ani.* I 21, 7-11; 22, 14-33. *De nat. hom.* 30, 57-70 (M82).

162 Zur Herkunft des Arguments aus dem platonischen *Phaidon*, 79 a, Waszink, Tertullian, 138.

Zum ersten werden die Qualitäten wiederum ausdrücklich zum Körperlichen gerechnet, was der obengenannten Argumentation teilweise zuwider läuft. Damit begibt sich der Autor wiederum in die radikal-platonische Tradition, die nur Geist und Seele als *"incorporea"* im eigentlichen Sinne anerkennt. Zum zweiten ist der 'Beweis', daß es dieses *"incorporeum"* auch wirklich gibt, erwähnenswert:
Plato habe diese Einteilung vorgenommen, da er der Ansicht sei

"nullum medium sine duobus extremis esse oportere" (I 23, 18).

Das grundlegende Argument für die Hierarchie innerhalb des Kosmos, von Plato im *Timaios* aufgestellt und im Neuplatonismus weiterentwickelt, daß es zwischen zwei Extremen immer ein Mittleres geben muß - so zwischen Geist und Materie den Menschen - wird hier schlichtweg auf den Kopf gestellt und damit jeglicher Beweiskraft enthoben: Das Mittlere, das sich erst aus den beiden Extremen definiert, wird als Beweis für deren Existenz genommen. Der klassische Zirkelschluß.
Auf dieser Grundlage widmet sich Marsuppini nun den eigentlichen Argumenten der *"Platonici"*. Bevor er zur Vorlage zurückkehrt, fügt der Autor ein Argument ein, das lediglich eine Modifikation des Argumentes ist, das bereits gegen die Stoa vorgebracht worden war:
Die Seele durchdringt den Körper ohne Schaden zu nehmen, aber zwei Körper können sich gegenseitig nicht völlig durchdringen.
Die drei folgenden Argumente entstammen wiederum der Vorlage. Sie gehen in ihrer prägnanten Formulierung auf die Σύμμικτα ζητήματα des Porphyrios zurück, gründen aber schon in der mittelplatonischen Tradition.

- Könnte der 'Seelenkörper' in unendlich viele Atome aufgeteilt werden, müßte es eine Instanz geben, die ihn zusammenhielte. Die Annahme einer solchen Instanz führt aber zu einer *"progressio ad infinitum"*.[163]
- Jeder Körper, der von außen oder von innen bewegt wird, ist entweder *"animatum"* oder *"inanimatum"*. Beide Attribute passen nicht auf die Seele.[164]
- Jeder Körper nährt sich von Körperlichem, die Seele aber von Geistigem.[165]

Die zwei folgenden Argumente entstammen nicht der Vorlage:
Das erste Argument ist der aristotelisch-scholastische Beweis: *"omne ens agit sibi simile"*. Die Geistseele produziert Intelligibles. Also ist sie kein

[163] *De ani.* I 24, 2-10. *De nat. hom.* 25, 43-50 (M70).

[164] *De ani.* I 24, 10-14. *De nat. hom.*26, 71-76 (M72).

[165] *De ani.* I 24, 14-17. *De nat. hom.* 26, 76-80 (M72).

Körper. Die Argumentation läßt sich 'nach oben' erweitern: Die Geistseele wird ihrerseits von einer geistigen Potenz erzeugt, von Gott, bzw. wie Marsuppini formuliert, von der *"mens"* als *"procreatrix omnium rerum"*. Ergo. (I 24, 17-21)

Das zweite und letzte Argument fällt aus dem Rahmen, da es nicht zum traditionellen Kanon gehört. Es scheint in dieser Form vorher nicht nachweisbar und somit ein persönlicher Beitrag Landinos zu sein. Es gründet sich auf Gedanken und Motive Ficinos [166], wie er sie in seinem 1469 erschienenen Kommentar zu Platos Symposion, *De amore*, entwickelt. Marsuppini erklärt:

> *"... quod quisque* ***amat****, eo summopere* ***perfrui*** *cupit; amat autem seipsum animus: ergo et se frui cupit. Nam si amor, ut optime ostendit Plato,* ***desiderium pulchritudinis*** *est,* ***pulchritudo*** *vero, quod eidem philosopho placere video,* ***gratia*** *quaedam est et* ***ea*** *quidem maxime,* ***quae*** *ex* ***plurium virtutum harmonia*** *concentuque nascitur, maxime se ipsum amabit animus, cum ex plurimarum virtutum, quae in eo sunt, harmonia concentuque pulcherrimus existat. Quod si corporeus sit, se ipso perfrui non licebit: nihil enim ex iis, quae ita panduntur, ut eorum partes altera ab altera distent, maxime se frui potest. Nam neque* ***pars parte a se remota fruitur****, neque singulae totum capiunt, neque totum in partem aliquam se omne diffundit. Ex quo fit, ut quod in partium divisionem cadat, id imperfectum sit atque indigens, propterea que semper appetat."* (I 24, 28 - 25, 5)

Liebe als Verlangen nach Schönheit, als die treibende Kraft der Seele zum Aufstieg von der irdischen Schönheit zur geistigen und somit schließlich zu Gott, das ist der Kerngedanke von Ficinos Kommentar. Die menschliche Seele geht schließlich auf in der Liebe Gottes, in seinem Genuß, wie es Augustinus mit dem Begriff des 'frui' umschrieb. Der Weg zu Gott liegt in den Tugenden der Seele [167], und diese machen ihre Schönheit aus [168]. Durch die eigene Schönheit steigt sie auf zur Vollkommenheit Gottes; denn die Liebe zieht Ähnliches zu Ähnlichem, läßt die Liebenden danach streben, in mystischer Vereinigung ineinander aufzugehen. Dieser letzten Vereinigung darf nichts Trennendes mehr im Wege stehen. Materielle Ausdehnung aber bedeutet Trennung, denn sie verhindert die letzte

---

[166] Zum Verhältnis Landino-Ficino s. Anhang.

[167] Fic. *De amore*, 112: *"Ad hanc* (sc. *beatitudinem que in ipsius* (sc. *Dei*) *possessione consistit) quatuor virtutibus ducimur: ..."*

[168] *"Ideo pulchritudinem animi, que consistit in moribus, ... considerare te iubeo."* (Fic. *De amore*, 294)

vollständige Durchdringung. Darum, so erläutert Ficino, dreht sich der Himmel in möglichst schneller Kreisbewegung, damit er möglichst mit allen seinen Teilen die Seele berührt und genießt.[169]
Diesen Gedanken hat Landino aufgegriffen. Die Tugenden als Schönheit der Seele verstanden, diese Vorstellung traf bei ihm auf fruchtbaren Boden. Die Mahnung zur Tugend als Bedingung der Selbst- und Gotteserkenntnis begegnete bereits in den Prooemien. Der Aufstieg der Seele zu Gott über die vier neuplatonischen Tugendstufen wurde zu seinem Lieblingsthema.[170] Die Wirkung der Liebe und ihrer Überhöhung durch den Genuß gibt er hier im Sinne Ficinos richtig wieder. Doch problematisch ist, daß er sie auf die Selbstliebe der Seele überträgt, ein Schluß der innerhalb der Logik wohl stimmig, aber von der Theologie verboten ist. Augustinus, dessen Lehre der Begriff des *"frui"* zwangsläufig heraufbeschwört, hat den Selbstgenuß der Seele expressis verbis ausgeschlossen und das *"frui"* dem Verhältnis des Menschen zu Gott vorbehalten.[171] In Anbetracht dessen, daß Landino den Kirchenvater nach den Anspielungen im III. Prooemium im folgenden sogar namentlich zur christlichen Autorität für seinen Dialog machen wird, hat er mit dieser Argumentation, die zweifelsohne eine Hommage an Ficino ist, keinen glücklichen Griff getan.

2.3.2.3.4 Die Seele ist keines der Elemente

Nachdem nun die Auffassungen von der Seele als Körper allgemein widerlegt sind, wendet sich Marsuppini entsprechend der Reihenfolge des Nemesios den Philosophen zu, die die Seele mit einer bestimmten körperlichen Substanz gleichsetzen, mit einem der vier Elemente, oder mit

---

169 *"Amor autem simile ad simile trahit. ... Celum etiam, ut Plato in libro de Regno inquit, innato movetur amore. Anima enim celi tota simul est in quibuslibet celi puntis. Celum ergo anime fruende cupidum ideo currit, ut per omnes sui partes ubique tota anima perfruatur. Advolat autem rapidissime, ut quoad fieri potest, totum sit simul, ubicumque tota simul est anima."* (Fic. *De amore,* 82)

170 Es klingt bereits in der Vergilvorlesung an und ist immer noch Kernpunkt in seinem großen Dante-Kommentar 1480. Vgl. Rombach, Vita activa und vita contemplativa, 107. In Ficinos Ausführungen konnte er die theoretische Grundlage finden.

171 *De doctr. christ.* I, c.XXII 21: *"Sed nec seipso quisquam frui debet, si liquido advertas:; quia nec seipsum debet propter seipsum diligere, sed propter illum quo fruendum est. Tunc est quippe optimus homo, cum tota vita sua pergit in incommutabilem vitam, et toto affectu inhaeret illi: si autem se propter se diligit, non se refert ad Deum, sed ad seipsum conversus, non ad incommutabile aliquid convertitur."* Diese Schrift des Augustinus erfreute sich in der Renaissance großer Beliebtheit, sodaß Landino dieser Gedanke bekannt sein mußte.

Blut etc. . Diese Definitionen werden bestritten mit dem Verweis auf verschiedene Tiere, die nach antiker Auffassung jeweils ohne die als Seele definierte Substanz leben können: Fische und Insekten ohne Blut und Luft, Greifvögel ohne Wasser. Durch die vorausgehende generelle Widerlegung der Körperlichkeit der Seele ist diese Auseinandersetzung von untergeordneter Bedeutung und wird nur der Vollständigkeit halber geführt. Sie bietet dem Autor wiederum Gelegenheit, die Breite seines Wissensspektrums mit diesen Exkursen in die Naturgeschichte zu demonstrieren. [172] Die Widerlegung der Auffassung, daß die Seele ein Körper sei, ist mit dieser Darstellung endgültig abgeschlossen.

2.3.2.3.5 Die Seele ist nicht Harmonie

Nun gilt es noch Definitionen zu widerlegen, die die Seele als körperliche Eigenschaft, vorzugsweise als Harmonie, begreifen. Da Plato - in diesem Fall wirklich einmal selbst - die Vorstellung bereits im *Phaidon*, 92 a ff, bekämpft hatte, nähert sich Landino, indem er Marsuppini diese Argumente vortragen läßt, geschickt der platonischen Seeledefinition. Sie sind gewissermaßen die 'letzte Hürde'.
Die Argumente und ihre Widerlegung entlehnt der Autor wieder der bewährten Vorlage des Nemesios. [173] Seine Darstellung ist jedoch an dieser Stelle sehr konfus. Qualitäten, so läßt er Marsuppini unter ausdrücklicher Berufung auf den *Phaidon* erklären, können dem Körper nicht zuwider handeln. Dies aber vermag die Seele. Sie formt zum einen die auseinanderstrebenden Elemente des Körpers zu einem Ganzen, zum anderen widersetzt sie sich aber den fleischlichen Bedürfnissen durch die Ratio. Damit ist Landino wieder bei seinem Lieblingsthema angelangt. Der

> *"imperator vitae mortalium, animus"* (I 26, 31/32),

gebietet dem Körper und seinen Sinnen. Die Ratio beherrscht als

> *"regina"* (I 27, 6)

die "Burg" des Körpers und ist in ihrer eigenen Betätigung völlig von diesem unabhängig. Die stoische Tugendlehre, für die Landino bereits im 1. Prooemium seine Sympathie bekundet hatte, hat hier bei Plato ihren historischen Ausgangspunkt und bietet somit Landino den Anknüpfungspunkt, um wieder zur platonischen Philosophie zurückzukommen und die Befreiung der Seele aus ihrem Kerker sowohl mit stoischen als auch mit platonischen Motiven zu umschreiben. Es wurde bereits angedeutet, daß

---

[172] Nichtsdestoweniger folgt Landino hier wiederum genau Nemesios. Vgl. *De anim.* I 25, 6 - 26, 5 mit *De nat. hom.* 26, 81 - 28,2 (M 73-76).

[173] *De nat. hom.* 30, 74 - 32, 4 (M83-86).

dieser Gesichtspunkt sich in der Darstellung Landinos zu Lasten des Ziels der Befreiung zu verselbständigen droht. Auch an der vorliegenden Stelle wird spürbar, wie ihm die 'Feder durchgegangen ist'; denn erst nach diesem abundanten Lob der Ratio kehrt er wieder zu Nemesios zurück, um dessen Darstellung des Beweisgangs Platos wieder aufzunehmen.
Doch ist ihm hier Vorsicht geboten. Die Grundlage des Beweises ist für Plato die Praeexistenz der Seele, abgeleitet aus der Anamnesis-Lehre. Dies gilt auch für Nemesios, der sich an keiner Stelle seines Werkes gegen sie ausspricht. Die Seele besteht also vor dem Körper, Harmonie aber nicht; denn sie gründet in seiner Konstitution. Aber, gibt Marsuppini zu bedenken,

> *"... nobis fortasse, qui a* ***Christianorum dogmate non discedimus,*** *sic agere non licebit."* (I 27, 23-24)

Mit dieser Einschränkung betrachtet er sich dann allerdings schon als salviert und wendet sich mit der lapidaren Bemerkung:

> *"Sed de Christianis paulo post."* (I 27, 24)

zurück zu Nemesios:
- Nochmals begegnet nun das Argument, das bereits vorweg ausführlichst dargelegt worden war: die Seele widersetzt sich dem Körper, die Harmonie aber nicht.[174]
- Harmonie kann als Eigenschaft von unterschiedlicher Intensität sein. Die Seele als Substanz aber nicht.[175]
- Die Seele nimmt Gegensätzliches auf. Sie ist eine Substanz. Harmonie vermag das nicht. Sie ist demnach keine Substanz.[176]

Eine Sonderform, die Plato nicht berücksichtigt, ist die Vorstellung der Mediziner von der Seele als richtiger Mischung der Körpersäfte, als *"complexio"*. Sie knüpft sich an den Namen Galens und gehört von der Antike bis zur Scholastik zum Kanon der zu widerlegenden Definitionen. Und so konnte sie Landino auch bei Nemesios mit seiner breiten Kenntnis der damaligen Medizin finden. Im Dialog überläßt er ihre Darlegung dem Naturwissenschaftler Toscanelli. Sie ist wiederum besonders aufschlußreich für den Umgang des Autors mit seinen Quellen:
Nemesios beschränkt sich auf die kurze Feststellung, daß Galen expressis verbis keine Definition der Seele gegeben habe:

> *"Galenus autem enuntiat nihil"* (*De nat. hom.* 32, 5 (M87))

---

[174] *De ani.* I 27, 25-30. *De nat. hom.* 31, 88-90 (M84/85).

[175] *De ani.* I 27, 30-33. *De nat. hom.* 31, 91 - 32, 97 (M85/86).

[176] *De ani.* I 27, 33-28, 2. *De nat. hom.* 32, 98-4 (M86).

Toscanelli dagegen äußert sich sehr wort- und bildreich:

> *"Dicam ergo, sed id tantum, quod ego illum sensisse suspicer; nam quid de homine omnino affirmem, nihil plane habeo, tam enim obscure rem universam profert, ut* ***vate*** *potius quam* ***interprete*** *eius oratio egere videatur."* (I 28, 12-15)

Nach dieser captatio benevolentiae fährt er mit Nemesios fort:

<u>Landino</u>

> *"In eo enim quem* **'Επιδεκτικόν** *libro inscripsit primo ita agit,* ***ut nihil de anima se pronuntiaturum admoneat;*** *paulo deinde post ex iis, quae dicit, in eorum opiniones labi videtur, qui quatuor in corpore nostro corporum corporaturam, quam medici 'complexionem' nuncupant, animam esse velint. Eaque maxime ratione negocium conficere nititur, quod ut ab Hippocraticis quoque dogmatibus mutuatur, morum variae a multiplices dissimilitudines ex varia humorum corporatura, tanquam ex animae essentia in nobis excitentur. Quod si ita est, nemo dubitabit, quin ab eo anima mortalis ponatur, non quidem omnis, sed ea pars, quae procul a ratione posita in appetitu consistit.* ***De rationali autem quid sentiat multo etiam difficilius dictu est. Ita enim addubitat ut nihil nobis, quod tanquam certum sequamur, relinquant.*** (I 28, 15-26)

<u>Nemesios</u>

> *"...* ***contestatur in Demonstrativis suis sermonibus quod nihil erat de anima enuntiaturus;*** *videtur autem ex quibus dicit existimare magis complexionem esse animam, hanc enim sequi morum differentiam, ex his quae Hippocratis sunt construens hunc sermonem. Si autem hoc est, manifestum est quoniam et mortalem eam existimat esse, non omnem autem sed irrationalem animam hominis.* ***De rationali enim dubitat dicens ita:*** *< ... >."* (*De nat. hom.* 32, 5-12 (M87))

Die Lücke in der Überlieferung seiner konkreten Vorlage füllt Landino so geschickt, daß der Leser zu dem Eindruck gelangen muß, daß er aus seiner umfassenden Kenntnis der Lehren Galens heraus zu diesem Urteil befähigt ist. Die komprimierte Darstellung Galens - ihre sprachliche Ausgestaltung durch Landino fällt ja bei dieser kurzen Gegenüberstellung sofort ins Auge - löst Landino im folgenden noch weiter auf:

Toscanelli ziert sich nämlich, die Auffassung des von ihm hochgeschätzten Arztes zu widerlegen und bittet Marsuppini, diese Aufgabe zu übernehmen,

> *"cui, cum et* ***eloquentia*** *multo maior quam mihi sit, nulla cum medicinis necessitudo intercedat,* ***apertius*** *profecto et liberius haec confutare liceat."* (I 28, 32-34)

Wie in den Prooemien wird also auch hier die Bedeutung des Redners und seiner Kunst hervorgehoben. Sie ist dem 'Fachchinesisch' unbedingt vorzuziehen, sofern es um die Vermittlung von Grundlagenwissen an Laien geht, die auch hier wieder ausdrücklich vom Disput der Fachleute getrennt wird. Noch häufiger wird der Autor dem Leser diese Auffassung ins Gedächtnis rufen, denn nur sie liefert ihm die Rechtfertigung, diesen Dialog verfaßt zu haben.

Nach einem kurzen weiteren Geplänkel bequemt sich Toscanelli dann doch zur Stellungnahme gegen die Theorie der Seele als *"complexio"*; mit der Ausflucht, daß er sich nicht gegen Galen persönlich wende,

> *"nam quid ille omnino senserit non plane exploratum habeo"* (!) (I 29, 22/23),

sondern

> *"contra eos, qui nobis ex variorum humorum complexione animam conficiunt."* (I 29, 23/24).

Die nun folgende Darstellung entnimmt Landino wieder seiner Vorlage:

- Die Komplexion ist die Mischung der Körpersäfte und damit letztlich die der vier Elemente. Da jeder Körper, der belebte wie der unbelebte, aus einer Mischung der Elemente besteht, müßte auch der unbelebte Körper eine Seele haben. Unter der - hier nicht explizit getroffenen - Voraussetzung, daß die Seele als belebendes Prinzip aufgefaßt wird, ist das ein Widerspruch in sich.[177]
- Auf den Menschen bezogen bedeutet die Vorstellung von der Seele als *"complexio"*, daß sich die Seele verändert, da es neun verschiedene *"complexiones"* gibt und die Art des Mischungsverhältnisses zudem vom Alter abhängig ist (Die unterschiedlichen Stadien werden weiter ausgeführt als in der Vorlage.). Der Mensch hätte also im Laufe seines

---

[177] *De ani.* I 29, 24-29. *De nat. hom.* 32, 12 - 33, 20 (M87/88).

Lebens unterschiedliche Seelen.[178]

- Die Seele widersetzt sich den Affekten, die ihrerseits aus den *"complexiones "* resultieren. Also ist sie nicht mit der *"complexio"* identisch. An dieser Stelle wird die Beweisführung abweichend von Nemesios wiederum mit einem Exemplum belebt. Landino zitiert die bei Cicero (*Tusc.* IV 80) erwähnte Episode, gemäß der der Philosoph Zopyros dem Sokrates vorhielt, daß er seiner Physiognomie zufolge ein von Leidenschaften geprägter Mensch sei, worauf Sokrates ihm entgegnete, daß das zwar richtig sei, er aber durch die Ratio die körperlichen Triebe überwunden habe. Natürlich ist diese kleine Geschichte eine rhetorische Ausschmückung, die die nüchterne Darstellung etwas auflockern soll. Doch darüber hinaus weist sie wieder auf die Vorliebe Landinos für das stoische Motiv des Kampfes der Ratio gegen die Affekte, das er bereits bei der Widerlegung der Definition der Seele als Harmonie breit ausgemalt hatte. Da die *"complexio"* ja nur eine spezielle Form der Harmonie ist, sind die Gegenargumente naturgemäß den allgemein gegen die Harmonie gerichteten sehr ähnlich.[179]
- Das gilt auch für das nächste. Die *"complexio"* ist eine Qualität und damit ein Accidens, das den Körper verlassen kann, ohne das er deshalb zugrunde gehen würde. Verläßt jedoch die Seele den Körper, löst dieser sich auf. Also ist die Seele keine Qualität, sondern eine Substanz.[180]
- Als solche benutzt und 'stimmt' sie den Körper wie ein Instrument. Widersetzt er sich ihrem Gebrauch, entflammt die

  "pugna carnis adversus spiritum" (I 31, 20/21).[181]

Mit diesem Übergang zum letzten Argument hat der Autor einen Passus der Vorlage übersprungen. Nemesios hatte hier ein Argument eingefügt, das Dörrie als "Fremdkörper an dieser Stelle", da porphyrianisch, identifiziert hat.[182] Obwohl es in diesem Zusammenhang um *"complexiones"* geht, kommt Nemesios plötzlich auf die Qualitäten im allgemeinen zu sprechen und stellt sie in Gegensatz zur *"anima intelligibilis"*. Diese Überlegung hatte ihn augenscheinlich aus dem Konzept gebracht; denn anschließend kommt er nochmals auf das speziellere Problem der unterschiedlichen Säfte-Mischungen, die unmöglich ein und dieselbe Seele

---

[178] *De ani.* I 29, 29 - 30, 26. *De nat. hom.* 33, 20 -34, 37 (M88-89).

[179] *De ani.* I 30, 27 - 31, 10. *De nat. hom.* 34, 37-39 (M89).

[180] *De ani.* I 31, 10 -15. *De nat. hom.* 34, 39-46 (M89/90).

[181] *De ani.* I 31, 15-24. *De nat. hom.* 35, 64-74 (M91-92).

[182] Dörrie, Symmikta Zetemata, 142.

sein können, zurück.
Warum Landino hier gekürzt hat, bleibt fraglich. Daß er die Ausführungen über die Kraseis nicht nochmals aufnahm, geschah sicherlich aus Gründen der Ökonomie. In diesem Zusammenhang könnte er auch das fremdartige Argument überlesen haben. Es ist aber auch vorstellbar, daß er erkannte, daß es in diesen Zusammenhang nicht paßte, und er daher seiner Vorlage nicht blind folgte.

2.3.2.3.6 Resümee

Diese Überlegungen führen zu einem kurzen Gesamtüberblick über Landinos Nutzung der Schrift des Nemesios. Er verläßt nun diese Quelle, um zur platonischen Seelendefinition zu gelangen, die er bereits nicht mehr aus Nemesios übernimmt. Dieser dient ihm nur dazu, die gegnerischen Positionen zu widerlegen; und auch dazu nur mit Einschränkungen. Die Widerlegung der aristotelischen Entelechie-Definition, mit der Nemesios an dieser Stelle fortfährt, übernimmt Landino nicht mehr.[183] Wie gesehen, nutzte er zwar noch dessen Einschätzung, daß Aristoteles mit dieser Definition der spezifisch menschlichen Seele nicht gerecht würde, milderte aber auch dabei die Formulierung, indem er sie ausdrücklich als Grundlage für die platonische Definition anerkannte. Damit meidet er bewußt die feindliche Gegenüberstellung der beiden Philosophen und kann somit auch auf die Widerlegung des Aristoteles, wie er sie in der Vorlage fand, verzichten. Er wählt also bewußt aus, gruppiert auch um, was nicht immer zur Erhellung des Sachverhaltes beiträgt, und ergänzt mit Argumenten aus anderer Tradition und mit eigenen mehr oder weniger glücklichen Beweisführungen. Da er sich der unterschiedlichen Traditionsstränge innerhalb dieser Quelle nicht mit letzter Konsequenz bewußt ist, unterlaufen ihm einige Widersprüche.

[183] S. 2.3.2.2

Doch insgesamt gesehen beschränkt sich seine Initiative auf die rhetorisch-sprachliche Umgestaltung der Quelle in klassisches Latein[184] und ihre Anpassung an die Form des Dialogs. Nur wenige positive inhaltliche Änderungen lassen sich erkennen. Der größte Teil der Modifikationen beschränkt sich auf Auslassungen. Durch zwei ungenannte (!) christliche Autoritäten gestützt, Bessarion und - aus Landinos Sicht - Gregor von Nyssa, hat er sich also ohne eigenes Risiko bis zur platonischen Seelendefinition vorgearbeitet.

2.3.2.4 Die platonische Seelendefinition

Nachdem mit diesem 'Rundumschlag' nun alle Gegner,

> *"qui animam aut corpus, aut corporeum quicquam posuerunt"* (I 31, 27),

widerlegt sind, kann Marsuppini endlich zur

> *"Platonicam definitionem"* (I 31, 28)

übergehen, die er wie folgt ankündigt:

> *"Spero enim fore ut ex ea et* ***veritatem ipsam*** *elicere possimus, et* ***a Christianorum dogmate*** *non discedamus."* (I 31, 29/30)

Plato (*"ait enim"* !) habe die Seele definiert als:

> *"essentia incorporea rationalis, quae se ipsa moveat."* (I 31, 30/31)

Damit wählt Landino eine Definition, die zwar keineswegs von Plato selbst aufgestellt worden ist, wie hier suggeriert wird, die aber immerhin mit den in Mittel- und Neuplatonismus entwickelten Bestimmungen der Seele in-

---

184 Dazu noch eine kleine Kostprobe: *"Quid ais Cleanthes? - Nihil quod corpus non sit, cum eo simul, quod corpus sit, patitur?-Age concedatur. Sed vide quid assumas: animus cum corpore patitur? Hoc in tanto viro quis ferat? Quid enim minus dignum philosopho est Stoico, praesertim cui quidem familiae dialecticae palmam concedant, quid, inquam, minus dignum quam id, quod adhuc in controversia est, et apud gravissimos viros in contraria potius deductum, tanquam ab omnibus concessum sit, assumere? Afficitur animus a corpore? Multi hoc negant ..."* (I 22, 5 -12) hat Landino aus dem folgenden, nüchtern-sachlichen Original gemacht: *"Eodem utique modo et cum dicit: nullum incorporeum corpore compatitur. Assumit enim quod quaeritur negatione. Si autem quis supponat verum esse nullum incorporeum corpori compati, sed quod infertur non est in concessione deductum, quoniam compatitur anima aegrotanti et inciso corpori. Dubitatur enim sive corpus solum est quod dolet, suscipiens ab anima sensum, ipsa vero manet impassibilis, sive et condolet ipsa corpori; et tenet magis apud gloriosiores philosophorum quod prius dictum est; non opportet autem ex his quae in dubitationem venerunt concludere syllogismos, sed ex concessis."* (*De nat. hom.* 29, 44 - 30, 2 (M80/81).

haltlich übereinstimmt.[185] Hervorzuheben ist, daß sie das Verhältnis zum Körper außen vor läßt, und insofern von der Definition des Augustinus, die er Marsuppini ihr im folgenden zur Seite stellen läßt, doch mehr als nur *"paucis verbis immutatis"* (I 31, 32/33) abweicht:

> *"**Divus Augustinus** ... in eo enim, quem De animae quantitate inscripsit, essentiam eam rationalem regendo corpori accommodatam affirmat "*. (I 31, 32-35)[186]

Vollkommen gegen seine Gepflogenheiten nennt Landino hier seine Quelle. Es ist ihm wichtig, daß die Definition, die die Grundlage seiner gesamten weiteren Ausführungen bilden soll, von einer christlichen Autorität gestützt wird. Mit diesem Beleg ist die Einbindung der heidnischen Philosophie Platos in die christliche Lehre im Sinne der Konzeption der *"pia philosophia"* vollzogen. Der Kirchenvater wird dem griechischen Philosophen als dem Schirmherrn des Dialogs zur Seite gestellt. Wie an anderer Stelle bereits dargelegt, fällt die Wahl nicht zufällig auf Augustinus. Da der Kirchenvater sehr viel (neu-)platonisches Gedankengut aufgenommen hatte, Plato über alle anderen heidnischen Philosophen stellte, und auch - bei allen Meinungsverschiedenheiten - für die aristotelische Scholastik sakrosankt war, wurde er seit Petrarca von allen Humanisten bemüht, die Plato favorisierten. So nutzt Landino im Anschluß an die Zusammenstellung der beiden Seelendefinitionen, deren Abweichungen nicht weiter thematisiert werden, das Urteil des Augustinus sofort zum Schlag gegen Aristoteles. Sich selbst legt er die entsprechende Bemerkung in den Mund:

> *"Est profecto ut dicis: nam sive de **Deo**, sive de **anima** disserat, Augustinus ita reliquis omnibus Platonem anteponit, ut etiam perpetuum eius aemulum Aristotelem tanquam qui in praeceptorem suum semper puer existat, ad postremum tacere adhortetur."* (I 32, 1-4)

Dieses Urteil des Augustinus dient ihm als weitere Bestätigung für die früher geäußerte Einschätzung der Relation zwischen der aristotelischen und der platonischen Seelendefinition. Unter Berufung auf Augustinus wagt er an dieser Stelle, der letzteren eindeutig der Vorrang zuzusprechen .

Landino bezieht sich hier auf zwei Passus der *Civitas Dei*. Der erste gehört zu dem von den Humanisten gern zitierten Vergleich der heidnischen Philosophen bezüglich ihrer Vereinbarkeit mit der christlichen Lehre, bei dem die Platoniker am besten abschneiden, Aristoteles jedoch als Häretiker

---

[185] Vgl. Dörrie, Symmikta Zetemata, 166 ff. Schneider, Psychologie 364 ff. Kristeller, Beginning Student, 53.

[186] Aug. *De quant. ani.* c. XII.

seinem Lehrer gegenüber bezeichnet wird. [187] Dort ist das Kriterium allerdings die Gottesvorstellung. Dennoch ist Landino berechtigt, diesen Gesichtspunkt durch ein *"sive de anima"* zu erweitern. Denn für Augustinus ist die Seele eine unkörperliche Substanz, und unter dieser Voraussetzung kritisiert er an einer zweiten Stelle die abweichende Auffassung des Stagiriten, wobei er allerdings die falsche Interpretation der *"quinta essentia"* zugrunde legt. [188]

Ein so hartes Urteil über Aristoteles kann Landino natürlich nicht uneingeschränkt übernehmen. Er muß den Ausgleich zwischen beiden Philosophen, d.h. zwischen Plato und der Amtskirche, in diesem zentralen Punkt suchen und allzu große Härten vermeiden. [189] Daher wird er sich der zitierten Einschätzung des Augustinus zum Trotz im folgenden beeilen, die Übereinstimmung beider Philosophen bezüglich der Seelendefinition hervorzuheben.

Zunächst müssen nun aber die einzelnen Bestandteile der platonischen (!) Definition näher erläutert werden. Dies geschieht auf die Bitte des jungen Landino hin. Nur der Begriff der Unkörperlichkeit ist ja bis jetzt geklärt worden. Marsuppini erklärt zunächst die Bestimmung der Rationalität:

> *"... cum **quatuor** extent **actiones animi** et duae primae, altera qua **nutrimur et crescimus**, altera qua **sentimus et movemur**, aut in corpore, aut circa corpus versentur, neutra erit homini propria, cum utraque omnibus insit animantibus. Ex duabus autem reliquis, etsi **mens ipsa et intelligentia** nobilior multo **ratione** sit, tamen, **quia***

---

[187] Aug. *Civ. Dei* VIII, c. 12: *"Ideo quippe hos* (sc. *Platonicos philosophos) potissimum elegi, quoniam de uno Deo qui fecit caelum et terram, quanto melius senserunt, tanto ceteris gloriosiores et inlustriores habentur, in tantum aliis praelati iudicio posterorum, ut, cum Aristoteles Platonis discipulus, vir excellentis ingenii et eloquio Platoni quidem impar, sed multos facile superans, cum sectam Peripateticam condidisset ... plurimosque discipulos praeclara fama excellens vivo adhuc praeceptore in suam haeresim congregasset ..."*

[188] Aug. *Civ. Dei* XXII, c.11: *"Nam et Aristoteles quintum corpus eam dicit esse et Plato nullum. Si quintum esset, certe superius esset ceteris; cum vero nullum est, multo magis superat omnia ..."*

[189] An anderer Stelle, wenn es um untergeordnete Einzelfragen geht, wird Landino deutlicher, jedoch auch wiederum nur mit Augustinus im Rücken, auf dessen Einschätzung er in beinahe gleichlautender Formulierung verweist. Anläßlich der Frage der Selbstbewegung der Seele läßt er Marsuppini, III 82, 7-17, ausführen: *"Quid ergo? nonne putas idem vidisse Aristotelem, hominem Platoni per tam multos annos familiarem, quod Albertus multis post saeculis natus cognovit? Itaque quam pie hoc egerit in praeceptorem, ipse viderit. Ego tamen ea, qua apud me veneratione est, damnare non audeo. Sed quae ab Augustino dicuntur, vehementer approbo. Nosti hominis multam variamque doctrinam, nosti iudicium acerrimum: nosti in rebus omnibus aequitatem singularem. Hic ergo **Aristoteli,** cuius doctrinae cupidissimus fuit, **adversus Platonem loquenti tamquam qui in illum puer semper sit, silentium edicit."***

> ***nobis cum essentiis separatis communis est****, in definitione poni non debuit. Restat ergo sola* ***ratio****, quae, quia neque brutis adsit, et puram illam* ***divinamque mentem*** *aequare non possit, solum hominem respicere videtur."* (I 32, 20-28)

Er betont:

> *"Haec ergo causa fuit, quare rationalem animam* ***Plato appellarit*** *..."* (I 32, 28/29)

Auf den ersten Blick scheint diese Erklärung sowie ihre ausdrückliche Zuweisung an Plato überflüssig. Die Bestimmung der Rationalität als artspezifisches Merkmal des Menschen und seiner Seele gegenüber den Tieren dürfte im 15. Jahrhundert Allgemeingültigkeit beanspruchen können. Daß ihn die rationale, diskursive Erkenntnis von den Engeln (*"substantiae separatae"*) mit ihrem intuitiven Intellekt unterscheidet, ist spätestens Allgemeingut, seitdem das lateinische Mittelalter von Dionysios Areopagita das neuplatonische Stufenmodell des Kosmos übernommen hat. [190] Spezifisch platonisch, in der hier dargeboteten Form sogar neuplatonisch, ist allerdings der Begriff der Teilhabe (*"communio"*) der menschlichen Seele an der *"pura divinaque mens"*. Der neuplatonischen Lehre zufolge ist sie die dritte Hypostase des Seienden, die aus der zweiten, dem Geist (νοῦς), hervorgeht. Das Hervorgehen aber bedeutet Teilhabe an dem Wesen der nächsten Ursache. Teilhabe bedeutet Verwandtschaft. Die Verwandtschaft mit dem Geist ermöglicht der Seele, die auf der Grenze zur Materie steht, sich zur höheren Hypostase hinaufzuziehen, falls sie sich auf diesen wertvolleren Teil ihres Wesens besinnt und von der Materie abwendet. Über die Stufe des Geistes kann sie zur ersten Hypostase, zum Einen, emporsteigen, das als ihr erster Emanationsursprung auch ihr letztes Ziel ist. [191]

Obwohl das vordergründige Erklärungsziel Marsuppinis die Rationalität ist, liegt die eigentliche Bedeutung dieser Ausführungen in der vermeintlichen Abgenzung zur höheren Hypostase der *"mens"*, die nur getroffen wird, um das Gegenteil zum Ausdruck zu bringen. Landino ist sehr vorsichtig, denn hier beginnt die Konfrontation mit der Scholastik, die zwar den wesensmäßigen Unterschied zwischen Mensch und Engel genau so beschreibt, aber die vierte *"actio animi"*, die Landino hier der aristotelischen Seeleneinteilung in *"anima vegetativa"*, *"sensitiva"* und *"intellectiva"* aufpfropft, in Frage stellt, wenn nicht sogar leugnet. [192]

---

[190] Näheres s. Kristeller, Philosophie, 55 ff.

[191] Zintzen, Neuplatonismus, Einleitung, VII ff u. Cumont, Plotin, 14 ff.

[192] Zum Problem der intuitiven Erkenntnis s. 2.5.1.7 ff.

Die hier von Marsuppini fast nebenbei eingeflochtene Bemerkung, daß die Geistseele des Menschen *ratio* **und** *intelligentia* besitze, ist demnach von fundamentaler Bedeutung für die Auffassung der Seele, wie sie in diesem Dialog zum Ausdruck kommt.
Es sei daran erinnert, daß sich Landino in demselben Sinne bereits im 3. Prooemium äußert:

> *"Ita cum in ceteris* (sc. *a bestiis*) *vincamur,* ***ratio atque mens sola*** ***est,*** *qua ita ab illis discedimus, ut immortali etiam Deo per illam adhaereamus."* (III 4, 3-6)

Erst vor dem Hintergrund der in Rede stehenden Stelle wird dieser Ausdruck verständlich. Wie gezeigt, bewegt sich Landino dort im Vorstellungskreis des Augustinus. Im III. Buch, anläßlich der Darstellung der Geistseele, wird dieser Zusammenhang noch deutlicher; denn dort bestimmt Landino in der Nachfolge des Kirchenvaters *"ratio"* und *"mens"* als *"ratio inferior"* und *"ratio superior"*. Auch in diesem Punkt bietet ihm Augustinus die Gewähr für die Orthodoxie. Denn er war es, der das neuplatonische ἕν mit dem christlichen Gott, den νοῦς mit dem Geist Gottes und die Hinwendung und Rückkehr der Seele zum Intelligiblen und zum Einen mit der Rückkehr zum himmlischen Vater gleichsetzte.
Was Landino hier nur zaghaft und in sehr traditioneller Form andeutet, hatte Ficino zu diesem Zeitpunkt schon zu einer elaborierten selbständigen, philosophischen Konzeption entwickelt. In seinem Werk *De amore*, das 1469 erschien, erstellt auch er ein vierstufiges Modell der Seelentätigkeit. Landino übernimmt es im III. Buch des Dialogs. Es könnte auch den Anstoß für die knappere und allgemeinere Darlegung an dieser Stelle gegeben haben. Auf jeden Fall läßt sich hier eine Übereinstimmung der beiden Freunde in der '(neu-)platonischen Grundeinstellung' konstatieren. Für die konkrete Darstellung platonischer Gedanken hält sich Landino augenscheinlich lieber an kirchliche Autoritäten.
So auch für den Beweis der Selbstbewegung. Für diesen greift der Autor wiederum auf Bessarion zurück. Der Kardinal eröffnet mit dem Beweis der Selbstbewegung aus dem 10. Buch der *Leges* [193], im Anschluß an die eingangs von Landino ausgeschriebenen methodischen Überlegungen, die Darlegung der Seelenlehre Platos. Dabei verzichtet er in seinem Bemühen um eine historisch richtige Auslegung Platos auf eine ausformulierte 'platonische' Seelendefinition zugunsten einer Interpretation der Stellen, in denen sich der Philosoph zur Seele geäußert hat. Bezüglich der Selbstbewegung bemüht er sich um einen Ausgleich zwischen Platos

---

[193] *Leg.* X 892 ff.

Darstellung und der Kritik des Aristoteles im 8. Buch der Physik, ohne diese Absicht jedoch expressis verbis zu erklären. Er beschränkt sich vordergründig auf die Wiedergabe des Beweisgangs Platos. Doch wird dem Unbewegten in seiner Relation zu dem Sich-selbst-Bewegenden größere Aufmerksamkeit geschenkt als bei Plato, und auch die Einbeziehung der Auffassung von der Seele als Form und Akt des Körpers zeigen, daß Bessarion an einer Harmonisierung gelegen ist. Landino folgt ihm in der Argumentation genauso eng wie in der bereits erörterten Eingangspassage.[194] Wiederum wird aber auch seine abweichende Intention deutlich:
Zunächst werden vier Genera des Seienden unterschieden:

Landino	Bessarion
"Nempe ut intelligas ***quatuor*** *esse* ***rerum genera****: primum quod movetur solum nihilque agens ab iis, quae priores causae sunt, hoc patitur; secundum vero est quod, quanvis et ipsum ut primum moveatur, tamen alia movet; est tertium duobus his multo nobilius: hoc enim, suapte natura sibi motus exordiens, ex se movetur, motumque alteri affert; est et quartum immobile quidem omnino atque omnium, quae supra diximus, postremum. Sed de hoc nihil ad praesens."* (I 33, 18-25)	*"Itaque* ***quattuor genera*** *hoc modo constituuntur: Primum, quod movetur solumque patiturque ab aliis prioribus causis. Secundum, quod et alia movet et ab aliis movetur. Tertium, quod ex se movetur sua natura sibi exordiens motum et motum alteri affert. Quartum, quod immobile est, postremum omnium, quae motu activo passivoque participant."* (*In cal. Plat.* 141, 29-33)

Aristoteles hatte die Existenz des dritten Genus, d.h. des Sich-selbst-Bewegenden, geleugnet, indem er strikt zwischen Bewegtem und Beweger trennte. Hier wird dagegen einerseits an ihm festgehalten, andererseits aber wird es durch das Genus des Unbewegten überhöht. Die Abhängigkeit von der unbewegten Letzt-Ursache wird zwar konzediert:

[194] *De ani.* I 33, 12 - 35, 21. Bess. *In cal. Plat.* 141, 26 - 143, 42.

"De iis autem, quae motum habent, sic accipe. Omne id, quod ab alio movetur, ex eo pendet, quod sua sponte se ipsum movet, atque id ex eo pendet, quod omnino sit immobile." (I 33, 25-27)

"Dependere etiam omne, quod ab alio movetur, ex eo, quod se movet, idque ipsum ex immobili Plato arbitratur." (*In cal. Plat.* 141, 33-35)

Doch wird unterschieden zwischen Abhängigkeit und Anfangspunkt der Bewegung: Obwohl das Sich-selbst-Bewegende also vom Unbewegten abhängt, wird es als Anfang der Bewegung angesetzt

"Motus autem ipsius, quisquis is fuerit, id profecto initium erit, quod ipsum ex se movetur." (I 33, 27-29)

"Verum omnis motus initium esse, quod ipsum ex se movetur." (*In cal. Plat.* 141, 35/36).

Diese Unterscheidung ist der Kernpunkt der Beweisführung. Sie soll den Ausgleich zwischen der Annahme des unbewegten Bewegers und dem Prinzip der Selbstbewegung ermöglichen. Die Begründung für diese Feststellung fällt bei Bessarion sehr knapp aus. Nachdem die untersten beiden Stufen als Ursache der Bewegung selbstredend ausgeschlossen worden sind, wird das Unbewegte mit der knappen Bemerkung

"Quod enim immobile est, quoniam sua natura moveri non potest, non est primum movens." (*In cal. Plat.* 143, 2/3)[195]

ebenfalls ausgeschieden.

Diese Erklärung hat Landino wohl nicht zu Unrecht als unbefriedigend empfunden. Daher schiebt er, noch bevor er die beiden untersten Stufen der Bewegung behandelt, die folgende Begründung selbständig ein:

"Dicis, cur non id, quod principium rerum omnium immobile est? Quia quodcumque a principio hoc infinito seiunctum est, id alio quodam modo quam illud moveatur necesse est: hoc enim praefinita circumscriptaque vi, illud autem in-

---

[195] Vgl. *De ani.* I 34, 9/10: *"Nam neque quod immobile est primum movens erit, id enim natura sua moveri nequit, ..."*

finita liberaque movetur.Quod, si ab infinito principio moverentur reliqua quae moventur, neque a suo principio degenerarent neque movendi rationem immutarent. Non igitur stabile illud, sed quod ipsum ex se movetur motus initium erit." (I 33, 29-35)

Wenn er auch die Notwendigkeit einer näheren Erläuterung richtig erkannt hat, so ist sie in ihrer Aussage doch leider mißlungen und kaum verständlich. Gemeint ist vielleicht, daß von einem unbegrenzten Prinzip nicht direkt eine genau definierte, praedestinierte und begrenzte Bewegung ausgehen kann, daß es vielmehr eine Zwischenstufe geben muß, die zwar begrenzt und endlich, aber frei ist; d.h. der Übergang von der *"vis infinita et libera"* muß sich über eine *"vis finita et libera"* hin zu einer *"vis praefinita et circumscripta"* vollziehen. Doch ist der Beweisgang mehr als unklar.[196]

Nach dieser Ergänzung schließt sich Landino wieder der Vorlage an: Die Selbstbewegung ist der Anfang der Bewegung. Selbstbewegung aber bedeutet Leben, Leben seinerseits bedeutet Beseeltsein, also die Seele, und damit ist nach den Gesetzen der Logik der Syllogismus perfekt:

"Est igitur anima, quae se ipsam movet". (I 34, 21)	*"Ex quo colligitur animam esse, quae se ipsam movet."* (*In cal. Plat.* 143, 9/10)

Selbstbewegung definiert also das Wesen der Seele vorzüglich vor allen anderen Substanzen. Soweit mit der besagten Akzentverlagerung die platonische Argumentation.

Indem darüber hinaus aber die Selbstbewegung als Selbsttätigkeit und damit als Akt verstanden wird (*"... quod se ipsum movet et a se ipso hunc actum exorditur"*[197]) wird die Gleichsetzung der aristotelischen Seele als Akt und Form des Körpers mit der platonischen sich selbst bewegenden Substanz ermöglicht und gleichzeitig Raum gelassen für eine spezielle Bestimmung der Geistseele:

---

[196] Diese Interpretation verlangt, den Teilsatz: *"illud autem infinita liberaque* (sc. *vi*) ***movetur"*** auf die vorher nicht genannte Zwischenstufe zu beziehen. Dennoch wird sie durch eine Parallele bei Ficino gestützt. S. Anm 479. Zu Landinos Ehrenrettung mag eine Lücke im Text angenommen werden.

[197] *De ani.* I 34, 12/13. Ebenso Bess. *In cal. Plat.* 143, 5/6: *"... quod se ipsum movet et a se ipso hunc actum exorditur, ..."*

"*Communiore* ergo *ratione* id animam esse dicemus, quod se ipsum movere potest, vicissimque quod se ipsum movere potest animam esse. Nam,quod ***Aristoteles,*** vir in omni doctrina excellentissimus, ***animam sive formam, sive actum corporis dixit, verissime dixit. Quis enim id animae esse neget? Verum quoniam non est id cuicunque animae commune; nemo enim mentem nostram, quae sine aliquo corporis instrumento speculatur, corporis actum dicet; placuit hoc in loco Platonis sententiam sequi."*** (I 34, 32 - 35, 4)

"Nam formam esse hanc sive actum corporis vere quidem affirmamus. Non tamen commune hoc cuiuscumque animae est, siquidem intellectivam animam corporis actum esse nemo diceret. Communiore *ergo* ***ratione*** *animam id esse dicimus, quod se ipsum movere potest, et vicissim, quod se ipsum movere potest, id animam esse."* (*In cal. Plat.* 143, 18-21)

Hier weicht Landino auf bemerkenswerte Weise von seiner Vorlage ab. Bessarion führt den Begriff des Aktes als Definition der Seele ein und schließt die Geistseele nur aus dieser Bestimmung aus, ohne an dieser Stelle namentliche Zuweisungen der jeweiligen Auffassungen vorzunehmen. Er bewegt sich vorgeblich - in diesem Punkt einmal nicht mit der versprochenen historischen Genauigkeit - in den Bahnen der Argumentation Platos. Landino fällt dagegen sofort 'mit der Tür ins Haus'. Im Sinne seiner bereits weiter oben geäußerten Auffassung akzeptiert er die Definition des Aristoteles (!) für die Seele an sich, die Platos (!) für die Geistseele, was implizit bedeutet, daß Aristoteles in diesem Punkt unrecht hat. Bessarion argumentiert also wesentlich subtiler, indem er zunächst alle Zuweisungen außen vor und die Fakten für sich selbst sprechen läßt. Es wird sich im III. Buch des Dialogs, das der Geistseele gewidmet ist, zeigen, ob Landino diese rigorose Trennung beider Philosophen beibehalten kann.

Aus der Selbstbewegung wird nun der Substanzbegriff entwickelt. Indem Landino seine Vorlage weiter ausschreibt, geht er also über das eingangs gesteckte Beweisziel der Selbstbewegung hinaus. Natürlich ist er den eminent wichtigen Beweis der Substantialität der Seele noch schuldig, doch geht es zu Lasten der Übersichtlichkeit seiner Gedankenführung, daß er diesen nicht ankündigt und - abweichend von seiner Vorlage - noch nicht einmal das Ergebnis deutlich formuliert.

Bessarion hatte die Argumentation für die Substantialität der Seele bereits mit der Gleichsetzung von Selbstbewegung und Akt vorbereitet. Die Seele als bewegendes Prinzip ist dem Körper übergeordnet, der sich ja nicht selbst bewegen kann, und ist somit früher als dieser vorhanden. Die Fähigkeit, etwas zu bewegen, d.h. tätig zu sein, ist Kennzeichen eines unkörperlichen Wesens. Es gibt zwei Arten von Unkörperlichem. Die eine hat eine Verbindung mit dem Körper und kann sich nicht selbst bewegen, wie z.B. die Qualitäten und materiellen Formen, die andere ist völlig unabhängig von ihm und damit substantiell. Zu dieser letztgenannten Art gehört die Seele.

Die Argumentation zielt also darauf, sowohl aus der platonischen Auffassung von der Seele als selbstbewegendem Prinzip als auch aus der aristotelischen Definition als *"forma"* und *"actus corporis"* die Substantialität der Seele abzuleiten. Für Landino, der jeden Konflikt mit der Kirche meiden will, ist die so bewiesene Übereinstimmung natürlich unschätzbar. Leider hat er, wie ein kurzer Vergleich von Vorlage und Übernahme zeigt, das Argument ein wenig verdunkelt:

Landino	Bessarion
"Essentiarum autem, quae in corporeae sunt, partim cum corporibus dividuntur, ut illa quae 'qualia' appellamus, ut formae ex materia constantes, quae aliunde motae aliud ipsae movent, partim vero a naturalium rerum sectione procul absunt. In quo genere animam iure ponas." (I 35, 10-14)	*"Incorporearum autem essentiarum aliae cum corporibus dividuntur, ut qualitates et formae materiales, quae et aliunde moventur et aliud movent, aliae se a naturalium rerum divisione sequestrant, qualis est* ***substantia****, quae a se ipsa movetur nec in aliis, sed in se ipsa consistit atque omnium concretione corporis vacat, qua prima omnis movendi ratio corporibus praestatur. Quam diximus esse animam omni corpore antiquiorem."* (*In cal. Plat.* 143, 31-37)

Der Begriff der Substanz, das eigentliche Ziel dieses letzten Beweisabschnittes, fällt bei Landino nicht, auch wenn er dem letzten Satz implizit zugrunde liegt. Es fällt also immer wieder auf, daß Landino die exakte, logische, philosophische Argumentation Schwierigkeiten bereitet. Oft fällt sie stilistischen Erwägungen oder der Einarbeitung anderer Quellen (bevorzugt Ciceros) zum Opfer. Oft sind wohl auch ökonomische

Gesichtspunkte verantwortlich. Oder aber Landino sieht, daß seine Quelle nur ungefähr den von ihm intendierten Gedanken trifft, und bleibt ihr dennoch treu, auch wenn ihr abweichender Ansatz die Struktur seines eigenen Werkes gefährdet.

Das zeigt auch die Schlußbemerkung zu dieser Passage:

"Hac ratione divinus ille philosophus ***causam essentiamque rerum*** *ac postremo* ***definitionem animae*** *investigat, quibus rebus* ***non facultate, sed actu animam esse*** *ostendit. Tenes ut, puto, quare se ipsam moventem animam dixerit. Sunt tamen et alia, quae de motu mihi dicenda sunt; verum illa in eum locum differenda iudico, in quo animorum immortalitatem eodem motu probare posse confidimus."* (I 35, 16-21)	*"Haec via Platonis et ratio est ad investigandam* ***causam*** *et* ***essentiam*** *et* ***definitionem animae****. Quibus* ***simul actu, non potentia esse animam*** *demonstratur, tum operationem eius vitalem esse, et praecedere eam omne corpus naturae, et substantiam esse impartibilem. Quin etiam ulteriore progressu essentiam divinitatis ex his demonstrat, de qua non est hoc loco dicendum."* (*In cal. Plat.* 143, 37-42)

Eigentlich ging es Landino nur um die Selbstbewegung als Bestandteil seiner platonischen Seelendefinition. Doch in sein Resümee bezieht er alle Gesichtspunkte Bessarions (Ursache, Wesen und Definition) mit ein, um anschließend noch einmal auf die Selbstbewegung einzugehen, auf deren Grundlage er später die Unsterblichkeit der Seele beweisen will. Besser hätte er umgestellt und wäre von dem Gesichtspunkt der Selbstbewegung zum allgemeinen Resümee übergegangen, um damit auch die gesamte Argumentation zur Grundlage für den Unsterblichkeitsbeweis im Sinne Bessarions erklären zu können. Ein derartiges Resümee wäre an dieser Stelle nämlich durchaus angebracht, da die Definition der Seele damit abgeschlossen ist.

2.3.3 Der Ursprung der Seele

Die Gesprächspartner kommen nun zum zweiten angekündigten Punkt der Untersuchung über die Seele, zu der Frage ihres Ursprungs. Der junge Landino bittet wiederum seinen Lehrer um nährere Ausführungen. Marsuppini stimmt auch sofort zu:

> *"Video igitur tibi placere ut,* ***duorum praestantissimorum hominum definitione*** *contenti, cetera prosequamur."* (I 35, 26/27)

Nochmals wird also die Vereinbarkeit der platonischen Seelendefinition mit der des Aristoteles betont, gleichsam als Salvatio den folgenden Erörterungen vorangestellt. Interessant ist die Huldigung, die sich an diese Zeilen anschließt:

> *"Neque id iniuria, nam et ille omnes sine controversia philosophos superavit, et hic Christianorum religionem ita illustrem reddidit, ut nulli nostrorum theologorum cedat."* (I 35, 27-30).

Hier wird kein Name genannt, und nur aus den bereits vorausgegangen und den noch folgenden Wertungen kann geschlossen werden, welcher Philosoph nur den ersten Platz unter den Philosophen einnimmt, und welcher sich darüber hinaus sogar mit den christlichen Theologen messen lassen kann. [198] Diese sibyllinische Aussage ist durchaus beabsichtigt. Landino wagt es im Resümee nicht, Plato zu eindeutig den Vorzug zu geben, denn er hat sich für eine Seelendefinition entschieden, die mit dem christlichen Dogma vereinbar sein soll - und das gilt zur Abfassungszeit des Dialogs zumindest ebenso für die aristotelische.

Da die Definition also nun feststeht, ist auch der Spielraum für die Darstellung der Ursprungslehren eingeschränkt; denn es kommen nur noch solche in Frage, die mit dieser Definition zumindest logisch vereinbar sind. So fällt die Doxographie zu diesem Punkt im Hinblick auf die vorchristliche Antike wesentlich knapper aus, platonische und nun auch christliche, sowohl orthodoxe als auch häretische Auffassungen, werden dagegen ausführlich behandelt. Bevor Marsuppini jedoch dieses nach eigener Aussage überaus schwierige Thema angeht, bittet er nach antiker Sitte um göttlichen Beistand.

Diese - im Falle Landinos - rhetorische Figur dient dem Autor zu einer Bemerkung, deren Aussage zu den wichtigsten Konstanten seiner persönlichen Überzeugung gehört, die sein Gesamtwerk nicht nur wie ein roter Faden durchzieht, sondern für einige seiner Schriften sogar grund-

---

[198] Auch mit der Zuordnung der Pronomina *"hic"* und *"ille"* läßt sich an dieser Stelle nicht operieren, da vorher kein Name genannt wurde.

legend ist. Daher soll sie an dieser Stelle ihrer Bedeutung entsprechend behandelt werden.

Exkurs: Vergil als *"poeta platonicus"* - Grundlagen der allegorisierenden Interpretation der *Aeneis*

Es handelt es sich um einen einzigen Satz:

> *"Itaque cum mihi de animorum tum origine, tum in corpora descensu dicendum sit, placet auxilii tale aliquid comprecari, quale apud Vergilium deposci vos non fugit.* ***Divinus enim et in primis platonicus poeta, cum Platonis sententiam explicaturus, ad Inferos descensum nihil aliud quam animorum nostrorum in haec corporea vincula exilium esse demonstraret, rem aggredi non est ausus, nisi divinum sibi favorem prius conciliaret."*** (I 35, 34 - 36, 2)

Vergil wird also hier als Verkünder der platonischen Philosophie apostrophiert, ohne daß ein Beweis oder auch nur eine Erklärung für diese - faktisch falsche[199] - Auffassung gegeben wird. Statt dessen wird der Abstieg des Aeneas in die Unterwelt (*Aen.* VI), sofort unter dieser Voraussetzung interpretiert. Dies wird durch die Bemerkung vorbereitet, daß zur Frage des Ursprungs der Seele auch ihr Abstieg in die Körperwelt gehöre. Damit wird vorweg schon eine platonische Vorstellung heraufbeschworen und die Antwort schon vor der Diskussion des Problems in bestimmte Bahnen gelenkt. Dann erst fällt der Name Vergils. Der augusteische Dichter habe mit dem Abstieg des Aeneas in die Unterwelt gezeigt, daß die Seele in der Körperwelt in Fesseln liege, im Exil sei. Und Vergil (d.h. Aeneas) habe, bevor er in die Unterwelt hinabgestiegen sei, Chaon und Phlegethon angerufen (VI 264/65). Auch diese allegorisierende Interpretation wird nicht näher erläutert. Das Ganze steht etwas unvermittelt im Raum. Wiederum ist ein Blick auf Landinos selbstverständlich ungenannte Quelle aufschlußreich.

Es handelt sich um Augustinus, *De civitate Dei*, XIV, c.3: Der Kirchenvater erörtert dort die Frage, ob die menschliche Sünde nur dem Körper anzulasten sei, nicht aber der Seele, die nur durch die Verbindung mit dem Körper zur Sünde gezwungen werde. Er verwirft diese Auffassung, da sie der Natur des Menschen, d.h. seinem Zusammengesetztsein aus Körper und Seele nicht gerecht werde, erkennt in den Platonikern die Ver-

---

[199] Zu der Deutung des Aeneas als stoischem προκόπτων s. Heinze, Epische Technik, 271 ff.

treter dieser Lehre und führt als Beleg ein Zitat aus der *Aeneis* an:

> *"Quamvis enim* ***Vergilius Platonicam*** *videatur luculentibus versibus explicare* ***sententiam*** *dicens:*
>
> *Igneus est ollis vigor et caelestis origo*
> *Seminibus, quantum non noxia corpora tardant*
> *Terrenique hebetant artus moribundaque membra,*
>
> ...
>
> *Hinc metuunt cupiuntque, dolent gaudentque nec auras*
> *Suspiciunt, clausae tenebris et carcere caeco."* [200]

Für diese spezielle Stelle ist diese Interpretation durchaus gerechtfertigt, denn die dort entwickelte Seelenlehre hat in der Tat platonisch/pythagoräisch/orphische Züge.[201] Doch wird damit keineswegs gesagt, daß Vergil ausschließlich platonisches Gedankengut in seinem Werk verarbeitet habe. Daß Landino sich jedoch gerade auf diesen Passus der *Civitas Dei* stützt und ihn für die eigenen Zwecke generalisiert, zeigt zum einen die wörtliche Übereinstimmung des *"Platonicam* (Land.: *Platonis) sententiam explicare"*, zum anderen aber auch eine Stelle des III. Buches von *De anima*:
Dort erwähnt Landino im Zusammenhang mit seiner Tugendlehre, d.h. der Lehre vom Aufstieg zu Gott über die vier Grade der Kardinaltugenden nach Macrobius, Menschen, die die Tugenden des gesellschaftlichen Lebens nicht als ausreichend ansähen,

> *"qui hominem praeter animum nihil esse animadvertentes, corpus quod mortale caducumque sit, in nullam partem hominis reponunt, sed potius illi tanquam vinculum molestissimumque carcerem datum putant. Isti,* ***Platonis sententiam*** *amplexi, tamdiu se morte obrutos existimant, quamdiu animos, quibus coelestis origo est,*
>
> ***noxia corpora tardant***
> ***Terrenique habeant artus moribundaque membra."***
> (III 57, 5-12)

An dieser Stelle ist es eindeutig, daß sich Landino an dem entsprechenden Passus der *Civitas Dei* orientiert; denn hier führt er wie Augustinus das *Aeneis*-Zitat an, um die radikale (neu-)platonische Auffassung zu belegen, derzufolge nur die Seele den Menschen ausmacht.

---

[200] *Civ.* XIV, c.3, zit. Aen. VI 700 ff. Vgl. auch *Civ.* XXI, c.13, betitelt: *Contra opinionem eorum, qui putant criminosis supplicia post mortem causa purgationis adhiberi: "Platonici quidem, quamvis impunita nulla velint esse peccata, tamen omnes poenas emendationi adhiberi putant, ... sive in hac vita sive post mortem ... . Hinc est Maronis illa sententia, ubi cum dixisset de terrenis corporibus moribundisque membris, quod animae ... Hinc metuunt cupiuntque ...* (Aen. VI 733 f).

[201] Vgl. Norden, Aeneis Buch VI, 16 ff.

Gleichzeitig wird hier aber auch das Problem deutlich, das sich allen christlichen Humanisten stellt, die eine platonisch-christliche Philosophie zu entwickeln versuchen. Das Christentum lehnt diese einseitig auf das Geistige gerichtete Sicht des Menschen ab. So betont Augustinus im Anschluß an das *Aeneis*-Zitat nochmals ausdrücklich:

"tamen aliter se habet fides nostra"[202]

Augustinus kann nicht für eine uneingeschränkte Befürwortung des Platonismus in Anspruch genommen werden, und gerade in der Frage der Relation Seele-Körper zeigt sich die schwankende Position Landinos zwischen seinem Christsein und seiner Vorliebe für Plato. Das gilt auch für Ficino. Letzterer operiert ebenfalls mit dieser Vergilstelle, wie auch mit der entsprechenden Einschätzung Vergils.[203]

Vor dem Hintergrund der Interpretation dieser Vergilstelle als Ausdruck des Σῶμα-Σῆμα-Schemas kann nun versucht werden, die Deutung des Abstiegs des Aeneas in die Unterwelt, die am Ausgangspunkt dieser Betrachtungen, *De Ani.* I 35, 34 ff, stand, zu verstehen:

Die Seelen der Unterwelt sind vom Körper und damit von ihren Fesseln befreit. Sie erscheinen 'unbekleidet' in ihrer wahren Natur. Um diese und somit die Wahrheit über die Seele zu erkennen, ist dieser Abstieg in den rein intelligiblen, von aller Körperlichkeit befreiten Bereich notwendig; ein Abstieg, der gemäß der Hierarchie des Seienden eigentlich ein Aufstieg ist. Mit dieser Deutung kündigt sich bereits die allegorisierende Gesamtinterpretation der ersten sechs Bücher der *Aeneis* im III. und IV. Buch der *Disputationes Camaldulenses* an, die in den Irrfahrten des Aeneas bis zur Katabasis des VI. Buches den Aufstieg der Seele bzw. des Menschen von der *"vita voluptuosa"* zum Intelligiblen, zu Gott, sehen will.[204]

Bei einer derartigen Interpretation ist es allerdings notwendig, die Gottesvorstellung der *"poeta platonicus"* der christlichen anzugleichen, um die Allgemeingültigkeit der gewonnenen Erkenntnisse auch für das christliche Zeitalter zu sichern. Und so beeilt sich der Autor, Marsuppini

---

[202] Aug. *Civ. Dei* XIV, c.3.

[203] Fic. *Th.Pl.* I 28, 233. Näheres s. Anhang. Auch Bessarion macht auf die Interpretation des Augustinus von *Aen.*VI 724 aufmerksam: *"Hoc idem et divus Augustinus de Porphyrio Platonico auctore in decimo libro de Civitate Dei testificatur, videlicet tres substantias illum statuisse. Primam, quam patrem universitatis appellat, secundam primam mentem, quae filius a Macrobio dicta est, tertiam animam mundi, quam* ***Maro poeta ex Platonis opinione spiritum vocat.****"* (*In cal. Plat.* 299, 4-8)

[204] Zintzen, Aeneis-Interpretation. Rombach, Vita activa und contemplativa, 74 ff. verweist darauf, daß Landino diesen allegorisierenden Interpretationsansatz, bereits in seiner Vergil-Vorlesung von 1461/62 (Cod. Cas. 1368 entdeckt von Field, Manuscript) wählt.

mit einem hübschen Wortspiel versichern zu lassen:

> *"Nobis autem deorum turba* (,die Aeneas anruft,) *minime opus est, quanvis et ille, ut est eius viri tum ingenium, tum doctrina,* ***plura potius unius dei nomina, quam plurium deorum numina invocat."*** (I 36, 3-5).

Auch Vergil, der *"divinus poeta"*, ruft also nach jüdisch-christlichem Brauch den Einen Gott unter vielen Namen an.

Eine spezielle, theoretische Rechtfertigung für die Interpretationsmethode der Allegorese läßt Landino an dieser Stelle vermissen. Sie bleibt den *Disputationes Camaldulenses* vorbehalten.[205] Hier, im Dialog über die Seele, scheint ihm in erster Linie daran gelegen zu sein, durch das bloße Postulat mit Vergil eine weitere Quelle für die platonische Seelenlehre zu gewinnen, worin er sich durch Augustinus unter Vernachlässigung seiner Bewertung der zitierten Aussage gestützt sieht. Höchstwahrscheinlich war es gerade die Autorität des Kirchenvaters, die ihn zu einer wesentlich weitergehenden platonisierenden Gesamtdeutung der *Aeneis* ermutigte.

Das Stichwort der Gottesvorstellung Vergils nützt Marsuppini für eine letzte allgemeine Rechtfertigung des Rückgriffs auf die heidnische Antike. Es sei daran erinnert, daß er bereits in seinem Exkurs über die Philosophiegeschichte erklärt hatte, daß in der Antike bereits die grundlegenden Fragen formuliert worden, die Antworten aber noch nicht vollständig gegeben worden seien, was der platonischen, aristotelischen, patristischen und hochscholastischen Philosophie vorbehalten gewesen sei. Zudem hatte er die Vorstellung von der Tradierung des metaphysisch-religiösen Wissens (*"theologia"*) von den Ägyptern über die Griechen zum Christentum im Anschluß an die Konzeption der *"pia philosophia"* Ficinos entwickelt. Hier nun liefert er die grundlegende Erklärung nach, warum eine solche Vorstellung überhaupt nötig ist. Sie erscheint wieder einmal in einer knappen Bemerkung, keineswegs an der Stelle, an der sie zu erwarten gewesen wäre, und wirft somit wieder einmal ein Licht auf Landinos unsystematisches, beinahe assoziatives Vorgehen, das durch die Form des Dialogs erleichtert, wenn nicht sogar gerechtfertigt wird.

Vergils 'Rechtgläubigkeit' soll durch die Erklärung der Anrufung Gottes unter vielen Namen als bewiesen gelten. Doch genügt es Landino nicht, diese Quelle vor dem Vorwurf der Unvereinbarkeit mit dem Christentum zu schützen, indem er ihrem Dichter das Bekenntnis zum Einen Gott zuschreibt. Er hält es darüber hinaus für notwendig, jeden Zweifel an seiner eigenen religiösen Gesinnung auszuräumen, und hebt aus dem Munde

---

[205] Land. *Disp.Cam.* 116-120.

Marsuppinis hervor:

> *"Sed nos, ut dixi, deorum turba non egemus; unus est, inquam, a quo cuncta impetranda sint."* (I 36, 5/6)

Das Bemühen um den Beweis der persönlichen Glaubenstreue durchzieht den ganzen Dialog. Spürbar wird darin die große Unsicherheit des Christen Landino über die Akzeptanz seiner Beschäftigung mit der antiken Philosophie von seiten der Kirche. Sie dürfte symptomatisch für viele Humanisten in derselben Situation sein, dabei aber besonders diejenigen befallen, die, wie Landino, keine eigenen Spekulationen entwickeln und damit nicht zu einer aus der Sicherheit der eigenen Erkenntnis erwachsenen, persönlichen Überzeugung gelangen, die ihnen eine gewisse innere Selbständigkeit gegenüber der Kirche sichern würde.
Doch ist das Bekenntnis zum Einen Gott hier mehr als eine bloße persönliche Salvation. Von diesem Einen Gott her ist alles andere zu betrachten, also auch alles auf ihn zu beziehen. Und so fährt Marsuppini fort:

> *"Hinc igitur nobis eam mentem dare velim, ut ex iis, quae a plurimis ac priscis scriptoribus dicta sunt, aut veriora, aut vero similiora assequamur."* (I 36, 7-9)

Gott ist erstes und letztes Kriterium zur Beurteilung aller Erkenntnis, damit aber auch der Ursprung **aller** Erkenntnis, des **Einen** Wissens, das den Christen per se durch die Offenbarung, aber auch den heidnischen Philosophen der Antike in der Form jenes 'Urwissens', das der Menschheit von Anbeginn der Welt von Gott mitgegeben wurde, zugänglich war.
So läßt diese kurze Bemerkung, die nur im Zusammenhang mit dem Vorausgehenden verständlich ist, das für die Renaissance charakteristische, sie vom Mittelalter trennende, religiöse Empfinden, die veränderte Sicht auf das Verhältnis Gott-Mensch in aller Deutlichkeit hervortreten. Hier ist nicht mehr von dem Einen auserwählten Volk die Rede, dem allein der jüdisch-christliche Gott die Heilslehre offenbart hat. Vielmehr haben alle menschlichen Erkenntnisse unabhängig von der Offenbarung einen Wert, denn jede Erkenntnis geht auf Gott zurück, der sie dem Menschen ja erst ermöglicht. Mensch und Gott treten damit in ein wesentlich direkteres Verhältnis. Die Offenbarung der heiligen Schrift, die christlich-ethischen Gesetze sind nur noch eine zusätzliche, letzte positive Bestätigung des uralten Wissens, das die Menschheit zu Beginn von Gott erhielt, und das im Laufe der Zeit teilweise in Vergessenheit geriet. Von daher erhält sowohl die unmittelbare Hinwendung zu Gott als auch das Aufsuchen dieser alten

Weisheit in ihren Quellen seine Legitimation.[206] Diese, im Vergleich zum Mittelalter, weitaus größere Selbständigkeit des einzelnen Menschen findet ihre Einschränkung lediglich in der immer konzedierten Begrenztheit der menschlichen Erkenntis (*"vero similiora"*), die einerseits den Irrtum ermöglicht, andererseits dann doch wieder Raum für die christliche Offenbarung läßt.
Unter dieser Voraussetzung können vor allem Plato und der Verkünder seiner Lehren, Vergil, aber auch die übrigen heidnischen Philosophen, christlich interpretiert werden, denn was sie an richtigen, d.h. mit der christlichen Lehre zu vereinbarenden Erkenntnissen erlangten, kann nur aus ein und derselben Quelle stammen, vom Einen Gott. Was Plato eben vor den anderen auszeichnet, ist der hohe Anteil der Lehren, die mit dem Christentum vereinbar sind. Landino ist allerdings in seiner Beurteilung des griechischen Philosophen besonders großzügig, indem er alle Lehren, die der Harmonisierung Schwierigkeiten bieten, einfach wegläßt, und so völlige Übereinstimmung suggeriert.
Ein weiteres Beispiel dafür ist seine Darstellung der platonischen Ursprungslehre der Seele.

2.3.3.1 Platos Lehre vom Ursprung der Seele

Marsuppini beginnt mit einer kurzen doxographischen Übersicht. Diese orientiert sich an zwei Fehleinschätzungen aus christlicher Sicht:

1. Die Seelen existieren zeitlich vor dem Körper
   Diese Auffassung vertreten die Ägypter
   "quos Plato vetustate et doctrina reliquis anteponit." (I 36, 10)
   Ihre Lehre, daß die Seelen auch in Tierkörper eingehen, ist natürlich für den Christen besonders problematisch. Für die Erklärung wird der Leser auf später vertröstet.[207] Über Heraklit und Empedokles gelangt Marsuppini dann schnell zu Origines, der den Abstieg der Seelen in die Körperwelt ebenso wie Empedokles als Strafe interpretierte. (I 36, 9 - 37,5)
2. Die Seelen sind *"ex ipsius Dei essentia"* geschaffen
   Hier werden die Stoiker, die Manichäer und Priscilian angeführt. (I 37, 5-8)

---

[206] Vgl. Garin, Cultura, 127 -142.

[207] Auch wenn die Ägypter nicht mehr expressis verbis erwähnt werden, sieht Landino wohl auch für sie eine befriedigende Erklärung in seiner auf Bessarion zurückgehenden Interpretation der platonischen Seelenwanderungslehre, derzufolge der Eintritt der menschlichen Seelen in tierische Körper nur aus pädagogischen Gründen zur Abschreckung behauptet wird. (III 95, 21-32; S. 2.5.4)

Platos Auffassung hätte eigentlich unter Punkt 1 genannt werden müssen. Genau das aber wollte Landino natürlich vermeiden. So nimmt er die Darstellung seiner Lehre aus dieser Übersicht heraus, scheinbar um sie ausführlicher behandeln zu können. Heikel bleibt das Unternehmen dennoch und entsprechend 'dreht und windet' sich Marsuppini auch bei der folgenden Erläuterung:

Plato,

> *"qui cum omnium, qui ante se fuerant, philosophorum dogmatibus Academiam suam instructam esse cuperet, non semper idem adfirmare videtur."* (I 37, 9-11)

Die von ihm vertretenen Lehren sollen also gewissermaßen als Erblast entschuldigt werden. Wie aber stellt sie Marsuppini dar? Er nennt den *Phaidros*, den *Phaidon* und den *Timaios*.

Aus dem ersten Dialog erwähnt er nur das Seelengefieder, das, wenn es zu schwer wird, die Seele zum Eintritt in den Körper zwingt[208]:

> *"... in Phaedro ... Socrates animas alatas inducit: easque cum pennae, quibus volitent, pondere graventur, deorsum ferri quoad corpori appropinquantes in eo insidant."* (I 37, 11-14)

Aus dem *Phaidon* wird nur die Σῶμα-Σῆμα-Vorstellung ausgewählt[209]:

> *"In Phaedone vero ... communionem animae ad corpus penitus exhorrescit, illamque non modo ut carcere inclusam, sed tamquam omnino sepultam deplorat."* (I 37, 14-17)

Im *Timaios* richtet er sein Augenmerk ausschließlich auf den Schöpfer, der

---

[208] 246 a-d. Das Seelengefieder machte Ficino - vielleicht aus direkter Kenntnis von Plutarch *Plat. quaest.* 6; 1004 d 'Πῶς ποτ' ἐν τῷ Φαίδρῳ λέγεται τὸ τὴν τοῦ πτεροῦ φύσιν, ὑφ' ἧς ἄνω τὸ ἐμβριθὲς ἄγεται, κεκοινωνηκέναι μάλιστα τῶν περὶ τὸ σῶμα τοῦ θείου;' Πότερον ... ἢ μᾶλλον οὐδὲν περιεργαστέον ἀλλ' ἁπλῶς ἀκουστέον ὅτι, τῶν περὶ τὸ σῶμα τῆς ψυχῆς δυνάμεον πλειόνων οὐσῶν, ἡ διαλογιστικὴ καὶ διανοητικὴ μάλιστα τοῦθείου κεκοινώνηκεν, ἣν τῶν θείων καὶ οὐρανίων ἔφησεν; ἣν οὐκ ἀπὸ τρόπου πτερὸν προσηγόρευσεν, ὡς τὴν ψυχὴν ἀπὸ τῶν ταπεινῶν καὶ θνητῶν ἀναφέρουσαν." (zitiert von Dörrie, Symmikta Zetemata, VII) - zu den zwei Fügeln der Seele, die sie zu Gott hinauftrügen. Er besetzte sie häufig mit anderen Begriffen. (Vgl. Allen, Charioteer). Doch liegt den Modifikationen immer das zweisträngige Schema von Intellekt und Willen zu Grunde: *"concludamus animam nostram per intellectum et voluntatem tanquam geminas illas platonicas alas ... volare ad Deum."* (Fic. *Th.Pl.* II 259). Vgl. Anhang. Obwohl Landino im II. Buch des Dialogs (II 129, 26-32) auf Ficinos Interpretation dieser *Phaidros*-Stelle rekurriert, übergeht er das berühmte Bild der Seelenflügel, das zur Abfassungszeit des Dialogs schon mindestens 13 Jahre alt ist (*Ep. de divino furore*, 1456).

[209] 63 e - 69 e. (Σῶμα-Σῆμα-Formel: *Gorgias* 493 a).

die Einzelseelen in die Welt schickt, um sein Werk zu beseelen und so vollkommen wie möglich zu gestalten[210]:

> "... *Timeum ita loquentem citat, ut huiusmodi descensum laudet, mundumque ut felicem Deum admiretur. Asseverat enim fato huc animas demissas, ut essent quae mundum illustrarent; inanimatum enim eius opus adeo fieri eximium non potuisse; sed perfectum atque consummatum tum futurum cum animatum esset ...*" (I 37, 19-23)

Das punctum saliens, daß die Seele in allen Dialogen **vor** dem Körper existiert, wird in den Hintergrund gedrängt und als solches nicht thematisiert. Nur indirekt läßt es sich aus Formulierungen wie *"descensus"* und *"corpori appropinquantes"* herauslesen.

Ohne weiteren Kommentar erläutert Marsuppini anschließend auf die Bitte des jungen Landino hin die neuplatonische Lehre vom Abstieg der Seele durch die verschiedenen Himmelssphären in die Körperwelt. Hier schreibt Landino Macrobius aus[211], den er im Verlauf seiner 4-seitigen Abschrift (I 38-41) auf der dritten Seite (I 40, 27) zitiert (und sich damit das Vorausgehende selbst zuspricht).

An die Darstellung des Aufbaus des Kosmos und der Ordnung der Sphären der Elemente knüpft sich die Darstellung des Weges der Seelen in die Welt. Sie werden von der Sehnsucht nach dem Irdischen, die eine Berührung mit ihm bedeutet, 'schwer' gemacht und sinken durch dieses Gewicht zur Erde. Durch das Sternzeichen des Krebses, das 'Tor der Menschen', gelangen sie auf die Milchstraße, den Anfangspunkt ihrer eigenen Bewegung. Das Sternzeichen des Löwen ist der Beginn der Sterblichkeit, denn hier entwickelt sich aus der Drehbewegung der Seelen ihr Seelenkörper, das Bindeglied zwischen der immateriellen Seele und dem Körper. Damit verlieren die Seelen - hier wird nun unterschieden zwischen der Weltseele und den Einzelseelen - auch zum Teil das Privileg der Unteilbarkeit, erscheinen nun als zusammengesetzt aus dem Unteilbaren ihrer himmlischen Existenz und dem teilbaren Seelenkörper, eine Weiterentwicklung des Gedankens des platonischen *Timaios*. Mit dem Eintritt in die Materie sind sie deren Affektionen ausgesetzt. Das Bild dafür ist der Lethe-Trank, der sie 'trunken' macht und im 'Rausch' ihre überirdische Existenz vergessen läßt, während die Götter im κόσμος νοητός überirdischen Nektar trinken.

Nun durchläuft die Seele die 7 Planetensphären und erhält in jeder ein

---

[210] 41b/c.

[211] Macr. *Comm.* 1. 11, 4 - 12, 15.

spezielles Vermögen:

Iuppiter:	*vis agendi*
Saturnus:	*vis ratiocinandi et intelligendi*
Mars:	*vis audendi*
Sol:	*vis opinandi et* ***sciendi*** [212]
Venus:	*desiderii motus*
Mercurius:	*vis interpretandi et pronuntiandi*
Luna:	*vis plantandi et augendi*

Mit diesen Vermögen versehen sinkt die Seele dann ein in den Körper

> *"quasi carcerem vel potius sepulcrum ingressa, iure apud inferos relegata dicatur. Nam moritur anima, in corpore, velut sepulcro demersa; non tamen sua morte extinguitur, verum obruitur ad tempus;"* (I 41, 14-17).

Soweit die Darstellung des Abstiegs der Seele in die Welt nach Macrobius. Zugrunde liegt dieser Vorstellung, ohne daß Landino darauf einginge, die neuplatonische Gliederung des Kosmos in das Eine (ἕν), den Geist (νοῦς), die Seele (ψυχή) als Welt- und als Einzelseele und die Materie (ὕλη), wie er sie schon bei der Erklärung der platonischen Seelendefinition vorausgesetzt hatte. Während die ersten beiden Stufen per se zum Bereich des Intelligiblen gehören, steht die Seele an der Schnittstelle zwischen Geist und Materie, indem sie einerseits selbst intelligible Substanz ist, andererseits sich aber zur Materie hinwenden und in den Körper eingehen kann und muß. Das aber war für die Neuplatoniker ein Problem. Es bedurfte einer Erklärung, warum die Seele sich überhaupt mit der Materie vereinigt. An der vorliegenden Stelle wird es mit dem Verlangen nach dem Irdischen, dem *"desiderium rerum terrarum"* erklärt, das die Seelen empfinden, wenn sie auf die Erde 'hinunter' blicken. Auch der Abstieg über die verschiedenen Sphären ist eine Hilfskonstruktion, um die Kluft zwischen der geistigen Seele und der Materie zu überbrücken. Die Seele erhält einen Seelenkörper, der zum Träger derjenigen seelischen Eigenschaften wird, die die Seele mit dem Körper verbinden. Gleichzeitig bleibt ihr ihre eigentümliche, vom Körper unabhängige Tätigkeit der Spekulation, der Hinwendung zu den beiden höheren Hypostasen, dem Intelligiblen und dem Einen, erhalten. Die der Seele des platonischen *Timaios* noch eigene Mischung aus Veränderlichem und Unveränderlichem, Teilbarem und Unteilbarem, die in der Darstellung des Macrobius auch erwähnt wird, wird

[212] Vgl. Macr. *Comm.* 1. 12, 14: Landino übernimmt die griechischen Termini nicht und spricht der Sonne abweichend von der Vorlage, die die *"vis sentiendi"* angibt, die *"vis sciendi"* zu. Näheres s. Anm. 216.

dieser Vorstellung zufolge aufgelöst in die intelligible Substanz 'Seele' und ihr Gewand, den Seelenkörper oder, nach der Vorstellung des Proklos, in Substanz und Seelenwagen[213].

Warum zitiert nun Landino so ausführlich diese Lehre, die er eigentlich als Christ zu den vorher genannten Irrlehren rechnen müßte, da die Seele ihrzufolge eindeutig als zeitlich früher als der Körper angenommen wird. Es ist nicht nur enzyklopädisches Interesse, wie die abschließende Bemerkung Marsuppinis:

> *"Habes igitur pauca de multis, quae a Platonicis de hoc animae descensu dicantur."* (I 41, 20/21)

nahelegen würde, da weder eine Bewertung vorgenommen, noch der Versuch einer christlichen Uminterpretation unternommen wird.

Diese Darstellung des Macrobius enthält vielmehr einige Gesichtspunkte, die für Landino von großer Bedeutung sind. Da ist zunächst die Vorstellung, daß die Seele durch den Kontakt mit dem Körper ihr eigenes Wesen vergißt:

Landino	Macrobius
*"... Copulentior iam et crassior iste potus ad oblivionem caelestium rerum animum deducit, quas quidem, si memoria teneret, neque desiderio corporis afficerentur, neque ulla hic apud nos foret inter homines de **divinitate** dissensio."* (I 40, 30-33)	*"... unde et comes ebrietatis oblivio illic animis incipit iam latenter obrepere. nam si animae memoriam rerum divinarum, quarum in caelo erant consciae, ad corpora usque deferrent, nulla inter homines foret de **divinitate** dissensio: ..."* (*Comm.* 1.12, 8/9)

[213] Prokl. Tim. 298 et passim.

Das sind die Gedanken der Prooemien. [214] Diese Selbstvergessenheit der Seele wurde dort geradezu zum Anlaß genommen, den Dialog über die Seele zu verfassen und ihr verborgenes Wesen wieder aufzudecken und eine Rückkehr zu ihm möglich zu machen. Und hier liegt der Kerngedanke Landinos: Der Gegensatz Leib-Seele ist ja innerhalb gewisser Grenzen für die christliche Vorstellung adaptierbar. Auch wenn der christlichen Seele eine eigene, in ihrem Wesen begründete Sündhaftigkeit zugesprochen wird (s.o.), so ist doch ebenso die Vorstellung, daß die fleischlichen Lüste dem Geist widerstreiten für den christlichen Glauben konstitutiv. Wenn also der zeitliche Aspekt vernachlässigt wird, was Landino in den nur kurze Zeit später verfaßten *Disputationes Camaldulenses* ausdrücklich [215] , hier im Dialog nur indirekt unternimmt, kann der platonische Gegensatz aufrechterhalten werden. Darüber hinaus läßt er sich sehr gut mit der stoischen Ethik verbinden, was Landino ebenfalls wiederholt durchführt.

Entscheidend für diese Konzeption aber ist der andere Aspekt der neuplatonischen Lehre vom hierarchischen Aufbau des Kosmos. Denn ebenso wie der Abstieg ist der Seele auch der Aufstieg zurück zum Intelligiblen und zum Einen bzw. in christlicher Interpretation zu Gott möglich. Hier sind Christentum und Neuplatonismus noch wesentlich einfacher zur Deckung zu bringen; denn für den *"regressus animi"* - vorausgesetzt, die Seele wird als Substanz verstanden - ist der Ausgangspunkt

---

[214] *"Exul itaque per summam miseriam a sua divinitate profugus, solo sensu circa corpora ... versatur. Immo profundissimo somno oppressus et Lethaeis poculis ebrius nihil nisi caducum ac mortale somniat."* (III 5, 8-13). Vgl. auch I 1, 30 - 2, 12. Die Bedeutsamkeit des Gedankens wird durch ein Zitat aus der kurz zuvor erschlossenen Quelle der *Aeneis* hervorgehoben, das Macrobius nicht anführt: *"Hoc non fugit* ***divinum Maronem****, qui cum de inferis ita loqueretur: Securos latices et longa oblivia potant ... Rursus et incipiunt in corpora velle reverti* (*Aen.* VI 715/751) *et quod modo dicebam, et 'palimpsychian' simul* ***poetica quadam ratione*** *expressit."* (I 40, 33 - 41, 2). Hier fällt nun zum ersten Mal im Zusammenhang mit der platonischen Ursprungslehre der Begriff der Seelenwanderung - und damit dürfte diese Lehre nun völlig eindeutig indiskutabel geworden sein. Doch Landino hat sich ein Hintertürchen offen gelassen. Dem Wortlaut des Satzes nach, sagt er zwar, daß Vergil die Seelenwanderung auf poetische Weise dargestellt habe, aber der Leser kann und soll zwischen den Zeilen lesen, daß die Seelenwanderung ihrerseits als poetisches Motiv für eine andere Aussage dient. Warum aber hebt Landino überhaupt auf diesen Platos Status als 'christlicher' Philosoph gefährdenden Punkt ab, den er solange so fürsorglich vermieden hat? Diese Frage scheint schwer zu beantworten zu sein, und vielleicht ist diese Antwort auch etwas zu einfach: Landinos Leidenschaft, die eigene Gelehrsamkeit zur Schau zu stellen, indem er den Begriff der Palimpsychie (im Text hervorgehoben) einführte, siegte über die schriftstellerische Vernunft.

[215] *Disp. Cam.* 141, 31: *"Est enim animus, si* ***non tempore****, ut Platonici volunt,* ***dignitate sua*** *atque* ***excellentia*** *prior."*

derselbe. Die Seele befindet sich im Körper, befreit sich von dessen Fesseln durch die Kontemplation, d.h. durch die Rückbesinnung auf ihre eigene Geistnatur, ihre *"divinitas"*, und auf Gott.
Die Geistseele ist Thema des III. Buches des Dialogs. So ist auch dieser Passus hier im I. Buch als Vorbereitung zu sehen, direkt bezogen auf den Aufstieg der Seele über die vier Grade der Kardinaltugenden, den Landino dann auch wieder wörtlich aus Macrobius übernimmt, im weiteren Sinne aber auch für die Beweise der Unsterblichkeit, die immer wieder um die Wesensgleichheit der Seele mit dem Intelligiblen kreisen. Dort findet dann auch das platonische Paradoxon, daß der Eintritt der Seele in den Körper, der nach allgemeiner Vorstellung den Beginn des menschlichen Lebens bedeutet, für die Seele eigentlich der Tod ist, ausführlichere Berücksichtigung, wogegen es hier, im I. Buch nicht einmal erklärt wird.
Ein weiterer Aspekt dieser Darstellung vom Abstieg der Seele ist der Einfluß der Gestirne, die der Seele ihre speziellen Vermögen verleihen. Die Astrologie spielte in der Renaissance eine bedeutende Rolle und fand in Macrobius eine willkommene Stütze ihrer Theorien, was die Allgegenwärtigkeit dieser Stelle zeigt. Hier im Dialog über die Seele wird der Einfluß der Sterne zwar nicht weiter ausgeführrt, doch greift Landino in den *Disputationes Camaldulenses* darauf zurück.[216]

---

216 *Disp. Cam.* 139, 10-15: *"Nam ut a Saturno ratiocinandi, a Iove agendi vim, ut a Marte animorum vehementiam et calorem accipimus ..., ut denique a luna quod phyticon, id est gignendi augendique vim habemus, sic ipse sol quod sciamus quodque opinemur nobis praestat."* Die Stelle befindet sich innerhalb der Vergil-Allegorese. Landino beruft sich hier nicht speziell auf die Platoniker, vielmehr werden die Einflüsse der Gestirne ohne Einschränkung als gegeben konstatiert. Hier sei auf eine Abweichung Landinos von seiner Vorlage hingewiesen: Nach Macrobius verleiht die Sonne das Vermögen des Meinens und Fühlens. Der Zusammenhang dieser beiden Fähigkeiten entspricht der platonischen Erkenntnistheorie, derzufolge die sinnliche Wahrnehmung nie zu sicherer Erkenntnis, sondern nur zur Meinung führen kann. Landino schreibt der Sonne jedoch die Fähigkeiten des Wissens (*"ut sciat"*) und des Meinens (*"ut opinatur"*) zu (*De ani.* I 41, 8), was weder der Hierarchie der Planeten - Saturn steht für die höchste Erkenntnis - noch der Platonischen Theorie des Wissens entspricht. Man könnte an einen Fehler Landinos beim Abschreiben denken, zumal er die griechischen Termini nicht mit übernimmt; denn für das Folgende hat sie keine weitere Bedeutung. Doch an der zitierten Stelle der *Disp. Cam.* begegnet dieselbe Abweichung wieder. Und dort ist sie Grundlage der Interpretation der Vergilstelle (*Aen.* III 73 ff.), in der Apollo als Sonne und die Sonne ihrererseits als Hort des Wissens und der Weisheit gedeutet werden. So ist es einerseits denkbar, daß Landino die falsche Variante noch im Kopf hatte. Wahrscheinlicher aber ist, daß er die Abwandlung absichtlich vornahm - vielleicht in Anlehnung an Platos Höhlengleichnis - und die Interpretation Vergils damit schon vorbereitete. Denn dann böte sich auch eine Erklärung, warum er auf die griechischen Termini verzichtete, was seinem Drang zur gelehrten Selbstdarstellung an sich widerspricht: sie hätten die Umstellung zu deutlich gemacht.

Die Aufzählung der einzelnen Vermögen der Seele in diesem Zusammenhang ist insofern beachtenswert, als im Laufe des Dialogs noch weitere, teilweise abweichende Schemata der Seelenvermögen zur Sprache kommen werden, was wiederum zeigt, wie wenig dem Autor an einer stringenten Darstellung gelegen ist.

Mit diesem ausführlichen Macrobius-Zitat wird hier zum ersten Mal ein bewußter Rückgriff auf spezifisch heidnisch-neuplatonische Gedanken faßbar. Bis dahin hat sich Landino mit Ausnahme einiger Cicero-Reminiszenzen ausschließlich auf christliche Autoritäten und Quellen gestützt, die allerdings eine platonische Orientierung aufwiesen. Sie waren ausnahmslos in lateinischer Sprache zugänglich. Insofern fügt sich Macrobius gut in die Auswahl. Auch er gehört zur lateinischen Tradition, geriet auch im Mittelalter nie in Vergessenheit und ist auch in der scholastischen Tradition, sei es unter Zustimmung, sei es unter Kritik allgegenwärtig.[217] Die Wahl dieses Werkes konnte Landino, zumal er sich einer eigenen Stellungnahme enthält, kaum den Ruf eines häretischen Freigeistes einbringen.
Dennoch wird er im folgenden die christlichen Lehrmeinungen in solcher Ausführlichkeit und Traditionsgebundenheit darlegen, daß beinahe der Eindruck entsteht, daß er glaubte, etwas gut machen zu müssen.

---

[217] Zintzen, Bemerkungen.

2.3.3.2 Die Auffassung des Aristoteles vom Ursprung der Seele

Nachdem er die platonische Seelenursprungslehre so ausführlich dargestellt hat, sieht sich Marsuppini veranlaßt, auch Aristoteles mit einzubeziehen. Das erscheint an dieser Stelle wirklich nur als bloße Konzession an die Philosophiegeschichte, denn der Stagirite wird nur mit einem Satz bedacht:

> *"Aristoteles vero, Platonis discipulus, ita de anima disputat, ut eam ante corpus nusquam novisse videatur."* (I 41, 22/23)

Er hebt hier also nur auf die aristotelische Beschreibung der Geistseele als 'tabula rasa' [218] ab. Die zweite Kardinalsstelle, die besagt, daß sich der Geist *"ϑύραϑεν"* mit der Seele vereinige [219], wird nicht erwähnt, obwohl Landino hierzu auf Bessarion hätte zurückgreifen können, der argumentiert, daß diese Annahme auch Aristoteles zur Konzeption der Praeexistenz der Seele führen mußte. [220] Aus dieser Argumentation hätte Landino einen Vorteil für Plato gewinnen können, indem er nachgewiesen hätte, daß beide Philosophen in dieser Frage gleich weit oder nah vom Christentum entfernt seien. Doch vermeidet er es, dieses Problem überhaupt in Erinnerung zu bringen. Er will eben nicht die Nähe Platos zum Christentum beweisen, sondern die völlige Übereinstimmung. Daher muß er die Praeexistenz der Seele auch in der Auseinandersetzung mit dem historischen Aristoteles, wo sie ihm als Gegenargument u.U. dienlich sein könnte, übergehen. Zudem entspricht es seiner Taktik, auch in der Aristoteles-Interpretation den Konflikt mit der Amtskirche möglichst zu meiden. Im III. Buch wird er die Auffassung Alberts und Thomas von Aquins über die Entstehung der Seele anführen.

---

[218] Arist. *De ani.* 429 b: "δυνάμει δ´ οὕτως ὥσπερ ἔν γραμματείῳ ᾧ μηϑὲν ἐνυπάρχει ἐντελεχείᾳ γεγραμμένον."

[219] Arist. *De gen. et. corrupt.* 736 b 27: "λείπεται δὴ τὸν νοῦν μόνον ϑύραϑεν ἐπεισιέναι καὶ ϑείον εἶναι μόνον."

[220] *In cal. Plat.* 155, 15-32: *"Nam, quod saepe dixi, Platonem illis dumtaxat comparamus, non cum fide et religione Christiana conferendum censemus, quamquam cum nostris plerumque conveniat magis quam Aristoteles, etsi in plerisque etiam discrepet. Quippe de animarum praeexistentia eius opinio a nostra fide prorsus aliena est, quamquam a ceteris gentilibus atque ipso Aristotele teneri oporteat. Etenim si omne, quod incorruptibile est, ut ipse etiam Aristoteles demonstrat, id etiam ingenitum esse opportet - incorruptibilem autem mentem hominis esse Aristoteles existimat; malo enim ita de eo sentire quam eos sequi, qui contrarium de illo sentiunt et eum affirmant mortalem animam opinatum fuisse, quamquam illi sunt partim gentiles, partim nostrae religionis viri - ergo si incorruptibilem, profecto etiam ingenitam esse animam fateatur, necesse est. Eodem pertinere videtur, quod in libro de Generatione animalium dixit mentem de foris posteriusque supervenire. Uterque igitur prius animam esse, quam corpus generetur, cuius anima est, existimat contra Christianorum opiniones."*

2.3.3.3 Bewertung der heidnischen Seelenursprungslehren, insbesondere der platonischen

Auch die übrigen heidnischen Ursprungslehren, die Marsuppini eingangs vorgestellt hatte, werden mit der Bemerkung, daß sie nichts Substantielles zu dieser Frage enthielten, beiseite geschoben. Interessant ist jedoch seine abschließende Wertung Platos.

> *"Contra Platonem nostrum, etsi pro veritate nemini tergiversandum sit, nihil tamen est quod audeam; obtemperabo potius sapientissimo homini, qui eatenus standum decretis suis obtemperandumque praeceptis iubet, quoad sacratior aliquis homo in terris appareat, qui veritatis fontem aperiat, quem rursus sequantur omnes."* (I 42, 20-25)

Zunächst fällt auf, daß dieses Urteil erst in gebührendem Abstand von der Darstellung der platonischen Lehren, denenzufolge die Seele älter ist als der Körper, gefällt wird. Allzu große Härten sollen vermieden werden. Des weiteren ist nun Platos Einordnung in die Heilsgeschichte mit diesem Statement endgültig vollzogen. Er erscheint gleichsam als Prophet des Messias, der sich seiner eigenen begrenzten Erkenntnis bewußt ist und den großen Nachfolger ankündigt,

> *"quem Plato expectandum censuit."* (I 42, 26/27)

Damit ist auch die Möglichkeit eröffnet, mit dem Christentum nicht zu vereinbarende Lehren Platos zu entschuldigen. Doch macht Landino davon gar keinen Gebrauch; denn es geht ihm eben nicht um die Unterschiede, sondern um die Einheitlichkeit des aus der Antike tradierten Wissens.

2.3.3.4 Die christliche Auffassung vom Ursprung der Seele nach Augustinus und Aegidius Romanus

Mit dem Hinweis auf den Erlöser und die Offenbarung ist nun die Einleitung zu spezifisch christlich-häretischen Vorstellungen, wie sie schon in der Doxographie erwähnt worden waren und zum Kanon der von orthodoxen Theologen bekämpften Irrlehren gehören [221], gegeben. Doch weder Priscilian noch Origines werden überhaupt noch behandelt. Die Lehre der Manichäer von der zweifachen Seele, die dem Dualismus von Gut und Böse entspringt, wird ohne Wertung nur kurz erwähnt. Ihre Vorstellung, daß die gute Seele der *"essentia Dei"* entstamme, liefert

---

[221] Vgl. Thomas *C.G.* II, c. 83/84.

vielmehr nur das Stichwort für die Auseinandersetzung mit einem Irrlehrer, dessen Name bisher noch gar nicht gefallen war: Vincentius Victor. Die Wahl ist nicht zufällig auf ihn gefallen. Denn hier konnte Landino mit der Schrift des Augustinus *De anima et eius origine. Liber Tertius ad Vincentium Victorem.* [222] wieder auf seine bevorzugte christliche Autorität zurückgreifen; wie so häufig auch hier ohne Quellenangabe. Er schöpft jedoch nicht nur aus dieser Schrift. Die Frage nach dem Ursprung der Seele gehört zu den als besonders schwierig empfundenen Themen des Kirchenvaters, da mit ihr eng das Problem der Erbsünde (Kreatianismus oder Traduzianismus) verknüpft ist. Er versuchte, sich diesem Problem auf unterschiedlichen Wegen zu nähern, ohne von allen Ansätzen aus zu einem vollständigen Ergebnis zu gelangen. So konnte Landino zudem noch den *De origine animae hominis liber, seu ep. CLXVI* (*ad Hieronymum*) [223] und das XII. Buch der *Civitas Dei* heranziehen. Doch werden dort nur Fragen gestellt oder Teilaspekte beleuchtet, so daß Landino in seinem Bemühen, alles zu vereinheitlichen und 'mundgerecht' zu verpacken, wiederum einige Unstimmigkeiten unterlaufen.

Die These des Vincentius Victor lautet, daß die Seele von Gott aus seiner Essenz geschaffen worden sei, wozu er als Beleg *Gen.* I 26 und II 7 heranzieht:

> *"'Et finxit Deus hominem ad imaginem et similitudinem suam, et insufflavit in faciem suam flatum vitae ...'"* (I 43, 28-30)

Diese Auffassung kritisiert Landino zunächst allgemein mit einem Einwand des Augustinus aus der *Epistola ad Hieronymum*:

Veränderliches kann nicht aus Unveränderlichem hervorgehen. [224]

Für das nächste Argument fand er die Widerlegung sowohl in der *Epistola ad Hieronymum* als auch im *Liber ad Vincentium Victorem* [225]:

Der Mensch müßte wie der Gottessohn, der dem Vater entstammt, dann auch seinem Wesen nach mit Gott übereinstimmen, eine blasphemische Vorstellung, die Vincentius ebenfalls ablehnt, womit er sich in Widersprüche verwickelt.

Nun wendet sich Landino dem Genesis-Zitat zu und folgt zunächst dem *Liber ad Vincentium Victorem*:

---

[222] Migne PL Bd. 44, sp. 509-524.

[223] Migne PL, Bd. 33, sp. 720-733.

[224] I 43, 1/2: *"Primum enim quid stultius, quam mutabile id, quod est ex eo quod immutabile sit, factum profiteri?"* Vgl. Aug. *Ep. ad. Hier.* sp. 723: *"Non est pars Dei anima. Si enim hoc esset, omni modo incommutabilis atque incorruptibilis esset."*

[225] *Lib. ad Vinc.* sp. 512; *Ep. ad Hier.* sp. 723.

Landino

"Videamus tamen quam essentiam ex anhelitu, inquit, suo animas facit Deus. Et ***nos*** *quidem* ***alitum emittimus: non tamen ex nobis alitus est.*** *Aliud est enim animae essentia, qua corpus regit et movet, aliud flatus, quem ipsa non de se, sed de circumfuso aere efficit. ...*
Illud ergo credendum potius, ***ut nos*** *de eo, quem modo dixi, aere, quem pulmonibus tanquam follibus spirando trahimus simul et reddimus,* ***flatum facimus, nec viventem quidem illum, neque sentientem, ita Deum de nihilo, quoniam omnipotens sit, viventem quidem et sentientem,*** *sed* ***mutabilem, cum ipse immutabilis sit,*** *hunc flatum fecisse, ..."* (I 43, 10-22)

Augustinus

"Deum quippe dicis incorporeum, non de nihilo a se factam, sed de se ipso animam sufflare corpoream: cum ***flatum nos,*** *licet corporeum,* ***subtiliorem*** *tamen* ***emittamus,*** *quam nostra sunt corpora.* ***nec eum de anima nostra,*** *sed de hoc aere per viscera corporis exhalemus. ...*
Ut ergo aliquam de nostro flatu ad hanc rem adhibeamus similitudinem, id potius est credendum: quod ***sicut nos*** *non de natura nostra, sed quia omnipotentes non sumus, de isto aere circumfuso quem trahimus et reddimus, cum spiramus et respiramus,* ***flatum facimus quando sufflamus, nec viventem nec sentientem,*** *quamvis nos vivamus atque sentiamus;* ***ita Deum*** *non de sua natura,* ***sed quia omnipotens est,*** *ut possit creare quod vult, etiam ex eo quod omnino non est, id est,* ***de nihilo flatum facere posse viventem atque sentientem;*** *sed plane* ***cum sit immutabilis ipse mutabilem."***
(*Lib. ad Vinc.* sp. 513/514)

Die Argumentation des Vincentius, die Genesis-Stelle besage, daß Gott die Seele aus seinem Atem und damit aus seiner Substanz geschaffen habe, wie ja auch die Menschen beim Ausatmen Bestandteile ihres Körpers abgäben, wird mit einem medizinischen Argument widerlegt, das die aufgestellte Analogie an sich nicht in Zweifel zieht. Augustinus erläutert in seiner

Schrift wesentlich ausführlicher[226], daß der Mensch beim Einatmen zunächst die dritte Art - neben Speise und Trank - seiner 'Nahrung', die Luft, aufnehme, um sie verbraucht wieder abzustoßen, dabei aber nichts von seiner Substanz an die Außenwelt abgebe. Ebensowenig also verwendet Gott etwas von seiner Substanz an die Seele. Die Analogie kann nur darin gesehen werden, daß Gott und der Mensch aus einem ihrer Substanz fremden 'Material' den Hauch bilden, Gott aus dem Nichts, der Mensch aus der ihn umgebenden Luft. Die Qualität dieses Atems ist dagegen eine völlig unterschiedliche, denn Gott spendet im Gegensatz zum Menschen Leben, das allerdings veränderlich (!) ist. Daß die unveränderliche Substanz Gottes ein veränderliches Wesen schafft und damit gegen das Prinzip *"omne ens agit sibi simile"* verstößt, liegt in der Allmacht Gottes begründet.

Landino hat nur diesen Schluß der wesentlich umfangreicheren Darlegungen des Augustinus übernommen, wollte sofort ein komprimiertes Ergebnis vorlegen. Dabei hat er leider übersehen, daß durch die Argumentation mit der Allmacht Gottes, der es möglich ist, die Naturgesetze außer Kraft zu setzen, sein erstes Argument, daß eben nichts Veränderliches aus dem Unveränderlichen hervorgehen könne, hinfällig geworden ist, weil seine beiden Vorlagen in diesem Punkt kollidieren.

Auf welch kleinem Raum er hier Gedanken der verschiedenen Quellen verknüpft, zeigt sich darin, daß er mitten im Satz zur Argumentation der *Civitas Dei* überwechselt. Mit dem Relativsatz,

> *"(flatum),* ***quae anima est****"* (I 43, 22)

fährt er - hier allerdings in freierer Wiedergabe seiner Vorlage - fort:

> *"non faucibus quidem, nec arteriis, sicut etiam corpus primi hominis de luto terrae praestantissimus figulus expressit, non tamen manibus, quae membra in Deo non sunt. Nam, quem incorporeum esse scimus, huic quomodo aliquam corporis partem attribuemus? Possemus etiam,* ***Aurelio auctore, negare Dei flatum esse animam;*** *sed nihil prohibet animam flatum Dei dicere, praesertim cum sit illud in Genesi* (II 4) ... *Illud potius dicatur aeque esse 'sufflare' atque 'flatum facere'; et 'flatum facere, animam facere'."* (I 43, 22-32)

Nachdem Landino einen Nebensatz früher noch behauptet hatte, daß die Seele der Hauch Gottes sei, nimmt er es nun unter erstmaliger (!) Berufung auf die Autorität des Augustinus zurück, um es gleich darauf wieder gelten zu lassen. Bei Augustinus liest sich das folgendermaßen:

> *"Et cum virum terreno formasset ex pulvere eique animam qualem*

[226] Aug. *Lib. ad Vinc.* sp. 512-514.

dixi ***sive*** *quam iam fecerat, sufflando indidisset* ***sive potius*** *sufflando fecisset* ***(nam quid est aliud sufflare quam flatum facere ?)****, animam hominis esse voluisset ... coniugem illi ... fecit, ut Deus. Neque enim haec carnali consuetudine cogitanda sunt, ut videre solemus opifices ex materia quacumque terrena corporalibus membris, quod artis industria potuerint, fabricantes. Manus Dei potentia Dei est, qui etiam visibilia invisibiliter operatur"* (XII. c.24)

Der Kirchenvater erwägt zwei Möglichkeiten:

1. Gott haucht die von ihm bereits vorher geschaffene Seele dem Menschen bei seiner Erschaffung nur noch ein (*"sufflando indidisset"*). Dann ist sie mit dem Hauch nicht identisch, sondern wird nur von ihm übertragen.
2. *"Sufflare"* bedeutet *"flatum facere"*. Somit erschafft Gott die Seele mit seinem 'Atmen', und sie ist mit seinem Atem identisch, was Augustinus für wahrscheinlicher hält.

Landino hat also mit seiner allzu gerafften, durch die Anhäufung verschiedener Quellen gedanklich nicht mehr klaren Darstellung und der unglücklichen Formulierung des *"negare"* (I 43, 27) nur Verwirrung gestiftet. So lautet die gutwillige Interpretation. Doch ist auch eine andere möglich. Indem er sich nur für die Ablehnung der Auffassung, daß die Seele der Atem Gottes sei, ausdrücklich auf Augustinus bezieht, läßt er den Eindruck entstehen, daß ihre Befürwortung, für die er re vera ja Augustinus nur ausschreibt, seiner eigenen Überlegung entspringt. Daß er bezüglich der Ablehnung durch Augustinus nicht etwa eine andere Quelle im Kopf hatte, ist daraus ersichtlich, daß er sich mit der Erklärung der Vorstellung von Gott als schaffendem Handwerker als übertragene Bedeutung bereits im Gedankengang der *Civitas*-Stelle bewegt, wobei er lediglich die Reihenfolge umstellt.

Der Versuch, eine endgültige Aussage festzuhalten, kann nur lauten, daß die Seele von Gott aus dem Nichts durch seine nur bildhaft zu verstehende Tätigkeit des Atmens geschaffen worden ist.

Die *"creatio ex nihilo"* der Seele ist mit diesen Überlegungen also bereits gewonnen. die Frage des Zeitpunktes dagegen noch ungeklärt. Wiederum greift Landino auf Augustinus zurück, jetzt ausschließlich auf die *Epistola ad Hieronymum*. In diesem Brief setzt sich der Kirchenvater mit der These des Hieronymus auseinander, derzufolge die Seelen ebenfalls erst bei der Erschaffung der einzelnen Menschen jeweils neu geschaffen werden. Auch Augustinus kommt zu keiner besseren Lösung und führt viele Argumente zugunsten dieser Auffassung an. Allein die Lehre von der Erbsünde weiß er mit ihr nicht zur Deckung zu bringen. Denn wer soll der Träger der vom ersten Menschen ererbten Sündhaftigkeit sein, wenn Körper und (!) Seele

immer neu geschaffen werden? Doch konzediert, dieser Makel wird nicht in einer 'genetischen' Linie übertragen, sondern nur die Anlage zu sündhaftem Handeln, die in der Struktur des Menschen angelegt ist. Warum sind dann kleine Kinder in Ewigkeit verdammt, wenn sie ungetauft, d.h. nicht von der Erbschuld erlöst, sterben, obwohl sie doch aufgrund mangelnder Reife zu bewußtem sündhaften Handeln noch gar nicht fähig waren? Augustinus endet in der Aporie und bittet Hieronymus um Beistand.
Soweit der Gedankengang des Briefes, dem Landino in groben Zügen folgt, den er aber wiederum mit Blick auf sein eigenes Ziel, als *"vir doctus"* überschaubare und eindeutige Ergebnisse darzustellen, und zu Lasten der argumentativen Herleitung stark kürzt. Einige Beobachtungen zum Umgang mit dieser Quelle sollen hier genügen:
Augustinus bezieht sich in seinem Brief auf seine vorausgehende Schrift *De libero hominis arbitrio* und resümiert seine dort vorgetragenen Thesen zum Zeitpunkt der Erschaffung der Seelen. Landino übernimmt dieses Resümee fast wörtlich, leitet es aber so ein, als ob er es aus eigener Kenntis der Schrift selbst zusammengestellt habe:

Landino

"Augustinus autem in ***eo quem*** *'De libero hominis arbitrio'* ***inscripsit libro pluribus verbis inquirit*** *an ex illa primi hominis prima anima ceterae, quae volventibus saeculis in corpora descenderunt, deincepsque descendent, propagentur; an singulis singulae modo fiant; an potius a principio rerum omnes creatae, in aliquo Dei thesauro serventur, unde vel divinitus demittantur, vel sua sponte labantur:* ***quas*** *quidem* ***sententias*** *ita in eo,* ***quem diximus, libro disputat, ut quaecumque ex illis vera convicatur,*** *ipse tamen quod de libero humano arbitrio* ***proposuit, suo iure defendat."*** (I 44, 1-9)

Augustinus

"Ego quidem ante aliquot annos, cum ***libros*** *quosdam* ***scriberem de Libero arbitrio****, qui in multorum manus exierunt, et nunc habentur a plurimus, quattuor opiniones de animae incarnatione, Utrum ex illa una quae primo homini data est, caeterae propagentur: an singulis quibusque novae etiam modo fiant: an alicubi iam existentes, vel mittantur divinitus, vel sponte labantur in corpora;* ***ita putavi esse tractandas, ut quaelibet earum vera esset, non impediret intentionem meam*** *qua ... agebam ... contra Manichaeos* (De Lib. Arbitr. 3, c.21)" (*Ep. ad. Hier.* sp. 723)

Ebenso verfährt er, wenn er im Anschluß daran die Auffassung des Hieronymus darlegt, die er auch nur aus dem Brief des Augustinus abzulesen brauchte:

"Divus autem Hieronymus, Ad versus Rufinum, tum demum illam (sc. *animam*) *creari dicit, cum in corpus infunditur, nititurque Ecclesiastici auctorita te: 'Quotidie Deus operatur animas, et in corpora mittit nascentium' ..."* (I 44, 9 ff.)	*"Proinde ne longum faciamus, hoc certe sentis, quod singulas animas singulis nascentibus etiam modo Deus faciat."* (*Ep. ad Hier.* sp. 724) [227]

Erst nachdem so beide Positionen vorgestellt worden sind, führt Landino den Brief des Augustinus ein, dessen Inhalt er im folgenden (!) referiere:

> *"Vexat tamen illum* (sc. *Hieronymum*) ***sua epistula*** *Augustinus ... . Sed* ***videamus*** *quae defendat, quae etiam oppugnet."* (I 44, 19-23)

Doch will er es nicht bei der Inhaltsangabe belassen. Denn der Kirchenvater kommt ja zu keinem Ergebnis. Ein offenes Ende aber ist für Landino hier im Dialog, in dem er gesicherte Erkenntnisse vermitteln und nicht etwa neue Problemstellungen eröffnen will, nicht annehmbar. So ist er für die endgültige Beantwortung der Frage auf sich selbst gestellt. Auch Augustinus hatte erwogen, daß die Erbsünde durch die körperliche Fortpflanzung weitergegeben werde, die Sündhaftigkeit des Menschen also ausschließlich in seiner Körperlichkeit liege, diesen Gedanken aber aus theologischen Gründen verworfen, Landino dagegen reduziert das theologische Problem auf ein biologisches:

> *"At quis hoc credat, ex unius hominis corpusculo infinitorum hominum corpora per tot saeculorum longissimam seriem propagari potuisse? Ego enim is sum, qui neque in meo, neque in tuo, neque in cuiusquam eorum, qui nunc vivunt, corpore quicquam ex ea carne, qua e terrae limo confecta primi hominis membra steterunt, residere arbitrer."* (I 45, 14-18)

Doch scheint er die mangelnde Überzeugungskraft dieses Argumentes selbst empfunden zu haben, insbesondere, daß die Verdammnis der ungetauften Neugeborenen damit noch nicht erklärt sei. Er fügt noch eine weitere Erklärung an und stützt sich dabei ausdrücklich auf die Interpretation der

---

[227] Ausdrückliches Zitat der Schrift *Adversus Rufinum*, *Ep. ad Hier.* sp.727.

Erbsünde durch Aegidius von Rom[228].
Dieser entwickelt seine Auffassung vom Begriff der "Urgerechtigkeit" her, die er als ein für die natürlichen Belange des Menschen nicht notwendiges, hinzugefügtes Geschenk (*"donum superadditum naturalibus"*) versteht, das Adam aus eigenem Mutwillen und Verschulden verspielt und somit dem Menschengeschlecht aus eigener Kraft zurückzugewinnen, unmöglich gemacht habe. Nur die Gnade Gottes vermag dies durch den positiven Akt der Taufe. Bleibt diese durch den frühzeitigen Tod des Neugeborenen aus, trifft nicht Gott der Vorwurf der Ungerechtigkeit, sondern das ungetaufte Kind die Schuld des ererbten Mangels an Urgerechtigkeit. Landino folgt dieser Argumentation:

> *"Ait enim* (sc. *Aegidius*), *quod verissimum est, Adam ipsum rectissime a Deo creatum esse, quippe ex Deo iustitia, cui neque vis, neque sapientia, neque voluntas desit, et cum naturam humanam in eo absolvisset, illud insuper* ***supra naturam eius gratuito*** *quodam* ***munere*** *liberaliter concessisse ... .* (*Adam*) *munus gratis acceptum stulte" amisit: "sed ille pretium ob stultitiam tulit. Parvulus autem sic extinctus, quid de Deo queri potest, si id non assequatur, quod naturam suam excedat? ... Vides igitur nihil nobis mali ab Adam provenisse, quoniam nulla re privamur naturali et nostra. ... Non enim dicitur originale peccatum eo, quod nobis ex Adae origine sit, sed quia sit privatio eius gratiae, quam ab origine Adam acceperat."* (I 45, 33 - 46, 34)

Damit gelangt er zum Ende seiner Erörterung der christlichen Seelenursprungslehre, und Marsuppini hält als - natürlich allgemeingültiges - Ergebnis fest:

> *"Ergo autem cuncta circumspiciens, omniaque diligenter pro facultate nostri ingenii animadvertens, in eam tandem sententiam labor, ut* ***animae singulae a Deo creentur, non ex sua*** *quidem* ***essentia****, ... verum* ***ex nihilo****: ita tamen, ut* ***exemplar ipsius primae causae*** *iure dicatur* ***anima, quandoquidem ad imaginem et similitudinem suam sit producta****."* (I 46, 35 - 47, 5)

---

[228] Aegidius hat diese Frage in einer speziellen kurzen Schrift *Tractatus solemnis fratris Egidii de peccato originali*, Oxford 1479, und im Rahmen seines Sentenzenkommentars, *Aegidii Columnae Romani ... in secundum librum Sententiarum quaestiones*, Venedig 1581 ausführlich behandelt. Beide Schriften waren der Verfasserin nicht zugänglich. Daher kann hier nur die inhaltliche Übereinstimmung der Darstellung Landinos mit der des Aegidius konstatiert werden. Die folgenden Ausführungen stützen sich auf Gross, Erbsündedogma, III. Landino scheint sich hier auf den Sentenzen-Kommentar zu beziehen, da er die mißbilligte Auslegung des Petrus Lombardus der Interpretation des Aegidius voranstellt.

Dieser letzte Gesichtspunkt der Gottesebenbildlichkeit des Menschen war im Vorausgehenden noch nicht näher ausgeführt worden. Landino hatte innerhalb der Widerlegung des Vincentius Victor zwar das entsprechende *Genesis*-Zitat (I 26) angeführt, es aber nicht in die Argumentation einbezogen. So erscheint es hier zunächst etwas unvermittelt, zumal es sofort in einer bestimmten Interpretation vorgetragen wird.
Zusammen mit *Gen.* I 27[229] ist diese Bibelstelle die grundlegende Aussage der Bibel zur Erschaffung des Menschen. Immer schon wurde die Gottesebenbildlichkeit des Menschen in der Wesenseigenschaft gesehen, die ihn vor allen übrigen Lebewesen auszeichnet, in seiner Ratio.[230] Dennoch war sie von besonderer Bedeutung für die Renaissance.[231] Denn sie bot eine Legitimation von seiten des Glaubens für die Aufwertung des Menschen, seiner Fähigkeiten und Leistungen, für seinen Anspruch auf die zentrale Position im Kosmos, auf seinen Vorrang vor der Natur und den Vorzug einer direkter Beziehung zu Gott, kurz gesagt seiner *"dignitas"*.[232] Diese gründet sich natürlich nach wie vor auf sein artspezifisches Merkmal des Verstandes. Da nun aber der Mensch mit all seinen Fähigkeiten im Rampenlicht steht, wird auch seine Gottähnlichkeit umfassender gedeutet.
Landino gibt dieser *Genesis*-Stelle hier allerdings eine speziell platonische Färbung. Er spricht nicht vom Menschen, sondern von seiner Seele als Trägerin der Gottesebenbildlichkeit. Damit greift er auf eine ihrem Ursprung nach neuplatonische Vorstellung zurück, die in der rigorosen Abwertung des Materiellen den Wert des Menschen nur in der geistigen Substanz seiner Seele sieht und die Gleichung 'Mensch = Seele' aufstellt. Diese Konzeption spielt in den philosophischen Spekulationen der Renaissance-Platoniker, vor allem bei Ficino, eine große Rolle[233]. Sie hat den Vorzug, daß sie sich hervorragend mit dem aristotelischen Grundsatz *"omne ens agit sibi simile"* verbinden läßt und so die Grundlage für einen Unsterblichkeitsbeweis bildet, der auch auf die Akzeptanz von aristotelisch-

---

229 "Gott der Herr bildete den Menschen aus dem Staub der Erde und hauchte ihm den Odem des Lebens ins Angesicht. So wurde der Mensch zu einem lebenden Wesen."

230 Aug. *Sup. Gen. ad litt.* IV: *"Hoc excellit in homine, quia Deus ad imaginem suam hominem fecit, propter hoc quod dedit ei mentem intellectualem, qua praestat pecoribus."* Dazu Thomas, *S.Th.* I 1, q.93, a.2: *"Sic ergo patet, quod solae intellectuales creaturae, porprie loquendo, sunt ad imaginem Dei."* Ibid. a.6: *"Sic igitur in homine invenitur Dei similitudo per modum imaginis secundum mentem; sed secundum alias partes eius, per modum verstigii."*

231 Vgl. Trinkaus, Image.

232 Vgl. Garin, La "dignitas hominis".

233 Z.B. Fic. *Th.Pl.* III 143, vgl. Anm. 271.

kirchlicher Seite hoffen kann. Genau diesen hat Landino im Rahmen der Widerlegung der Argumente für die Körperlichkeit der Seele [234] vorbereitet; denn dort gebraucht er das Gegenargument, daß die Seele unkörperliche Gedanken produziere, daher also selbst unkörperlich sein müsse und außerdem ihrerseits von einer geistigen Ursache abstamme, von jener *"mens"*, d.h. Gott, die

> *"humanos* ***animos*** *ad* ***sui similitudinem*** *producere vellet"* (I 24, 25/26).

Im III. Buch, das Geistseele und Unsterblichkeit behandelt, wird er noch einmal darauf zurückkommen.
An der vorliegenden Stelle deutet die Formulierung

> *"et exemplar ipsius primae causae"*

auf die aristotelische Richtung dieser Interpretation. Plato und Aristoteles erscheinen wieder einmal in harmonischer Übereinstimmung. Diese wird noch weiter vorangetrieben, und die folgende Bemerkung weist dann auch wieder eindeutig auf die Quelle:

> ***"Nec erit actus corporis*** (sc. *anima*), *nec corporea forma, nec vis aliqua, quae per corpus agat; sed quae omnem materiam, omnes denique totius materiae vires a tergo reliquens, in* ***primi motoris suique conditoris similitudinem*** *facile* ***prorumpat."*** (I 47, 6-9)

Die *"prima causa"* entpuppt sich als der Erste unbewegte Beweger des Aristoteles. Dessen Seelendefinition der *"forma corporis"* wird allerdings abermals eingeschränkt, entsprechend der Einschätzung, die auf Bessarion und Albertus Magnus hinwies. Nun ist es der letztere, auf den Landino mit diesen abschließenden Bemerkungen zurückgreift. Er macht hier, wie auch im III. Buch Anleihen bei der Schrift *Liber de natura et origine animae*, die Bessarion ebenfalls zitiert, was Landino u.U. zu diesem Rückgriff ermutigte. Dort konnte er lesen:

> *"Contigit enim formam esse animam rationalem, quae transcendendo materiam et virtutes materiae,* ***in similitudinem prorumpit motoris primi in natura.*** *... Alii autem videntes formam hanc, quae anima rationalis vocatur, esse ad* ***imaginem et similitudinem*** *intellectus primi qui auctor est et opifex primus in toto naturae opera, dixerunt eam esse* ***exemplum primae causae."*** [235]

---

[234] *De ani.* I 23.

[235] Alb. *De nat. et orig. ani.* 389. Erst vor diesem Hintergrund wird Landinos Umschreibung für Gott als *"mens"* und *"procreatrix omnium rerum"* (I 24, 25/26) verständlich. Er ist die Wiedergabe des *"intellectus primus"* Alberts. (Zur Frage, ob dieser *"intellectus primus"* auch wirklich mit Gott gleichzusetzen sei, s. Schneider, Psychologie, 293 ff)

Die Seelenursprungslehre, die Landino als gültig anerkennen läßt, gründet sich also ausschließlich auf die patristisch-scholastische Tradition. Nur innerhalb dieses Rahmens werden Gedanken des historischen Plato und Aristoteles zugelassen. Das können somit nur solche sein, die im 15. Jahrhundert zum theologisch-christlichen Allgemeingut gehören. Die in einer 'platonischen' Abhandlung befremdlich ausführlichen Erörterungen über die Erbsünde zeigen, daß Landino bei aller Vorliebe für Plato in rein traditionellen christlichen Bahnen denkt, oder sich zumindest äußert. Allein die Auswahl aus der Tradition kann als verborgener Hinweis auf Plato gelten.

So verwundert es nicht, wenn an diese Erörterung noch zwei spezifisch scholastische Einzelfragen angehängt werden.

2.3.3.5 Zwei Probleme der Scholastik

Die erste dieser zwei scholastischen Fragestellungen ermöglicht noch einmal einen deutlicheren Ausgriff auf die platonische Philosophie.

Entsprechend dem nun bereits bekannten Dialogschema ist es wieder der junge Landino, der in Form von interessierten Fragen die Stichworte zu liefern hat, um bisher Unberücksichtigtes nachtragen zu können:

Wie verträgt sich die *"creatio ex nihilo"* der Seelen mit ihrer Unsterblichkeit, wenn (sc. nach der Lehre des Aristoteles) alles, was entsteht, auch vergänglich ist? (I 47, 11-17)

Zum ersten Mal rückt mit dieser Frage hier im ersten Buch die Unsterblichkeit der Seele in den Blickpunkt, der das III. Buch des Dialogs vorbehalten ist.

Bezeichnenderweise beruft sich Landino für den hier in den Raum gestellten philosophischen Grundsatz nicht expressis verbis auf Aristoteles. Er erscheint als allgemein anerkannte, keineswegs in Frage gestellte Maxime.

Auch Marsuppini zieht ihn in seiner Antwort nicht in Zweifel. Seine Lösung ist allerdings für einen Vertreter der *"pia philosophia"* zunächst überraschend. Das Problem wird in Anlehnung an Bessarion vorgetragen. Dieser stellt im III. Buch seiner Schrift den Zusammenhang zwischen der *"creatio ex nihilo"* der Welt und der Seele mit ihrer Konsequenz für deren Ewigkeit her[236]:

---

[236] Vgl. Bess. *In cal. Plat.* 371, 20 ff.

Landino	Bessarion
"... est istud quidem naturae lege sancitum, ut omnia orta occidant et aucta senescant. Neque, si Aristotelem consulas, tibi aliter respondeat. Quam quidem sententiam, vide quam annixe defendat, cum in eo libro, quem ***'De coelo et mundo' inscripsit, acerrime contra Platonem invehatur, qui, cum mundo principium dederit, finem tamen illum habiturum negarit.*** (I 47, 35 - 48, 4).	*"Item aliquid incipere esse et tamen non desinere aliquando esse impossibile apud Aristotelem iudicatur. Unde principium eius est, ut quod perpetuum et incorruptibile est parte post, idem etiam parte ante perpetuum sit.* ***Quam ob rem Platonem primo de Caelo reprehendit, quod mundum principium habuisse, finem autem nunquam habiturum dixerit."*** (*In cal. Plat.* 373, 1-6)

Der Einwurf des jungen Landino erscheint also gerechtfertigt, das Todesurteil für die Seele gefällt.

Doch nun nimmt Marsuppini Zuflucht zur Theologie. Er stimmt ein geradezu euphorisches Lob auf die christlichen Theologen an, deren Verdienste er schon indirekt in dem Exkurs über die Philosophiegeschichte gewürdigt hatte, wobei die zeitgenössischen ausgenommen wurden, was daher auch an dieser Stelle vorauszusetzen ist:

> *"Sed cave* ***quicquam Christianis nostris eruditius*** *putes, qui, non modo beneficio quodam supra mortalium sortem illis extra naturae legem coelitus dato ad lucem usque ipsius veritatis per tot mortalis inscitiae tenebras evadere potuerunt, verum* ***ardentissimo studio*** *ac* ***multiplici variaque doctrina*** *quicquid usquam ab antiquioribus dictum excogitatum sit, id* ***omne vehementer callent.*** (I 48, 4-9)

Dem ersten Anschein nach wird hier die Überlegenheit der christlichen Theologen, die früher [237] nur - man möchte sagen, gezwungenermaßen - konzediert wurde, mit dem exklamatorischen Ausdruck und dem Superlativ vorbehaltslos anerkannt. Hier wie dort wird sie mit der Kenntnis des in der Antike erforschten Wissens in Verbindung mit der Offenbarung begründet. Dort wurde das Verdienst der heidnischen Antike, das in der Eröffnung der zur Erkenntnis führenden Fragen bestand, hervorgehoben, das größer sei als dasjenige, die richtigen Antworten zu geben. Hier scheinen nun aber gerade diese Anworten im Vordergrund zu stehen; denn die Philosophie des

[237] S. Exkurs zur Philosophiegeschichte.

Aristoteles bietet für das vorliegende Problem keine Lösung. Die Überlegenheit der christlichen Theologie steht scheinbar außer Frage. Doch schaut man genauer hin, so wird auch hier die Trennung von Leistung und Ergebnis aufrechterhalten. Bewußt ist das Adjektiv *"eruditus"* gewählt, das nicht auf die geistige, innovative Leistung des Auffindens neuer Erkenntnisse hinweist, sondern auf die Übernahme, eben das Erlernen von bereits Erkanntem, von in seinen Grundzügen schon in der Antike (!) Erschlossenem. Auch das Verbum *"callere"* zielt in diese Richtung. 'Wissen, etwas beherrschen' ist ebenfalls keine kreative Leistung. Landino hat sich also wieder einmal des Mittels bedient, das er am besten zu handhaben weiß, der Sprache.

Die Funktion der Huldigung an dieser speziellen Stelle des Gesprächs ist klar ersichtlich. Die Theologen bilden den Rettungsanker.

> *"Hi ergo animam, quo minus immortalis sit, idcirco minime impediri affirmant, quoniam, cum nuper a Deo creata sit,* ***naturae legibus minime subiiciatur."*** (I 48, 9-11)[238]

Gottes Omnipotenz vermag sich über das Naturgesetz hinwegzusetzen. Die von ihm so geschaffenen Seelen unterliegen ihm damit auch nicht. Die Seele ist also vor dem Tode gerettet.

Wie aber steht es mit der Philosophie? Mit dem Naturgesetz scheint sie ebenfalls außer Kraft gesetzt. Die Konzeption einer *"pia philosophia"* ist nicht haltbar, wenn es Widersprüche zwischen Theologie und Philosophie gibt, oder zumindest Fragen, die die letztere nicht beantworten kann. Hier ist nun die Stelle für den großen Auftritt von *"Plato divinus"*. Denn es ist doch nur die Philosophie des Aristoteles, die hier versagt. Plato, erklärt Marsuppini, hat den philosophischen Beweis bereits ohne die Hilfe der christlichen Offenbarung versucht (*"conatus est"*). Landino greift wieder auf Bessarion zurück:

Landino	Bessarion
"Ille enim, cum animos hominum ab immobili causa produci iam ostendisset, ad postremum ita argumentatur, ut, ***quod immobile sit, id, si quid agat, non idcirco, quia***	*"... cum animam Plato ab immobili causa produci affirmet, hinc etiam substantiam eius immortalem esse demonstrat. Quicquid enim primo ab immobili causa provenit, in-*

238 Vgl. Bess. *In cal. Plat.* 373, 7-11: *"Dixerit* (sc. *adversarius*) *animam dari a deo creatam de novo et propterea non subiici naturae rationi, ut, quia inceperit, desinat, idque ita Aristotelem voluisse. Sed ubinam hoc ab Aristotele scriptum est? ... Tribuit adversarius Aristoteli, quae fidei nostra peculiaria sunt."*

movet, sed quia est id agat; ***atque propterea quicquid producit, id omne sibi fami liarius reddat, alteramque naturam quasi sibi comitem constituat.*** *Unde fit, ut semper illud sit, quod producitur, cum semper id sit, quod producit. Quapropter sic Deum ipsum loquentem inducit: 'Quae a me ipso facta sunt, deorum vitam possunt adaequare'. Contra vero, quod a causa mobili est, id mutabile esse necesse est."* (I 48, 14-21)

commutabilem habere essentiam testatur. Sic enim apud eum creator loquitur: 'Quae a me ipso facta sunt, deorum vitam possunt adaequare.' Contra vero, quod a causa mobili est, id mutabile esse necesse est. ***Quod enim immobile est, non per motum sed suo esse id agit atque ita, quod producit, sibi familiarius habet et naturam alteram quasi comitem constituit.*** *Unde fit, ut semper illud producat, cum semper sit ipsum, et quod producitur, semper sit, cum semper sit, quod producit."* (*In cal. Plat.* 151, 6-15)[239]

Hier wird die im Christentum schon seit der Spätantike beliebte Parallele vom platonischen Demiurg des *Timaios* (41c) zum christlichen Schöpfergott gezogen. *"Omne agit sibi simile"* würde der Scholastiker sagen. Das Geschaffene ist seiner Ursache verwandt. Der Teil der Seele, den der ewige Schöpfer selbst direkt erschafft, muß demnach unsterblich sein.

Das Defizit, die Relation von Entstehung und Unsterblichkeit nicht klären zu können und vor dem Christentum kapitulieren zu müssen, hat also nur die aristotelische Philosophie. Landino kann demnach mit ruhigem Gewissen Plato der christlichen Theologie zur Seite und beide gegen Aristoteles stellen. Durch seinen - immerhin nur als Versuch charakterisier-

---

[239] Bessarion führt diesen Beweis in seinem 1. Kapitel über die Seele (Buch II) an. Die Auseinandersetzung mit Aristoteles bezüglich dieses Punktes erfolgt erst im 2. Kapitel über die Seele (Buch III). Dort wird nicht der direkte Gegensatz zu Plato aufgebaut. Die Auffassung des letzteren wird in diesem Zusammenhang gar nicht behandelt, denn Bessarion will darlegen, daß Trapezuntios zu Unrecht christliche Glaubenssätze dem Aristoteles zugesprochen habe: *"Nec vero id istitutum est mihi, ut Aristotelem erasse ostendam, sed ut Platonem non errasse, quando vel Aristoteles eadem quae Plato disserit. Itque sit ita, ut Aristoteles recte opinetur nec aliter atque Plato. ... Plura tamen referre ad Aristotelem auctorem, quam philosophorum ratio patiatur, derogare profecto est religioni nostrae et fidei, quae neminem praeter sanctos Christanae sententiae auctores animam esse perpetuam parte post solum voluisse autumat."* (*In cal. Plat.* 371, 6-19) Landino hat demnach zwei Stellen seiner Vorlage geschickt umgruppiert, um in den Worten Bessarions Platos Überlegenheit zu demonstrieren.

ten - Beweis ist Plato den Theologen ebenbürtig und deren eben noch konstatierte Überlegenheit glänzt vor diesem Hintergrund in weniger hellem Licht. Die Harmonie zwischen Theologie und Philosophie ist wieder hergestellt und der Weg für die philosophischen Beweise der Unsterblichkeit der Seele geebnet.
Landino ist sehr wohl bereit, Platos Philosophie auch in die Seelenursprungslehre aufzunehmen, sofern das unter christlichen Vorzeichen möglich ist. Er wagt es jedoch nicht, sich diese selbst zu schaffen. Wo er bei Bessarion, dem es nicht um eine Verchristlichung Platos geht, keinen Anhaltspunkt findet, läßt er Plato außen vor und beschränkt sich auf die Tradition.

So auch bezüglich der zweiten Frage, die er sich selbst in den Mund legt:
Wenn alles (sc. nach Aristoteles) aus Form und Materie besteht, muß dann nicht auch die Seele aus Form und 'geistiger Materie' bestehen? (I 47, 17-31)
Das ist die Auffassung der scholastischen Theologen der Franziskaner.
Im Verhältnis zu der den Nerv der gesamten Erörterung treffenden ersten Frage ist dieses Problem recht nebensächlich. Und so wird es auch mit größerer rhetorischer Anstrengung als Überzeugungskraft gelöst.
Der Begriff der Materie wird zunächst rein stofflich, im Sinne der vier Elemente, verstanden. Aus diesen kann die Seelenmaterie per se nicht bestehen. Des weiteren wird die Annahme einer geistigen Materie nicht als sinnvoll angesehen, da diese entweder selbst unbelebt nicht Grundlage einer lebenden Form sein könne, oder aber selbst belebt durch das Hinzutreten der Form nichts gewinnen könne; eine Argumentation, die auf den Beweis einer *"progressio ad infinitum"* hinauszulaufen scheint, aber nicht klar ausgeführt wird.
Bleibt also festzuhalten, daß sich Landino für die dominikanische Auffassung entscheidet, daß die Seele nicht ihrerseits wiederum aus Form und Materie besteht.[240]

---

[240] Land. *De ani.* I 48, 22 - 49, 33. Vgl. Copleston, Philosophy, I 331/332.

2.3.4 Resümee zum I. Buch

Doch ist dieser Gesichtspunkt an dieser Stelle - mag er Landino auch wichtig erscheinen - nicht viel mehr als eine unliebsame Unterbrechung des Gedankengangs. Denn nun läßt er Marsuppini mit einem Resümee enden, das nochmals das Verhältnis von Theologie und Philosophie in den Mittelpunkt stellt. Wieder einmal läßt der Autor das Gefühl für strukturelle Gestaltung und übersichtliche Gedankenführung vermissen. Und nicht immer kann die Dialogform dafür als Entschuldigung herhalten.

"Expressi", erklärt Marsuppini,

> *ni fallor, originem animorum nostrorum* ***divinam*** *illam quidem at-que* ***immortalem,*** *et quae non modo* ***auctorum praestantia,*** *et* ***religionis nostrae maiestate*** *sit reliquibus omnibus* ***longe antepo-nenda,*** *sed quae* ***tot tamque variis argumentationibus corrobore-tur,*** *ut sine ulla sit dubitatione approbanda."* (I 49, 35 - 50, 3)

Die Glaubenssätze lassen sich durch logische Argumente beweisen. Es gibt keinen Unterschied zwischen Philosophie und Theologie, keine 'doppelte Wahrheit', sondern nur 'Eine' *"pia philosophia"* und *"docta religio"*. Ihr Philosoph ist, auch wenn Landino das an dieser exponierten Stelle aus den nämlichen Gründen verschweigt, Plato.

Plato als Philosoph der *"theologia"* im Sinne Ficinos, und Vergil als ihr Verkünder, das ist das grundlegendste Ergebnis, das sich für dieses I. Buch festhalten läßt. Die weiteren lassen sich ebenfalls auf knappe Formeln bringen:

Die Seele ist, in ihrem spezifisch menschlichen, rationalen Wesen betrachtet, nach, als übereinstimmend konstatierter, christlicher und platonischer Auffassung:

> *"essentia incorporea rationalis, quae se ipsa moveat."*

Sie ist, entsprechend der neuplatonisch-christlichen Vorstellung, die 2. Emanationsstufe des Einen, d.h. Gottes, und hat teil an der ihr nächst höheren Stufe der *"mens"*.

Im allgemeineren Verständnis und in ihrem Verhältnis zum Körper ist sie die aristotelische

> *"forma corporis"*.

Sie ist als Einzelseele von Gott geschaffen in der

> *"creatio ex nihilo"*.

Diese Einschätzung des Verhältnisses der Seelendefinitionen verbindet Landino mit Bessarion und Albertus Magnus. Sie ist Ausdruck des Bemühens um eine Harmonisierung der Lehren Platos und seines Schülers, in dem Landino weiter geht als seine Vorbilder, und das als Grund-

konstante dieses Werkes gelten kann. Die Bestimmung der Seele als *"tertia essentia"* weist in dieser Form eher auf die Auffassung Ficinos.
Während Bessarion niemals, Albert und Ficino (letzterer nur zu einer Einzelfrage) erst im II. Buch genannt werden, wird Augustinus als christliche Autorität bereits hier im I. Buch ausdrücklich eingeführt. Nemesios von Emesa, aus Landinos Sicht höchstwahrscheinlich Gregor von Nyssa, wird nicht aufgrund seiner allgemeinen philosophischen Überzeugung herangezogen, seine Schrift wird vielmehr als 'Steinbruch' für bestimmte Einzelargumente benutzt und ebenfalls nicht zitiert.

Dieser Gesichtspunkt leitet über zu einem Rückblick auf die Quellennutzung des Autors, die sich als Schwerpunkt der Analyse aufdrängte, vor dem die leicht zu fixierenden, wenigen Ergebnisse in den Hintergrund traten. Das I. Buch ist eine nahezu lückenlose Kompilation. Zu den bereits genannten Persönlichkeiten kommen als einzige heidnische Vertreter Macrobius und Cicero. Letzerer ist in Formulierungen, Anekdoten und seiner Auffassung von Philosophie als *"ars vitae"* allgegenwärtig. Des weiteren ergänzte Landino eine Passage aus einer eigenen früheren Schrift. Die Abhängigkeit von Ficino ist rein inhaltlich. Textentlehnungen aus seinem Werk ließen sich nicht nachweisen. Im Gesamtüberblick ergibt sich folgendes:

Einleitung:	I 9/10	Bessarion,	*In calumniatorem Platonis*
Exkurs zur Philosophiegeschichte:	I 17-19	Landino,	*Praefatio in Tusculanis*
Seelendefinition:	I 20-31	Nemesios v. Emesa,	*De natura hominis*
	I 31	Augustinus,	*De quantitate animae*
	I 33-35	Bessarion,	*In calumniatorem Platonis*
Exkurs: Vergil als *"Poeta platonicus"*:	I 35/36	Augustinus,	*Civitas Dei*

Seelenursprungslehre:	I 38-41	Macrobius,	*Commentarii in somnium Scipionis*
	I 43-45	Augustinus,	*De anima et eius origine. Liber tertius ad Vincentium Victorem*
			De origine animae hominis liber, seu ep. CLXVI (ad Hieronymum)
			Civitas Dei
	(I 45/46	Aegidius von Rom)	
	I 46/47	Albertus Magnus	*De natura et origine animae*
	I 48	Bessarion,	*In calumniatorem Platonis*

Auch in den folgenden Büchern des Dialogs wird Landino nicht zu einer wesentlich eigenständigeren Leistung gelangen. Er wird diesen Vorlagenkatalog noch um einige Quellen ergänzen, die er vergleichbaren Modifikationen unterwerfen wird.

2.4 Buch II: Die niederen Seelenvermögen

Das II. Buch, d.h. der zweite Gesprächstag, behandelt die niederen Seelenkräfte. Nachdem Wesen und Ursprung der Seele am ersten Gesprächstag geklärt worden sind, wird nun eine erste Antwort auf die Frage gegeben

> "... *quo pacto* (sc. *anima*), *in corpore instituta, suas vires exerceat.*" (I 9, 6)

Marsuppini führt zunächst die aristotelische Einteilung der Seele ein, wie sie zur Abfassungszeit des Dialogs mutatis mutandis allgemein akzeptiert wurde [241] und von ihm implizit schon bei der Erklärung der platonischen Seelendefinition vorausgesetzt worden war.[242] Anschließend werden die einzelnen Seelenvermögen definiert und erläutert.
Wie bereits angekündigt, werden in der folgenden Analyse jedoch nur die Aspekte ausführlicher zur Sprache kommen, die für Landinos metaphysisch–ethische Konzeption von Bedeutung sind.

2.4.1 Der Aufbau der Seele

Der Darstellung Marsuppinis zufolge ist die Seele folgendermaßen aufgebaut:

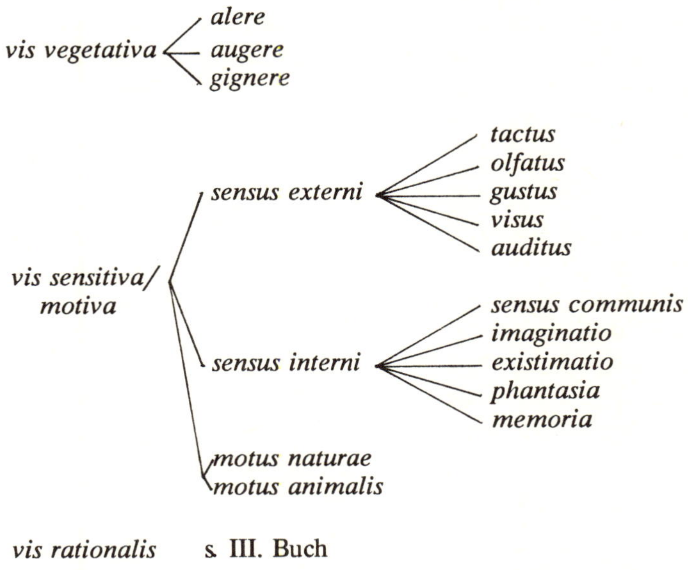

[241] Vgl. Park, The organic soul.

[242] S. 2.3.2.4.

Nun bezieht er auch Stellung in der Frage des Verhältnisses der Seele zu ihren Vermögen:

> *"Neque tamen vera habenda est illorum opinio, qui quatuor in homine esse animas putent. ... Est ... omnino* ***unica****, ita in homine ut in planta; sed ut lauri anima aut platani unica vi expletur, scilicet ipsa vegetativa, sic in* ***homine quatuor illae vires unicam efficiunt animam****."* (II 9, 18-24)

Marsuppini postuliert die Einheit der Seele, wie sie die Dominikaner vertraten. Wie bereits dargelegt, ist nur unter dieser Voraussetzung die von ihm favorisierte Art der Verbindung der aristotelischen mit der platonischen Seelendefinition im Rahmen des Dogmas überhaupt möglich. Da die *"unitas"* der Seele demnach von grundlegender Bedeutung für die von ihm vorgetragene Seelenlehre ist, wird er noch häufiger darauf zurückkommen.

Die speziellere Frage, ob die Seelenvermögen real oder nur formal von der Seele getrennt seien, ein damals umstrittenes Problem der Auslegung des entsprechenden Passus der aristotelischen Schrift über die Seele[243], erläutert er nicht.

Die Einteilung in externe und interne Sinne geht nicht direkt auf Aristoteles zurück. Gerade die letzteren sind für die Interpretation der Darstellung des Erkenntnisprozesses im III. Buch besonders wichtig, da sie an der Schwelle zur Ratio stehen. Marsuppini vertritt die Auffassung des Augustinus[244], daß auch die Sinne aktiv und passiv seien. Aristoteles hatte ihnen ausschließlich Passivität zugesprochen.

2.4.2 Die *"anima sensitiva"*: *"sensus interni"*

Für die Darstellung der *"sensus interni"* beruft sich Marsuppini auf Albertus Magnus. (II 111, 20)[245] Er erläutert auch ihren biologischen Sitz in den drei Gehirnkammern Galens (II 100/101) und definiert sie dann folgendermaßen:

- *"sensus communis":*

> *"Quod vero communis est, duo praestat: in primis enim* ***iudicium sensibilis actionis*** *ab eo perficitur, quod superiores illi sensus*

---

[243] *De ani.* 413b/414a. Vgl. Park, The organic soul, 477.

[244] Aug. *De musica,* VI 5, 10 und *De trin.* X 5,7; zitiert von Park, The organic soul, 475. Auch Ficino vertritt diese Auffassung. S. Anhang.

[245] Bezüglich der Bezeichnung und Definition der *"sensus interni"* herrschte im Mittelalter große Verwirrung. Auch Albert benutzt in seinen Schriften unterschiedliche Schemata. Vgl. Schneider, Psychologie, 154-184 u. Steneck, Albert the Great. Landino legt hier das Schema der, allerdings in ihrer Echtheit umstrittenen, Schrift *De apprehensione*, 577-589, zugrunde.

minime praestare valent. ... Habes primum; accipe et alterum ... . Nam solus communis sensus est, qui ***plura diversorum sensuum sensa in unum communi quodam loco cogit,*** *atque de iis ita coactis* ***severissimo delectu acutissime iudicat."*** (II 102, 10-28).

- *"vis imaginativa":*

  "Ab hoc autem (sc. *sensu communi*), *... differt ea vis, qua* ***imagines reservantur,*** *quia sensus non, nisi a praesentibus rebus imaginem abstrahit, haec vero absentem quoque rem retinet."* (II 104, 10-13)

- *"vis existimativa":*

  "Vis autem ea, qua existimamus, huiusmodi est, ut ***ex formis rerum corporearum et in sensus externos cadentium eliciantur aliae formae,*** *quae quidem rerum sint carentium corpore et quae in externos sensus minime cadant."* (II 105, 12-16)

  Sie erstellt kein bloßes Bild eines Gegenstandes wie die *"imaginatio"*, sondern löst im Menschen den Impuls aus, den wahrgenommenen Gegenstand zu erstreben oder zu meiden. (II 106, 17-19)

- *"phantasia":*

  "... vis quidem huiuscemodi, quae ***simulacra*** *rerum quae sentiuntur* ***cum iis,*** *quae inde oriuntur,* ***intentionibus,*** *et rursus* ***intentiones cum simulacris*** *ac postremo* ***ipsas intentiones inter se componat atque comparet."*** (II 107, 4-7)

  Sie vermag somit auch Bilder in Verbindungen zu bringen, die real nicht existieren. Marsuppini verweist hier auf die Fabelwesen der Poesie. (II 107) Nur in Zusammenarbeit mit der Ratio, d.h. beim Menschen, kommt die *"phantasia"* zu voller Entfaltung.

- *"memoria":*

  *locus quidem "****ad ea,*** *quae per superiorem sensum iudicata sunt,* ***conservanda*** *in primis" aptus* (II 113, 8-10).

Den genauen Wahrnehmungs- und Abstraktionsprozeß erläutert Marsuppini nochmals im III. Buch, wo er ihn bis zur Verstandeserkenntnis weiterführen wird.

2.4.3 Die *"anima motiva"*

An die Darstellung der *"sensus interni"* knüpft Marsuppini, in Korrektur des Aristoteles den *"ordo rerum"* berücksichtigend, die Behandlung der *"anima motiva"*. Landino schöpft hier, ohne seine Quelle zu nennen, ausgiebig aus der *Isagoge in libros de anima*[246] des Albertus Magnus, die er auch im III. Buch für die Erörterung der Geistseele heranziehen wird. Es handelt sich

---

[246] Alb. *Isag.* 523 ff.

dabei um ein kurzes Kompendium über die Seele. Ausgehend von einer Diskussion der Seelendefinition über die Frage des Verhältnisses der Seele zu ihren Vermögen bis hin zur Beschreibung dieser Vermögen im einzelnen faßt es alles Wissenswerte kurz und übersichtlich zusammen. Somit ist es die ideale Fundgrube für einen Kompilator, der ein tieferes Eindringen in die Materie scheut und froh ist, wenn er die Fakten nicht selbst zusammen tragen muß.

Gerade die Philosophie Alberts des Großen, der am Anfang des Aufeinandertreffens von augustinisch-neuplatonischer Tradition und aristotelischer Philosophie steht und sich von daher um eine Synthese beider Richtungen bemüht, die der ersteren noch mehr Platz einräumt als die Lösung Thomas von Aquins[247], ist für Landino, der genau den umgekehrten Schritt zurück zu Plato vollziehen will, eine ideale Quelle, die ihm den Schutz der Tradition sichert. Die in Rede stehende Schrift bezieht sich vorwiegend auf Avicenna und ist neuplatonisch gefärbt. Sie weist zudem einige inhaltliche Besonderheiten auf, die sie zwar für die Philosophie Alberts nicht unbedingt repräsentativ erscheinen lassen, für Landino aber, dem es als Rechtfertigung genügt, wenn sich das vorgetragene Philosophem bei einem christlichen Theologen auch nur an einer Stelle finden läßt, besonders wertvoll sind. Das gilt insbesondere für die Deutung des Erkenntnisprozesses, die Landino im III. Buch übernehmen wird.[248] Vielleicht hat sie ihn veranlaßt, diese Schrift als Vorlage zu wählen. Hatte er sich einmal für sie entschieden, war es nur ökonomisch, sie auch für andere Problemstellungen zu benutzen. So macht er sie schon für die Affekte-Lehre zum Leitfaden seiner Ausführungen. Er folgt Albert teils wörtlich, teils bemüht er sich, die Härten des barbarischen Lateins des Scholastikers, über das er sich nach Humanistenmanier im III. Buch expressis verbis beklagt, durch eine sprachlich freiere Darstellung zu mildern. Gleiches konnte ja schon bei seiner Adaption der lateinischen Übersetzungen der Werke des Nemesios und des Kardinals Bessarion festgestellt werden.

Bezüglich des Strebevermögens ergänzt Landino diese Vorlage durch wiederholte Hinweise auf abweichende Modelle anderer *"Peripatetici"*, die nicht näher charakterisiert werden. Häufig verliert er dabei in den unterschiedlichen Systematiken die Übersicht, mit der Folge, daß die Darstellung wenig transparent ist und die Gedankengänge oft nur durch den Vergleich mit der Hauptquelle nachvollziehbar werden. Diese Unklarheit scheint zum Teil gewollt. Die nicht eindeutig eingesetzte Terminologie soll

---

[247] Vgl. Schneider, Psychologie.

[248] Vgl. Schneider, Psychologie 454 f.

die Unterschiede zwischen Plato, Aristoteles und der Stoa verwischen.
Der Versuch einer orientierenden Übersicht soll hier dennoch unternommen werden; denn die Lehre vom Strebevermögen ist grundlegend für die im III. Buch des Dialogs ausführlich entwickelte Tugendlehre, die zu den wichtigesten Konstituenten der philosophischen Auffassung Landinos gehört. Er läßt seinen Lehrer gerade diesen Zusammenhang betonen:

> *"Si quis enim recte norit, quid appetitus in animo sit, norit itidem quemadmodum **ex appetitu omnis affectus**, atque **ex affectibus** postremo **virtutes vitiaque nascantur; is** postremo **viam sibi ad beatam vitam munitissimam comparare poterit.**"* (II 124, 8-12)

Grundlage der gesamten Erörterung ist die eudaimonistische Auffassung:

> *"Ita enim quisque sibi ipsi a natura commendatus est, ut nihil nisi bonum appetat."* (II 124, 28/29)[249]

Für die *"anima motiva"* sind, wie Landino in Anlehnung an Albert erklärt, zwei *"motus"* konstitutiv,

Landino	Albertus Magnus
*"... quorum alter **naturae**, alter **animalis** appellatur."* (II 119, 17)	*"Virtus autem motiva sensibilis est duobus modis. Nam quaedam est motiva **motu naturali**, quaedam vero **motu animali**."* (*Isag.* 523)

Der *"motus naturae"* oder *"motus vitalis"* ist die Bewegung per se, die jedes Lebewesen kennzeichnet.

Landino	Albertus Magnus
*"Apparet enim facultas quaedam ac ingenita vis, quae nullo ex iis simulacris, quae ab internis sensibus proveniunt, pulsa, sed suapte natura concita movetur. Quem **motum vitali** quadam vi, **non animi imperio**, in venis arteriisque deprehendimus. Haec autem a corde, tamquam a sua origine, initium sumens per universum corpus extenditur..."* (II 119, 17-23)	*"Et motivam sensibilem **motu naturali dico**, quae movet non secundum apprehensionem, **nec** est **subiecta imperio rationis**, qualis est virtus vitalis sive pulsativa. Est autem haec virtus in corde sicut in organo, ..."* (*Isag.* 523)

Der *"motus animalis"* ist das Strebevermögen, der *"appetitus"*. Er bewegt den Menschen aufgrund des Urteils der höchsten *"sensus interni"*, d.h. der

---

[249] Vgl. 1. Prooemium: "(sc. *nos*) *optima semper expetentes ...*" (I 1, 13/14).

"vis existimativa" und der *"phantasia"* dazu, das Beurteilte zu erstreben oder zu meiden. Im Gegensatz zu der bloßen Lebenskraft des *"motus vitalis"* ist er für die ethische Verfaßtheit des Menschen von Bedeutung und daher alleiniger Gegenstand der folgenden Ausführungen.

"... ad illum redeamus, quem idcirco animalem appellant, quia nunquam sine nostro imperio insurgit." (II 120, 14/15)

"Consequenter dicendum est de virtute motiva motu animali." (*Isag.* 524)

Der Vorlage gemäß wird zunächst zwischen Erkenntnis- und Strebevermögen unterschieden. Hier ist Landino um einiges wortreicher:

"Quo in loco cave credas idem esse motum et sensum. Nam longe alia vis illa, qua bonum aliquid esse decernimus et illa, qua ad id consequendum rapimur, licet enim intueri varias brutorum formas varia sibi ad se alendum pabula decernere. Non enim idem leoni qui apro cibus expetitur ... Appeterent autem semper, si nihil inter id quod decernit et id quod decretum appetit interesset. Quapropter perspicue apparet aliam vim esse, quae de rebus asciscendis fugiendisque iudicium habeat, aliam quae iudicatum exsequatur. ***Hunc igitur motum philosophi appetitum appellant****. Movetur autem animans ad appetendum ex iudicio a phantasiae existimandique vi iam prius facto."* (II 120, 15-30)

"Motum autem animalem dico, qui fit per praecedentem apprehensionem boni vel mali: quam apprehensionem boni vel mali in animali sequitur appetitus, vel motus ad aliquid, vel motus ab illo, sive fuga. Quod patet in apprehensione boni cibi vel mali. Necessarium est igitur aliquam virtutem esse aliam ab apprehensivis sensibilibus, quae moveat animal. Nam apprehendentes nihil aliud faciunt quam apprehendere vel iudicare bonum vel malum sive aestimare. ***Hanc autem Philosophi vocant appetitivam, Theologi vero sensualitatem****, quae proprie est motiva."* (*Isag.* 524)

Charakteristisch ist jedoch, daß Landino einen Gesichtspunkt, der für das Denken Alberts grundlegend ist, nicht übernimmt. Albert versuchte, die sich ihm neu erschließende aristotelische Philosophie mit der augustinisch-neuplatonischen Tradition dadurch zu verbinden, daß er zu den einzelnen Lehrsätzen der einen jeweils Entsprechungen des anderen Denkmodells

suchte, beide aber dennoch unabhängig voneinander bestehen ließ. Die *"philosophi"* sind ihm die Aristoteliker, die *"theologi"* die Denker der patristisch-frühmittelalterlichen Tradition. Landinos Konzeption der *"pia philosophia"*, wie er sie von Ficino übernommen hat, hat die Trennung von Philosophie und Theologie dagegen aufgehoben. Er ist nur konsequent, wenn er den Verweis auf die *"theologi"* wegläßt.
Ein anderes Charakteristikum der Philosophie Alberts macht er sich dagegen sehr wohl zu nutze, die Auffassung des Willens. Für dieses aristotelische Vermögen konnte Albert in der augustinischen Tradition kein passendes Pendant finden. Zwar hat die *"voluntas"* in der augustinischen Trias, *"memoria"*, *"intelligentia"*, *"voluntas"*, die ein Abbild der Dreieinigkeit Gottes in der Seele ist, ihren Platz, aber sie ist dort nicht das intellektuelle, die niederen Strebevermögen und ihre Affekte zügelnde, nach den Regeln der Vernunft auswählende Strebevermögen, sondern Ausdruck des subjektiven, gefühlsmäßigen Strebens zu Gott. Augustinus übernahm die platonische Dreiteilung der Seele, derzufolge die *"vis concupiscibilis"* und die *"vis irascibilis"* der Ratio direkt, ohne die zusätzliche Unterteilung in *"anima motiva"*, gegenüber stehen und unterworfen sind.
Auch Albert benutzt in der genannten Schrift diese Einteilung, allerdings unter Berufung auf Avicenna. Der Wille selbst kommt gar nicht zur Sprache. Für Landino ist dieser Ansatz, obwohl er die Folge eines noch unausgereiften Syntheseversuches ist und im 15. Jahrhundert vor dem Hintergrund der Philosophie Thomas von Aquins einen Rückschritt darstellt, äußerst günstig. Er kann im Rückgriff auf eine Autorität der aristotelischen Philosophie in diesem Punkt die Übereinstimmung von Plato und Aristoteles konstatieren. Zunächst läßt er Marsuppini die entsprechende Einteilung des *"appetitus"* treffen.

"Appetitus autem duae sunt partes: ***concupiscibilis*** *et* ***irascibilis****. Concupiscibilem vim diffiniunt, qua movemur ad ea adsequenda, quae aut necessaria aut conducentia putamus; irascibilem vero, qua excitatur animus ut quae noxia adversaque naturae putaverit, ea refugiat atque repellat."* (II 121, 1-5).	*"Nota ergo, quod sicut dicit Avicenna, virtutis appetitivae duae sunt partes,* ***vis concupiscibilis****, et* ***vis irascibilis****. Concupiscibilis est vis imperans moveri ut appropinquetur ad ea quae putantur ut utilia, appetitu delectandi. Vis vero irascibilis est, quae imperat ad repellendum a se quod putatur nocivum vel corrumpens, appetitu vincendi."* (*Isag.* 524)

Avicenna erwähnt Landino wohlweislich nicht. Ihm geht es ja um die Übereinstimmung von Plato und Aristoteles.
Er übergeht auch Alberts vorausgehende Untergliederung der *"vires motivae"* in *"disponentes ad motum"* und *"causae facientes motum"*, derzufolge *"vis concupiscibilis"* und *"vis irascibilis"* zu den letzteren gehören.[250] Daß ihm der scholastische Schematismus augenscheinlich fremd, wenn nicht gar unverständlich ist, wird sich noch öfter zeigen. An dieser Stelle ist die Auslassung nicht weiter störend. Oft ist die Argumentation allerdings ohne die einleitende Systematik nicht zu verstehen, so daß derartige Kürzungen sinnentstellend wirken. Gerade bei der Nutzung scholastischer Quellen fällt Landinos Vernachlässigung des logischen philosophischen Schematismus zu Gunsten eines vordergründig rhetorischen Formalismus und der von der Rhetorik ebenfalls geforderten Variatio besonders ins Auge. Seine Darstellung der einzelnen Affekte wird bald ein erstes Beispiel liefern.
Zunächst führt er abweichend von seiner Quelle nun doch den Unterschied zwischen sinnlichem und intellektuellen Strebevermögen ein. Marsuppini erklärt:

> *" Verum in ceteris animantibus, quibus non est ratio, sed natura dux est, unum simplexque iudicium deprehendes. In nobis autem longe aliter se res habet: quippe quibus modo a sensibus appetitus proveniat, modo ab ipsa* ***animi divinitate, id est a ratione*** *proficiscatur."* (II 121, 6-10)

Diese Variante wird jedoch zu den vorausgehenden Ausführungen nicht in Beziehung gesetzt. Statt dessen wird der Gedanke, daß ein Teil des Strebevermögens der Ratio unterstehe, zu einem Exkurs über das beliebte und schon genügend bekannte Thema des Kampfes dieser *"divinitas animi"* gegen die Affekte der Sinnlichkeit genutzt:

> *"Iudicat igitur nonnunquam vis illa nihil aliud praeter sensum respiciens; et veluti* ***illius illecebris attracta et voluptatis sibi oblato praemio corrupta*** *quod pecudis bonum est id illa humanum bonum esse decernit. A quo quidem iudicio omnino* ***depravato*** *is motus insurgit, quem vero nomine 'appetitum' appellant Peripatetici. In quibus igitur huiuscemodi iudicium exoritur, ii in* ***nullo hominum***

---

[250] *Isag.* 524: *"Et motivae disponentes ad motum sunt motivae secundum quid, sicut phantasia vel sensus communis et aestimativa. ... Motivae vero quae sunt causae facientes motum, sunt motivae simpliciter, quae subdividuntur in appetitivas, et affectivas, et motivas membrorum exsequentes motum ... Nota ergo, quod sicut dicit Avicenna, virtutis appetitivae duae sunt partes, vis concupiscibilis, et vis irascibilis."*

> ***numero habendi*** *videntur, quandoquidem, quod* ***proprium hominis*** *est, id in illis penitus* ***sepultum*** *iacet; quorum autem eadem vis cogitandi* ***rationis lumine*** *illustretur et* ***eius norma*** *dirigatur," ii id bonum iudicant, "... quod* ***recta*** *dictat* ***ratio****, quod neque interire neque corrumpi possit."* (II 121, 10-23)

Wiederum wird der Gedanke der Prooemien ausgeführt, daß die Hinwendung zu den körperlichen Begierden zum Verlust dessen führe, was den Menschen auszeichnet, seines geistigen Wesens. Und es begegnet auch hier in der Darstellung der aristotelischen Lehre der stoische Begriff der *"recta ratio"*, die diese Begierden zu zügeln und ein tugendhaftes Leben zu bewirken habe. Hier werden die Ausführungen zusätzlich mit dem Gleichnis von Herakles am Scheideweg geschmückt.

Erst jetzt,

> *"ut iam ad rem redeam"*

reicht Marsuppini die Bezeichnung für diese Form des *"duplex appetitus"* nach:

> *"Erit igitur ... duplex in homine appetitus, quorum hic, qui a mero sensu est,* ***libido****, ille quem diximus a ratione proficisci,* ***voluntas*** *nominabitur."* (II 122, 12-14)

Diese Einteilung, um es noch einmal in Erinnerung zu rufen, ist natürlich nicht identisch mit dem *"duplex appetitus"* Alberts, der aus *"appetitus naturalis"* und *"appetitus animalis"* bestand. Sie wird jedoch nicht eingeführt, um die thomistische Lösung doch noch zu würdigen, sondern die stoisch-platonisierenden Ausführungen dienen dem Übergang zu Platos Modell, demzufolge der zornig-mutige Seelenteil ("θυμοειδές") auf die Ratio zu hören und den begehrenden (ἐπιθυμητικόν) unter ihr Joch zu zwingen hat. Nichtsdestoweniger nimmt Landino den Gedankengang seiner Vorlage wieder auf:

"Vis concupiscibilis" und *"vis irascibilis"* (als Bestandteile des *"appetitus animalis"*) werden nun näher bestimmt. Sie unterscheiden sich aufgrund ihres Objektes:

"Bonorum duo genera ponunt (sc. *Peripatetici*)*: alterum quod* ***simplex*** *ea maxime ratione appellant, quod sua sponte, etsi nihil aliud inde proveniat, placeat atque delectet, veluti*	*"Ad cognoscendam autem differentiam virtutis concupiscibilis et irascibilis, nota quod bonum dicitur duobus modis, scilicet* ***bonum simplex,*** *et* ***bonum expediens.*** *Bonum au-*

cum gustando aut palpando sensus ipse demulcetur; alterum **expediens** *bonum nuncupant: hoc vero negotium ac difficultatem praebet, asperumque et naturae adversum apparet; sed tamen alicuius non mediocris utilitatis causa expetitur, ut cum ob valitudinem recuperandam amarum poculum sumimus, cum membrum, ne reliquum corpus pereat, incidimus urimusve, cum proelium pro patria inimus. Itaque cum appetitum ipsius proprium sit, ut in id solum quod bonum appareat insurgat, in primum genus bonorum concupiscibilem vim, in secundum vero irascibilem ferri volunt, veluti si haec salutem atque decorum sequatur, illa unicam voluptatem appetat."* (II 122, 19 - 123, 2)

tem simplex hic dicitur delectabile, ut cibus: bonum vero expediens hic dicitur tristabile arduum: quod tamen dicitur bonum, quia utile, ut medicina, vel incisura propter salutem corporis. Est ergo vis concupiscibilis appetitiva boni delectabilis. Et dicitur bonum delectabile carni et temporale. Vis vero irascibilis est appetitiva boni ardui expedientis." (*Isag.* 524/525)

Wiederum verläßt Landino seine Vorlage, um eine Variante vorzustellen (*"Sunt itidem qui dicant ..."*):
Hier werden Gut oder Übel als Bewegungsgegenstand aufgefaßt. Die *"vis concupiscibilis"* richtet sich auf das Gute. Die *"vis irascibilis"* richtet sich gegen das Übel. Im Gegensatz zur *"vis concupiscibilis"* werden ihr nun auch schon Affekte zugeordnet. Je nach Erfolg oder Mißerfolg entstehen:

"vis concupiscibilis"	*"vis irascibilis"*
	"spes",
	"audacia",
	"ira",
	"timor"
	"desperatio".

Dann geht es ohne weitere Erklärung zur *Isagoge* zurück: Auch Albert entwirft eine Systematik der Affekte, die Landino genau übernimmt. Sie ist sehr umfangreich, da nicht nur aus Erfolg oder Mißerfolg des Strebens, sondern auch aus Erkenntnis und Irrtum bezüglich desselben einzelne Affekte abgeleitet werden. Da sich beide Strebekräfte auf ein *"bonum"* richten, ruft die Ablehnung dessen, was diesem Ziel im Wege steht, zudem noch eine Verdopplung hervor.

> *"cum ita natura institutum sit, ut de eadem re contraria inter se pugnent."* (II 123, 17-19)

So ergibt sich folgendes:

"vis concupiscibilis"	*"vis irascibilis"*
"desiderium"	*"ambitio"*
"concupiscentia"	*"superbia"*
"gaudium"	*"contemptus"*
"laetitia"	*"spes"*
"amor/dilectio"	*"dominatio"*
"abominatio"	*"ira"*
"fastidium"	*"audacia"*
"dolor"	*"paupertas spiritus"*
"tristitia"	*"desperatio"*
"odium"	*"reverentia"*
	"poenitentia"
	"impatientia"
	"timor"[251]

Landino läßt Marsuppini alle Affekte wesentlich ausführlicher definieren, als dies in seiner Vorlage erfolgt. Für das Verständnis des Sachverhaltes bringen diese Ausführungen wenig. Sie zeigen nur die Freude des *"rhetor"*s an aufwendiger, sprachlicher Ausgestaltung und minutiöser Untergliederung, auf die bereits hingewiesen wurde. Sie wird auch bei seiner Darstellung der Tugendlehre auffallen. Hier seien nur zwei Beispiele ausgewählt:

1. Beispiel:

Landino	Albertus Magnus
"Qui ergo concupiscit, desiderat, gaudet, laetatur, amat, diliget." (II 123, 16/17)	*"Et sciendum quod virtus concupiscibilis, cum sit in bonum delectabile, habet actus concupiscere et desiderare, gaudere, laetari, amare et diligere."*(525)

Damit bedarf für Albert dieser Gesichtspunkt keiner weiteren Kommentierung. Marsuppini aber erläutert:

> *"Gaudemus igitur dum quod bonum esse credimus, acquirimus, laetamur vero, cum eo iam acquisito fruimur ... ."* (II 123, 22 - 24)

---

[251] Vgl. Alb. *Isag.* 524/525.

Alle fünf Affekte werden so erklärt. Doch damit nicht genug. Unter dem Vorwand:

> *"Haec ut dixi a nonnullis Peripateticis in hanc formam disputantur. Ego autem cum ad vitam recte degendam totius huius loci cognitionem necessariam esse animadvertam, ... statui non una simplicique via, sed plurimis ac variis aggredi, ut qui hac quo cupit pervenire non poterit, altera aut tertia perveniat"* (II 124, 1-8),

läßt er Marsuppini die Definitionen derselben Affekte von einem etwas anderen Verständinis der *"vis concupiscibilis"* her nochmals verdeutlichen:

> *"Dicunt igitur concupiscibilem vim, qua sola ad actiones nostras impellimur, vel ex eo provenire, quod placeat et dignum, quod acquiramus, videatur; vel contra ex eo, quod ingratum odiosumque nobis sit. Quod igitur placet, id concupiscentiam desideriumque sui excitat; eritque bonum vel malum. Rursus autem bonum vel nostra vel aliorum causa erit bonum. Si nostra, poterit esse praesens coniunctumque, poterit itidem absens atque remotum. A praesenti igitur gaudium ... gignitur... . Ab eo autem quod abest futurumque videtur, desiderium excitatur."* (II 124, 15-26)

2. Beispiel:

Albert beendet seine Liste der Affekte der *"vis irascibilis"*:

> *"Per motum vero fugae a malo sunt actus secundum debilitatem irascibilis, poenitentia, patentia, timor."* (*Isag.* 525)

Landino leitet diesen Gesichtspunkt zunächst mit einer Frage ein, die er sich selbst in den Mund legt:

> *"Placent quae dixisti omnia; sed tamen qui fieri potest ut appetitus bonum refugiat ?"* (II 126, 3/4)

Worauf er Marsuppini antworten läßt:

> *"Potest quidem mirum videri, sed facile solvitur. Non enim, qua ratione bonum est, fugit id appetitus, sed qua difficile, arduum periculosumque esse putatur. Sin vero deficiat circa malum, sequitur poenitentia, impatientia, timor; ita ut poenitentia praeteritum malum detestetur, impatientia ..."* (II 126, 5-10)

Sprachliche Ausschmückung ist auch hier die weitreichendste, selbständige Leistung Landinos.

Nun folgt zudem ein inhaltlicher Eingriff. Mit der oben zitierten Bemerkung verläßt der Autor vorerst seine Vorlage, um Marsuppini auf die zwischendurch eingeschobene Grundeinteilung des Strebevermögens in *"libido"*, die *"in sensu collocata"* sei, und *"voluntas"*, die in *"ratione col-*

locata" sei, zurückgreifen zu lassen. Marsuppini erklärt sie zur *"quae me magis delectet via"* (II 126, 15).

> *"Videtis igitur alium appetitum esse a ratione, alium a sensu; sed motum hunc a ratione profectum, quia et finem appetit propter se ipsum, et multa praeterea ipsius finis gratia, ita dividunt, ut primum* ***voluntatem****, secundum autem* ***delectum*** *nominent. Rursus autem* ***appetitum*** *ita partiuntur, ut alterum concupiscibilem, alterum irascibilem esse velint."* (II 127, 11-17)

Außer einer weiteren Untergliederung des intellektuellen Strebevermögens bringt auch diese Wiederholung nichts Neues; denn die genaue Stellung der niederen Strebekräfte bleibt auch hier ungeklärt. Der Zusammenhang gebietet zwar, *"appetitus"* im zweiten Satz als sinnliches Strebevermögen aufzufassen, doch wird das Wort im ersten Satz noch als Oberbegriff gebraucht. An dieser Stelle ist der Zweck dieser unsauberen Darstellung, der sich bereits bei der Einführung der *"voluntas"* abzeichnete, eindeutig erkennbar. Jetzt erfolgt nämlich der Übergang zur Lehre Platos:

> *"Itaque hunc appetitum iure credidit Plato a ratione proficisci. Sed eum 'voluntatem' Peripatetici nuncupant."* (II 126, 31/32)

Ohne weiteren Kommentar geht Marsuppini zum biologischen Sitz des Strebevermögens über, der nach peripatetischer Auffassung das Herz sei. [252] Und dieser Gesichtspunkt liefert ihm nun das Stichwort für die Behandlung der platonischen Auffassung, derzufolge die *"vis irascibilis"* ebenfalls im Herzen angesiedelt war, während die *"vis concupiscibilis"* in den Genitalien vermutet wurde. [253] Dann wird die platonische Einteilung der Seele entwickelt:

> *"Quapropter ex tanti viri sententia praecipuas in animo partes mentem et appetitum esse dicemus: mentem tamen unam; appetitus duos, alterum* ***in ratione****, alterum* ***in sensu*** *collocatum."* (II 129, 16-20)

Hier benutzt Marsuppini genau dieselben Termini, die er zur vorausgehenden Darstellung der scholastischen Lehre verwandt hatte. Es soll der Eindruck entstehen, daß die Seeleneinteilung beider Philosophen identisch sei. Beide operieren ja mit *"vis concupiscibilis"* und *"vis irascibilis"*. Doch stehen diese Kräfte, wie bereits erwähnt, innerhalb der Seelen-Schemata auf unterschiedlicher Stufe. Die weitergehende Differenzierung des Aristoteles kann Landino hier nicht gebrauchen. Daher reduziert er einerseits das aristotelische System auf die Grundeinteilung Wille - Sinnlichkeit und übergeht die weitere Untergliederung des sinnlichen Strebevermögens in

---

[252] Vgl. Arist. *De ani.* 433b.

[253] Vgl. *Tim.* 70a-e.

"vis concupiscibilis" und *"vis irascibilis"*. Andererseits mißachtet er in der Einführung des platonischen Modells die entsprechende Terminologie, indem er die Bezeichnungen *"vis concupiscibilis"* und *"vis irascibilis"* vermeidet, was er auch während der folgenden genaueren Darstellung der platonischen Auffassung vom Begehrungsvermögen durchhält.
Diese nutzt Landino für eine Hommage an seinen berühmten Freund Ficino. Marsuppini rekurriert auf dessen Interpretation des berühmten Gleichnisses von der Seele als Pferdegespann aus dem platonischen *Phaidros.* [254] Der junge Landino äußert sich voller Bewunderung über seinen - zur fiktiven Zeit des Dialogs noch jungen - Freund:

> *"Marsilium dicis, Phecini medici filium. Sunt profecto in homine omnia a Deo praeclara, ut eum, cum ex multis variis doctrinis laudem non mediocrem adsecuturum, tum in Platonica disciplina, ad quam quidem rem **suis**, ut aiunt, **astris** trahi videtur, inter primos enumeratum iri non dubitem."* (II 129, 27-32)

Hervorzuheben ist die schicksalhafte Bestimmung Ficinos zur Entwicklung einer platonischen Philosophie, die in diesem Lob zum Ausdruck kommt. Sie wird zwar als Redensart deklariert, doch trifft Landino damit genau die Vorstellung, die Ficino von seiner Tätigkeit entwickelt hatte. [255] Dabei kann Landino sich nicht enthalten, auf das Verdienst hinzuweisen, das ihm selbst bei dieser von höheren Mächten unterstützten Entwicklung zukommt. Er legt dieses Eigenlob allerdings, um die Suggestion der Dialogsituation aufrecht zu erhalten, seinem Lehrer in den Mund:

> *"Itaque hominem* (sc. Ficino) *non prius dimisi quam ipsum vehementer hortatus sum, ut, reliquis omnibus aut omissis aut in aliud tempus reiectis, quo coeperat studio Platonica omnia assequeretur; ad quam quidem cognitionem, **si me audiret, Graecas litteras sibi necessarias putaret.**"* (II 132, 23/27)

Die Interpretation des Gleichnisses selbst, die hier referiert wird, ist jedoch noch sehr traditionell. Die beiden Pferde des Gespanns werden als die niederen platonischen Seelenkräfte, *"vis concupiscibilis"* und *"vis irascibilis"*, die aus den oben dargelegten Gründen als *"libido"* und *"voluntas"* bezeichnet werden, gedeutet, der Wagenlenker als die *"ratio"*, die diese unter ihr Joch zwingt. (II 130, 17 - 132, 19) Auffällig ist, daß Landino nicht die Auslegung übernimmt, die Ficino in seinem zur Abfassungszeit von *De anima* gerade erschienenen Kommentar zum Symposion Platos, *De*

---

[254] Vgl. Anm. 208.

[255] Vgl. Gentile, Introduzione zu Fic. *Lettere I.*

amore, vorlegt.[256] Ficino versteht dort das gute Pferd als *"opinio ratioque"* und das schlechte als *"phantasia confusa et appetitus sensuum"*, den Wagenlenker dagegen als *"mens divinis dedita"*, und entwickelt das Bild von den zwei Flügeln - *"indagatio"* und *"desiderium boni"* - der Seele. Es mag unpassend erscheinen, daß Landino diese elaboriertere, neuere Version ignoriert. Doch ist zu bedenken, daß er an dieser Stelle vor allem an einer Interpretation interessiert sein mußte, die zu der von ihm aufgestellten Systematik paßte, und die Huldigung an den Freund sich dieser unterzuordnen hatte. Außerdem ist die Behauptung, das Ficino als junger Mann die hier vorgetragene These aufgestellt habe, berechtigt. Ficino führt sie in seiner frühen Schrift *De voluptate*[257] vor. Die historische Genauigkeit, die Landino sonst selten beachtet, konnte ihm an dieser Stelle von Nutzen sein. Im übrigen konnte er diese Interpretation auch bei Bessarion finden.[258] Nachdem der Aristoteles der Scholastik und Plato mehr schlecht als recht in Übereinstimmung gebracht erscheinen, wird die Darstellung zusätzlich um die Affekte-Lehre der Stoa bereichert. Marsuppini beruft sich allgemein auf Cicero[259], der ihm auch sofort die Rechtfertigung für die Vermischung der drei Systeme liefert:

---

[256] Fic. *De amore*, 356:*"Plato in Phedro mentem divinis deditam in anima hominis aurigam vocat; unitatem anime, aurige caput; rationem opinionemque per naturalia discurrentem, equum bonum; phantasiam confusam appetitumque sensuum, malum equum. Anime totius naturam, currum, quia motus suus tamquam orbicularis a se incipiens in se denique redit dum sui ipsius naturam animadvertit. Ubi consideratio eius ab anima profecta in eandem revertitur. Alas animo tribuit, per quas in sublime feratur, quarum alteram putamus esse indagationem illam qua mens assidue ad veritatem adnititur, alteram boni desiderium, quo nostra voluntas semper afficitur."*

[257] *De voluptate*, ed. Allen, Charioteer, 221: *"Aurigam more Pythagorae rationem vocat, equos vero caeteras animi partes atque naturas, quod illa ducat, reliqua vero ducantur omnino atque regantur."*

[258] *In cal. Plat.* 463, 14-18: *"Tum ad ipsius animi formam venit ac occultis quibusquam profundisque sententiis eum indicat, ut mos eius est, dum de rebus divinis et intelligibilibus loquitur, quippe bigarum alatarum aurigaeque specie animum repraesentat, videlicet rationem eius aurigae, iram et cupiditatem equis comparans, sed iram equo probo et pulchro, cupiditatem contra."*

[259] *De ani.* II 136, 2 spricht Marsuppini vom *"liber Ciceronis"*, dem diese Darstellung entnommen sei. Den Titel nennt er nicht. Es handelt sich selbstverständlich um die *Tusculanae disputationes*, IV 10-21.

Landino	Cicero
"Quapropter placet eundem ordinem adhibere, quem Ciceronem adhibuisse video. Hic enim, ad ***priscam illam Pythagorae ac Platonis rationem et ea, quae veteres Peripatetici ad placandos animos afferunt*** *et* ***quod Stoici in partiendis diffiniendisque rebus acumen ponunt*** *adiungens,* ***universum negocium*** *absolutissime expressit."* (II 133, 8-14)	*"... in his* (sc. *perturbationibus*) *explicandis* ***veterem illam*** *equidem* ***Pythagorae primum, deinde Platonis discriptionem*** *sequar, qui animum in duas partes dividunt: ... utamur tamen* ***in his perturbationibus describendis Stoicorum definitionibus et partitionibus,*** *qui mihi videntur in* ***hac quaestione*** *versari acutissime."* (*Tusc.* IV 10)

Für die sich anschließende Darstellung schreibt Landino mit einigen Umstellungen und Einfügungen diese Vorlage aus. Marsuppini beginnt mit der Aufzählung der vier negativ bewerteten Affekte und den ihnen entsprechenden positiven, da der Ratio gehorchenden, gefestigten Grundhaltungen:

Εὐπάθειαι[260]	Πάθη
"voluntas"	*"libido"*
"gaudium"	*"laetitia"*
"cautio"	*"metus"*
	"aegritudo" (II 133, 14 - 134, 10)

Wiederum nimmt Landino in Kauf, daß dieses Schema durch die Unterordnung des Willens und der Lust unter die Affekte den vorher aufgestellten Schemata widerspricht. Es ist ihm dennoch nicht ganz wohl dabei. Denn er legt Wert darauf, sowohl die stoischen Affekte im eigentlichen Sinne als auch die gefestigten Grundhaltungen unter dem Oberbegriff *"affectio"* zu subsumieren:

> *"Videtis igitur, sive cum ratione fiant, sive rationi adversentur,* ***communi verbo affectiones****, tanquam* ***genus unum*** *sint, a Cicerone appellari. Videtis itidem huiuscemodi generis duas esse formas: alteram earum, ..., quas 'constantias' nominat; alterum earum, ... quas 'perturbationes'" appellat."* (II 134, 23 - 30)

Bei Cicero läßt sich diese Subsumtion bestenfalls indirekt aus einem Nebensatz herauslesen:

> *"... praesentis autem mali sapientis* ***adfectio*** *nulla est, stultorum aegritudo est. ... sic quattuor perturbationes sunt, tres constantiae,*

[260] Landino verwendet diese Termini nicht.

quoniam aegritudini nulla constantia opponitur." (*Tusc.* IV 14)
Sie ist in der Schärfe, mit der sie Marsuppini formuliert, bei Cicero nicht zu finden, denn sie läuft der rigorosen stoischen Auffassung zuwider, die gemäß ihrem Ideal der Apatheia einen wesensmäßigen Unterschied zwischen fester Grundhaltung und Affekt sehen wollte. Landino dagegen braucht sie, um die Illusion zu erhalten, daß es sich bei diesen Gegensatzpaaren um die gleichen handele, wie er sie im Rahmen der vorausgehenden Systematiken aufgeführt hatte.
Im Anschluß an das nicht als solches kenntlich gemachte Augustinus-Zitat, demzufolge die *"perturbationes"* mit den christlichen *"passiones"* gleichzusetzen sind [261], nimmt Marsuppini nun zur Terminologie Stellung: Der Begriff des Heiden Cicero ist vorzuziehen, da *"pati"* zu allgemein ist, da auch andere seelische Prozesse, wie z.B. die sinnliche Wahrnehmung, mit einem Erleiden verbunden sind. (II 135, 1-11)
Landino will damit den methodischen Überlegungen Ciceros, warum *"πάϑη"* mit *"perturbationes"* und nicht mit *"morbi"* wiederzugeben sei [262], ein zeitgemäßes Pendant zur Seite stellen, in dem er den Begriff zu einer anderen Seite hin abgrenzt.
Es folgt ein neuer Definitionsansatz der Affekte, der aus der Überlegung hervorgeht, daß die Affekte aufgrund falscher Meinungen (*"opiniones"*) entstehen, und von Cicero daher einleitend als *"pressius"* charakterisiert wird, während Marsuppini die nähere Begründung für diese neuen Definitionen erst nach ihrer Aufzählung anfügt, wodurch die Systematik leidet. Landino benötigt aber die allgemeine Bemerkung über das Wesen der *"opinio"* am Ende, um seine Ausführungen mit einem Beispiel aus der *Aeneis* dafür abrunden zu können, daß

> *"haec autem opinio, si recens sit, vehementius perturbat. Nova enim quaeque ipsa rei insolentia gravius inferuntur. Quod in se sentiens* ***vergiliana*** *Dido non modo spatium ac requiem suo furori petit; sed etiam causam cur petat, affert: tantisper enim repentinum amati hospitis habitum remorari cupit, donec sua se fortuna dolere doceat. Vidit ergo,* ***qui omnia acutissime vidit, divinus poeta****, quae die atque consuetudine paulatim leviora efficiuntur, eadem a principio acerbissime excruciare:"* (II 135, 25-32).

Vergil wird also nicht allein als der Verkünder platonischer Philosophie, sondern auch als Vermittler stoischer Gedanken gesehen. Er erscheint als der Vermittler von Lebensweisheit schlechthin. Für Landino liegt hier kein

---

[261] Aug. *Civ.Dei* IX 4.

[262] Cic. *Tusc.* IV 10.

Widerspruch; denn es gibt ja nur das 'Eine' Wissen und die 'Eine' Wahrheit, deren Spuren sich überall auffinden lassen. Bemerkenswert ist, wie diese allegorisierende Interpretation Vergils, die sich in seinem Werk zu Lasten der theoretischen Philosophie immer mehr in den Vordergrund drängen wird, schon in diesem frühen Dialog sein Denken bestimmt. Wo auch immer sich die Gelegenheit zu bieten scheint, Vergil zur Unterstützung eines Philosophems anzuführen, wird sie genutzt. So tauscht Landino in der abschließenden Erörterung der jeweiligen Unteraffekte der vier *"perturbationes"* Ciceros Beispiel aus der *Ilias* für den Affekt der *"invidentia"* aus. Statt des Verhältnisses Hektors zu Achill, wählt er das der Hauptkontrahenten der *Aeneis*:

Landino	Cicero
*"Invidentiam igitur, aegritudinem dicunt susceptam propter alterius res secundas, quae tamen ipsi invidenti nihil nocent; nam si noceant, non recte invidentia appellabitur. Itaque non **Aeneae** invidet **Turnus**, sed Iuno."* (II 136, 14-18)	*"invidentiam esse dicunt aegritudinem susceptam propter alterius res secundas, quae nihil noceant invidenti. (nam si qui doleat eius rebus secundis a quo ipse laedatur, non recte dicatur invidere, ut si **Hectori Agamemno**, ..."* (*Tusc.* IV 16/17)

Hier deutet sich bereits die Gleichsetzung von *Ilias* und *Aeneis* an, für die Landino in den *Disputationes Camaldulenses* die 'theoretische' Rechtfertigung liefern wird. [263] Das griechische Epos ist die poetische Hülle für dieselbe moralphilosophische Weisheit.

Des weiteren legt Landino seinem Lehrer die Aufzählung der Unteraffekte und ihre Definitionen in nahezu wörtlicher Übereinstimmung zur Vorlage in den Mund. Das stoische Affekte-System, mit dem Marsuppini das Gespräch des zweiten Tages beschließt, sieht damit folgendermaßen aus:

---

[263] *Disp. Cam.* 118, 27 ff: *"Quam ob rem animadvertens Maro doctrinam huius hominis* (sc. *Homeri*) *ex Aegyptiorum sacerdotum fontibus haustam simillimam cum Platonicis, quorum studiosissimus fuit, rationem habere eam usque adeo admiratus est, ut idem in suo Aenea efficere voluerit, quod ille antea in Ulixe finxerat. Quapropter pulcherrimis poeticisque figmentis eum nobis virum informavit, ..."*

"aegritudo"	*"metus"*	*"voluptas" (="laetitia")*	*"libido"*
"invidentia"	*"pigritia"*	*"malivolentia"*	*"ira"*
"aemulatio"	*"pudor"*	*"delectatio"*	*"excandescentia"*
"obtrectatio"	*"terror"*		*"odium"*
"misericordia"	*"pavor"*		*"inimicitia"*
"angor"	*"exanimatio"*		*"discordia"*
"luctus"	*"timor"*		*"indigentia"*
"maeror"	*"conturbatio"*		
"aerumna"			
"dolor"			
"lamentatio"			
"sollicitudo"			
"molestia"			
"afflictatio"			
"desperatio" (II 136, 11 -138, 4)			

Absichtlich hat Landino das stoische System an die herausgehobene Position des Endes des II. Buches gesetzt. Es ist die von ihm, wie bereits wiederholt aufgezeigt wurde, bevorzugte ethische Konzeption. In ihrer rigorosen Ablehnung des Irrationalen ist sie der platonischen Verachtung des Sinnlichen, das eben diesen Makel des Irrationalen trägt, näher als die tolerantere aristotelische Ethik. Die Gleichsetzung von Irrationalität mit Körperlichkeit ermöglicht eine weitgehende Harmonisierung. Diese dürfte für Landino vor allem den Zweck erfüllt haben, der im Hinblick auf Verhaltensmaßregeln wenig konkreten platonischen Ethik mit dem stoischen System einen praxisorientierten, leicht begreiflichen Überbau zu geben, um sie zur *"ratio vivendi"* zu machen. Dieses pragmatische Interesse, das Landino mit den Römern verbindet und ihn nicht von ungefähr zu Cicero geführt hat, wird in der Darstellung des neuplatonischen Tugendsystems noch deutlicher zum Ausdruck kommen. Es ist eine der wenigen Überzeugungen, zu denen er sich auch in eigener Person in den Prooemien bekannte. Dort rief er zur Selbsterkenntnis auf, hier läßt er Marsuppini zunächst einmal die *"cognitio perturbationum"* fordern, als den ersten Schritt, um diese zu besiegen:

> *"Huiuscemodi ... singulas ... formas omnium* ***perturbationum*** *recensendas putavi, ut ex* ***earum cognitione id quoque cognoscetis: nihil in degenda vita magis esse fugiendum quam perturbationes.*** *... Nam veluti* ***Neptunus apud Virgilium*** *non prius* ***solem*** *Troianis restituere potuit, quam collectas nubes fugasset, sic* ***sol noster*** *(solem enim appello rationis lumen nobis* ***a supremo Deo impressum)*** *mentem illustrare non potest, nisi proeliantes inter se perturbationum ventos a quibus inscitiae errorumque nubes*

inducuntur, prius sint omnino sedati atque consopiti." (II 138, 4-19) Wiederum wird Vergil als Zeuge für diese Feststellung zitiert. Das Bezwingen der Affekte ist die Voraussetzung für die Erkenntnis jenes *"divinum quoddam"*, das den Menschen eigentlich ausmacht, seiner Geistseele. Somit dienen diese abschließenden Erwägungen gleichzeitig der Überleitung zum Thema des dritten Gesprächstages. Aus den folgenden Ermahnungen an die Gesprächsteilnehmer (und Leser) wird nochmals deutlich, wie eng Landino Moralphilosophie und Spekulation verknüpft.

> *"Quapropter agamus hoc optimi adolescentes, mentesque a tam foedis immanibusque tyrannis vendicantes veram libertatem assequamur. Tum enim demum et in omnibus actionibus nostris tranquilli versari, et, **quod, ad nostrorum animorum cognitionem attinet, ociose speculari** poterimus, si omni perturbatione vacuus **animus in antiquam naturam revertatur** et, **suae originis,** cuius paene oblitus fuerat, **recordatus,** quae momentanea sunt et nihil praeter poenitentiam relinquunt contemnens, **solis aeternis incumbat."*** (II 138, 19-28)

Tugendhaftes Verhalten und philosophische Erkenntnis bedingen sich wechselseitig. In dieser intellektualistischen Auffassung liegt für Landino die Rechtfertigung der ausführlichen Tugendlehre des III. Buches, für die hier die Voraussetzungen geschaffen wurden.

2.4.4 Resümee zur Teilanalyse des II. Buches

Die Affekte-Lehre selbst, die Landino hier entwickelt, hat nichts zum Inhalt, was eine so ausführliche Besprechung gerechtfertigt erscheinen ließe. Allein die Art der Darstellung ist es, die sie für das Verständnis Landinos interessant macht. Sie zeigt

- seinen Versuch, Aristoteles und Plato, aber auch Plato und die Stoa zu verbinden, einen Versuch, der auch hier nicht von der sachlichen Diskussion einzelner Probleme, sondern von sprachlicher Finesse, einem Jonglieren mit Begriffen und Bezeichnungen, das mehr vertuscht als erhellt, getragen wird;
- Landinos Freude an rhetorischer Stilisierung, der die philosophische Systematik teilweise zum Opfer fällt;
- seine rigorose intellektualistische Auffassung von Ethik;
- seinen problematischen Umgang mit dem intellektuellen Strebevermögen der *"voluntas"*, Ficinos zweitem "Seelenflügel", das aus der Adaption der Philosophie von Albertus Magnus resultiert.[264]

---

[264] Vgl. Schneider, Psychologie, 255 ff.

Während die Affekte-Lehre die Grundlagen für Güter- und Tugendlehre des III. Buches legt, liefert die Darstellung der *"anima sensitiva"*, insbesondere die der *"sensus interni"* die Voraussetzung für das Verständnis des Erkenntnisprozesses, der dort ebenfalls zur Sprache kommen wird. Auch dort wird sich Landino weitgehend am Gedankenverlauf der *Isagoge* Alberts orientieren, die sich neben den *Tusculanae disputationes* als direkte Vorlage für die Affekte-Lehre nachweisen ließ.
Die Auffassung von der *"unitas"* der Seele mit ihren aristotelischen Vermögen entspricht ebenfalls der Lehre dieses Scholastikers. Landino konnte sie u.a. auch in der *Isagoge* (510) lesen. Doch hat er die entsprechende Stelle nicht abgeschrieben.

2.5 Buch III: Darstellung der Geistseele, Tugendlehre und Unsterblichkeitsbeweise

Themen dieses Buches sind die Vermögen der Geistseele, die im Rahmen des dritten Untersuchungspunktes der *"vires animi"* noch ausstehen, und der Beweis der Unsterblichkeit der Seele. Den Vermögen der Geistseele ist die Tugendlehre angeschlossen.

2.5.1 Die Vermögen der Geistseele

2.5.1.1 Einleitung

Marsuppini resümiert zunächst die aristotelische Seeleneinteilung, wie sie am Vortage aufgestellt worden war. Dabei werden nun zum ersten Mal die Tätigkeiten der Geistseele genauer beschrieben. Der Mensch, als einziges Lebewesen mit der *"anima intellectiva"* begabt, vermag

- *"intelligere"*
- *"artes invenire"*,
- *"meditari"*
- *"pulchrum a turpi decernere et quid rectum et quid pravum sit diiudicare"* (III 7, 1-4)[265].

Und damit ist er beim ersten Thema dieses III. Buches:

> *"Deinceps vero de ea, **quae in nobis divina pars** est, **mente** disputabimus."* (III 7, 12-13)

Dessen Schwierigkeit wird nach den Gesetzen der Rhetorik zunächst einmal gebührend hervorgehoben: *"Corpora"* und *"corporea"*, deren Definition er ja bereits im I. Buch gegeben hatte, seien leichter zu erfassen,

> *"quoniam singula singulas nostri corporis partes, id est **sensuum instrumenta**, suis simulacris feriunt, et illa in cognitionem sui excitant et rapiunt."* (III 7, 16-18)

Gleichzeitig dient diese Feststellung der Abgrenzung der Geistseele von den der Materie verhafteten Sinnen. Auch deren Verhältnis zur Gesamtseele wird nochmals bestimmt. Wieder einmal wird versucht, Plato und Aristoteles bzw. Plato und die Scholastik miteinander zu versöhnen. Aristoteles habe in seiner Schrift über die Seele behauptet, daß die Sinne

---

[265] Avicenna, *De ani.* I 76:*"... et actiones, quae propriae sunt hominum, sicut est **percipere intelligibilia** et **adinvenire artes** et **meditari de creaturis** et **discernere inter pulchrum et foedum**."* Landino wird von diesem Werk noch ausführlicher Gebrauch machen.

"materiae affixi"[266] und daher *"mori obnoxii"* (III 7, 20) seien. Diese Aussage des *"tantus philosophus"* will Marsuppini auf die körperlichen Instrumente, die sie benutzen, beschränkt sehen. Die Sinne selbst aber seien Bestandteil der Seele.

Wieder hebt er somit auf die *"unitas"* der Seele ab. Die menschliche Seele ist 'Eine' unteilbare Substanz, die als *"anima rationalis"* die Aufgaben der vegetativen und sensitiven Seele mit übernimmt, ja diese Vermögen sogar nach dem Tod virtuell behält. Diese Konzeption wird später auch für die Beweise der Unsterblichkeit wichtig sein. Wie bereits erwähnt, ist das die Auffassung der Dominikaner.[267] Doch Marsuppini erklärt unter Berufung auf den *Timaios*[268], Plato habe ebenfalls gesagt, daß die Sinne in der Seele seien. Es herrscht also wieder einmal völlige Übereinstimmung.

Nun wendet sich Marsuppini dem Wesen der Geistseele zu:

> *"Ea vero, quae **simplicia** omnino existunt et **incorporea** qui, nisi **mens ipsa incorporea** sit, assequi valeat, ...?"* (III 8, 1-3)

Die Erkenntnis des Intelligiblen ist weit schwieriger als die des Materiellen. Da sie aber dennoch möglich ist, kann sie gemäß dem Prinzip des Empedokles, das im I. Buch zitiert wurde[269], nur von einer unkörperlichen Substanz geleistet werden. Eine solche ist die Seele, deren Unkörperlichkeit im I. Buch ausführlich bewiesen worden war. In ihrer Funktion des Verstehens ist sie die spezifisch menschliche *"anima rationalis"*.

---

266 *De ani.* 429b.

267 Vgl. Alb. *De nat. et orig. ani.* 391: *"Ulterius patet, quod non potest esse unus intellectus in omnibus hominibus, cum secundum esse distinguatur per vegetativum et sensitivum, cum quibus est una et eadem substantia."* Albert wird hier zitiert, da Landino diese Schrift erwiesenermaßen benutzt hat. Wo sich Übereinstimmungen mit dieser Vorlage ergeben, ist die Zuordnung einfach. Wo sich jedoch keine direkte Vorlage nachweisen läßt, kann oft aufgrund der Übereinstimmung von Lehrer und Schüler nicht entschieden werden, ob Landino mit dem jeweiligen Gedanken den Namen Alberts oder den des Aquinaten verband, oder ob er ihn nicht sogar nur noch als Allgemeingut der scholastischen Ausbildung kannte. In diesen Fällen werden Parallelen aus dem Werk des Aquinaten angegeben werden, da es wahrscheinlicher ist, daß das 15.Jh. auf diese elaboriertere und systematischere Philosophie zurückgriff; sofern es nicht auf einen Punkt hinaus wollte, der Thomas und Albert trennte, wie Landino bezüglich der Bewertung Platos.

268 45 b et passim.

269 *De ani.* I 14, 29-35: *"Empedocles ... animam ex iisdem principiis confectam censuit, illa maxima causa motus quod in ea esse rerum omnium cognitionem cerneret, nec quicquam nisi ab eo quod sui simile cognatum existat, percipi posse arbitraretur."*

2.5.1.2 *"Faciamus hominem ad imaginem nostram"*

Diese Geistseele wird nun folgendermaßen definiert:

> *"Cum igitur de **hac vi omnium nobilissima animorum nostrorum** disputaturi simus, non videbimur aberrare, si eam **aeternae lucis similitudinem** esse diffiniemus;"* (III 8, 5-7)

Diese Bestimmung erklärt Marsuppini mit dem Argument des I. Buches:

> *"Fit enim mens hominis a mente illa prima rerum omnium procreatrice. Hinc enim multi **exemplum primae causae** esse dixerunt, idque recte, quandoquidem ad **illius imaginem similitudinemque** facta sit."* (III 8, 8-12)

Landino hatte es aus der Schrift Alberts *De natura et origine animae* übernommen.[270] Gleiches gilt auch für die zitierte Definition des Geistseele:

> *"... anima rationalis est **similitudo lucis intellectus agentis** in generatione."* (*De nat. et orig. ani.* 389)

Das Bild entstammt der neuplatonischen Lichtmetaphysik, und als solches konnte es der *"Platonicus"* Landino natürlich gut gebrauchen. Die 'platonische' Definition der Geistseele vollzieht sich völlig im Schutze der lateinischen Scholastik. In diesem bewegt sich Landino noch ein wenig weiter:
Er läßt Marsuppini nun eine Frage aufwerfen, die eigentlich eher im Rahmen der Seelenursprungslehre zu erwarten gewesen wäre: In welchem Verhältnis steht der biologische Zeugungsakt zur göttlichen Schöpfung des Menschen? Um sie zu beantworten, brauchte er nur seine Vorlage weiter auszuschreiben. Da Sprache und Stil des Scholastikers, wie Landino in anderem Zusammenhang erklären wird, für den *"rhetor"* unannehmbar sind, sieht er sich hier augenscheinlich zu größeren sprachlichen Eingriffen und Kürzungen veranlaßt, die das Erstellen einer Synopse etwas erschweren:

Landino	Albertus Magnus
*"Non ergo aut paterno semine gignitur, aut materno arvo concipitur **pars haec omnino divina** et **qua sola homines sumus;** sed **de luce sua illam** nullo instrumento, nulla materia **producit Deus in id** quod iam est, aut mox futurum est, hominis corpusculum, **quem***	*"et ideo complementum ultimum quod est intellectualis formae et substantiae non per instrumentum, neque ex materia, sed **per lucem suam** influit intellectus primae causae purus et immixtus. Propter quod etiam non ex praeiacenti aliquo creare rationalem dicitur*

[270] S. S. 118.

nos foetum, Graeci embrionem dicunt. *Creantur ergo animi nostri, ut quidam ex nobilioribus Peripateticis affirmant,* ***momentaneo Deo iussu,*** *nihilque aliud esse videntur, quam quaedam* ***suae lucis resultatio.*** *Quod si das, illud etiam dabis, nulla eos materia constare, habere autem effectricem causam ipsum Deum et internam quidem. Nam etsi ita separatur ab omnibus quae sunt prima mens, et nulli rei admisceatur, nusquam, tamen situ et loco abest, quin internus in rebus omnibus agat."* (III 8, 12-24)

Deus animam. (*De nat. et orig. ani.* 391)

... Et hac ratione dixit Aristoteles in libro de Causis proprietatum elementorum et planetarum, quod ***anima rationalis creatur in hominis embryone iussu Dei,*** *et est quaedam* ***resultatio suae lucis.*** (ibid. 393)

... et hoc modo intellectus ingreditur in embryonem ab extrinseco materiae, non tamen ab extrinseco agente: quia intellectus qui est auctor naturae, non est extrinsecus naturae, nisi hoc modo quo extrinsecum rebus dicitur, quod est separatum ab eis per esse et non commixtum cum eis: sed hoc modo a rebus generatis separatus intellectus universaliter agens non distat ab eis per situm et locum, cum potius sit intimior rebus naturalibus quam aliqua naturae principia ..." (ibid. 391)

Die menschliche Seele wird demnach im Augenblick der Zeugung von Gott simultan aus dem Nichts geschaffen und in den Embryo versenkt. Als *"anima rationalis"*, übernimmt sie die vegetativen und sensitiven Funktionen der *"anima sensitiva"* des Embryo, die aus dem körperlichen Zeugungsakt hervorgeht.

Dieser Exkurs über die Simultanbeseelung ist für Landino offenbar von untergeordneter Bedeutung und wohl nur der Vollständigkeit halber hier eingefügt.

Mit etwas Mühe findet Marsuppini zum eigentlichen Thema, dem Wesen der Geistseele, zurück:

> *"Cum igitur animorum nostrorum diversis iam iuribus pertractatis,* ***ea reliquia sit, quae*** *omnium* ***maxima*** *iure habeatur, quam* ***mentem*** *appellamus, eam perquiramus."* (III 8, 24 -27)

Wichtig ist dem Autor an der in Rede stehenden Schrift Alberts, wie auch an dessen *Isagoge*, augenscheinlich das platonisierende Moment der Auffassung von der Seele. Landino hat dieses deutlich erkannt, auch wenn sich Albert ausdrücklich auf Aristoteles beruft. Letzteres konnte ihm nur recht sein, da er sich so in seiner Auffassung, daß Plato mit seinem Schüler und damit mit der Kirche im wesentlichen übereinstimme, bestätigt sah. Die Seele als Reflexion des Lichtstrahls Gottes, der hier als Erster Intellekt apostrophiert wird, womit die ersten beiden neuplatonischen Hypostasen in Eins verschmelzen, das sind die richtigen motivischen Voraussetzungen, um zur platonischen Seelenauffassung überzugehen.

Hier nun gibt Marsuppini in aller Deutlichkeit die radikale platonische Interpretation des *Genesis*-Zitates, die er im I. Buch nur angedeutet hatte:

> *"Quid enim aliud est* ***homo****, quam* ***mens ipsa****, vel quid aliud intelligimus, cum dictum est 'faciamus hominem ad imaginem nostram', nisi, faciamus mentem hominis sive ea 'intelligentia' sive 'superna ratio' appelletur, ad nostram imaginem et similitudinem."* (III 8, 27 - 9, 2)

Gott schafft den Menschen nach seinem Ebenbild. Den Menschen aber macht nur seine (sc. rationale) Seele aus. Körper und niedere Seelenvermögen, das 'Katholon' erscheinen wertlos, die Differentia specifica wird zum Praedikat. Hier wird die neuplatonische Gleichung aufgestellt, die, aus der Abwertung alles Materiellen oder auch nur in Beziehung zur Materie Tretenden heraus, den Menschen als rein geistiges Wesen versteht. Landino konnte sie bei Macrobius im Zusammenhang mit der *"Homo"*- *"Deus"*-Formel finden [271], für die sie die Voraussetzung ist. Die Gleichsetzung des Menschen mit seiner geistigen Natur erleichtert die Vorstellung seiner möglichen Angleichung an Gott.

Diese radikale Einschätzung des Menschen ist, wie bereits dargelegt, nicht christlich. Weder Augustinus, die namentlich genannte, christliche Autorität Landinos, noch die Scholastik, billigen die völlige Vernachlässigung des Körpers, der ebenfalls ein Werk Gottes sei. [272] Landino ist sich dieses Problems durchaus bewußt. Er läßt seinen Lehrer die dargelegte Inter-

---

[271] Macr. *Comm.* 2. 12, 9-10:*"... verum autem hominem ipsam animam esse testatur* (sc. *Plotinus*)*. ergo qui videtur, non ipse verus homo est; sed verus ille est a quo regitur quod videtur."* Vgl. auch Fic. *Th.Pl.* III 143:*"Plotinus autem non partem animae vocat proprie, sed simulacrum quoddam animae substantialis umbratile. Probat enim hominem esse ipsam rationalem animam, quae quidem permanens in seipsa sub se generat animal, eaque ex se et corpore proprie animal componit unum, sed potius ex corpore tali atque vitali quodam sui simulacro infuso."*

[272] Zu Augustinus vgl. S.95 ff, dort Zitat *Civ.Dei* XIV, c.3.

pretation mit den Worten einschränken:

"De imagine multa quaerunt theologi"[273];

um dann mit der üblichen Vergröberung seine Auffassung als Minimalkonsens zu deklarieren:

"illud tamen inter omnes constat, imaginem hanc ut dixi, mentem ipsam esse." (III 9, 1-3)

2.5.1.3 Begriffsdefinitionen

Zusammen mit der Bestimmung der *"mens"* als *"imago Dei"* hat Marsuppini noch eine weitere Definition gegeben, die auf eine platonische Auffassung hindeutet:

"mens" = "intelligentia" = "superna ratio"

Die *"mens"* scheint mit der *"ratio superior"* des Augustinus gleichgesetzt zu werden, der mit diesem Begriff das höhere intuitive Erkenntnisvermögen von dem diskursiven, der *"ratio inferior"*, unterscheidet. Dieselbe Unterscheidung benutzte Landino bereits im Prooemium zu diesem Buch, in dem er von *"mens"* und *"ratio"* als den Wesensmerkmalen des Menschen sprach. (III 4, 4) Doch bleibt die Bestimmung an der nun in Rede stehenden Stelle ungenau. Zwar wird *"mens"* zunächst korrekt mit *"animus"* gleichgesetzt und als Pendant zu dem griechischen *"νοῦς"* verstanden, während *"anima"* als Terminus für die Seele als belebendes Prinzip festgesetzt wird, doch wird im gleichen Atemzug *"mens"* als Oberbegriff für die gesamte geistige Potenz des Menschen verwendet. Entsprechend wird Marsuppini auch später von *"mens superior"* und *"mens inferior"* sprechen. Auch die Begriffe *"anima"* und *"animus"* werden nicht immer sauber getrennt. Doch ist dies gerechtfertigt, da nach der hier zugrundeliegenden scholastischen Auffassung die rationale Seele als das vornehmste Vermögen alle anderen umfaßt. Was für die Seele als Lebensprinzip gilt, muß erst recht für die Geistseele gelten.

Im Vordergrund steht hier zunächst die Abgrenzung des geistigen Erkenntnisvermögens von den Sinnen:

*"**Sensus** enim nihil nisi sigillatim, et quod alicui certae rei affixum sit, percipit; **mens** vero quidquid placet **a singulis in universum adducit,** et quod in me aut in te esse sensus percipiebat, mens ita a me teque **seducit,** ut id **in commune contrahat.**"* (III 9, 25-27)

Als Leistung der *"mens"* wird also hier die Abstraktion verstanden. Marsuppini legt Wert darauf, daß die allgemeinen Begriffe - er wählt das Beispiel der Freundschaft - nur in unserem Denken (*"cogitatio"*) als

---

[273] Vgl. Thomas, *S.Th.* I 1, q.93.

"subsistentia" existieren, und bezieht damit in der Universalienfrage die Position Alberts und Thomas von Aquins.

An einem Beispiel erläutert er noch einmal den Prozeß der sinnlichen Wahrnehmung, der im II. Buch ausführlich dargestellt worden war. Wie es sich für einen Humanisten ziemt, wählt er seine Beispiele aus dem Bereich der antiken Mythologie oder Historie:

Ein Römer sieht einen feindlichen afrikanischen Soldaten. *"visus"* und *"sensus communis"* sind in Aktion. Die *"imaginatio"* verfertigt das *"simulacrum"*, wie Marsuppini unter Bewahrung der *"latinitas"* [274] statt des griechischen "φαντάσμα" sagt [275], des Soldaten. Die *"existimatio"* (hier als *"finitima vis"* umschrieben) mahnt schließlich zur Flucht.

Ein weiteres Beispiel zeigt die Relation von der *"existimatio"*, die auch die Tiere besitzen, zur menschlichen *"ratio"*:

Alexander und sein Pferd Bucephalus [276] fühlen sich durch die *"existimatio"* zueinander hingezogen. Daraus erwächst ihre Freundschaft. Doch Alexander weiß, warum er das Pferd liebt. Er schließt, so lautet der, zumindest für den heutigen Leser, überraschende Schluß, von diesem Pferd auf die Erscheinungsform des Pferdes allgemein.

Marsuppini endet mit einer Verbesserung seiner bisherigen Definition. Da die *"existimatio"* auch den Tieren zukomme, sie aber bei den Menschen

> *"radiis rationis illustrata"* (III 12, 14)

mehr leiste, soll sie bei diesen als *"iudicium"* bezeichnet werden. Im II. Buch wählte er für sie den Begriff der *"cognitio"*. (III 107, 1)

Auch die *"ratio"* wird nun näher erläutert:

Als *"pars mentis"* wird sie jetzt dem Oberbegriff *"mens"* untergeordnet. (III 12, 22) Des weiteren besitzt sie eine *"vis duplex"* (III 12, 27).

Marsuppini trifft hier die aristotelisch-scholastische Unterscheidung zwischen

> ***"intellectus speculativus"**, quo "verum investigamus atque assequimur"*, und
>
> ***"intellectus activus"**, in quo est "iudicium boni et motus quidam ad id consequendum."* (III 12, 28-31)

---

274 Landino hatte in II 23, 17-19 dem dritten Gesprächsteilnehmer, Toscanelli, folgende Bermerkung gegenüber Marsuppini in den Mund gelegt: *"Et primo ea, quam medici Graeco verbo choleram vocamus, vos, **qui latinitatem incorruptam esse cupitis**, bilem nominatis, ..."* Landino dürfte sich aus seinem Verständnis als Rhetor heraus hier selbst gemeint haben.

275 Vgl. Di Napoli, L'immortalità, 117.

276 Ein Lieblingsbeispiel Landinos. Er verwendet es auch in seiner Schrift *De vera nobilitate*, ed. Lentzen, 58.

Die *"mens"* selbst, bzw. ihre übrigen Teile, die es ja nach dieser Bestimmung der *"ratio"* geben muß, werden an dieser Stelle nicht näher definiert. Es zeichnet sich hier bereits ab, daß Landino das genaue Verhältnis von *"mens"* und *"ratio"* im Unklaren belassen wird. Erinnert man sich an die Überlegungen der Prooemien, die die *"nobilitas"* der *"mens"* im *"divinis incumbere"*, im Aufstieg zum Göttlichen feierten, und stellt sie dem gerade nachgezeichneten aristotelisch-scholastisch gefärbten Erkenntnisprozeß gegenüber, so läßt sich die Intention dieser Ungenauigkeit leicht erahnen: das Abstraktionsmodell soll mit dem (neu-)platonischen Erkenntnis-Aufstieg harmonisiert werden.
Genau das ist auch das Bestreben der *Isagoge in libros de anima* des Albertus Magnus, auf die Landino, wie gezeigt, schon im II. Buch zurückgriff. Ab jetzt wird sie ihm wieder als Leitfaden für die Darstellung der *"anima intellectiva"* dienen.

2.5.1.4 Zur Methode der Untersuchung

Landino nimmt den Gedankengang der *Isagoge* zwei Kapitel nach der Affekte-Lehre wieder auf.[277] Erkenntnisse über die *"vires animi"* werden gemäß dem scholastischen Grundsatz *'agere sequitur esse'* a posteriori erlangt. Dazu bekennt sich auch Marsuppini, wenn ihn Landino der Vorlage entsprechend erklären läßt:

Landino	Albertus Magnus
"Verum quoniam cum aliquam animorum nostrorum vim nosse cupimus in eam nos cognitionem aut ex parte corporis, qua illa veluti ***instrumento*** *utatur, aut ex iis, quae sibi* ***obiecta*** *sunt, aut denique ex suis* ***actionibus*** *venire soleamus, non erit inutile tentare quid ex his singulis ad verum inveniendum elicere possimus."* (III 12, 32 - 13, 5)	*"Sequitur de viribus animae rationalis et humanae ... . Sed quia cognitio virium est ex cognitione organorum et actuum, ideo primum dicendum est de* ***organo****, secundo de* ***obiecto****, tertio de* ***actibus****, quarto de* ***distinctione virtutis intellectivae****."* (*Isag.* 526/527)

Den vierten Gesichtspunkt der Vorlage, die *"distinctio virtutis intellecti-*

[277] Er überschlägt das Kapitel über die *"vires affectivae"* - als Ersatz dafür sah er wohl seine Übersicht über die stoische Affekte-Lehre an - und das Kapitel über die *"virtus motiva exterior"*, das ihm bei seinem Aufstieg von den niederen zu den höchsten Fähigkeiten der menschlichen Seele an dieser Stelle vielleicht unpassend erschien. (*Isag.* 525/526)

vae", läßt Landino vorerst aus. Die *"instrumenta"*, wie der klassischer Lateiner Landino das griechische *"organum"* übersetzt, werden im Anschluß an diese Einleitung noch getrennt dargelegt, wogegen die Unterteilung von *"actiones"* und *"obiecta"* sowohl von Albert als auch von Landino aufgehoben wird.

2.5.1.5 Die Instrumente der Seele

Hier gilt es zu beweisen, daß die Geistseele keine körperlichen 'Instrumente' benutzt, also vom Körper vollkommen unabhängig ist. Landino wählt nur zwei der fünf Argumente Alberts aus. Zurecht hat er wohl die übrigen für Modifikationen und Belege dieser zwei Hauptgesichtspunkte gehalten. Es sind die klassischen Beweise [278], die er Marsuppini hier anführen läßt:

a) Benützte die *"mens"* ein bestimmtes Körperglied, wäre sie auf dessen Fähigkeiten beschränkt, wie das bei den äußeren Sinnen der Fall ist:

Landino	Albertus Magnus
"Atque ut primo de instrumento quaereamus, non caret res haec omnino difficultate, per quam enim corporis partem suum munus obibit intellectus. Si per nullam dicas, non erit in corpore; sin das ut in aliqua parte corporis agat, dabis etiam eamdem sibi partem pro instrumento esse. Ergo id solum poterit, quod valeat instrumentum, nec quicquam supra; ***nulla enim vis, quae instrumento utatur, sui instrumenti facultatem excedit.*** *Vis enim videndi, ut hoc exempli causa mihi sumam, ex oculi tantum facultate agit; quapropter nihil de sonis, nihil de odoribus, nihil de saporibus, nihil denique de iis, quae a ceteris sensibus discernuntur ipsa diiudicabit,*	*"Quaeret ergo aliquis in principio de organo virtutis intellectivae, sive in qua parte corporis sit et operetur. Si enim in nulla parte corporis operatur, non videtur esse in corpore. Si vero operatur in aliqua parte corporis, erit habens aliquam partem in corpore, ut organum sibi determinatum. Sed contra:* ***Omnis virtus operans per organum operatur secundum proprietatem organi et possibilitatem et dispositionem tantum****, ut virtus visiva, quae operatur per organum iuxta proprietatem et possibilitatem illius: unde non iudicat de sapore et sono, sed de colore: ... nullum autem organum habet possibilitatem vel dispositionem ad incorporalia:* ***nulla***

[278] Vgl. Aug. *Ep. ad Hier.* 722; vgl. Thomas *De ani.* III, 1, VII, 684/685.

sed neque illud omittamus velim. ***Nullum enim est corporeum instrumentum, cuius facultas ea quae incorporea sunt, pertingat.*** *At + in mentis + etiam divina cognoscimus: vides quid sequatur.* (III 13, 6-20)

ergo virtus operans vel cognoscens per organum corporale est cogitativa nisi tantum corporalium: *si ergo virtus intellectiva intelligeret per organum corporale, intelligeret tantum corporalia et non spiritualia."* (*Isag.* 527)

In ebenso enger Anlehnung an die Quelle wird das zweite Argument vorgetragen:

b) Nur der Intellekt erkennt sich selbst, die Sinne, die ja die *"instrumenta corporea"* benützen, erkennen sich dagegen nicht. (III 20-24)[279]

Die Schlußfolgerung Alberts ist kurz und knapp:

> *"Dicendum est ergo, quod virtus intellectiva non est in corpore ita quod detineat sibi partem corporis: quia nullius corporis est actus, sicut virtus visiva oculi, et auditiva auris, et caeterae: sed est* ***in toto corpore tota,*** *hoc est, perfecta, sicut patet ex praedictis."* (*Isag.* 527)

Marsuppini wird hier wesentlich ausführlicher; und zwar nicht nur, um der humanistischen Beredsamkeit treu zu bleiben. Landino greift vielmehr den auf Augustinus zurückgehenden Gedanken der Omnipraesenz der Seele im Körper, den Albert mit der Formulierung *"in toto corpore tota"* andeutet, auf, um die Argumentation des Kirchenvaters breiter als seine Vorlage auszuführen:

> *Mens in corpore est ... Non utitur instrumento corporis, ... "non enim admiscetur illi, neque materiam suscipit; sed* ***penitus abstracta,*** *atque* ***in se collecta, nullum*** *habet* ***certum corporis situm,*** *neque sibi aliquo in membro circumscriptam regionem."* (III 13, 25 -30)

Denn, so erläutert Marsuppini, die Seele (*"anima"*) hat keine Ausdehnung, die sie an einen bestimmten Raum binden würde, was sich darin zeigt, daß sie gleichzeitig zu verschiedenen Tätigkeiten und Reaktionen an verschiedenen Stellen des Körpers fähig ist, ihn völlig durchdringen kann.[280] Unter Hinweis auf die Definition der Seele am ersten Gesprächstag faßt Marsuppini zusammen:

> *"Est enim* (sc. *anima*) ***incorporea,*** *propterea que* ***simplex*** *atque* ***indi-***

---

[279] Vgl. Alb. *Isag.* 527.

[280] Vgl. Aug. *Ep. ad Hier.* 722. Aus dieser Schrift hatte Landino im I. Buch bereits ausführlich zitiert. Den Passus, der das jetzt in Rede stehende Argument der Omnipraesenz der Seele zum Inhalt hat, zitiert Ficino ausführlich in der *Theologia Platonica*, I 271.

visibilis. *...* ***in omni corpore*** *ita* ***tota*** *adest, ut etiam in qualibet eius particula sit tota."* (III 14, 11-17)

Mit diesen Ausführungen bereitet Landino den Übergang zu einer neuen Vorlage vor. Es handelt sich um die pseudo-augustinische Schrift *De spiritu et anima*, die er an späterer Stelle [281] sogar einmal ausdrücklich zitiert, die er aber wesentlich ausführlicher herangezogen hat, als er mit diesem einen Hinweis glauben machen will.

Marsuppini schränkt die soeben getroffene Aussage, wie folgt, ein:

Landino	<Augustinus>
"-Adest ergo, inquies, ubique eodem modo. - Minime; verum est ***ubi intensius, est itidem ubi remissius se exerceat.*** *Nam, quemadmodum Deus, quamvis ubique sit totus in toto mundo, tamen praecipue in coelo esse dicitur; sic anima, etsi ubique tota sit in corpore veluti in suo mundo, intensius tamen tum in corde, tum in capite agit."* (III 14, 18-23)	*"Per omnes siquidem particulas corporis tota simul adest, nec minor in minoribus, nec in maioribus maior. Sed* ***alicubi intensius, alicubi remissius,*** *et in omnibus tota et in singulis tota est. Sicut enim Deus ubique est totus in toto mundo, et in omni creatura sua: sic anima ubique tota in toto corpore suo, tanquam in quodam mundo suo, intensius tamen in corde et in cerebro, quemadmodum Deus praecipue dicitur esse in coelo."* (*De spir. et ani.* sp. 794)

Indem Landino die Quelle weiter ausschreibt, rollt er nochmals die Argumentation des Augustinus für die Omnipraesenz der Seele auf:

---

[281] III 20, 14/15: *"... sive Augustinus, sive alter fuerit, in eo, quem De spiritu et anima inscripsit, ... diffinivit ..."* Landino ist sich also über die zweifelhafte Herkunft des Werkes durchaus im klaren. Er konnte in der *Isagoge* (508) Alberts lesen: *"Isti sic opinantes multum habent pro se, illud scilicet quod beatus Augustinus dicit in libro de Spiritu et anima, quod anima est suae potentiae: ipse enim hoc dicit ibi. Sed alii dicunt quod Augustinus non composuit hunc librum ..."*. Es wurde vermutlich im 12. Jahrhundert von dem Mönch des Zisterzienser-Ordens, Alcherus von Claivaux verfaßt. (Vgl. Trinkaus, Image, 181) Das Werk erfreute sich unter den Humanisten größter Beliebtheit. So charakterisiert Kristeller die Schrift Pier Candido Decembrios *De anima et eius immortalitate* als "essentially a paraphrase of this work" (Kristeller, Pier Candido Decembrio, 540). Zitiert wird nach Migne PL 40, sp. 779-832.

"Verum, quicquid agit, ei semper actioni tota adest: tota enim videt, tota eorum, quae vidit, recordatur: tota audit, tota sonorum reminiscitur. Tangas licet vel extremo digito quippiam; tota in digito anima aderit, quae illo tactu asperum, lene, durum molleque discernat. Tota cogitat, tota ratiocinatur, tota meminit, tota vult; et cum cogitat tota cogitatio, cum ratiocinatur tota ratiocinatio, cum meminit tota memoria, cum vult tota voluntas est; (III 14, 23-31)

"Tota agit quod agit. ... Anima vero in quibuscumque suis motibus vel actibus tota simul adest. Tota videt, et tota visorum meminit: tota audit, et tota sonorum reminiscitur: tota odorat, et tota odores recolit: tota per linguam et palatum sapores sentit et discernit: tota tangit dura vel mollia: tota simul approbat et reprobat. Calida vero vel frigida summo tantum digito tota discernit. Tota est visus, tota est auditus, tota meminit: et cum tota meminit, tota est memoria; cum tota vult, tota est voluntas; cum tota cogitat, tota est cogitatio; cum tota diligit, tota est dilectio." (ibid. sp.794)

Sie bringt keine neuen Aspekte, sondern nur Schwierigkeiten, da sie ausführlich die Tätigkeiten des niedrigeren sensitiven Seelenvermögens berücksichtigt, um die es an dieser Stelle aber nicht geht.
Wieder einmal wird deutlich, wie der Autor sich während des Abschreibens einer Vorlage von deren Gedankengang mitreißen läßt und darüber die eigene Systematik vergißt. Im letzten Augenblick kann er dann nur noch versuchen, 'das Ruder herumzureißen'. So auch hier: Er läßt Marsuppini in Erinnerung rufen:

> *"verum in reliquis suis viribus exercendis ita se habet, quod iam bidui disputatione expressimus, ut ad singulas singula adhibeat corporis certa illa quidem, atque circumscripta, quibus veluti instrumentis utatur. Cum vero ad id, quod proprium nostrumque est, quodque a* ***nostrae originis divinitate*** *traximus id est ad* ***ratiocinandum,*** *ad* ***speculandum,*** *ad* ***intelligendum*** *et, ut unico complectar verbo, ad id quod Graeci* ***νοῦν,*** *nostri* ***mentem*** *dicunt exercendum eriguntur animi nostri, tum demum ita in* ***se colligunt,*** *ita penitus ab omni corporis parte* ***abducuntur,*** *ut nullo omnino se instrumento corporis circumscribant; sed* ***nativa quadam celeritate*** *et a suo sibi conditore* ***indita facultate terminos excedentes per cuncta illa, quae in sensus minime cadunt, evagantur,*** *et veluti* ***molestissi-***

> ***mum carcerem egressi et in simplicem naturam suam reversi*** *universum mundum percurrunt."* (III 14, 31 - 15, 14)

Auf den ersten Blick hat Marsuppini hier nur die Abgrenzung der Sinnes- von der Geistestätigkeit wiederholt, die er bereits in den einleitenden Bemerkungen zur Tätigkeit der *"anima intellectiva"* vorgenommen hatte: Die Sinne haben nur eine begrenzte Wahrnehmung des Gegenstandes, auf den sie zugeschnitten sind. Sie sind auf die entsprechenden körperlichen Hilfsmittel angewiesen. Die Geistseele dagegen benötigt selbst kein körperliches Instrument, ist in ihrer Tätigkeit vom Körper unabhängig. Letzteres läßt sich auf die Geistestätigkeit des Abstrahierens beziehen, wie sie Marsuppini am Beispiel Alexanders des Großen erläutert hatte, und wie sie später auch noch genauer mit dem Zusammenspiel von *"mens agens"* und *"patiens"* erklärt werden wird.

Die gewählten Formulierungen deuten aber in eine andere Richtung: Die Wendung *"in se colligere"* als Charakteristik der Geistestätigkeit erinnert doch sehr an die augustinische Forderung des Prooemiums, des *"redire in te ipsum"*. Gleiches gilt für die Wendung *"in simplicem naturam reversi"*. Der zum wiederholten Male heraufbeschworene *"molestissimus carcer"* der Sinnenwelt geht, wie schon ebenso oft betont wurde, über die christliche Vorstellung weit hinaus. Landino versucht auf diese Weise, auch die aristotelische Auffassung vom Erkenntnis-Prozeß mit der platonischen zu verbinden. Ansatzpunkt ist, daß sich sowohl nach aristotelischem als auch nach platonischem Verständnis die Verstandestätigkeit auf immaterielle Gegenstände richtet. Daß diese nach dem aristotelischen Abstraktionsmodell aus der sinnlichen Wahrnehmung gewonnen werden müssen, wird bewußt vernachlässigt zugunsten der platonischen Philosophie, die die Abkehr von der Sinnenwelt und die Hinwendung zum selbständig existierenden Intelligiblen, d.h. zu den Ideen, bzw. nach platonisierender christlicher Vorstellung zu den Ideen, die im Geist Gottes existieren, fordert.[282]

Denn nur unter Berufung auf Plato kann Marsuppini den Erkenntnisprozeß als eine Form der

> *"duplex mors hominis"* (III 15, 18)

bezeichnen. Der Tod bestehe im

> *"animam a corpore separare"* (III 15, 20),

(dem plotinischen "χορίζειν"). Dies geschieht entweder durch den biologischen Tod, wird also von der *"natura"* bewirkt, oder,

---

[282] Es ist vorstellbar, daß Landino sogar durch die Wahl des Verbs *"abducere"* für den Rückzug des Geistes aus der Materie die Gleichsetzung mit dem aristotelischen *"abstrahere"* fördern will.

"cum res altas ***speculando*** *procul* ***ab omnibus sensibus discedimus****"* (III 15, 19),

d.h. durch Kontemplation.
Letztere wird von der *"virtus"* ermöglicht. Damit ist der konkrete Ansatz für die später folgende Tugendlehre gewonnen. Die tugendhafte Abkehr von der Sinnenwelt ist die notwendige Bedingung dafür, daß die Seele erkennt; ein Motiv, das bereits häufig im Dialog begegnete, hier aber seine philosophische Rechtfertigung erhält. Das Band zwischen Ethik und spekulativer Philosophie wird noch enger geknüpft.
Obwohl Landino sich auf Plato beruft, ist es Macrobius[283], auf den er sich hier stützt, und dem er auch in der Tugendlehre folgen wird, die sich aus dieser Konzeption ergibt.
Die *"speculatio"* ist damit als die der *"mens"* eigentümliche Tätigkeit gewonnen. Sie ist für Landino identisch mit der Philosophie. Und so kann er seinen Lehrer den Bogen zurück zum platonischen *Phaidon* schlagen und abschließend die Philosophie als

"ratio moriendi" (III 15, 24)

definieren lassen.
Landino geht hier weit über seine zentrale Vorlage der *Isagoge* hinaus. Deutlich erkennbar ist sein Bemühen, das platonische Element, das sie durch den Rückgriff Alberts auf Augustinus und Avicenna enthält, zu stärken, indem er platonisierende Formulierungen benutzt, die Erörterung durch original (neu-)platonische Gedanken ergänzt und den christlichen Befürworter Platos, Augustinus, ausführlich zitiert. Die *Isagoge* dient ihm als Rahmen, der ihm die Sicherheit der Orthodoxie verleiht, den er aber mit eindeutiger platonischen Erwägungen füllen kann. Daß sich auch dabei sein 'Wagemut' in Grenzen hält, zeigt der sofortige Rückgriff auf den Kirchenvater. Landino arbeitet mit einer dreifachen Sicherung: Bessarion, Albert und Augustinus.

---

[283] Macr. *Comm.* 1. 13, 5: *"Nam Plato duas mortes novit. nec hoc nunc repeto, quod superius dictum est duas mortes, unam animae, animalis alteram: sed ipsius quoque animalis, hoc est* ***hominis, duas adserit mortes, quarum unam natura, virtutes alteram praestant."***

2.5.1.6 Die Objekte der Seele

Nun wendet sich Marsuppini dem zweiten Punkt der Untersuchung und der Vorlage der *Isagoge* zu, den Objekten der Geistseele. Unabhängig von der Vorlage läßt ihn Landino zunächst den Begriff definieren:

> *"... obiectum" est "aliquid, in quo ipsa* (sc. *mens*) *operetur."* (III 16, 2-4)

Mit Albert (*Isag.* 528) erklärt er, da die *"mens" "incorporea"* sei, müsse das auch für ihr Objekt gelten :

> *"Neque enim decet, aut par est, nobilius quod sit, id in eo, quod sit ignobilius, concludi aut circumscribi."* (III 16, 6-8)

Als die der *"mens"* (!) vorbehaltene Aufgabe bestimmt Marsuppini:

> *"... **ita hoc suum intelligibile ab omni materia abducere** atque **abstrahere**, ut nihil, quod aut corpus sit, aut corporeum, inde secum ducat."* (III 16, 11-13)

Hier wird also im Gegensatz zu der direkt vorausgegangenen Erörterung die Abstraktion im aristotelischen Sinne als Aufgabe der *"mens"* bestimmt, nicht die Hinwendung zum Intelligiblen. Diese Stelle hat in diesem Zusammenhang in der *Isagoge* kein Pendant. Auch Albert berücksichtigt natürlich das Abstraktionsmodell, läßt diese Art der Erkenntnis aber, wie sich noch zeigen wird, nicht uneingeschränkt gelten.
Die folgenden Ausführungen lassen erkennen, daß Landino hier die rigoros aristotelische Erkenntnislehre Thomas von Aquins im Auge hat. Unter Berufung auf *"nonnulli Peripatetici"* legt Marsuppini dar, daß das Objekt der *"mens"* von ihrem Status abhängig ist:

> *"... ipsa simpliciter, et qua ratione mens est, ..."*

d.h. selbständig, ohne Anbindung an einen Körper erkennt sie das

> *"ens".*

Als

> *"mens nostra",*

d.h. in Verbindung mit dem menschlichen Körper, erkennt sie nur die

> *"quiditas, quae in ipso phantasmate reluceat."* (III 16, 20-24)

Das ist die thomistische Lehre vom *"duplex modus intelligendi"*.[284] Der Verstand ist, solange die Seele inkarniert ist, auf die sinnliche Wahrnehmung, auf die Erfahrung angewiesen, die ihm aber nur die *"quidditas rerum materialium"* vermittelt. Die Erkenntnis des reinen Intelligiblen, des *"ens"*, ist ihm erst mit der Trennung von Leib und Seele gegeben.
Mit einem *"sive ... sive"* (III 16, 20) entzieht sich Marsuppini einer näheren Stellungnahme. Und das mit gutem Grund. Denn die Leugnung der Mög-

---

[284] Vgl. Di Napoli, L'immortalità, 41-44.

lichkeit der Erkenntnis des Intelligiblen zu Lebzeiten entzieht der (neu-)platonischen Philosophie den Boden. Landino wollte die berühmte und einflußreiche Lehre des Aquinaten augenscheinlich nicht übergehen, um sich nicht durch ihre Mißachtung Gegner unter den *"philosophi"* seiner Umgebung zu schaffen. Sie erwähnt zu haben, genügt ihm als Legitimation. Da im folgenden die genaue Relation zwischen dem platonischen und dem aristotelischen Erkenntnismodell ungeklärt bleibt, wird die thomistische Auffassung gewissermaßen neutralisiert. Undurchsichtigkeit ist auch hier wieder Landinos 'Patentrezept'.

Marsuppini geht nun zur näheren Bestimmung der Intelligiblen über. Es sei die

> *"forma, non modo a materia abducta, verum etiam ab omnibus quae materiae adveniunt condicionibus semota"* (III 16, 26-27)

Und sofort schließt er die Unterscheidung zwischen immateriellen Formen (*"formae separatae"*), wie Gott und Engeln (*"daemones"*), und der Materie untrennbar verhafteten Formen, die sich nur vom Verstand abstrahieren lassen, an. (III 16, 28 - 7, 7)

Als solche ist sie unproblematisch. Sie wird sowohl von Albert als auch von seinem Schüler getroffen. 'Farbe bekennen' muß Landino erst dann, wenn es um die Einschätzung der Möglichkeit der Erkenntnis der immateriellen Formen durch den menschlichen Verstand geht. Hier trennen sich die Wege Thomas'[285] und Alberts, zumindest was die *Isagoge* betrifft.

Zunächst hebt Marsuppini nochmals den Unterschied zwischen der sinnlichen Wahrnehmung, insbesondere dem vornehmsten inneren Sinn, der *"vis cogitandi"*, und der Verstandestätigkeit am Beispiel des Abstraktionsprozesses (!) von der Person des Freundes auf den Begriff der Freundschaft

---

[285] *S.Th.* I 1, q.79, a.8/9; q.88. Zum Erkenntnisproblem bei Thomas allgemein s. Gilson, Christian Philosophy, 375-381. Copleston, Philosophy, II 375 -397.

hervor[286]: Nur die *"mens"*, so wird dem Leser geradezu 'eingehämmert', vermag den Schritt *"in commune"* zu vollziehen, beherrsche das *"contemplari"*. Auch dieser Gedanke hat in der *Isagoge* kein Gegenstück. Er dient wiederum zur Stärkung des platonischen Aspektes. Gerade der letzte Terminus des *"contemplari"* liefert wieder eine Anknüpfungsmöglichkeit an die (neu-)platonische Erkenntnislehre, da er dort für die Schau des reinen Intelligiblen, des Göttlichen, gebraucht wird. (III 17, 10 - 18, 7)
Damit erklärt Marsuppini diesen Teil der Untersuchung für abgeschlossen und geht zu einem anderen Ansatz zum Verständnis des Wesens der *"mens"* über.
Wenn sich Landino bereits in diesem Kapitel etwas von seiner Quelle gelöst hat, so verstärkt sich diese Tendenz in den folgenden. Während Albert zunächst als Übersicht die vollständige *"distinctio virtutis intellectivae"* gibt, um dann die einzelnen Vermögen zu besprechen, konzentriert sich Landino sofort auf das Kräftepaar, das der Scholastiker als letztes behandelt:

2.5.1.7 *"Ratio superior"* und *"ratio inferior"*

Um die Konzeption dieser Einteilung in höheres und niederes Erkenntnisvermögen und das Ziel, das Landino mit dieser Übernahme verfolgt, verstehen zu können, muß jedoch zuerst der Gedankengang der *Isagoge* nachvollzogen werden.
Wie bereits erwähnt, sah sich Albert, noch in der Tradition des Augustinus stehend, plötzlich mit der Erkenntnislehre des Aristoteles in der Überlieferung der Araber konfrontiert.

---

286 *"Quid tamen sensus praestent iam demonstravimus, nunc quid inter illos et mentem intersit ut planius teneas, repetam solum quousque suprema illa cogitandi vis progredi valeat. Haec enim praeter eas formas, quas diximus intentiones, etiam quasdam concipit, quibus cum materiosis nulla sit similitudo. Rimatur enim haec, ut suo loco ostendimus, quae in imaginationis thesauris condita sunt simulacra, et cum imaginem Pompei diligenter pensat Cicero et sua existimatione versat, deprehendit bonitatis quoque atque benevolentiae formam, quam nec oculus, neque communis sensus, neque imaginatio hactenus animadvertat, non tamen excludit ab eis quae corporis rebus accidunt. Ita enim simulacrum amicitiae deprehendit, ut sit Pompei amicitia, et non universalis quaedam, neque etiam illam deprehendit, nisi ex quadam ad sensibiles formas similitudine, et quamvis incorporea omnino res sit amicitia, quippe quae angustis locorum, rerum temporumque terminis inclusa, nihil in commune inde abducere valeat.* ***At valet mens quae ita formas a corporibus abducit, ut eas simplices omnibus corporis accidentibus exutas sibi proponat, hibet hominem contemplari.*** *Non igitur te aut Paulum hunc alium ve ex his, qui aut adsunt, aut absunt, intuear, sed speciem ipsam humanam ab omnibus mortalibus abductam ... in communem pono ... ."* (III 17, 10-32)

Augustinus unterschied ein diskursives und ein intuitives Erkenntnisvermögen, eben die *"ratio inferior"* und die *"ratio superior"*. Dieser Ansatz ist neuplatonischen Ursprungs und trägt der Auffassung von der Mittelposition der Seele als der dritten Hypostase Rechnung. Die arabische Aristoteles-Überlieferung bescherte dem Abendland dagegen das Abstraktionsmodell von *"mens agens"* und *"mens possibilis"*. Der Synthese-Versuch der *Isagoge* Alberts läuft darauf hinaus, die vornehmere *"mens agens"* mit der *"ratio superior"* und die niedere, weil passive, *"mens possibilis"* mit der *"ratio inferior"* gleichzusetzen:

> *"Intellectus separabilis assignantur differentiae secundum duos modos. Unus est secundum* ***differentiam naturae****, secundum quod distinguitur virtus intellectiva per* ***intellectum possibilem et agentem****. Alius modus est secundum* ***differentiam ordinis****: et secundum hoc sunt duae differentiae virtutis intellectivae, scilicet* ***intellectus superior et inferior****, sive* ***ratio superior*** *et* ***inferior****."* (*Isag.* 530)

Diese Lösung konnte aus naheliegenden Gründen logisch nicht befriedigen. Auch Albert versucht sie nur in dieser Schrift. [287] Landino mag diesen Mangel empfunden und diese Gleichsetzung daher an keiner Stelle expressis verbis nachvollzogen haben. Statt dessen läßt er beide Systeme unkommentiert nebeneinander stehen, was keineswegs zufriedenstellender ist, aber innerhalb seiner Vorgehensweise nicht der Konsequenz entbehrt. Wichtig ist ihm wiederum nur, in der *Isagoge* eine Rechtfertigung für die implizite Behauptung zu haben, daß Plato und Aristoteles in diesem Punkt vereinbar seien. Dabei muß ihm zugebilligt werden, daß er innerhalb seiner 'Kompilatoren-Logik' diesen Beleg sehr geschickt und mit Einsicht in die Problematik ausgewählt hat. Auch jetzt wird er zudem das platonische Element der *"ratio superior"*, die nach Augustinus die Erkenntnis des reinen Intelligiblen leistet, stärker als seine Vorlage herausstreichen.

Die *"mens"* besitzt nach Marsuppini eine *"duplex vis"*:
- die *"ratio inferior"* und
- den *"intellectus"*, die

> *"divinior et excellentior, incorruptibilis inseparata vis mentis"* (III 18, 9-11).

Damit ist nun expressis verbis die Unterscheidung zwischen der *"ratio inferior"* und der *"ratio superior"* eingeführt, die Marsuppini schon mehrmals ohne genaue Definition benutzt hatte, und die von Landino bereits im 3.

---

[287] Vgl. Schneider, Psychologie, 454 f.

Prooemium[288] vorausgesetzt worden war. Die platonische Sichtweise der Erkenntnis rückt damit wieder in den Vordergrund. So ist es nur folgerichtig, daß Marsuppini hier in Anlehnung an Avicenna[289] die Seele als ianusköpfig bezeichnet, da sie ein Gesicht nach oben, zu den

"altissima principia" (III 18, 15),

also nach neuplatonischer Vorstellung zum *"λόγος"* und zum *"ἕν"*, nach christlicher Interpretation zu Gott und zu den Engeln wenden kann, das andere aber zu den

"corpora" (III 18, 16),

also zur Materie, d.h. nach unten.

Beide *"rationes"* beschreiben ihrer Essenz nach dasselbe Phänomen, betont Marsuppini, um die *"unitas"* der Seele aufrechtzuerhalten. Die Aufgabe der Abstraktion und diskursiven Erkenntnis, die zuvor noch ungenau einmal der *"mens"*, ein anderes Mal der *"ratio"* als *"pars mentis"* zugesprochen worden war, wird nun der *"ratio inferior"* zugewiesen:

> *"Quapropter, cum ministerio eius sensus, quam cogitandi vim nuncupant utatur, illum suo lumine ita illustratur, ut sibi rerum omnium pro suo arbitrio dividundarum componendarumque facultatem praebeat; praebeat itidem vim cogitandi et decernendi. Verum huiuscemodi animi pars ... , quae conversa ad eum, quem modo diximus sensum* (sc. *vim cogitativam*) *et* ***ratiocinandi actum****, cum illo uno tenore coniungens ex ipsis, sive Graecis dicere velis 'phantasmatibus' , sive, ut Cicero appellat, 'visis',* ***intelligibiles species elicit.*** *Inde enim, quae singula circumscriptaque invenit accipiens, ea* ***ratiocinando ad aliquid universum adducit****.* (III 18, 20-31)

Das entspricht der Lehre des Augustinus. Albert sieht dagegen, wie bereits

---

[288] *De ani.* III 4, 4: *"Itaque cum in ceteris, ut iam dixi vincamur,* ***ratio*** *atque* ***mens*** *sola est, qua ita ab illis* (sc. *bestiis*) *discedimus, ut immortali Deo per illam adhaereamus."*

[289] Avicenna, *De ani.* I 94, 8-12: *"... tamquam anima nostra habeat duas facies,* ***faciem*** *scilicet* ***deorsum ad corpus****, quam oportet nullatenus recipere aliquam affectionem generis debiti naturae corporis, et* ***aliam faciem sursum, versus principia altissima****, quam oportet semper recipere aliquid ab eo quod est illic et affici ab illo."* Landino verwendet dieses Bild auch in den *Disputationes Camaldulenses.* Vgl. Zintzen, Bemerkungen, 434, Anm.36; dort auch der Verweis auf Ficino, *Th.Pl.* III 123: *"Ac licet animus per naturam essentiae tertiae, Iani bifrontis instar, utrumque respiciat, corporeum scilicet et incorporeum, ..."* Da Landino im vorliegenden Dialog genau die Formulierung des *Avicenna latinus* benutzt, ist es wahrscheinlich, daß er das Bild aus eigener Lektüre kannte. Zudem wird er dieses Werk an anderer Stelle (III 25 f) noch ausführlich ausschreiben. Zur Geschichte des Bildes im Mittelalter s. Schneider, Psychologie, 447, Anm.1.

dargelegt, in der *"ratio inferior"* die *"mens possibilis"*, die an der Abstraktion beteiligt, aber allein zu ihr nicht fähig ist:

"Inferior autem vis intellectus si consideratur ut natura quaedam, sic dicitur intellectus possibilis, et actus ipsius sunt qui dicti sunt. Si vero consideretur ut vis apprehensiva, sic dicitur intellectus speculativus vel ratio." (*Isag.* 534)

Bewußt greift Landino auf die 'platonischere' Sicht des Kirchenvaters zurück. Von größerer Bedeutung wird diese natürlich für das Verständnis der *"ratio superior"* sein.

Marsuppini charakterisiert nun die aus dem diskursiven Erkenntnisprozeß gewonnenen *"formae"* . Hier trifft er Alberts Unterscheidung hinsichtlich des Status der Form

"ante rem, in re, post rem" (III 20, 12)[290].

Sind die abstrahierten Formen die Objekte der diskursiven Erkenntnis, so kommen der *"ratio superior"* selbstredend andere, vornehmere Objekte zu. In der Form des *"intellectus"* erkennt sie

"incorporea et creata" (III 21, 32),

in der Form der *"intelligentia"* die

"increata essentia Dei" (III 22, 1).

Auch diese Aussage sowie die folgende platonisierende Interpretation der *"mens superior"* als

"ea mens, quae nec per corpus, neque in corpore, neque per visa corporea agit, sed vel ***sua propria et ingenita vi, vel divino influxu, quem qui a corpore abstracti sunt soli sentiunt, essentias divinas ab omni corporum communione secretas intelligit, Deum scilicet, easque quas ipse complectitur essentias*** *"* (III 20, 23 -28),

entspricht mehr der Lehre des Kirchenvaters als der Auffassung des Scholastikers. In der *Isagoge* heißt es:

"Superior (sc. *pars intellectivae virtutis*) *vero intelligentia dicitur ab Augustino. Est autem huiusmodi* ***vis suprema inter apprehensivas ad cognoscendum veritatem increatam secundum imaginem***

---

[290] Vgl. Alb. *De nat. et ori. ani.* 378: *"Et tunc resultant tria formarum genera. Unum quidem ante rem existens, quod est causa formativa rerum. praehabens simpliciter et immaterialiter et immobiliter omnes diversitates formarum factarum materialiter et cum motu et tempore existentium. Aliud autem est ipsum genus formarum, quae fluctuant in materia et materiae sunt perfectiones. Tertium autem est genus formarum, quod abstrahente intellectu separatur a rebus secundum modum speciei et generis et generalissimi in quolibet genere rerum. Et horum trium generum primum quidem est ante rem, ut diximus. Secundum autem est in re, et terminus potentiae materialis, et finis quem attingit generantis operatio. Tertium autem est post rem."*

vel speciem Trinitatis sibi a creatore impressam. *Et imago Trinitatis secundum Augustinum determinatur secundum tria, memoriam, intelligentiam, voluntatem. ... Nota ergo, quod secundum hanc vim sunt impressa nobis* ***iudicia veritatis circa principia scientiarum*** *..."* (*Isag.* 533/534)

Die *"ratio superior"* Alberts gerät dieser (einzigen) Bestimmung der *Isagoge* zufolge trotz der Berufung auf Augustinus eher in die Nähe der aristotelischen dianoetischen Tugend des *"intellectus"*. Sie ist Träger der ewigen Erkenntnisprinzipien und insofern ein intuitives Vermögen, aber sie richtet sich nicht ausschließlich auf *"formae metaphysicae"*[291].

Daher ist es nicht verwunderlich, daß Landino hier lieber auf *De spiritu et anima* zurückgreift, wenn er Marsuppini abschließend die hierarchische Abstufung der menschlichen Erkenntis referieren läßt:

Landino	<Augustinus>
"Huiuscemodi igitur processibus animi nostri ***sensu*** *corporea,* ***imaginatione*** *corporum similitudines,* ***ratione*** *corporum naturas,* ***intellectu*** *creatum spiritum,* ***intelligentia*** *demum primam increatam sempiternamque essentiam percipiunt."* (III 21, 5-9).	*"Sic igitur anima* ***sensu*** *percipit corpora,* ***imaginatione*** *corporum similitudines,* ***ratione*** *corporum naturas,* ***intellectu*** *spiritum creatum,* ***intelligentia*** *spiritum increatum."* (*De spirit. et ani.* sp. 787)

Daß hier die *"imaginatio"* gewissermaßen als Stellvertreter für die *"sensus interni"* genannt wird und nicht die hochrangigere *"cogitatio"*, gehört zu den - mittlerweile gewohnten - Unstimmigkeiten des eklektizistischen Systems des Autors. *De spiritu et anima* legt bezüglich der niederen Erkenntnisvermögen eine andere Wahrnehmungslehre zugrunde, als Landino sie im II. Buch dargelegt hat. Doch ist ihm der Schutz der platonisierenden, christlichen Quelle wieder einmal wichtiger. Der platonische Aufstiegsgedanke, der in dieser aufgestellten Erkenntnis-Hierarchie bereits implitzit mitschwingt, rückt im folgenden noch mehr in den Vordergrund.

2.5.1.8 Die *"quatuor actiones animi"*

Die Ausführungen über die *"quatuor actiones animi"* finden sich ebenfalls nicht in der *Isagoge.* Marsuppini wiederholt die bereits im I. Buch (I 32) aufgestellte Einteilung der vier *"actiones animi"*, erweitert sie aber um die

---

[291] *Isag.* 529. Näheres zur Charakterisierung der Formen s. 2.5.1.11 u. 2.5.1.13.

Produkte (*"motus"*), die sie jeweils hervorbringen:
- die nährende Funktion der Seele, die genaugenommen, wie er zugibt, der *"anima"* zukommt; aus dieser Tätigkeit entsteht
  "nec quicquam boni nec mali" (III 22, 3-4);
- die sinnliche Wahrnehmung, die auf körperliche Hilfsmittel angewiesen ist, aus ihr entsteht
  "opinio" (III 22, 6),
  wenn ein gewisser Zweifel bestehen bleibt, andernfalls
  "fides" (III 22, 5);
- die Ratio, die in der Geistseele agiert, jedoch auf Phantasmata angewiesen ist; ihr entspringt die
  "scientia" = *"rerum naturalium argumentando perceptio"* (III 22, 28/29);
- der Intellekt, die Kontemplation des Göttlichen, bzw. die *"intelligentia"* (III 22, 29). Er bewirkt, daß die Menschen,
  "quasi a corpore egressi" (III 21, 24),
  d.h. ohne auf die sinnliche Wahrnehmung zurückzugreifen,
  "ineffabili coelestium rerum" rapiuntur "pulchritudine, et recuperatis iis, ***quas in Phaedro Plato alas memorat*** *ad coelum usque" ascendunt.* (III 21, 24-26).
  Ein direktes Produkt wird ihm nicht zugesprochen.

Diese genauere Bestimmung der hierarchisch verstandenen und gewerteten Tätigkeiten der Seele ermöglicht Rückschlüsse auf die Herkunft dieser Vorstellung.
Landino konzipiert die Einteilung als Aufstieg von dem untersten Vermögen, seiner Tätigkeit und seinem Gegenstand zum höchsten. Ficino beschreibt in seinem 1469 erschienenen Kommentar zu Platos Symposion *De amore* den Abstieg der Seele folgendermaßen:[292]

> *"Lapsus anime ab ipso uno rerum omnium principio ad corpora, per* ***quatuor gradus*** *efficitur, per* ***mentem, rationem, opinionem*** *atque* ***naturam****. ... Mens angelica, multitudo quidem idearum sed stabilis et eterna. Ratio anime, multitudo notionum argumentationumque mobilis, sed ordinata.* ***Opinio*** *autem inordinata et mobilis imaginum multitudo sed substantia puntisque unita, cum anima ipsa in qua est opinio una substantia sit, nullum occupans locum.* ***Natura****, id est,* ***nutriendi vis*** *ab anima, et animalis complexio similiter, nisi quod per corporis punta diffunditur. ... Hec omnia respicit anima nostra. Per hec descendit, per hec et adscendit. ... Ut*

[292] Fic. *De amore*, 348-352.

autem divine mentis radio claret, ***rerum omnium ideas per mentem*** *actu stabili* ***contemplatur.*** *Ut se ipsam respicit,* ***rationes universales cogitat et a principiis ad conclusiones ratiocinatione discurrit.*** *Ut corpora respicit,* ***particulares rerum mobilium formas et imagines per sensus acceptas opinione volutat.*** *Ut materiam attingit,* ***natura veluti instrumento utitur,*** *quo unit materiam movet et format."*

Augenfälligerweise ist das Schema Ficinos etwas anders. Er unterscheidet nicht zwischen der jeweiligen *"actio"* und ihrem Produkt. Der Zusammenhang zeigt [293], daß er in den Stufen zunächst einmal die neuplatonische, ontologische Hierarchie des Kosmos, d.h. Hypostasen des Seienden sieht, von denen die Seele nur eine ist, während sie zu den anderen allenfalls in Beziehung tritt. Daher wird die zweite Hypostase, die *"mens"*, in der Terminologie Landinos an dieser Stelle der *"intellectus"*, als *"mens angelica"* bezeichnet, an der die Seele allenfalls teilhat (*"divine mentis radio claret"*). [294] Landino berücksichtigt dagegen hier nur den psychologischen Aspekt, wie er überhaupt im gesamten Dialog die der neuplatonischen Seelenlehre zugrundeliegende Ontologie nirgends als solche thematisiert, selbst wenn er neuplatonische Vorstellungen von der Seele referiert. Die Charakteristik der vier Stufen aber ist diesselbe. Landinos schon mehrfach hervorgehobene Neigung zu minutiöser Untergliederung mag ihn dazu bewogen haben, die einzelnen Aufstiegsgrade strenger zu unterteilen. Daß er sich hier im Gedankenkreis seines Freundes bewegt, zeigt sich deutlich in der Beschreibung der *"intelligentia"*. Der Aufstieg der geflügelten Seele zum Intelligiblen, veranlaßt durch die Schönheit, ist einer der zentralen Gedanken der Schrift *De amore*.

Doch gerade die Ausführungen über diese vornehmste Tätigkeit bricht Marsuppini mit einem

"Sed de iis paulo post" (III 22, 30)

abrupt ab, ohne ihr Produkt näher zu bestimmen. Angeblich will er einen anderen Aspekt einschieben. In Wahrheit kommt er auf die *"intelligentia"* nicht mehr zurück. Vielleicht verließ Landino bei diesen eindeutig platonisierenden Ausführungen dann doch der Mut, das platonische Erkenntnismo-

---

[293] *"Nam cum in omni rerum ordine sex gradus existant, quorum summum tenet ipsum unum, infimum, corpus, media vero sunt quatuor que prediximus, necesse est quicquid a primo ad ultimum labitur, quatuor per media cadere."* (Fic. *De amore,* 350 (7. Rede, c.XIII)

[294] Bei der Erklärung der platonischen Seelendefinition beachtet Landino diese Relation. Vgl. I 32, 23-26: *"Ex duabus autem reliquis, etsi mens ipsa et intelligentia nobilior multo ratione sit, tamen quia nobis cum essentiis separatis communis est, in definitione poni non debuit."*

dell zu sehr in den Vordergrund zu rücken, und er nahm im folgenden wieder Zuflucht zum Gedankengang der *Isagoge.*

2.5.1.9 *"Intellectus agens"* und *"intellectus patiens"* - eine erste Definition

Um die Härte dieses inhaltlichen Sprungs zu mildern, hat er den Übergang durch einen gestalterischen Kunstgriff formal vorbereitet. Wieder einmal muß die Dialogform über inhaltliche Schwächen hinweghelfen. Sich selbst läßt Landino seinem Lehrer in 'jugendlichem Eifer' mit der Frage ins Wort fallen, ob der Begriff *"actio"* für die Handlungsweise der Seele überhaupt angemessen sei, oder ob nicht zumindest den Sinnen auch Passivität zuzusprechen sei. Marsuppini hatte die Gelegenheit benutzt, um die Auffassung des Augustinus zu wiederholen [295], daß die Sinne, wie auch der *"intellectus"* beides besäßen (Man beachte, wie die Terminologie wieder unscharf angewendet wird: Die Bezeichnung *"intellectus"* wurde soeben noch für das jetzt ausdrücklich nicht in Rede stehende vornehmste Erkenntnisvermögen benutzt.).
Nun erklärt er:

> *"... interim ad mentem redeamus. Hanc igitur* ***habere in se*** *volunt et* ***lumen quoddam****, quo illustrata cuncta suscipiat, et* ***facultatem suscipiendi****."* (III 22, 30 -32)

Denn, so fährt er fort, wenn die *"mens"* etwas vollkommen erfassen will, muß sie ein

> *"simulacrum"* (III 23, 2)

davon aufnehmen. Da der Verstand aufgrund seiner Unkörperlichkeit nicht von Körperlichem geformt werden kann - grundsätzlich kann nichts Niederes etwas Höheres formen - folgt daraus:

> *"Erit igitur* ***vis*** *quaedam huius, quam modo* ***mentem****, modo* ***animum****, nonnunquam vero* ***intellectum*** *nomino* ***quae ipsa ex se huiuscemodi formas compingat****."* (III 23, 8-10).

Woraus wiederum folgt, daß die *"mens"* eine

> *"vis duplex"*

besitzt, nämlich eine,

> *"quae rerum formas fingit"*,

und eine weitere,

> *"quae illis informatur"*. (III 23, 13/14)

Mit dieser Aussage folgt Landino der *Isagoge*:

---

[295] Vgl. *De ani.* II 57, 6-8: *"Quamobrem divus Augustinus in eo, quem de animae quantitate scripsit libro, sensum esse dixit non latere animam quod corpus patiatur."*

> *"Quantum ad divisionem primam* (sc. *secundum differentiam naturae), nota quod duplex est natura intellectus. Una est quasi materialis, alia formalis."* (*Isag.* 530)

Er führt allerdings auch hier die knappen Feststellungen Alberts breiter aus.

2.5.1.10 Die *"mens patiens"*[296]

Die folgenden Ausführungen Marsuppinis sind die Wiedergabe von Alberts Definition der *"mens possibilis"*:

> *"Una est possibilis* ***ut tabula nuda ab omni pictura, sed susceptibilis omnium picturarum, et nullam habens actu.*** *et haec est* ***intellectus possibilis."*** (*Isag.* 530)

Marsuppini rechtfertigt zunächst nochmals die Bestimmung der Passivität, die dem vornehmsten (!) Teil der Seele (damit ist die Unterscheidung von *"ratior inferior"* und *"ratio superior"* nun endgültig verwischt) mit dieser Einteilung zugesprochen wird:

> *"Nec est quod miremini, si huiuscemodi formarum recipiendarum facultatem, quamvis sit, ut certe est, excellentissima, pati tamen potius quam agere dicamus. Omnis enim vis, quae ab eo, cui veluti suo obiecto tribuitur, cuiusque causa operatur, ea profecto pati potius quam agere facile convincitur"* (III 23, 15-20).

Dann stellt er eine weitere Bedingung auf: Ebenso wie die Sinne, darf die *"mens"* keine

> *"certa suorum obiectorum species"* (III 23, 22)

enthalten; denn mit einer solchen Festlegung wäre die Potentialität zur Aufnahme der Formen aufgehoben, da der Verstand bereits aktuell bestimmt wäre. Die *"mens"* ist also

> *"simplex et procul omni concretione"* (III 23, 31).

In diesem Sinne trägt Marsuppini die Kritik des Aristoteles an Empedokles vor, der gemäß seinem auch von Marsuppini schon wiederholt zitierten Satz

> "γιγνώσκεται τὸ ὁμοῖον τῷ ὁμοίῳ"

gefordert hatte, daß der Verstand aus all dem zusammengesetzt sein müsse,

---

[296] Die Bezeichnung für das von Landino als *"mens patiens"* titulierte Seelenvermögen ist in der lateinischen Scholastik nicht immer einheitlich. U.U. wird auch der höchste innere Sinn, in Landinos und Alberts Terminologie die *"vis cogitativa"*, als *"intellectus patiens"* bezeichnet, der nach übereinstimmender Auffassung der Aristoteles-Kommentatoren Bestandteil der menschlichen Seele ist. Davon zu unterscheiden ist der *"intellectus possibilis"* der thomistischen Terminologie, den Landino hier als *"mens patiens"* bezeichnet. Er ist die rein geistige Potenz, die die vom tätigen Verstand, dem *"intellectus agens"*, erzeugten intelligiblen Formen aufnimmt. Vgl. Schneider, Psychologie, 227.

was das Objekt seiner Erkenntnis sei.
Konsequenterweise findet die Auffassung des Anaxagoras, der eben jene *"simplicitas"* des *"νοῦς"* postuliert hatte, Marsuppinis Billigung.[297] (III 24, 1-17)
Da die *"mens"*, so führt er weiter aus,

"aequa communisque formis omnibus" (III 24, 19/20)

ist, ist eine

"nova causa" (III 24, 26)

erforderlich, damit sie in Aktion tritt. Wieder einmal wählt Marsuppini ein Beispiel aus der Antike. Der Bildhauer Praxiteles kann prinzipiell aus demselben Rohstoff die verschiedensten Kunstwerke schaffen. Ebensowenig ist der Verstand auf einen bestimmten Gegenstand festgelegt, bis er durch die *"nuntia sensuum"*, d.h. durch die von den Sinnen entwickelten *"simulacra"*, zur Abstraktion bestimmter *"species"* oder *"intelligibiles notiones"* angeregt wird. Damit ist wiederum ein eindrucksvolles Beispiel für die rhetorische Ausgestaltung einer Vorlage gewonnen.
Daß sich Landino hier nämlich genau an die Gedankenführung Alberts hält, zeigt der nächste Punkt seiner Darstellung, die

"Trifaria facultas omnium rerum suscipiendarum" der *"mens patiens"* (III 25, 30).

Die Vorstellung von der Stufung des Intellekts ist für das Denken Alberts charakteristisch. Sie ist neuplatonisch. Der Scholastiker übernimmt sie von Avicenna. Es versteht sich von selbst, daß sie Landino besonders zupaß kommen mußte. Auch wenn Albert hier (auch er kennt andere Interpretationen) eher den generellen Entwicklungsprozeß des menschlichen Verstandes im Auge hat, kann Landino den platonischen Aspekt wiederum verstärken, indem er die Entwicklungsstadien der *"mens possibilis"* durch entsprechende Formulierungen zu den Stufen der neuplatonischen Angleichung an das Eine macht. Zudem ist interessant, daß er augenscheinlich durch den Hinweis Alberts veranlaßt, der Avicenna z.T. wörtlich zitiert, auch die Originalquelle, Avicennas *De anima*[298], (ohne sie zu kennzeichnen) beizieht.
Der Auffassung des arabischen Kommentators zufolge kann die *"mens possibilis"* auf unterschiedliche Weise, d.h. unterschiedlich schnell, in Aktion treten. Entweder
a) sie ist sofort einsatzbereit oder
b) erst nach verhältnismäßig langer Zeit oder

---

[297] Arist. *De ani.* 410 b; 429 a; vgl. Thomas, *De ani.*, L. III, 1, VII.
[298] Vgl. Avicenna, *De ani.* I 95 ff.

c) ihr Zeitbedarf liegt irgendwo dazwischen. (III 25/26)

Marsuppini erläutert dies an der Fähigkeit des Malens, Avicenna und Albert hatten das Schreiben gewählt:

a) Im Kind 'schlummert' diese Fähigkeit noch, angeboren zwar, doch bedarf sie des äußeren Anstoßes.

b) Der Jugendliche hat schon gewisse Grundkenntnisse.

c) Erst der Erwachsene beherrscht u.U. diese Kunst perfekt.

Dieselben Stadien, zieht Marsuppini die Parallele, durchläuft auch der *"intellectus"*. Landino übernimmt hier die Terminologie Avicennas, die in der Bezeichnung der dritten Stufe von der Alberts abweicht:

Stufe a)

Landino	Avicenna	Albertus Magnus
"... cum enim tu ***infans*** *eras, etsi nihil diiudicare, nihil ratiocinari poteras, erat tamen in te vis quaedam,quae accessu temporis valet aliquid ratiocinari. Hic ergo intellectus,quoniam* ***persimilis est primae materiae****, quae cum nullam formam gerat, possit tamen in quamcumque velis formam deduci,* ***materialis intellectus****, qui et possibilis est, a philosophis dicitur."* (III 26, 31 - 27, 5)	*"... et haec potentia vocatur* ***intellectus materialis ad similitudinem aptitudinis materiae primae****, quae ex se non habet aliquam formarum, sed est subiectum omnium formarum."* (*De ani.* I 96, 41-43)	*"Prima* (sc. *differentia intellectus possibilis*)*est intellectus habens possibilitatem tantum, et est sicut* ***potentia materialis ad similitudinem materiae primae****, quae ex se non habet aliquam formam, sed est subiectum omnium formarum. ... Primus dicitur* ***intellectus materialis****."* (*Isag.* 531)

Stufe b)

Landino

"... haec vero, si invigilet (sc. *vis in adolescentia) aliquid assequetur et efficiet. Quapropter cum iam* ***instructus est principiis, intellectus*** *huiuscemodi* ***in habitu*** *esse dicitur."* (III 27, 12-15)

Avicenna

" ... hoc est cum in potentia materiali habentur, de intelligibilibus, per se nota ex quibus et cum quibus acceditur ad intelligibilia secunda; sed prima intelligibilia sunt propositiones quas contingit credere non aliunde nec quia auditor percepit ullo modo esse possibile eas aliquando non credere, sicut sentimus hoc quod totum maius est sua parte, ... Et interim dum non acquiritur ei adhuc intentio eius quod est in effectu nisi hoc modo, vocatur ***intellectus in habitu****."* (*De ani.* I 96, 44 - 97, 52)

Albertus Magnus

"Secundus est intellectus dispositus vel habens dispositionem, quae est, cum iam aliquis est habens in intellectu principia, hoc est, propositiones quas contigit credere, quae non aliunde, sed per se sunt notae, sicut omne totum est maius sua parte, ... Secundus dicitur ***in habitu****."* (*Isag.* 531)

Stufe c)

Landino	Avicenna	Albertus Magnus
"Cum vero artibus disciplinisque variis exculta mens erit, tum demum, praeter illa principia quae sua sponte se nobis offerunt, omnem ***sapientiam*** *quoque adipiscetur; verum si nullum adhibet usum, iure* ***in effectu*** *appellabitur; sin vero ad ipsam cognitionem* ***usus*** *accesserit,sit quartus ille* ***intellectus,*** *quem* ***accomodatum...*** *appellant."* (III 27, 15-21)	*"... hoc est cum ceperint in ea existere formae intelligibiles adeptae post per se nota sive intelligibilia prima, sed non considerat illa nec convertitur ad illa in effectu, nisi veluti sint repositae apud eum ut, cum voluerit, consideret illas formas et intelligat eas et intelligat eas se intelligere. Et vocatur hic* ***intellectus in effectu:*** *est enim hic intellectus qui intelligit quotiens vult intelligere sine labore acquirendi, ... hoc est cum forma intellecta nunc in praesenti est in eo, et ipse considerat eam in effectu et intelligit in effectu et intelligit se intelligere in effectu. Et quod tunc habet esse in eo est* ***intellectus accomodatus*** *ab alio."* (*De ani.* I 98, 58-69)	*"Tertia est intellectus perfectus, cum iam habet intellectus conclusionem eorum quae sequuntur ad principia, sed non conversus actu ad illa per considerationem. Quarta est intellectus in actu,cum iam considerat actu. ... Tertius dicitur* ***intellctus adeptus.*** *Quartus dicitur* ***intellectus accomodatus."*** (*Isag.* 531)

Indem Landino die *"sapientia"* als Qualität des *"intellectus accomodatus"* einführt, geht er zumindest in der Terminologie über seine Vorlagen hinaus. Die Anwendung des Begriffs, im Sinne der aristotelischen dianoetischen Tugend verstanden, ließe sich zwar unter Hinweis auf die von Avicenna schon als Inhalte des *"intellectus in effectu"* angegebenen *"formae intelligibiles adeptae post per se nota sive intelligibilia prima"* rechtfertigen, doch ist aus der folgenden Bemerkung ersichtlich, daß Landino hier wiederum nur einen Anknüpfungspunkt für den platonischen Aufstiegsgedanken konstruiert:

> *"Habes quibus gradibus ab extrema infimaque vi ad* ***hoc culmen,*** *veluti ad* ***divinitatem quamdam,*** *perveniatur. Nihil humilius in anima est, quam vitam corpori subministrare; nihil contra* ***excellentius,*** *nihil* ***sublimius,*** *quam si, partis iam artibus atque disciplinis, non solum quae in sensum aliquem cadunt, sed et etiam,* ***quae supra sensus*** *sunt, mente tractemus. Huc tamen* ***ab infimis*** *non Daedaleis pennis, ut est in fabulis, tamquam per ardua ac penitus abscisa* ***suvolandum*** *est."* (III 27, 22-29).

Für das Aufstiegsmotiv glaubt Landino bei Avicenna noch einen weiteren nützlichen Gedanken finden zu können. Im Anschluß an das zitierte Stufen-Modell erstellt der Kommentator eine vollständige Hierarchie der Seelenkräfte. Im Gegensatz zu Albert übernimmt Landino diese. Damit ist unzweifelhaft erwiesen, daß er auch Avicennas *De anima* wirklich auf dem Schreibtisch liegen hatte und nicht etwa Alberts Darstellung der Stufen des Intellekts aus dem Gedächtnis oder dem Allgemeinwissen heraus korrigierte. Der Zusammenhang der Hierarchie der Seelenkräfte mit dem Vorausgehenden ist bei Landino allerdings nur ein motivischer, der den Gedankengang eher stört. Schon mehrfach hat der Autor eine Aufstellung der Seelenkräfte gegeben, an dieser Stelle ist sie überflüssig. Entsprechend dünn ist die Begründung für diesen erneuten Ansatz:

Exkurs: Die Hierarchie der Seelenkräfte

> *"Sed extant profecto, extant in tanto interiecto spatio certi et certa norma ac dimensione collocati* ***gradus,*** *per quos facillimus sit* ***accessus,*** *et* ***ab inferis*** *ac* ***mortalibus*** *ad superos et, ut ita loquar,* ***ad deos, ascensus."*** (III 27, 30-28,1)

Der Aufstiegsgedanke gibt das Stichwort. Es ist beinahe plastisch vorstellbar, wie Landino bei der Abschrift des Stufungsmodells des Intellekts eine Seite weiter blätterte und sich überlegte, daß er den folgenden Aspekt doch eigentlich gleich mit übernehmen könnte:

Landino	Avicenna
"Vidistis paulo ante ***eam*** *in nobis* ***mentem principatum obtinere,*** *quae exculta sapientia assiduo* ***res, quae in sen-***	*"Considera ergo nunc et inspice dispositiones istarum virtutum, qualiter aliae imperant aliis et qualiter aliae famulan-*

sum non cadant, meditetur. *Haec igitur omnibus praeest atque imperat, cui tamen proxime accedit* ***intellectus*** *is, qui* ***in effectu*** *nominatur. Huic autem is, qui* ***in habitu*** *est, deservit. At illi rursus* ***possibilis*** *subministrat. Accedit postremo quinta quaedam eius mentis vis: ea autem est* ***efficiens intellectus****, cuius quidem opera prompta praestoque est circa eorum quatuor, quos iam diximus, obsequium."* (III 28, 1-10)

tur aliis. Et invenies ***intellectum accomodatum*** *praeesse et omnia alia subesse illi qui est ultimus finis. Deinde* ***intellectui in effectu*** *deservit* ***intellectus in habitu****, et* ***intellectus materialis****, cum aptitudine quae est in eo, deservit* ***intellectui in habitu****. Deinde* ***intellectus efficiens*** *deservit his omnibus: ..."* (*De ani.* I 99, 75 - 100, 85)

Wieder einmal wird Landino Opfer seiner Kompilation. Den *"intellectus efficiens"* erwähnt er sonst an keiner Stelle (Albert übernimmt ihn auch nicht.). Nur hier hat sich der Begriff bei der Abschrift der Vorlage 'eingeschlichen'. Der Autor folgt auch im weiteren genau seiner Quelle und schreibt die minutiöse Aufstellung, die als Abstieg konzipiert ist, bis hin zu den biologischen Lebensfunktionen aus. Eine Übersicht mag an dieser Stelle genügen. Die folgenden Stufen sind:

- *"vis cogitandi"*
  - *"thesaurus"*, d.h. *"memoria"*,
  - *"vis imaginativa"*,
- *"sensus communis"*,
- *"vis appetendi"*
  - *"vis quae concupiscit"*,
  - *"vis quae irascitur"*,
- *"vis quae in nervis ac potius lacertis residet"*,
- *"vis quae facultatem gignendi habet"*,
- *"vis auctiva"*,
- *"vis nutritiva"*,
- *"vis decoquendi"*,
- *"vis quae retineat, quod iam ingestum sit"*,
- *"vis quae iam retentum attrahat"*,
- *"vis expulsiva"*,
- *"quatuor elementares qualitates"*. (III 28, 2 - 29, 3)

Landino hat anscheinend selbst bemerkt, daß er mit dieser Aufzählung den roten Faden verloren hat. Mit der folgenden, in ein klassisches Bild gekleideten Entschuldigung läßt er Marsuppini zur Erklärung des tätigen Verstandes übergehen:

> *"Sed* ***nescio quo pacto*** *cum* ***ad supremum cacumen*** *paene pervenissemus, rursus, veluti Sisipheum illud saxum,* ***in ima*** *revoluti sumus. Itaque redeat unde digressa est oratio, et* ***mentem ipsam*** *rursus contemplemur; et quoniam de* ***possibili*** (hier also der gebräuchliche Terminus der lateinischen Scholastik!) *satis multa, prosequamur* ***agentem.****"* (III 29, 9-13)

Dieser hatte in der "umfassenden" Aufstellung der Seelenkräfte bemerkenswerter Weise keinen Platz gefunden. Avicenna siedelt ihn als *"dator formarum"* als die unterste der 10 Intelligenzen seines neuplatonischen Hypostasen-Modells außerhalb der menschlichen Seele an. Auch hier versäumt es Landino, die Vorlage seinen eigenen Bedürfnissen anzupassen. Er kehrt einfach zur *Isagoge* zurück.

2.5.1.11 Die *"mens agens"*

Marsuppini ergänzt die Rechtfertigung der *"duplex vis mentis"* mit einem Rekurs auf den locus classicus für diese Unterscheidung[299]:

> *"Dicunt* (sc. *Peripatetici*) *enim quocunque in genere earum, quae a natura sunt, rerum aliquid deprehendas, quod alias sola facultate, alias, praeter facultatem, actu quoque existat, in eo et* ***aliud quod omnino recipiat patiaturque,*** *et* ***aliud quod omnia inferat atque agat*** *esse necesse est."* (III 29, 15-20)[300]

Besteht über die grundsätzliche Annahme von *"mens agens"* und *"mens possibilis"* auch kein Zweifel, so sind doch die genaueren Modalitäten in der Scholastik äußerst umstritten. Ein philosophisches Problem, das so viele Deutungen erfahren hat, kann Landino nicht übergehen. Er muß Marsuppini in dem Streit, der bereits unter den antiken Kommentatoren begann, Stellung beziehen lassen. Die Frage ist, ob beide Vermögen zur menschlichen Seele gehören oder nur der *"intellectus possibilis"*, während der *"intellectus agens"* als separate, unteilbare 'Eine' Intelligenz anzusehen

---

[299] Arist. *De ani.* 430 a.

[300] Vgl. Alb., *Isag.* 530: *"De intellectu autem possibili certum est ipsum esse: nam nisi possibilitas esset ad susceptionem intelligibilium specierum, impossibile esset non intelligentem fieri intelligentem.";* 531: *"Anima humana est intelligens prius in potentia, postea est intelligens in effectu: omne autem quod exit de potentia in effectum, non exit nisi per causam, quae deducit illud de potentia in effectum: sed causa dans formam intelligibilem, non est nisi intellectiva in effectu: ergo necessario est agens intellectus."*

sei. Landino sucht auch hier keine Lösung aus eigener Hand, sondern orientiert sich genau an seiner Vorlage, der *Isagoge*.

Albert diskutiert drei Möglichkeiten. Entweder ist der *"intellectus agens"* eine von der Seele unabhängige Substanz (im Sinne Avicennas). Dann kann er eine geschaffene Intelligenz, d.h. ein Engel, sein. Er kann aber auch Gott selbst sein, der den menschlichen Intellekt erleuchtet (Rupella, Bacon), oder er ist als immanentes Vermögen Bestandteil der menschlichen Seele. Für diese Annahme hatte sich Albert (und auch Landino) bereits im vorhinein entschieden. Es ist auch die Auffassung Thomas von Aquins.[301]

Landino berücksichtigt die zweite Möglichkeit nicht, daß es sich beim *"intellectus agens"* um eine *"creata intelligentia"* handeln könnte. In der Argumentation wider die erste und zugunsten der letzten Möglichkeit aber folgt er Albert in enger Anlehnung:

Zunächst formuliert Marsuppini die Fragestellung:

> *"Si enim mentem agentem lucem quamdam esse dicamus, ... , non facile est videre, sitne* ***huiscemodi lux animis nostris innata****, et ab eo, qui omnium luminum est dator* ***indita****, an potius* ***res quaedam inde separata*** *... Quapropter fuerunt qui crederent intellectum hunc agentem esse* ***intelligentiam increatam****, qui* ***Deus*** *est."* (III 30, 4-14),

um die letztere Alternative zu verwerfen:

Landino	Albertus Magnus
"In quem errorem nonnullos etiam e Christianis lapsos *video, motos maxime ex iis, quae in Ioannis Evangelio leguntur. Inquit enim: 'Erat lux vera, quae illuminat omnem hominem venientem in hunc mundum'; quo in loco cum non de eo lumine, quo sensibilia, sed de eo, quo intelligibilia deprehendimus, loquatur, plerique agentem intellectum separatum putarunt; et divus Augustinus in Soliloquiis etiam testatur quod quemadmodum in*	***"Quod ergo sit intelligentia increata, quae est Deus, sic probatur****. Augustinus in libro Soliloquiorum dicit: 'Sicut in isto sole tria animadvertuntur, scilicet quod est, quod fulget, quod illuminat: sic in Deo tria intelligere debemus, quod est, quod intelligit, quod caetera intelligere facit.' Sic ergo Deus est intelligere faciens, est intellectus agens. Item Ioan. I 9: 'Erat lux vera quae illuminat', etc. Illuminatio autem non est ad cognoscenda sensibilia, sed*

[301] S. Einleitung

sole tria cognoscimus, et quod est et quod fulget et quod fulgere facit, sic in Deo quod est, quod intelligit, quod nos intelligere facit. Quapropter et Iohannes et Augustinus Deum esse asserunt, qui vim intelligendi menti humanae afferat: ***erit intellectus agens Deus."*** (III 30, 14-26)

intelligibilia. ***Erit ergo Dei Filius lux ad manifestanda intelligibilia: ergo est intellectus agens."*** (*Isag.* 531)

Es handelt sich dabei, erklärt Marsuppini, um eine Fehlinterpretation von Johannes I 9 und Augustinus, Solil. I 15. Aus beiden Stellen lasse sich zwar ableiten, daß Gott den Menschen die

"vis intelligendi" (III 30, 25)

beschert, aber nicht, daß er der *"intellectus agens"* ist. Denn, so erläutert er mit den Worten der *Isagoge*:

"Est igitur separatus ab animo intellectus agens? Minime; sed ***a prima illa luce aeterna veritatis impressa*** *est in parte excellentiore animi huiuscemodi lux, quo tempore animi nostri creati sunt; ut quemadmodum noctuarum oculi nescio quid nativi fulgoris intra se habent, ut possint etiam in tenebris, nulla externa luce adiuvante, quae circa se sunt intueri, sic mens nativa quadam potentia et dignitate, luce, quam secum a sua origine traxit, quae incorporea sunt et in sensus minime cadunt, intueri possit. Quapropter egregie, ut reliqua, sic hoc Hebraei poetae Psalmus expressit. 'Signatum enim', inquit, 'est super nos lumen vultus tui'; ut facile ostendat* ***non esse in nobis***

"Quod autem intellectus agens non sit separatus a substantia animae, imo sit quaedam differentia virtutis partis intellectivae, probatur per Psalmistam (IV 7): *'Signatum est super nos lumen vultus', etc. Igitur in suprema parte animae super nos est* ***significatio luminis similitudinis divinae:*** *habemus ergo* ***lumen impressum*** *a creatore ad cognoscenda intelligibilia: sed hoc est quod dicimus intellectum agentem. Item cum sit aliquis oculus corporalis videns per lucem in se existentem, sicut oculus cati, et oculus noctuae videns in tenebris non indigens luce exteriori, multo fortius oculus intellectualis videbit per lucem existentem in se:* ***lux ergo quae intelligit, non est sepa-***

intellectum agentem divinam lucem, sed aliquid ab ipsa profluens non dissimile illi." (III 31, 1-14)

rata a substantia animae." (*Isag.* 532)

Die Interpretation Alberts der *"mens agens"*, die Landino hier referiert, ist ein Versuch der Verbindung des aristotelischen Abstraktionsmodells mit der augustinischen Tradition. Die Illuminations-Theorie des Augustinus, derzufolge die menschliche Seele durch die Rückwendung auf die ihr eingeborenen Ideen der Dinge, die als Abbilder der Ideen im Geiste Gottes von diesen erleuchtet werden, zur Erkenntnis gelangt, läßt wenig Raum für ein Erkenntnismodell, das auf der Vorstellung von der selbständigen Abstraktionstätigkeit des menschlichen Verstandes aus der sinnlich wahrnehmbaren Welt beruht. Die hier vorgetragene Synthese macht den platonischen Ansatz des Augustinus, der die Erkenntnismöglichkeit der menschlichen Seele in ihrer Abwendung von der Sinnenwelt und ihrer direkten Hinwendung zu Gott und den Ideen in seinem Geist als dem reinen Intelligiblen sieht, zunichte. Gott ist am Erkenntnisprozeß nur noch insofern beteiligt, als er dem Menschen bei seiner Geburt das zum Verstehen notwendige Rüstzeug mitgibt, nicht aber indem er in der Erkenntnis-Situation die Ideen in der Seele erleuchtet. Der menschliche Intellekt ist nun selbständig.

Für diese Selbständigkeit zahlt er u.U. einen hohen Preis: Thomas von Aquin, der sich ebenfalls zu dieser Interpretation entschloß, leitete aus der Voraussetzung, daß die sinnliche Wahrnehmung die unabdingbare Voraussetzung für die menschliche Erkenntnis sei, die Konsequenz ab, daß der inkarnierte menschliche Intellekt immaterielle Substanzen (*"substantiae separatae"*), wie Gott und die Engel, nicht erkennen könne, da sie sich nicht aus der Sinnenwelt abstrahieren ließen. Diese Auffassung erlangte große Bedeutung, blieb aber nicht unumstritten.[302]

Für einen (Neu-)Platoniker ist sie natürlich nicht tragbar. Der *"regressus*

---

[302] Um nur ein Beispiel aus Landinos Umfeld zu nennen: Argyropulos sagt in seiner bereits zitierten Vorlesung zu *De anima*, Ms Magliab. V 42, 551: *"Nota quod intellectus omnino non potest intelligere nec acquiscere scientiam in primordio intellectionis sine simulacris phantasiae: ad quod propositum dixit quod carens sensu discere non potest et ergo in primordiis suae intellectionis praecipue hoc fit.* ***Sed non vult ut exponit Sanctus Thomas quod anima dum est corpori coniuncta non intelligit quicquam sine simulacris:*** *cum habuerimus antea quod substantiae separatae intelliguntur ut etiam diximus. Tantum sumatur quod hac sententia non intellegitur universaliter de quacumque intellectione. Quinetiam affirmare non dubito* ***quod rationes et quidditates rerum ab intellectu qui adeptus est scientiae intelliguntur sine simulacris."***

animi", die Hinwendung und Verschmelzung der Seele mit Gott zu Lebzeiten des Menschen, würde damit unmöglich. Gerade deshalb ist die *Isagoge* Alberts für Landino so überaus wertvoll. Sie leistet nicht nur eine formale Gleichsetzung von *"ratio superior"* mit *"intellectus agens"* und *"ratio inferior"* mit *"intellectus possibilis"*, sie bietet auch einen Ausweg aus der im 15. Jahrhundert noch einflußreichen thomistischen Beschränkung der menschlichen Erkenntnisfähigkeit:

Albert unterscheidet vier Arten von menschlichen Erkenntnisgegenständen:

> *"Respondeo sine praeiudicio, quod quaedam sunt, sicut dicit Augustinus, **supra intellectum humanum, quaedam intra, quaedam iuxta, quaedam infra**:"* (*Isag.* 532)

- Letztere sind die Dinge der Sinnenwelt. Sie werden im Sinne des aristotelisch- arabischen Abstraktionsmodells erkannt.
- Die Gegenstände *"intra se"*, d.h. ihre Vermögen und ihre Verfaßtheit, erkennt die Seele durch die Rückwendung auf sich selbst. Hier bleibt Raum für die Selbsterkenntnis im Sinne des Augustinus.
- Die Gegenstände *"iuxta se"*, d.h. die Engel, und
- die Gegenstände *"supra se"*, d.h. Gott, aber erkennt die Seele durch Erleuchtung.

Damit wird also auch der inkarnierten Seele die Möglichkeit zugebilligt, die *"substantiae separatae"*, das reine Intelligible, zu erfassen. Das Abstraktionsmodell wird durch einen platonisch-augustinischen Erkenntnisweg überhöht.

Selbstverständlich folgt Landino diesem Modell, das so hervorragend in sein Konzept paßt, bis ins Detail, weist sogar ausdrücklich darauf hin, daß *"gravissimi auctores"* diese Auffassung verträten, um mit dieser *"striking doctrine"* (Mahoney, Sense, 605) nicht alleine zu stehen:

> *"... censeo tamen, quod optimis quidem et gravissimis auctoribus placere video, non suis viribus cuncta assequi mentem nostram.Itaque cum **quae in nobis sunt** cognoscere volumus, **nativo lumine**, ut diximus, se ipsum contemplatur, cognoscit enim se esse, et ita esse, ut facultatem disputandi habeat, habeat sentiendi, habeat sciendi; animadvertit si quid*

> *"Dicendum ergo quod ad intelligendum ea **quae sunt supra se, sicut sunt ea quae de divina essentia et trinitate personarum intelliguntur, divino modo, indiget anima irradiatione ab ipsa luce primae veritatis aeternae super supremam vim ipsius quae dicitur mens vel intelligentia, de qua dicit Augustinus,** quia nulla interposita*

iure, si quid iniuria agat: quod si quae in se sunt sua facultate discernit, ***multo minori negocio quae infra se sunt****, idest quae in sensum cadant, animadvertit. Si vero erigatur et* ***quae supra se sunt, idest divina, intueri contendat****, potest quidem sua luce aliquid assequi. Verum, si contingat, ut eius* ***suprema pars, quam Augustinus, Platonem secutus, intelligentiam appellat, lumine primae veritatis illustretur, poterit supra humanas vires quae reliquis ignota sint, de Deo cognoscere; eritque sibi in huiuscemodi cognitione Deus intellectus agens.****"*(III 31, 15-30)

natura formatur ab ipsa prima veritate. ***Respectu ergo huius veritatis summae****, et horum intelligibilium, quae omnino excedunt intellectum humanum,* ***dicitur agens Deus:*** *et huiusmodi illuminatio est gratiae infusio ad contemplanda divina. ... Ad cognoscenda vero ea* ***quae sunt intra animam****, ut est ipsa anima et potentiae, ipsius habitus, scientiae et virtutes, non* ***indiget*** *anima lumine extrinseco, sed* ***lumine innato:*** *cognoscit enim se esse, se posse ratiocinari, se sentire scire aliquid, vel ignorare, iustam vel iniustam esse, per conversionem ad se. Et ideo dicit Augustinus, quod cognoscit se in se. Ad cognoscenda vero ea* ***quae sunt infra se, non indiget similiter lumini intelligentiae quae sit extra se****. Cum ergo natura intellectus humani superior sit rebus corporalibus et incorporalibus quae sunt in subiecto, utpote potentiae, habitus, dispositiones et affectiones, ideo ad haec comprehendenda non est necessaria illuminatio substantiae separatae,* ***sed sufficit lumen interius, quod est intellectus agens****, scilicet vis animae suprema, de qua fit hic sermo."* (*Isag.* 532)

Bezeichnend ist, daß Landino, im Gegensatz zu Albert, ausdrücklich auf den platonischen Ursprung der Bestimmung der *"intelligentia"* durch Augustinus hinweist. Es ist ein weiteres Indiz für seine Intention, das platonische

Erkenntnismodell mit dem aristotelischen zu harmonisieren. Augustinus ist für ihn nur der 'christliche Vermittler'.

2.5.1.12 Das Problem der *"species"*

Obwohl der Harmonisierung des aristotelischen mit dem platonischen Erkenntnismodell Landinos vorrangiges Interesse gilt, nimmt er an dieser Stelle ein innerscholastisches Problem auf. Es handelt sich um die Frage nach der Beschaffenheit des Verstandesbildes, der *"species"*, das die *"mens agens"* im Abstraktionsprozeß erzeugt. Auch hier war die Scholastik zu keiner einheitlichen Antwort gelangt. Heinrich von Gent hatte sogar die Notwendigkeit der Annahme einer solchen *"species"* vollkommen geleugnet, was die Bandbreite der Meinungen aufzeigt.[303]
Nur die einleitenden Bemerkungen Marsuppinis haben in der *Isagoge* noch ein Pendant. Marsuppini versucht zuerst eine weitere Definition der *"mens agens"*:

> *"... putabo non aberrare si* ***habitum*** *atque* ***absolutionem quamdam*** *veluti* ***lumen*** *eam appellavero."* (III 32, 5/6).

Diese erklärt er im Hinblick auf das Zusammenspiel von tätigem und leidendem Verstand:

> *"Ut enim colores, qui in tenebris constituti mera facultate hactenus fuerant, interventu tandem luminis actu quoque existunt, ita et* ***vis illa, quae patitur, quaeque per se non nisi potentia modo intelligebat****, nunc,* ***lumine agentis mentis*** *infusa,* ***actu*** *quoque* ***intelligit****."* (III 32, 6-11)[304]

Die platonische Formulierung darf nicht darüber hinwegtäuschen, daß hier nun ausschließlich der aristotelische Abstraktionsprozeß auf der Grundlage der sinnlichen Wahrnehmung ins Auge gefaßt wird:

> *"Nec tamen hoc* ***dum*** *adhuc* ***corporis carcere inclusi continemur****, solius agentis mentis opera assequitur,* ***nisi simulacra****, quae phantasmata appellant a sensu aliquo profecta illi sese pro materia obiiciant."* (III 32, 11-14)

Um den Eindruck zu vermeiden, daß die Bilder der Sinne den Verstehensprozeß der *"mens patiens"* auslösen würden, was unmöglich ist, da etwas Rangniedrigeres niemals die Ursache von etwas Höherem sein kann, schärft er nochmals ein:

---

[303] Vgl. Park, The organic soul, 474/475.

[304] Vgl. Alb. *Isag.* 532.

> *"Est enim, ne fallaris, est inquam mentis quae agit, efficere ut ea, quae patitur, intelligat."* (III 32, 14-16)

Doch nun gilt es, diesen Prozeß des *"efficere"* durch den tätigen Verstand näher zu bestimmen:

Der *"intellectus agens"* greift auf die Phantasmata zurück. Sie liefern ihm gleichsam das Material, demonstriert Marsuppini einmal mehr seine klassische Bildung, wie Erz und Elfenbein dem Phidias als Material für seine Statuen von Zeus und Athene dienten. Doch in der Frage, wie der Verstand sein 'Material' verarbeite, kann Landino nicht auf eine einhellige Lehrmeinung und ebensowenig auf die *Isagoge* zurückgreifen.

Schon der Ursprung der Phantasmata ist umstritten. Drei Quellen werden erwogen:

- die *"imaginatio"*,
- die *"memoria"* und
- die *"vis cogitativa"*.

Marsuppini will diese *"tumultuaria disputatio"* (III 33, 2) nicht nachverfolgen, sondern nur die Auffassung Johannes von Janduns referieren, die die meisten Anhänger hätte:

Dieser zufolge benutzt der Verstand eine *"species duplex"*:

- eine *"forma intelligibilis"*, die das *"quale"* darstellt, und die der (tätige) Verstand aus den Phantasmata erzeugt,

  > *"quae aut in **memoria**, aut in eo sensu, qui **imaginandi vim** habet, iam prius recondita sunt"* (III 33, 5-13), und

- eine darauf folgende zweite *"species"*, das *"quid"*, die als *"vehementer spiritalis"* gekennzeichnet wird (III 33, 12-14).

  > *"Hanc autem in mente formari putant a **cogitatione** eius re, cuius simulacrum in imaginandi aut recordandi vi conditum iam servetur."* (III 33, 12-16).

  Diese löst dann das Verstehen des leidenden Verstandes aus.

Damit müßte nach Marsuppinis Ankündigung die Frage eigentlich abgehandelt sein, doch er fährt in der üblichen, unsystematischen Vorgehensweise dieses Dialogs fort:

> *"Dixeram me de plurimis philosophorum sententiis unam relaturum: **addam tamen** et alteram."* (III 33, 20/21)

Nach dieser Lehrmeinung, für die kein Vertreter namentlich genannt wird, löst die

> *"actio cogitandi"* (III 33, 23)

allein die Tätigkeit der *"mens possibilis"* aus, indem sie ihr das Phantasma vorhält. Allerdings handelt es sich, aus den erwähnten Gründen, nicht um ein Kausalverhältnis:

"non tamen veluti sit effectrix rei, sed quae suum simulacrum veluti instrumentum, quo res commode perficiatur, praesto offerat." (III 24-27)

Bei diesem Lösungsversuch ergibt sich, so Marsuppini, das Problem, daß der Übergang von dem noch der Materie verhafteten *"simulacrum"* zum rein Geistigen unklar bleibt. Die Vertreter dieses Modells hielten zwar dagegen, daß dieser vom Verstand selbst geleistet würde, würden die Art und Weise aber nicht näher erklären. Damit schließt er diese Überlegungen endgültig ab.

Der Autor bezieht nicht deutlich Stellung, sondern referiert nur einige Gesichtspunkte aus dem, wie er glauben machen möchte, großen Schatz seiner Erinnerung (Marsuppini: *"si recte memini"*, III 33, 21). Für die Aussage des Dialogs ist damit wenig gewonnen. Interessant ist die Passage für die Beurteilung der Quellen Landinos: In der bereits erwähnten Vorlesung zu *De anima* diskutiert der Lehrstuhlinhaber für Philosophie am Studio Fiorentino, Argyropulos, genau die und nur die von Marsuppini hier dargelegten Lehrmeinungen:

"His praemissis ponenda talis conclusio sententia communi omnium philosophorum, sc., quod phantasma est propinquum principium et imediate per se productivum speciei intelligibilis in intellectu possibili. et probatur ut supra, sc. per sufficientem divisionem. Different expositores hic. ***Io. Iandunus*** *dicit quod* ***duplex*** *fit* ***praeparatio*** *ad hoc ut intellectus possibilis suscipiat. Una* ***propinqua*** *alia* ***remota: una*** *est quae fit* ***aut ab imaginativa aut a memorativa:*** *qua dispositione non statim intelligit intellectus: sed indiget* ***alia*** *quae fit* ***a cogitativa.*** *cogitativa enim actu suo imprimit in intellectum possibilem aliquam* ***qualitatem spiritalem:*** *qua intellectus possibilis evadit actu ad intelligendum et haec sunt intelligenda in primordio nostrae intellectionis: prima igitur praeparatio fit ab imaginativa et memorativa, secunda ab actu cogitandi et cogitativa: ex hac sententia possumus dicere quod phantasma non est principium productivum speciei intelligibilis sed quasi dispositivum nec species intelligibilis intellectionis: prima sententia non tenetur a communi sola. Sed haec, sc. quod species intelligibilis producitur a phantasmate. Iohannes Iandunus ponit primo imaginativam et memorativam postea cogitativam etc.* ***haec secunda sententia*** *ponit* ***phantasma ut principium productivum*** *non ut principale sed* ***sed ut instrumentale.*** *haec opinio videtur probabilior. Nam imaginativa et memorativa et si sint spiritales potentia tamen non sunt perceptivae nec videntur posse sine actu imediate imprimere. Quare*

tenendum quod simulacrum quod est in cogitativa una cum actu eiusdem est principium productivum speciei intelligibilis et sic servatur dignitas cogitativae quae est suprema vis instrumentalis secundum averroim:"[305]

Bei dem Vergleich dieser beiden Darstellungen ist zu bedenken, daß es sich bei dem zitierten Auszug aus der Vorlesung des griechischen Gelehrten um eine Vorlesungsmitschrift eines Studenten handelt, die Landino nicht benutzt zu haben braucht. Damit wäre erklärt, warum es nur eine Übereinstimmung von Inhalt und Reihenfolge gibt. Es ist auch vorstellbar, daß Landino die Vorlesung aufgrund seiner persönlichen Teilnahme kannte. Selbst wenn sie ihm aber nur aus zweiter Hand zugänglich war, dürfte ihn das hölzerne Latein von der wörtlichen Übernahme abgeschreckt haben. Es ist jedenfalls auffällig, daß er genau dieselbe Auswahl von Lehrmeinungen trifft wie Argyropulos, wobei er ebenfalls die Vertreter der zweiten Auffassung nicht namentlich benennt, und ferner die vorgegebene inhaltliche Reihenfolge bis ins Detail beibehält. Seine rhetorischen Statements sollten zwar nicht überbewertet werden, aber daß er gerade in diesem Zusammenhang die Einschränkung, *"si recte memini"* macht, könnte auch als Indiz dafür angesehen werden, daß er dieses Problem aus dem Gedächtnis heraus darlegt, er also die vor langer Zeit gehörte Vorlesung bei der Niederschrift dieser Stelle im Geiste Revue passieren läßt.

Die hier besprochene Passage ist die einzige des Dialogs, die eine direkte Parallele zur Vorlesung des byzantinischen Philosophen aufweist. Als endgültiger Beweis für die Abhängigkeit Landinos mag sie daher auf den ersten Blick unzureichend erscheinen. Doch hatte Landino für die übrigen, ihm relevant erscheinenden Fragestellungen bereits Vorlagen gefunden, so daß er nur für dieses Einzelproblem eine andere Grundlage benötigte. So kam ihm die Vorlesung des Kollegen, mit dem er ansonsten nicht allzuviel gemeinsam hatte, vielleicht gerade recht. Zudem gab es während seines Studiums in Florenz, zu dem zwangsläufig auch Philosophie gehören mußte, nur eine begrenzte Auswahl an Lehrern. Daß er zu dem berühmtesten ging, ist mehr als wahrscheinlich.[306] In der zitierten Stelle könnte ein weiterer,

---

[305] Ms. Magliab. V 42, 223v.

[306] Natürlich wird man auch an Niccolò Tignosi, den mutmaßlichen Lehrer Ficinos denken, zumal auch er ein gewisses Interesse an platonischer Philosophie erkennen läßt. S. dazu Kristeller, Renaissance Thought I, 35-97; Berti, La dottrina platonica. Thorndike, Science, 161-179; Sensi, Niccolò Tignosi. Field, Origins 129 ff. Der Kommentar Tignosis zu Arist. *De ani.*, N.Tignosi Fulginatis *in libros Aristotelis de Anima Commentarii.* Ex biblioteca Medicea 1551 (entstanden 1473) läßt allerdings keine Parallelen zu Landinos Dialog erkennen, die eine konkrete Einflußnahme des scholastischen Lehrers erweisen würden.

konkreter Ansatzpunkt für diese, in der Forschung [307] schon des öfteren erwogene, Annahme gesehen werden.

2.5.1.13 Das Zusammenspiel von *"mens agens"* und *"mens patiens"*

Doch zurück zum Dialog und damit zurück zur *Isagoge*:

*"**Redeo** itaque ad agentem mentem ..."* (III 34, 3),

wie Landino seinen Lehrer ankündigen läßt. Schon häufiger war diese Formulierung Indiz für die Rückkehr des Autors zu seiner Hauptvorlage. Der Ablauf des Erkenntnisvorgangs wird mit Alberts Worten nochmals ins Gedächtnis gerufen:

Landino	Albertus Magnus
*"... **munus*** (sc. ***intellectus agentis***) *omnium doctissimorum virorum consensu id esse dicam, **ut intelligentiae lumen super eas formas diffundat, quae,** quoniam in sensu aliquo consistunt, **sensibiles** iure **dicantur,** easque denique **illustrando** ab omnibus circumstantiis materialibus **abducat,** atque abductas eandem ratione **intellectui possibili copulet,** qua colores lucis opera a corpore abstracti pupillae copulantur."* (III 34, 3-10)	*"Nota igitur secundum Avicennam, quod intellectus **agentis operatio est illuminare,** sive **lumen intelligentiae diffundere super formas sensibiles** existentes in imaginatione sive aestimatione, et **illuminando abstrahere** ab omnibus circumstantiis materialibus, et abstractas **copulare** sive ordinare **in intellectu possibili:** quemadmodum per operationem lucis species coloris abstrahitur quodammodo et pupillae copulatur."* (*Isag.* 532)

Marsuppini gibt als guter *"rhetor"* abweichend von der Vorlage ein Beispiel:

Der *"intellectus agens"* 'findet' die Dialektik Chrysipps. Er abstrahiert von ihr zur

"dialectica universalis" (III 34, 14)

und hält diese dem *"intellectus possibilis"* vor, der seinerseits in drei Schritten vorgeht:

---

[307] Della Torre, Academia, 789. Lentzen, Studien 7.

"Est autem eius ***prima actio circa simplices intentiones.*** *Cognoscit enim quid totum sit, cognoscit iterum quid pars atque utrumque secretum.* ***Secunda*** *vero* ***actione disiuncta haec coniungit,*** *ex quo oritur* ***scientia(e) principium.*** *... Atque ad hanc secundam actionem statim* ***tertia*** *subsequitur* ***qua ratiocinando concludimus:*** *..."* (III 34, 17-25)

"... et tunc operatio intellectus possibilis subsequitur ***prima circa quidditates, secunda circa complexiones primas*** *quae sunt* ***principia: tertia circa conclusionem*** *..."* (*Isag.* 532/533)

Interessant ist die abschließende Einteilung der Erkenntnisgegenstände. Es wird nochmals zwischen Gegenständen der sinnlichen Wahrnehmung, die durch Abstraktion erkannt werden, und nicht sinnlichen Formen unterschieden:

"Atque is quidem ordo in omnibus est, quae in sensum cadant, et quorum formae sua omni materia sunt exuendae. ***Eorum*** *vero* ***quae incorporea sunt, atque in animo veluti subiecto resident,*** *ut est scientia, disciplina, virtus,* ***nulla est abstractio,*** *quippe quibus non assit materia, a qua abducantur.* ***Formae enim rerum istarum non abstrahuntur a phantasmatibus sensibilium,*** *quandoquidem universalium huiuscemodi principia sensibilia non sunt, sed sunt ipsae res."* (III 34, 27 - 35, 2)

"Est autem alius modus operationis respectu ***formarum, quae non indigent abstractione*** *sicut virtutes, scientiae, et aliae* ***quae sunt in anima sicut in subiecto. Species*** *enim* ***istarum non abstrahuntur a phantasmatibus rerum sensibilium:*** *quia particularia horum universalium non sunt sensibilia, sed cum sint in anima ut possunt esse secundum rem, non indigent speciebus quibus cognscantur, quae non sunt ipsae res."* (*Isag.* 533)

Ein Platoniker kann hier mit etwas gutem Willen, wie ihn Landino ja zweifelsohne an den Tag legt, Platos Ideen oder zumindest die *"semina innata"* des Augustinus durchschimmern sehen.

Die Konsequenz dieser Einteilung der Erkenntnisobjekte, auf die ja schon öfters verwiesen worden war, läßt sich Landino auch an dieser Stelle nicht entgehen. Abweichend von seiner Vorlage, aber in der Sache natürlich legitim[308], läßt er Marsuppini hervorheben:

*"Quapropter sat erit cum **Deum**, cum **animum humanum** cognoscere voluero, ut mens illa, quae ad omnia facultatem habet mentis agentis luce irradietur, atque, ita illustrata, ad huiuscemodi formas speculandas convertatur."* (III 35, 3 - 6)	*"Ad cognoscenda ergo haec non requiritur nisi conversio intellectus possibilis cum illuminatione intellectus agentis."* (*Isag.* 533)

Für die von Landino bereits im Prooemium geforderte Selbsterkenntnis und die Rückkehr zu Gott als dem reinen Intelligiblen ist die Hinwendung zum *"carcer caecus"* der Sinnenwelt nicht erforderlich.

2.5.1.14 Die Dreiteilung der *"anima humana"*

Für einen kurzen Einschub verläßt Landino die *Isagoge:*
Marsuppini wird nicht müde, die *"unitas"* der Seele hervorzuheben. Auch die Unterteilung der *"mens"*, die er vorgenommen habe, sei keine

"divisio suae essentiae", sondern eine *"divisio virium"*. (III 35, 15)

Sie sei lediglich eine Auswahl der zahlreichen

"potentiae animae". (III 35, 20/21)

Und unter dem Vorwand, diese Potenzen nochmals näher zu erklären, kehrt er nun plötzlich zur platonischen Seeleneinteilung zurück:

"... valet (sc. *anima*) *enim ad **rationem**, valet ad **concupiscentiam**, valet itidem ad **iram** se excitare."* (III 35, 19/20)

Damit ist der Übergang zu der bereits mehrfach benutzten Vorlage *De spiritu et anima* vorbereitet, auf die Landino hiermit zum letzten Mal zurückgreift. Sie legt eben diese platonische Seeleneinteilung zugrunde, und so kann er, seine Vorlage nur leicht paraphrasierend, ausführen:

Landino	<Augustinus>
"Natrurales enim illi sunt (sc. *potentiae); imo nihil aliud sunt quam ipsa tota. Anima enim*	*"Naturales siquidem sunt ei, nec aliud sunt quam ipsa. Tota namque animae substan-*

308 Vgl. *Isag.* 528: *"Formae autem abstractae a materia et a conditionibus materiae omnibus dicuntur per naturam, ut forma qua cognoscitur Deus, et Angelus, et ipsa anima, et ea quae sunt in ipsa ut in subiecto, ut potentiae, scientiae, virtutes."*

his tribus, veluti quadam ***trinitate****, consistit; verum tota haec* ***trinitas*** *illius* ***unitas*** *iure dicetur."* (III 35, 22-25)

tia in his tribus plena et perfecta consistit, id est in rationalitate, concupiscibilitate et irascibilitate, quasi quadam sua ***trinitate****; et tota haec* ***trinitas*** *est quaedam animae* ***unitas*** *... ."*(*De spirit. et ani.* 789)

Mit dieser Bemerkung ist für ihn mehr gewonnen als der sichere Sprung von einer Vorlage zur nächsten. Wenig später wird er mit Albert die *"trinitas"* der Vermögen der menschlichen Seele, im Anschluß an den augustinischen Gedanken, als Bild der Dreieinigkeit Gottes deuten. Mit dem Hinweis auf die platonische Dreiteilung der Seele, die im II. Buch dargelegt worden war[309], kann er die Nähe Platos zum Christentum unterstreichen.[310]

Des weiteren liefert ihm die Frage des Verhältnisses der Seele zu ihren Vermögen einen willkommenen Anlaß, um die Stellung der Tugenden, die im Anschluß an die Vermögen der Geistseele zur Sprache kommen werden, innerhalb der Seele mit den Worten seiner Vorlage zu bestimmen:

"Habet praeterea ***virtutes*** *ipsa anima, quae quidem anima non sunt, at accidunt sibi. Non enim est anima sua prudentia, nec sua iustitia, non fortitudo, non temperantia."* (III 35, 25-28)

"Habet accidentalia, et ipsa non est. Suae vires est, suae ***virtutes*** *non est. Non enim est sua prudentia, sua temperantia, sua fortitudo, sua iustitia."* (*De spirit. et ani.* sp. 789)

Zunächst aber kommt Marsuppini nochmals auf den Verstehensprozeß zurück.

---

309 *De ani.* II 126 f.

310 Die Frage, ob Plato bereits gewisse Einsichten in die Dreieinigkeit Gottes, gehabt habe, diskutiert Bessarion ausführlich im III. Buch seiner Schrift *In calumniatorem Platonis*, da Trapezuntios dies für Plato bestritten, für Aristoteles aber in Anspruch genommen hatte. Der Kardinal gelangt zu dem folgenden Ergebnis: *"De cognitione trinitatis, quod ad hos philosophos pertinet, dixi satis secundo volumine. Cuius loci summa haec est, ut mysterium trinitatis non sit referendum nisi ad nostrae fidei auctores. Si quid tamen significationis et cuiusdam susspectionis tantae rei vel in exteris auctoribus quaerenda sit et notanda, longe plura expressioraque indicia comperiri apud Platonem quam apud Aristotelem possunt."* (*In cal. Plat.* 283, 27-32)

2.5.1.15 Die *"vis apprehensiva"*

Jetzt wird wieder die *Isagoge* bemüht (*"ut ad rem redeam"*):

Landino	Albertus Magnus
"Est, igitur, ut ad rem redeam, ***ipsius mentis*** *primum ac* ***maximum munus,*** *ut* ***ipsa per se intelligat.*** *Cum vero ad* ***ea, quae in sensus cadunt, reflectitur,*** *tum demum sensibus ad cognitionem rerum tanquam adminiculis utitur."* (III 35, 30 - 31, 1),	*"Nota ergo quod* ***actus principalis huius virtutis*** *est* ***intelligere,*** *et hoc* ***per se:*** *Tamen praeter hoc sunt actus adminiculares ..."* (*Isag* 534)

Als bedeutendste Aufgabe der Intellekts wird seine selbständige, unabhängige Erkenntnistätigkeit gewertet. Wie schon früher dargelegt wurde, läßt sich gerade aus dieser, sowohl von der platonischen als auch von der aristotelischen Philosophie postulierten, Unabhängigkeit eine Gemeinsamkeit konstruieren, wenn vernachlässigt wird, woher der Intellekt seine Erkenntnisgegenstände bezieht. Landino führt diesen Gedanken nicht weiter aus, sondern übernimmt ihn nur aus der Vorlage. Er kann damit rechnen, daß er nach den vielen Vorbereitungen richtig 'falsch' verstanden wird. Er legt darüber hinaus bei der Überarbeitung seiner Quelle keinen besonderen Eifer mehr an den Tag. Für die verbleibenden zwei Gesichtspunkte schreibt er seine Vorlage über fünf Seiten hin aus. Scheinbar sieht er keine Notwendigkeit oder auch keinen Ansatz mehr, die Aussage der *Isagoge* zugunsten Platos zu modifizieren.

Die nun folgende Aufstellung aller am Abstraktionsprozeß beteiligten intellektuellen Kräfte ist langatmig, ermüdend und für die Aussage des Dialoges irrelevant. Landinos Freude an differenzierten Schemata und die 'Ökonomie' der konkreten Vorlage werden ihn dazu bewogen haben, auch dieses Kapitel zu übernehmen:

"Cum vero ad ea, quae in sensus cadunt, reflectitur, tunc demum ***sensibus ad cognitionem rerum tanquam adminiculis*** *utitur. Hinc iam res simplex multiplici ratione consideratur. Habet enim in se quo* ***inveniat,*** *quo* ***iudicet,*** *quo* ***meminerit,*** *quo demum*	*"tamen paeter hoc sunt* ***actus adminiculares,*** *in quantum scilicet haec vis ordinatur ad sensibilem, et secundum hoc multiplicatur ratione quadruplicis vis in* ***inventivam*** *sive* ***investigativam, iudicativam, memorativam*** *et* ***interpretativam.*** *Inventiva autem et*

interpretetur. *Sed inventio et iudicium eo paene idem videntur, quod utrumque via, ut ita loquar, est qua ad intellectum itur; differunt tamen quia inventio est inquisitio veritatis per se; iudicium autem est discussio quaedam et animadversio eius veri, quod aliunde acceperis. Haec ergo experitur; illud addiscit; et in hanc nullo praemonstrante, in illud externo assumpto iudice devenimus. Ad etiam quod invenimus componendo, iudicamus dissolvendo; et inveniens a causa ad effectum progredior; iudicans ab effectu ad causam revertor. Quod autem aliud meminisse sit, aliud interpretari facile cognoscemus Memoria enim retinemus, quae iam cognovimus: interpretandi vero vis nos in cognitionem ducit.* " (III 35, 31 - 36, 15)

iudicativa distinguuntur quantum ad inventionem et iudicium secundum quod distinguitur duplex via scilicet intelligendi: una in inventione quae est in inquisitione veritatis per se, alia via iudicii in discussione veritatis acceptae ab alio: vel via una experiendi, altera addiscendi. Experiri est per se, discere ab alio. Vel via inventionis secundum modum compositionis, via iudicii secundum modum resolutionis. Sive via inventionis est, cum a cognitione effectus pervenitur in cognitionem causae: via vero iudicii, cum per cognitionem causae cognoscitur effectus: Memorativa vero et interpretativa distinguuntur: quia memorativa est retentiva speciei cognitae, interpretativa vero dativa cognitionis." (*Isag.* 534)

"Iudicium", "inventio", "memoria" und *"interpretatio"* werden in diesem Sinne noch näher erklärt und weiter untergliedert. Die untergeordneten Kräfte werden ebenfalls definiert. (III 36, 16 - 38, 23)[311]
Ohne weiteren Kommentar geht Marsuppini zur

> *"alia in mente vis, quae nos ad bonum appetendum moveat"* (III 38, 26/27)

über.

2.5.1.16 Die *"vis appetitiva"*

Weiterhin folgt Landino 'stur' seiner Vorlage. Die Darstellung des intellektuellen Strebevermögens kann denn auch ihre Herkunft nicht verleugen; denn das eigentliche intellektuelle Strebevermögen, der Wille, wird nicht

[311] Vgl. Alb. *Isag.* 534/535.

behandelt. In diesem Punkt war Albert die Synthese aus augustinischer und aristotelischer Philosophie ja noch nicht gelungen. Somit begegnet hier ein merkwürdiges dreigliedriges System, das mitten in dieser Darstellung der Geistseele unvermittelt auch die Sinnlichkeit wieder mit einbezieht und, von den Objekten ausgehend, zu drei Strebekräften gelangt. In dieser Dreigliedrigkeit, die als Abbild der Dreieinigkeit Gottes im Menschen gedeutet wird, hat Landino, wie gesehen, bereits eine Parallele zur platonischen Seeleneinteilung konstruiert. Auch aus diesem Defizit der Philosophie Alberts weiß er Nutzen zu ziehen.

Zunächst betont Marsuppini wiederum seinen eudaimonistischen Standpunkt:

> "*... quapropter cum a natura ad bonum quod sit moveamur ...*" (III 38, 28/29),

und beruft sich gleichzeitg auf die aristotelische Güterlehre, die ein

> "*triplex bonum*" (III 38, 29)

kenne.

Doch trifft er nicht die nun zu erwartende aristotelische Unterscheidung in geistige, körperliche und äußere Güter[312], sondern differenziert mit Albert folgendermaßen:

Landino	Albertus Magnus
"*Ergo qua ad* ***bonum supremum*** *movemur, ea* ***synderesis*** *graeco verbo appellatur, vis scilicet nobis ingenita, qua animus ad honesta erigitur, et a turpibus refugit. Qua vero ad* ***infimum*** *quoniam illud non rationis lance, sed sensus trutina bonum esse decernimus, dicatur iure* ***sensualitas****. Est tamen inter illud summum et hoc infimum* ***medium*** *quoddam, quod* ***naturae bonum*** *dicitur.*" (III 38, 29 - 39, 4),	"*Est enim motivum in* ***supremum bonum****, quod dicitur* ***synderesis****, et motivum in* ***bonum infimum****, quod dicitur* ***sensualitas****, et est motivum in* ***bonum medium****, quod dicitur* ***voluntas naturalis****.*" (*Isag.* 335)

[312] *Aristoteles, EN* I 8, 2 (1098 b).

Diese Güter und die jeweiligen Strebekräfte, die sich auf sie richten, werden näher definiert:[313]

Strebevermögen		Objekt	
"sensualitas"		*"bonum infimum":*	*"commutabile": "voluptates"*
"voluntas naturalis"	*"liberum arbitrium"*	*"bonum medium"*	*"quae nobis a natura commendata sunt: esse, vivere, intelligere"*
"synderesis"	*"mens" "amor" "notitia"*[314]	*"bonum supremum":*	*"incommutabile": "Deus"* (III 39, 4 - 40, 4)

In diesem Schema ist die *"synderesis"*, das vornehmste Strebevermögen, Träger der berühmten Trias des Augustinus. Diese Dreiteilung, erklärt Marsuppini den Gedanken des Kirchenvaters weiterführend, ist in der menschlichen Seele das Symbol der Dreieinigkeit Gottes :

Landino	Albertus Magnus
*"Atque, ut in **veri deprehensione trinitas** quaedam apparebat nobis per summae veritatis similitudinem indita, sic in **bonorum appetitione** eadem apparet **trinitas**, ex divini boni similitudine, animis nostris impressa. Sunt enim ita a **Deo creati** hominum animi, ut **utriusque rei, veritatis bonitatisque, imaginem** secum trahant."* (III 39, 14-21)	*"ut sicut **suprema pars apprehensivae intelligentiae** est **imago Trinitatis** per similitudinem primae **veritatis** inditam, sic **suprema pars intellectivae motivae** est **imago Trinitatis** per similitudinem **bonitatis** summae inditam."* (*Isag.* 536)

[313] Vgl. *Isag.* 535/536.

[314] Im vorliegenden Text Landinos sind die Definitionen von *"amor"*, bestimmt als *ea, "qua illud retentum speculamur"*, und *"notitia"*, bestimmt als *ea, "qua per speculationem cognitum appetamus"*, offensichtlich vertauscht. (III 39, 23-27) Die *Isagoge* (536) bietet die richtige Version.

An dieser Stelle soll sich der Leser an die Dreiteilung der Seele durch Plato erinnern. Die Bemerkung Marsuppinis über die *"trinitas in deprehensione veri"* ist aus dem Dialog heraus allerdings nicht verständlich. Albert bezieht sich hier auf die *"ratio superior"*, die er als Träger der anderen Trias des Augustinus, *"memoria"*, *"intelligentia"* und *"voluntas"* interpretiert. Diese Auslegung hatte Landino nicht übernommen, da er sich um ein 'platonischeres' Verständnis dieses vornehmsten Seelenvermögens bemühte. Wiederum führt das kompilatorische Vorgehen zu Unstimmigkeiten.

Das *"trinitas"*-Motiv ist nicht das einzige, das sich in diesem Kapitel für die platonische Philosophie nutzbar machen läßt. Die abschließende Bemerkung Alberts zum mittleren Strebevermögen, das das *"liberum arbitrium"* beherberge, kann ebenfalls (neu-)platonisch gedeutet werden:

In ihm liegt die Freiheit des Menschen zu entscheiden, welche Lebensführung er wählt:

"... vita autem et bonum nostrorum animorum extat ex conversione ad ipsum incommutabilem bonum, qui Deus est. Nam mors malumque tunc exoritur, cum a divinis aeternisque in mortalia ac momentanea deflectimus." (III 40, 12 - 15)	*"Vita et bonum animae est ex conversione liberi arbitrii ad bonum incommutabile, quod est Deus. Mors vero et malum animae est ex aversione a bono incommutabile. ... Et haec de anima et potentiis ipsius ad praesens dicta sufficiant."* (*Isag.* 536)

Erstaunlicherweise führt Landino diesen Gedanken nicht weiter, obwohl das *"liberum arbitrium"* zu dem entscheidenden Organ des Renaissance-Menschen avanciert. In der Freiheit der Wahl des Menschen, seine Bestimmung zu erfüllen oder aber zu mißachten, wird seine Auszeichnung vor allen anderen Lebewesen und damit seine Gottähnlichkeit gesehen. Im Prooemium des III. Buches hatte der Autor diese Auffassung anklingen lassen. Hier wie an späterer Stelle läßt er die Gelegenheit aus. [315] Es entsteht der Eindruck, daß er trotz seiner häufigen Betonung der *"divinitas"* der menschlichen Seele wenig Gefühl für diesen zentralen Gedanken seiner Zeit hat. Oder aber es fehlt ihm, noch sehr in der Tradition verhaftet, der Mut zu einer so provokativen Aussage.

So erfolgt die platonisierende Ausdeutung dieses Schlußwortes wieder nur indirekt, indem Landino im Rahmen seiner Tugendlehre, zu der es über-

---

[315] S. 2.5.3.7 u. 2.5.3.17. Es wurde darauf hingewiesen, daß Landino diesen Gedanken auch nicht aus der Schrift des Nemesios übernahm, wo er ihn nur hätte abzuschreiben brauchen.

leitet, die *"conversio ad incommutabile bonum"* als Aufstieg über die vier Tugendgrade des Macrobius konzipiert.

2.5.1.17 Resümee zur Darstellung der Geistseele

Landino stellt eine Erkenntnislehre vor, die beansprucht, eine Synthese des platonischen und des aristotelischen Erkenntnismodells zu sein. Die Harmonie ist wieder nur eine scheinbare. Verbindungspunkt ist die von beiden Richtungen geforderte, vom Körper unabhängige Selbsttätigkeit des menschlichen Intellekts. Die Art des Erkenntnisprozesses wird von den Erkenntnisgegenständen abhängig gemacht. Für die Gegenstände der sinnlich wahrnehmbaren Welt wird das aristotelisch-arabische Abstraktionsmodell gebilligt, den immateriellen Formen dagegen wird als Erkenntnisvermögen die intuitive *"ratio superior"* des Augustinus zugesprochen. Die Möglichkeit ihrer Erkenntnis, die grundlegende Bedingung für einen platonischen Ansatz, ist damit geschaffen. Hinter dieses zentrale Anliegen treten andere Gesichtspunkte, wie die Erörterung des intellektuellen Strebevermögens, zurück.

Das ist zum einen durch die Vorlage bedingt, die der Darstellung der Vermögen der Geistseele zugrunde liegt. Die *Isagoge in libros de anima* des Albertus Magnus gibt diese Gewichtung vor. Doch kann Landinos Interesse an der Stärke des Eingriffs in diese Vorlage abgemessen werden. Wo er das platonische Element der Ausführungen Alberts stärken zu müssen und zu können glaubt, scheut er keine Mühe. Seine Modifikationen bewegen sich auch hier auf dem schon mehrfach charakterisierten Niveau der Kompilation. Er arbeitet 'platonischere' Quellen, wie die pseudoaugustinische Schrift *De spiritu et anima*, aber auch Macrobius und einen Gedanken Ficinos ein. Geschickte Formulierungen tun auch hier ein übriges.

Auch für diesen Teil des Dialogs läßt sich eine vollständige Quellenübersicht erstellen, die die 'Mosaiktechnik' Landinos verdeutlicht:

Einleitung:	III 6-13		
"Imago Dei" - Gedanke:	III 8-10	Albert,	*De natura et origine animae*
Instrumente der Geistseele:	III 13	Albert,	*Isagoge*
	III 14/15	<Augustinus>,	*De spiritu et anima*
	III 15	Macrobius,	*Commentarii in Somnium Scipionis*

Objekte der Geistseele:	III 16/17	z.T. Albert,	*Isagoge*
"Ratio inferior":	III 17/20	"	
"Ratio superior":	III 20/22	" / <Augustinus>,	*De spiritu et anima*
"Quatuor actiones animi":	III 21/22	(Ficino,	*De amore*)
Einführung von *"mens agens"* und *"mens patiens"*:	III 22/23	(Albert,	*Isagoge*)
"Mens patiens":	III 24/27	Albert,/ Avicenna Lat.,	*Isagoge* *De anima*
Hierarchie aller Seelenkräfte:	III 27/29	"	
"Mens agens":	III 30/31	Albert,	*Isagoge*
Problem der *"species"*:	III 32/34	(Argyropulos,	Vorlesung zu *De anima*)
Zusammenspiel von *"mens agens"* und *"mens patiens"*:	III 34/35	Albert,	*Isagoge*
Dreiteilung der Seele:	III 35	<Augustinus>,	*De spiritu et anima*
"Vis apprehensiva":	III 36-38	Albert,	*Isagoge*
"Vis appetitiva":	III 38-40	"	

Eine so grundlegende Vorlage wie die *Isagoge* Alberts, die ihm sogar den Gedankengang vorzeichnet, steht Landino für die folgende Tugendlehre und die Unsterblichkeitsbeweise nicht zur Verfügung. Hier ist er gezwungen, mit kleineren Versatzstücken zu arbeiten, die er den übrigen schon bekannten Quellen entnimmt, und größere Übergangspassagen selbst zu gestalten.

2.5.2 Die Tugendlehre

2.5.2.1 Die dianoetischen Tugenden

Mit dem didaktischen Vorsatz, auch den

> *"indoctiores", " quoad fieri potest"* (III 40, 19/20)

die Materie, d.h. das Wesen der Geistseele verständlich machen zu wollen, und deshalb die Erörterung von einer anderen Seite her aufzurollen, wendet sich Marsuppini der Tugendlehre zu.

Er wiederholt, daß die *"mens"*

> *"nativa quadam potentia et sua* ***naturali dignitate*** *universorum capax* (III 40, 25)

sei,

> *"et rerum omnium simulacris" insignitur* (III 40, 26).

Diese *"res"*, d.h. alle möglichen Objekte des Verstandes, unterteilt er in drei Gruppen, denen er Verstandesvermögen zuordnet, denen ihrerseits verschiedene Tugenden zukommen:

Objekte	Vermögen	Tugend des Vermögens
"res divinae": "ut Deus mentesque"		*"intelligentia"*
	"vis speculativa"	*"scientia"*
"res naturales", "veluti corpora ..."		*"sapientia"*
"res humanae":		
- *"habitus"*		
	"vis activa"	*"prudentia"*
- *"actiones"*		
- *"opera"*	*"vis effectiva"*	*"ars"*
		(III 40, 26 - 41, 23)

Diese Einteilung rechtfertigt Marsuppini wie folgt:

> *"Haec igitur omnia, etsi ita distincta sint, ut dixi saepissime, tamen non* ***oratores*** *tantum ac reliqui* ***scriptores****, sed ipsi quoque* ***philosophi*** *pro arbitrio confundunt."* (III 41, 15-18)

Er hätte deutlicher werden können. Es sind die dianoetischen Tugenden des Aristoteles [316], die er hier in von klassischem Latein verbrämter thomistischer Terminologie darlegt [317]. Auf die Bitte des jungen Landino erläutert er sie näher. Die folgenden Einzel-Definitionen und ihre Erklärungen orientieren sich ebenfalls an der aristotelisch-thomistischen Lehre, haben teilweise sogar Lehrbuch-Charakter. In der Behandlung von *"sapientia"* und *"prudentia"* werden sich allerdings einige für Landino signifikante Modifikationen zeigen. Auch wenn die entsprechende allgemeine Bestimmung der Tugend als *"habitus operativus bonus"* [318] nicht explizit gegeben wird, so liegt sie doch den folgenden Definitionen zu Grunde.

a) Die *"intelligentia"*

Diese Tugend definiert Marsuppini als *"habitus principiorum"*, d.h. als das intuitive Erfassen der für das logische Denken notwendigen Axiome:

> *"intelligentia" est "**habitus, quo principia percipiamus,** quorum quidem cognitio ex sola verborum cognitione sive ipsa ex ratiocinatione quadam innata sit, sive sine ratiocinatione proveniat."* (III 42, 28-31)

Ausführlich erläutert er diese *"principia ex se nota"*, indem er zwischen

> *"dignitas"* und *"positio"* (III 42, 3-5)

unterscheidet. Auch er wählt das gängige Beispiel der Evidenz dessen, daß das Ganze größer als seine Teile ist.

b) Die *"scientia"*

Sie wird definiert als

> *"**Habitus** ... manifesto rem **demonstrans**, quo quidem conclusiones necessarias per causas suas veras, et ipsis conclusionibus priores percipiamus"* (III 46, 1-3) [319],

und erstreckt sich auf

> *"ea, quae a principiis fluunt"*, d.h. auf *"necessaria"* (III 43, 5),

---

316 *EN* VI 3 ff (1139 b ff.): *"νοῦϲ", "ἐπιϲτήμη", "ϲοφία", "φρόνηϲιϲ"* und *"τέχνη"*.

317 Bemerkenswert ist immer wieder die Gratwanderung Landinos zwischen der scholastischen Terminologie, die ihn einerseits abstößt, die er aber andererseits nicht völlig zu ersetzen wagt, und dem Latein Ciceros. So bezeichnet er die *"prudentia"* als Tugend *"quae **curam capit rerum agendarum**"*, um die scholastische Definition als *"recta ratio **agibilium**"*, insbesondere das Adjektiv *"agibilis"* durch die Bildung des klassischen Gerundivums zu umgehen.

318 Thomas, *S.Th.* I 2, q.55, a.2. Vgl. Gredt, Elementa, II 303, n.804.

319 Im Wortlaut der thomistischen Definition: *"Scientia sumpta pro habitu scientiae (rationalis) definitur: habitus per demonstrationem acquisitus et ad demonstrationem inclinans."* (Gredt, Elementa, I 176/177)

die sich nur so und nicht anders verhalten können. Damit sind die Schlüsse (*"conclusiones"*), die sie zieht, immer gültig, so daß auch die *"scientia"* selbst

"perpetua" (III 43, 13)

ist.

Auf die Frage des jungen Landino hin grenzt Marsuppini sie nochmals gegenüber der *"opinio"* ab, die sich nur auf Vermutungen stützt. *"Scientia"* dagegen wird aus Syllogismen gewonnen, die ihrerseits wieder von den Schlußformen *"inductio"*, *"exemplum"* und *"enthymema"* zu unterscheiden sind. Sie kann sowohl durch *"doctrina"* als auch durch *"disciplina"* gewonnen werden, zwei Wege, die ihrer Essenz nach ein und derselbe sind, und sich nur im Hinblick auf die Person (des Lehrenden bzw. des Lernenden) unterscheiden. (III 45, 7-26)

c) Die *"sapientia"*

Die Besprechung dieser Tugend bietet Marsuppini Gelegenheit, Plato in diese aristotelische Tugendlehre einzubeziehen. Er verzichtet zunächst auf eine genaue scholastische Definition und verweist auf die hohe Einschätzung dieser Tugend durch Aristoteles und Plato. In der Formulierung Ciceros stellt er die Weisheit als

"princeps virtutum omnium"[320] (III 46, 8-9)

vor und erklärt:

> *"**Qua re** admonitus non modo **Aristoteles, tantus vir**, sed, **quod maximi etiam facio, divinus ille Plato**, hac duce* (sc. *sapientia) ad id, quod extremum sit omnium bonorum nos pervenire demonstrant."* (III 46, 9-12)

Platos Urteil wird also mehr Bedeutung beigemessen. Die nähere Erklärung dieser höchsten Tugend orientiert sich zunächst wiederum an der scholastischen Auffassung. [321] Die Weisheit umfaßt *"scientia"* und *"intelligentia"*, erkennt und bestimmt die grundlegenden Prinzipien, die für das Wissen und alle anderen Tugenden maßgeblich sind:

> *"Quapropter recte Peripatetici caput illam habere dicunt, quoniam*

---

[320] Vgl. Cic. *De off.* I 153: *"Princepsque omnium virtutum illa sapientia, quam σοφίαν Graeci vocant ..."*

[321] *"Videt enim principia omnia omnium rerum, videt quae a principiis fluunt, et intelligentiae simul atque scientiae munere fungitur, non tamen ut altera illarum sit, sed tertia quaedam res ex illis confecta, quae cum neutra illarum existat, utrasque tamen in se suscipiat: atque cum in quavis scientia communia alia, alia propria sint, a prioribus propria, a posterioribus communia probat."* (III 46, 15-21)

omnium rerum principia, quae ceterae artes, tanquam de iis iam constet, minime investigent, ea sapientia requirit ac probat, et sua amplitudine communia in se concipit." (III 47, 21-24)

Marsuppini erläutert das auf der Grundlage des aristotelischen Wissensbegriffs an dem Beispiel des Weisen, der den evidenten Satz:

"si ab aequalibus aequalia demas, quae restant aequalia erunt" (III 47, 25/26)

auf alle Wissensgebiete übertragen könne, während ihn der Fachmann einer bestimmten Wissenschaft (Arithmetik oder Geometrie) nur auf sein Fachgebiet anzuwenden vermöge (da ihm nur dieses bekannt ist).

Es ist ein gebräuchliches Beispiel. Doch bekommt es dadurch mehr Gewicht, daß es zur entscheidenden Schlußfolgerung über das Wesen der Weisheit überleitet

"Sapiens vero sine ullo discrimine ipsum (sc. *principium*) *complectens ad res cunctas pariter refert: atque, si forte rogetur causam aliquam cur ea dignitas sit, proferet. Denique* ***adeo se in excelsum erigit, ut ipsas essentias****, quae ab omni materia seductae sint,* ***ipsum*** *denique* ***Deum*** *attingat."* (III 47, 31 - 48,4)

Und damit wird die *"sapientia"* als das Wissen um die ersten Gründe zur Metaphysik, bzw. Theologie. Hier ergäbe sich nun wirklich ein Anknüpfungspunkt zur platonischen Auffassung der Weisheit als der Kontemplation der ewigen, unveränderlichen Ideen [322] (getrennt von der Frage betrachtet, inwieweit die Erkenntnis der höchsten Dinge möglich ist). Doch wird diese Möglichkeit von Landino nicht genutzt. Überraschend ist die Definition der *"sapientia"*, mit der Marsuppini ihre Darstellung abschließt:

"Quam ob rem recte diffinierunt ***sapientiam*** *esse* ***rerum humanarum divinarumque scientiam."*** (III 48, 4/5)

Das ist nun die der stoischen Tradition entstammende Definition Ciceros [323], die den Menschen, über den nach Aristoteles kein sicheres Wissen möglich ist, einbezieht. Sie ist durch die vorausausgehende Darstellung nicht vorbereitet worden und erscheint völlig unvermittelt.

Doch war die Weisheit einleitend bereits in einer Formulierung Ciceros als *"princeps omnium virtutum"* vorgestellt worden, die allerdings in ihrer Allgemeinheit keine direkte Zuordnung zu Akademie, Peripatos oder Stoa

---

[322] Vgl. zur Geschichte des Weisheits-Begriffes Rice, Wisdom, insb. 1-29.

[323] *De off.* I 153: *"illa autem sapientia quam principem dixi rerum est divinarum et humanarum scientia, ..."* Ebenso *Tusc.*V 7/8,: *"nam sapientiam quidem ipsam quis negare potest non modo re esse antiquam, verum etiam nomine? quae* ***divinarum humanarumque rerum****, tum initiorum causarumque cuiusque rei cognitione hoc pulcherimum nomen apud antiquos adsequebatur."*

zuließ. Beide (nicht als solche gekennzeichneten) Zitate sind derselben Stelle entnommen.[324] Landino hatte diese also während seiner gesamten Ausführungen über diese Tugend im Kopf. Ihm sind die Formulierungen seines römischen Vorbildes so geläufig, daß oft der Eindruck entsteht, daß er sogar in ihnen denkt oder zumindest bei jedem sich bietenden Stichwort auf sie zurückgreift, ohne daraus resultierende inhaltliche Verschiebungen zu bemerken, oder sich durch sie stören zu lassen. Vielleicht aber sollte es in diesem Fall nicht bei dieser Erklärung belassen, sondern eine zweite zumindest ins Auge gefaßt werden: E. Rice[325] hat herausgestellt, daß die Humanisten, um die Aufwertung des Menschen bemüht, mit Petrarca beginnend, in der Konfrontation zum Mittelalter bewußt den ciceronianischen Weisheitsbegriff, der den Menschen mit einbezieht, aufgriffen, da er ihrer Lebensauffassung näher kam. Von daher wäre es vorstellbar, daß Landino diese Definition aus demselben Grund wählt. Nach den ersten beiden Prooemien zu urteilen, ist er eher an einer 'Philosophie für den Hausgebrauch' interessiert, die konkrete Handlungsmaximen liefert. Die Definition und Auffassung Ciceros zeigen ihm einen Weg der Gleichsetzung der Weisheit mit der Philosophie[326] als *"ars vivendi"*. Die Vorliebe für diese Vorstellung hätte ihn die Definition demnach an dieser unpassenden Stelle einführen lassen. Daß er durch den Rückgriff auf Ciceros Auffassung von Philosophie andere ethische Modelle unterläuft, wird in der Tugendlehre noch besonders augenfällig werden.

d) Die *"prudentia"*

Für diese Tugend gibt Marsuppini keine weitere Definition, sondern apostrophiert sie nur als

"dux totius humanae vitae" und *"magistra vitae degendae"* (III 48, 17)

und führt mit dieser Reminiszenz an Ciceros Bezeichnung der Philosophie

---

[324] Cic. *De off.* I 153.

[325] Rice, Wisdom.

[326] Cic. *Tusc.* V 8: *".. deinceps omnes, qui in rerum contemplatione studia ponebant, sapientes et habebantur et nominabantur.* ... Zwar wird das Wort 'Philosophie' noch unter Wahrung der Differenz zwischen der dynamischen Philosophie und der statischen Weisheit erklärt: *"sapientiae studiosi"* - *"id est enim philosophi"* (V 9), aber die Grenzen werden fließend, wenn Cicero im folgenden Sokrates die *"philosophia"* vom Himmel auf die Erde holen läßt (V 10), und wenige Seiten weiter von der *"ratio disserendi"* als der Lehre spricht, *"quae per omnes partes sapientiae manat"* (V 72), was auf völlige Gleichsetzung hinausläuft.

[327] sofort wieder in den Vorstellungskreis des Römers. Unterschwellig erhöht er so die Stellung dieser Tugend innerhalb des aristotelisch- thomistischen Systems. Zwar kommt ihr auch nach der Einschätzung des Aquinaten eine Schlüsselstellung zu, da sie auf der Grenze zwischen intellektuellen und moralischen Tugenden steht, *"per essentiam"* zu den ersteren, *"per materiam"* zu den letzteren gehört [328], doch geht die implizite Gleichsetzung mit der Philosophie (und damit auch mit der *"sapientia"*) von seiten Marsuppinis darüber weit hinaus und wirft ein helles Licht auf die eigentliche Vorstellung Landinos von der Philosophie als Lebenskunst. Diese Bezeichnung der *"prudentia"* ist allerdings hier nur eine Etikettierung, die beim Leser bestimmte Assoziationen hervorrufen soll; denn zunächst will Marsuppini sie als die aristotelische Tugend verstanden wissen, verweist erstmalig in diesem Zusammenhang ausdrücklich auf die Nikomachische Ethik, um ihr die angeblich dort genannten Untertugenden

- *"bona consultatio"*,
- *"solertia"*,
- *"sagacitas"* und
- *"sententia"* (III 48, 11-12)

zuzuordnen. Er weicht allerdings von seiner Quelle ab, indem er die drei von Aristoteles genannten Tugenden *"εὐβουλία"*, *"cύνεcιc"* und *"γνώμη"* um eine erweitert - das Verhältnis von *"sagacitas"* und *"solertia"* bleibt unklar -, doch dürfte diese größere Anzahl eine Folge der thomistischen Unterscheidung zwischen *"partes integrales"*, *"subiectivae"* und *"potentiales"* der Tugend sein, die die Aufgliederung in weit mehr Untertugenden vorsah.

Die Annahme der Untertugenden begründet Marsuppini mit den Aufgaben der *"prudentia"*:

Bedingung für die richtige Handlungsweise des Menschen ist, zu berücksichtigen,

- *"quod ad bonorum malorumque fines cognoscendos pertineat"* sowie
- *"quo ea munera ac officia vitae, quae ad fines ferunt, obeamus"* (III 48, 13-15).

Daraus folgt:

est "prudentiae munus, ... , ut et quae circa fines versantur et quae ad

---

[327] Cic. *Tusc.* II 16: *"ergo id quod natura ipsa et quaedam generosa virtus statim respuit, ... in eo* ***magistra vitae philosophia*** *tot saecula permanet."*

[328] *S.Th.* I 2, q.58, a.3: *"Ad primum ergo dicendum quod prudentia, secundum essentiam suam, est intellectualis virtus. Sed secundum materiam convenit cum virtutibus moralibus: est enim recta ratio agibilium, ut supra dictum est. Et secundum hoc, virtutibus moralibus connumeratur."* Vgl. Gredt, Elementa, II 805, n.304. Vgl. ebenso Santoro, Fortuna, 42 ff; Dittrich, Ethik, 122 ff.

fines ferunt diligentius animadvertat. Quod si ita est, nemo negabit illam ***consultatione, iudicio, electione*** *egere."* (III 48, 16-20)[329]

e) Die *"ars"*

Diese Tugend der *"mens effectiva"* handelt Marsuppini sehr kurz ab. Er beschränkt sich auf die Definition:

"hanc igitur diffiniunt ***rectam rationem rerum efficiendarum.****"* (III 49, 23/24),

um dann sofort zu den moralischen Tugenden überzugehen.

2.5.2.2 Die *"virtutes morales"*

Der Vollständigkeit halber, so fährt Marsuppini fort, müßten nun auch die Tugenden behandelt werden, die in der Formulierung Ciceros

*"**ad rectum honestumque dirigunt,** et vitam moresque emendant"* (III 49, 27/28).

Dies seien die Kardinaltugenden:

*"**iustitia, fortitudo** et **temperantia*** (III 49, 29).

Es fehlt die *"prudentia"*, deren Darstellung innerhalb der dianoetischen Tugenden er kurz zuvor mit der lapidaren Bemerkung:

"Sed de prudentia fortasse nimis multa." (III 49, 22)

abgebrochen hatte. Grund dafür dürfte die Doppelrolle sein, die diese Tugend, wie bereits erwähnt, im System Thomas von Aquins einnimmt. Während Aristoteles die moralischen Tugenden nur unter dem Gesichtspunkt seiner *"μεσότης"*-Lehre behandelte, entwickelte der scholastische Theologe die große Synthese aus den platonischen, aristotelischen und stoischen Tugendsystemen. Er interpretierte die 4 platonischen Kardinaltugenden als Kern der aristotelischen 11 Moraltugenden (einschließlich der *"iustitia"*), da beiden Gruppen die Zügelung des sinnlichen Strebevermö-

---

[329] Vgl. Thomas, *S.Th.* I 2, q.57, a.5: *"Respondeo dicendum quod prudentia est virtus maxime necessaria ad vitam humanam. Bene enim vivere consistit in bene operari. Ad hoc autem quod aliquis bene operatur, non solum requiritur,* ***quid*** *faciat, sed etiam* ***quomodo*** *faciat; ut scilicet secundum electionem rectam operatur, non solum ex impetu aut passione. Cum autem electio sit eorum quae sunt ad finem, rectitudo electionis duo requirit: scilicet debitum finem; et id quod convenienter ordinatur ad debitum finem."* Zitiert von Santoro, Fortuna, 31. Vgl. des weiteren ibid. a.6: *"Circa agibilia autem humana tres actus rationis inveniuntur: quorum primus est conciliari, secundus iudicare, tertius est praecipere. ... Et ideo virtuti quae est bene praeceptiva, scilicet prudentia, tanquam principaliori, adiunguntur tamquam secundariae eubulia, quae est bene consiliativa, et synesis et gnome, quae sunt partes iudicativae;..."*

gens obliege, was zu den entsprechenden Konsequenzen für die Rolle der *"prudentia"* führte.[330]

Landino scheint es hier bewußt zu vermeiden, auf die Stellung dieser Tugend einzugehen und sie aus dem System heraus zu begründen. Er läßt seinen Lehrer sofort zur Bestimmung der Aufgabe der moralischen Tugenden übergehen:

> *"Estque earum munus maxime ut appetitum coerceant atque **sub rationis imperio contineant**, ne in eas **perturbationes, quas in hesterna disputatione enumeravimus**, cadat animus."* (III 49, 30-32)

Mit dieser allgemeinen Einschätzung bewegt er sich durchaus noch im aristotelisch- thomistischen System. Doch der Gesichtspunkt des *"imperium rationis"* liefert ihm das Stichwort für Landinos bevorzugtes Thema: die stoische Interpretation der Ratio als Kämpferin gegen die Affekte.

Und so hebt Marsuppini nun zum Hymnus auf die Ratio an durch die allegorisierende Deutung jener Vergilstelle, die auch in anderen Werken Landinos immer wieder für diese oder zumindest eine ähnliche Aussage angeführt wird:

Neptun beruhigt das Meer, indem er die Winde bezwingt und ist somit das Bild der Ratio, die die Affekte niederwirft.[331]

Diese Ratio übernimmt nun die Aufgabe, in die Marsuppini noch kurz zuvor mit der Formulierung Ciceros die aristotelische *"prudentia"* gezwängt hatte:

> *"**Ratio** enim, **ratio** inquam, ea est, quae **dux ac regina vitae nostrae** cum ex sublimi solio animum, qui sponte sua tranquillus est, varia perturbationum procella intumescere et in eam tempestatem, quam **poetae describunt**, insurgere videt, praesto adest; et se ipsam excitam virtutes, quas insurgentibus fluctibus opponat, optime parit."* (III 50, 7-13)

Sie erscheint nun entsprechend der stoischen (!) Lehre als Führerin der vier

---

330 Thomas, *S.Th.*, q.61, a.1:" *Et ideo virtutes quae continent rectitudinem appetitus, dicuntur principales. Huiusmodi autem sunt virtutes morales; et inter intellectuales, sola prudentia, quae etiam quodamodo moralis est, secundum materiam, ut ex supradictis patet."* Vgl. Dittrich, Ethik, 122 ff.

331 Zu *Aen.* I 125 ff. *"Ex iis enim tanquam e procellosis ventis, ita pars ipsa irrationalis extuat, ut in varias gravissimasque tempestates exsurgat. Verum si ratio et veluti salutaris Neptunus, tunc placidum modis 'caput' efferat, cum emissam 'hiemem et stagna imis vadis refusa' animadvertit, continuo et 'dicto citius' tumefactum aequor 'placat'."* (III 49, 32 - 50, 6) Vgl. *Disp. Cam.* 168, 17-19: *"Ratio autem superior, cum caput ex undis extulit 'emissamque' a Iunone 'hiemem' cognovit, cuncta in tranquillitatem redigit. ..."* Zur Tugendlehre in den *Disp. Cam.* vgl. Rombach, Vita activa und vita contemplativa, 97 - 112.

(!) Kardinaltugenden. Jetzt wird die *"prudentia"* wieder mit einbezogen, trägt natürlich ebenfalls stoische Züge und unterscheidet sich systembedingt [332] nicht wesentlich von der Ratio.

> *"Comitatur eam in primis* ***prudentia,*** *qua vis quaedam animi in nobis excitatur,* ***ut ad cognitionem rerum ingenti ardore inflammemur."*** (III 50, 13-15)

Ebenso wie die Ratio mahnt sie die Seele, sich von Affekten zu befreien, und erkennt den Unterschied zwischen Mensch und Tier, der ja eben in der Ratio liegt, und den Marsuppini in Anlehnung an Cicero [333] folgendermassen schildert:

> *"Qua quidem virtute* (sc. *prudentia*) *edocti hoc inter hominem et beluam interesse animadvertimus, quod illae solo sensu iudice non nisi praesentibus rebus moventia; at nos hac mentis acie et rerum agendarum causas, et quae a causis progrediantur optime prospicimus et rerum praeteritarum usu et experientia doctiores effecti praesentia quae sunt recte intelligimus, et ex his utrisque quae posthac ventura sunt coniectantes perpetuo quodam tenore universae vitae cursum sine errore instituimus."* (III 50, 20-28)

Dann kommt er nochmals auf die Ratio selbst zurück, um den übrigen Tugenden ihren Platz zuzuweisen, die er ebenfalls mit den Definitionen Ciceros bestimmt. Nichts sei der Ratio so abträglich wie

> *"aegritudo et moeror"* (III 50, 30).

Gegen diese steht die *"**fortitudo**"* (III 51, 4):

> ***"... fortitudinem dicunt consideratam periculorum susceptionem et laborum perpessionem."*** (III 51, 11/12)

Dem übermäßigen Lustgenuß gebietet die *"**temperantia**"* (III 51, 5) Einhalt. Sie wird definiert als

> ***"rationis in libidem atque in alios non rectos animi impetus animi firma et moderata dominatio".*** (III 51, 13-15)

An letzter und damit an herausgehobener Stelle nennt Marsuppini die ***"iustitia"*** (III 51, 16), die bestimmt wird als

> ***"habitus animi communi utilitati conservata, suam cuique tribuens dignitatem".*** (III 51, 27-29) [334]

Diese Reihenfolge ist ein Indiz dafür, daß Landino die Gerechtigkeit - ganz im Sinne Ciceros - am meisten schätzt. Er läßt Marsuppini in Anlehnung

---

[332] Zur stoischen Tugendlehre vgl. Heitmann, Fortuna und Virtus. Pohlenz, Die Stoa.

[333] Cic. *De off.* I 11.

[334] Cic. *De invent.* II 160-163.

an sein antikes Vorbild ihre staatstragende Kraft in den Vordergrund stellen:

> *"Eadem autem ratio erit ipsius iustitiae: nam animadvertit eadem, quae cuncta prospicit ratio,* ***vi quadam naturae hominem homini conciliatum esse, et ad coetum vitaeque societatem natum****. In qua quidem animadversione etiam illud intelligit:* ***nisi optimis iustitiae fundamentis haereat, universa haec societas labatur atque corruat necesse est****."* (III 51, 15-21)[335]

Ihre Aufgabe sei daher die

> *"**aequabilitas** inter humanum genus"* (III 51, 23/24)

zu bewahren.

Diese stoische Stilisierung der Kardinaltugenden innerhalb des aristotelischen Systems entspricht der stoischen Interpretation der Affektelehre, die Landino an das Ende des II. Buches stellte. Sie ist hier wie dort kaum mehr als eine Verschiebung des Akzentes, denn der Kampf der Vernunft gegen die Sinnlichkeit, d.h. das Irrationale, ist kaum mehr als ein Topos, der sich beinahe jeder Richtung der abendländischen Philosophie eingliedern läßt, und für Landino den Vorzug hatte, daß er seine Darstellung aus einer klassischen Quelle schöpfen konnte. Dennoch bleibt festzuhalten, daß Landino im Bewußtsein ihres vergleichbaren Ansatzes, wo immer es möglich ist, die platonische Philosophie mit der stoischen Ethik unter Vernachlässigung der aristotelischen zu unterlegen versucht, um zu griffigen Handlungsnormen zu gelangen. Daß sein Pragmatismus dabei noch weiter geht, und er sich bei aller Hochachtung für Plato gegen eine Weltflucht hin zur reinen Geistigkeit sträubt, zeigt seine nun folgende Darstellung der neuplatonischen Tugendlehre nach Macrobius, die mit den stoischen Gedanken vorbereitet werden sollte.

Marsuppini fährt fort:

> *"Sunt autem qui negent in quemquam nisi sapientem cadere virtutes. Sapientem autem eum diffiniunt, qui, caducis mortalibusque contemptis, sola divina sapiat, et ad eorum exemplar, quoad imbecillitatis humanae facultas patiatur, vitam instituat. Et est profecto in iis sola perfecta absolutaque virtus; verum si illis assentiamur, raro, ne dicam nunquam, in homine aut repertae sunt aut reperientur virtutes.* ***Itaque clementius agamus cum genere humano****; atque eos quoque, qui, si non recta, saltem* ***media officia tueri*** *possunt, veluti studiosos et virtutibus praeditos, amplectamur."* (III 51, 30 - 52, 7)

---

[335] Vgl. Cic. *De off.* I 12 und III 28.

Die radikale Sicht der alten Stoa wird gemildert zugunsten einer Auffassung, die auch schon das Bemühen der Menschen anerkennt, die das stoische *"officium medium"* ausüben, ohne zur vollendeten Tugend des Weisen zu gelangen. Das ist die Lehre des Panaitios, wie sie Cicero in *De officiis* entwickelt.[336] Doch Marsuppini führt als Beleg die Lehre von den vier Stufen der vier Kardinaltugenden an, die auf Plato zurückgehe.[337]

2.5.2.3 Die vier Stufen der Tugenden nach Macrobius

Daß dies nicht stimmte, wußte Landino nur zu gut; denn er stützt sich hier, wenn auch an dieser Stelle im Gegensatz zum I. Buch ohne Quellenangabe, auf Macrobius, der Plotin als den Urheber dieser Lehre angibt. Auch das ist nicht richtig, denn sie geht auf eine Modifikation von seiten des Porphyrios[338] zurück. Doch Macrobius verfährt nach der üblichen Methode aller antiken Philosophenschulen, die sich nur als nachfolgende Interpreten der originären Lehre ihres Meister verstehen wollen: er stellt das zur Debatte stehende Philosophem unter die größtmögliche Autorität seiner Schule, um ihm das nötige Gewicht zu verleihen, völlig unabhängig davon ob der zitierte Philosoph es vertreten hat oder nicht. So nennt Macrobius Plotin, und Landino geht aus denselben Gründen noch einen Schritt weiter und beruft sich auf Plato. Macrobius beließ es nicht bei der falschen Zuweisung dieser Lehre, sondern nahm zudem eine bedeutsame Modifikation vor.[339]

Porphyrios sah, durchaus im Sinne der plotinischen Philosophie, in den Tugendstufen unterschiedliche Vollkommenheitsgrade, die die Seele auf ihrem Weg zur Vereinigung mit dem Einen (ἕν) durchläuft, wobei sie sich immer mehr in sich selbst zurückzieht, vom Körper 'trennt'. Er konzipierte vier Stufen nach ihrer hierarchischen Wertigkeit: die 'politischen', 'kathartischen', 'noetischen' und 'exemplarischen' Tugenden, deren erste drei die

---

[336] Cic. *De off.* I 8; III 13/14: *"Atque illud quidem honestum, quod proprie vereque dicitur, id in sapientibus est solis neque a virtute divelli umquam potest. In eis autem, in quibus sapientia perfecta non est, ipsum illud quidem perfectum honestum nullo modo, similitudines honesti esse possunt. Haec enim officia, de quibus his libris disputamus, media Stoici appellant: ea communia sunt et late patent, quae et ingeni bonitate multi assecuntur et progressione discendi."*

[337] S. die vergleichbare Intention der Einleitung des Macrobius in das vierstufige Tugendsystem, *Comm.* 1. 8, 4/5: *"atque ita fit ut secundum hoc tam* ***rigidae definitionis*** (sc. der Tugenden des Philosophen) *abruptum rerum publicarum rectores beati esse non possint. sed Plotinus ... libro De virtutibus gradus earum vera et naturali divisionis ratione compositos per ordinem digerit."*

[338] Porph. *Sententiae* 32.

[339] Vgl. Zintzen, Bemerkungen; ders., Römisches und Neuplatonisches.

Seele zu durchlaufen hat, während die letzte im Geist (νοῦς) liegt, der ersten Emanationsstufe, die gemäß der neuplatonischen Vorstellung die Ideen aller Dinge enthält.
Macrobius behält diese Hierarchie zwar vordergründig bei [340], läßt aber faktisch die unterste Stufe, die 'politischen' Tugenden, gleichberechtigt den zwei folgenden Stufen gegenübertreten, so daß die Hierarchie sich in gleichwertige Varianten der Lebensführung, d.h. der *"vita activa"* oder *"vita contemplativa"*, auflöst. [341] Denn sein vordringliches Anliegen ist es, dem Staatsmann, der sich eben nicht der Kontemplation hingibt, das *"habitaculum caeleste"* zu sichern. Für diese Auslegung war aber ein weiterer Eingriff gegenüber der Vorlage Voraussetzung. Bei Porphyrios sind die "πολιτικαὶ ἀρεταί" entsprechend der allgemeinen Wortbedeutung die praktischen Tugenden des gesellschaftlichen Zusammenlebens. Marcrobius versteht dies absichtlich falsch und übersetzt mit *"politicus"*. Damit sind die Tugenden, die ursprünglich durch Anleitung zur angemessenen Lebensführung die Grundlage für die folgenden Stufen des Aufstiegs bilden sollten, zu den per se zur himmlischen Eudaimonie führenden Tugenden des Staatsmannes geworden.
Vor diesem Hintergrund ist es interessant, inwieweit sich Landino in dieser Hinsicht an seine lateinische Vorlage hält. Es ist wahrscheinlich, daß er die ursprüngliche Version der Lehre kannte. Ficino setzt in seiner *Theologia Platonica* den hierarchischen Charakter, sowie die richtige Bedeutung der

---

340 Macr. *Comm.* 1. 8, 5: *"sed Plotinus ...* ***gradus earum*** (sc. *virtutum*) *vera et naturali divisionis ratione compositos per ordinem digerit. quattuor sunt inquit quaternarum genera virtutum."*

341 Macr. *Comm.* 1. 8, 12: *"si ergo hoc est officium et effectus virtutum, beare, constat autem et politicas esse virtutes: igitur et politicis efficiuntur beati. iure ergo Tullius de rerum publicarum rectoribus dixit: 'ubi beato aevo sempiterno fruantur': qui ut ostenderet alios* ***otiosis****, alios* ***negotiosis*** *virtutibus fieri beatos, ..."*

untersten Stufe voraus. [342] Die vier Stufen der Tugenden erfreuten sich überhaupt großer Beliebtheit unter den Humanisten. Auch Petrarca verwendet sie bereits. [343] Da der Kommentar des Macrobius auch dem Mittelalter bekannt war, steht dieses Tugendsystem in einer ununterbrochenen Tradition, ist aber immer wieder Modifikationen und Interpretationsvarianten ausgeliefert. So nimmt es auch Thomas von Aquin in seine Tugendsynthese auf, wertet es aber aus naheliegenden Gründen nicht als Aufstiegsweg, sondern als Bestimmung der Kardinaltugenden unter unterschiedlichen Gesichtspunkten. [344]
Landino selbst behandelt es zudem in seinen späteren Dialogen, *Disputationes Camaldulenses* und *De vera nobilitate* [345], so daß die hier vorgestellte Darstellung als Grundlage zu betrachten ist.

Marsuppini beginnt zunächst mit der Aufzählung der unteren drei Tugendgrade und erklärt, welche Menschen sie ausüben:

---

342 Allerdings greift auch er zu einer Hilfskonstruktion, indem er den Tugendstufen die Bezwingung unterschiedlicher Affekte zuweist: *"Omnes igitur Deum quaerunt. Quaerunt autem illi Deum rectissime calle, qui primo per civiles virtutes affectus animi secundos amputant, deinde per virtutes purgatorias eos exstirpant, tertio loco per virtutes animi iam purgati affectus primos insuper moderantur, quibus temperatis denique virtutibus exemplaribus quae sunt in Deo formentur. Formari vero quandoque virtutibus exemplaribus proculdubio possumus. ... Deus qui virtus ipsa exemplaris est, animae humanae speciem afficit ab initio seminibus quibusdam incitamentisque virtutum, per quae humanibus virtutibus, id est civilibus, purgatoriis, purgati animi ad exemplares divinasque virtutes commode praeparamur. Quod tres eiusmodi virtutes humanae preparationes sint ad divinas, ex eo coniicimus quod ex divinis inseruntur nobis et excitantur, quorum illarum imagines sunt ita perspicuae, ut per ipsas agnoscantur illae, quod ad illas gradatim magis magisque accedunt, quod ita nos afficiunt, ut in his non quiescamus, sed afficiamur ad illas."* (*Th.Pl.* II 268). Vgl. Zintzen, Bemerkungen, 429 ff. Zur Tugendlehre Ficinos s. Anhang.

343 Petr. *Prose*, I 340 ff. (*De vita solitaria*). Vgl. Zintzen, Bemerkungen, 423-427.

344 Thom. *S.Th.* I 2, q.61, a.5: *"... Oportet igitur quod exemplar humanae virtutis in Deo praeexistat, sicut in eo praeexistunt omnium rerum rationes. Sic igitur virtus potest considerari in Deo: et sic dicuntur virtutes exemplares. ... Et quia homo secundum suam naturam est animal politicum, virtutes huiusmodi, prout in homine existunt secundum conditionem suae naturae, politicae vocantur. ... Sed quia ad hominem pertinet ut etiam ad divina se trahat quantum potest ..., necesse est ponere quasdam virtutes medias, inter politicas, quae sunt virtutes humanae, et exemplares, quae sunt virtutes divinae. Quae quidem virtutes distinguuntur secundum diversitatem motus et termini. Ita scilicet quod quaedam sunt virtutes transeuntium et in divinam similitudinem tendentium: et hae vocantur virtutes purgatoriae. ... Quaedam vero sunt virtutes iam assequentium similitudinem: quae vocantur virtutes iam purgati animi."*

345 Vgl. Rombach, Vita activa und contemplativa, 108 ff.

Tugendgrad	Charakterisierung der Ausübenden
"virtutes politicae, idest ***civiles****"*	*"qui coetus ac civitatem" adamant,*
"virtutes expiatoriae"	*"qui omnem mortalitatem dediscere cupientes et humanarum rerum odio moti ad sola divina speculanda" eriguntur,*
"virtutes animi purgati"	*"qui omni iam contagione tersi in solis divinis" versantur.* (III 52, 1-16)

Die Tugenden der untersten Stufe werden in dieser ersten Bestimmung also eher gemäß der Konzeption des Porphyrios als Tugenden des gesellschaftlichen Zusammenlebens verstanden. Das Adjektiv *"politicus"*, d.h. sein griechisches Pendant, wird expressis verbis in diesem Sinne gedeutet. Damit scheint das Aufstiegsmodell gewahrt.

a) Die *"virtutes civiles"*

Ebenso wie Macrobius rechtfertigt Marsuppini den Wert dieser Tugenden mit der Bestimmung des Menschen als *"ζῷον πολιτικόν"*:

Landino	Macrobius
"Nam, cum homo neque solivagus neque a reliquorum hominum consortio alienus sit, sed ad coetus conciliaque celebranda natus, id in primis ad suum officium pertinere existimat, ut urbes incolat, ***rei publicae consulat,*** *ut suorum civium salutem tutetur, ut socios protegat, ac denique* ***ab omni iniuria manus animumque continens et animi et corporis viribus in commune consulat.****"* (III 52, 15-21)	*"et sunt politicae* (sc. *virtutes) hominis, qua sociale animal est. his boni viri rei publicae consulunt, urbes tuentur: his parentes venerantur, liberos amant, proximos diligunt: hic civium salutem gubernant: his socios circumspecta providentia protegunt, iusta liberalitate devinciunt: hisque '... sui memores alios fecere merendo."* (*Comm.* 1. 8, 6)

Auch Marsuppini beginnt das Wesen dieser Tugend anhand der politischen Tätigkeit zu erläutern, führt zunächst dieselben Einzelaspekte wie die Vorlage an. Doch dann resümiert er, daß alle die genannten Tätigkeiten Ausdruck der angemessenen 'Körper'- und Geisteshaltung im gesellschaftlichen Umgang seien. Politik wird also nicht ausgeklammert, das Wesen dieser Tugenden aber auch nicht auf sie reduziert, also eindeutig der Weg zurück zur porphyrianischen Auffassung dieser Tugenden eingeschlagen.

Dennoch übernimmt Landino die Definitionen der Kardinaltugenden auf dieser Stufe von seiner Vorlage, und ändert nur den "Schwarm" der sie begleitenden Einzeltugenden geringfügig. Allerdings macht er eine bemerkenswerte Ausnahme:
Macrobius beginnt mit der Definition der *"prudentia"*. Dazu läßt Landino ihn erklären:

> *"Non prosequar, quae **prudentiae** partes sint, quia de illis paulo ante, cum de **mente activa** loquebamur, satis me multa dixisse memini"*. (III 53, 3-5)

Hier wird versucht, eine Brücke zum aristotelisch-thomistischen System zu schlagen, indem für die Bestimmung der moralischen (!) Tugend des Macrobius auf die Darstellung der intellektuellen (!) Tugend des Aristoteles verwiesen wird. Eine Klärung der Doppelfunktion der *"prudentia"* wird wiederum vermieden oder versäumt. Ganz will Landino jedoch nicht auf die Darstellung dieser Tugend durch Macrobius verzichten. Einen Satz läßt er Marsuppini ihr noch widmen, mit dem er die von Macrobius anführten Untertugenden umreißt:

> *"sed prudens qui fuerit, is profecto **ratiocinando, intelligendo** omnia diligentissime **circumspiciet, praevidebit** atque **cavebit**."* (III 53, 5-7)[346]

Anschließend geht er sofort zu den übrigen drei Kardinaltugenden über. Seine Ausführungen ergeben folgendes:

<u>*"fortitudo"*</u>

Definition:	*"Fortitudinis vero est animum supra periculi metum agere, nihil praeter turpia in malis habere, non adversibus rebus frangi, non secundis efferri;"* (III 53, 7-9)
Untertugenden:	- *"constantia"*, - *"fiducia"*, - *"magnanimitas"*, -- *"dignitas"*, -- *"liberalitas"*, - *"perseverantia"*, - *"patientia"*, - *"magnificentia"*, -- *"gloria"*, -- *"amplitudo"*, -- *"studium"*,

[346] Vgl. *Comm.* 1. 8, 7; dort nennt Macrobius als Untertugenden der *"prudentia"*: *"ratio"*, *"intellectus"*, *"circumspectio"*, *"providentia"*, *"docilitas"* und *"cautio"*. Landino läßt also nur die *"docilitas"* aus.

-- *"exercitium"*,
- *"securitas"*. (III 53, 6 - 54, 3)[347]

"temperantia"

Definition: *"Temperantia vero, ... hoc in primis curat, ne quid cuius deinceps paenitendum sit appetat, ne qua in re moderationis legem excedat, ut omnes cupiditates sub rationis iugum cogat."* (III 54, 5-9)

Untertugenden:
- *"modestia"*,
  -- *"cultus"*,
  -- *"comitas"*,
  -- *"facetiae"*,
  -- *"verecundia"*,
- *"clementia"*,
- *"sobrietas"*,
- *"severitas"*,
- *"discretio"*,
- *"parcitas"*,
- *"continentia"*,
-- *"abstinentia"*,
  --- *"taciturnitas"*,
-- *"munditia"*,
  --- *"sanctimonia"*,
  --- *"pudicitia"*,
-- *"castitas"*. (III 54, 4 - 55, 22)[348]

"iustitia"

Definition: *"constanti ac perpetua voluntate vis suum secundum propriam dignitatem cuique tribuens"* .(III 55, 23-25)

Untertugenden:
- *"religio"*,
- *"innocentia"*,
  -- *"humilitas"*,
  -- *"mansuetudo"*,
- *"pax"*,
  --*"tranquillitas"*,
- *"concordia"*,
- *"pietas"*,

347 *Comm.* 1. 8, 7: Macrobius führt folgende Untertugenden auf: *"magnanimitas"*, *"fiducia"*, *"securitas"*, *"magnificentia"*, *"constantia"*, *"tolerantia"* und *"firmitas"*.

348 Vgl. *Comm.* 1. 8, 7: dort folgende Untertugenden: *"modestia"*, *"verecundia"*, *"abstinenitia"*, *"castitas"*, *"honestas"*, *"moderatio"*, *"parcitas"*, *"sobrietas"* und *"pudicitia"*.

-- *"amicitia"*,
- *"liberalitas"*,
- *"integritas"*,
-- *"fides"*,
-- *"veriloquium"*,
-- *"simplicitas"*,
-- *"vindicatio"*. (III 55, 23 - 56, 31)[349]

Im Gegensatz zu Macrobius definiert Landino auch alle Untertugenden näher. In Verbindung mit der im Verhältnis zur Vorlage genaueren Ausarbeitung des Tugendkatalogs zeigt dies wieder die Vorliebe des Autors für minutiöse Schemata. In der Regel bringen sie - wie auch hier - für den eigentlichen Gedankengang keine neuen Aspekte, sondern hemmen ihn sogar.

So muß Marsuppini seinen Zuhörern nochmals ins Gedächtnis rufen, was vor dieser endlosen Aufzählung als Aufgabe der *"virtutes civiles"* bestimmt worden war, um sie von der folgenden Stufe abzugrenzen:

> *"Huiuscemodi igitur virtutibus, qui in vita communi et hominum societate degunt,* ***primum se ipsos, deinde suos ac postremo rem publicam recte administrant,*** *atque ita inter homines* ***versantur,*** *ut et* ***vitam civilem colant,*** *et* ***nusquam a honestate discedant."*** (III 56, 32 - 57, 4)

Nochmals wird deutlich, welcher Platz der Tätigkeit des Staatsmannes innerhalb des Geltungsbereiches dieser Tugenden eingeräumt wird. Sie wird erst an dritter Stelle nach dem Bemühen um die private tugendhafte Haltung und der Fürsorge um die nächsten Angehörigen genannt. Diese Aufzählung, die sich in diesem Zusammenhang bei Macrobius nicht findet, erinnert an das stoische Bild [350] der konzentrischen Kreise von Familie, Staat und Kosmos, die den einzelnen von innen nach außen umringen. Es soll die Einbindung des Menschen in die Gesellschaft und die damit verbundene Verantwortlichkeit für die anderen symbolisieren. Die Stellung der politischen Tätigkeit wird gegenüber Macrobius also einerseits deutlich relativiert, andererseits aber auf der Grundlage der stoischen Konzeption an einer entscheidenden Stelle bewußt miteinbezogen. In den einleitenden Bemerkungen Marsuppinis zu den *"virtutes civiles"* hätte ihre Berücksichtigung noch mit der Abhängigkeit von der Vorlage erklärt werden können. Das ist aber an dieser Stelle, die bei Macrobius kein Pendant hat, nicht möglich. Landino will der *"vita activa"* also einen festen Platz im mensch-

---

[349] Vgl. Macr. *Comm.* 1. 8, 7/8: dort die folgenden Untertugenden: *"innocentia"*, *"amicitia"*, *"concordia"*, *"pietas"*, *"religio"*, *"affectus"* und *"humanitas"*.

[350] Hierokles, Pap. Berolin. 9780.

lichen Leben sichern, den die plotinisch-porphyrianische Philosophie, die die Bestimmung des Menschen ausschließlich in der Kontemplation sieht, ihr konsequenterweise absprechen muß.
Diese Einschätzung wird durch Marsuppinis Einleitung der Darstellung der *"virtutes expiatoriae"* gestützt.

b) Die *"expiatoriae virtutes"*
Landino läßt seinen Lehrer in einer bezeichnenden Ausdeutung der Vorlage die Inhaber dieser Tugenden, wie folgt vorstellen:

> *"Sed sunt* ***nonnulli****, atque* ***ii perpauci****, qui hominem praeter animum nihil esse animadvertentes, corpus, quod mortale caducumque sit, in nullam partem hominis reponunt, sed potius illi tanquam vinculum molestissimumque carcerem datum putant."* (III 57, 4-8)

Es sind also nur sehr wenige, die diese radikale platonische Auffassung vertreten und - so muß man folgern - diese zweite Stufe erreichen, ja überhaupt erreichen wollen. Denn das Bekenntnis zu dieser Auffassung scheint nun plötzlich in das Ermessen des einzelnen gestellt und - im Gegensatz zu allen übrigen Stellungnahmen des gesamten Dialogs - nicht mehr einzig mögliche Weltsicht zu sein. Hier wird nicht ein Grad eines Prozesses vorgestellt, den jeder Mensch durchläuft oder zumindest zu durchlaufen streben sollte, sondern das Modell eines anderen Lebensentwurfs.[351]
Macrobius, der ja die Absicht verfolgt, die Tugend des Staatsmannes aufzuwerten, hat diese Sicht bereits vorgegeben:

> *"secundae, quas purgatorias vocant,* ***hominis sunt qua divini capax est, solumque animum eius*** *expediunt,* ***qui decrevit*** *se a corporis contagione purgare et quadam humanorum fuga solis se inserere divinis. hae sunt* ***otiosorum*** *qui a rerum publicarum actionibus se sequestrant."* (*Comm.* 1. 8, 8)[352]

Auch nach der Darstellung des Römers besteht keine zwingende Notwendigkeit, den Aufstiegsprozeß zu erstreben; die zweite Stufe der Tugenden zu erreichen, ist vielmehr Sache eines persönlichen, nicht unbedingt nötigen Entschlusses (*"decrevit"*), wird sogar mit dem negativen Terminus der Flucht und dem, zumindest aus römischer Sicht ebenso negativen, der Müßigkeit belegt. Macrobius verzichtet allerdings auf eine zahlenmäßige Einschätzung derjenigen, die sich zu dieser Lebensführung durchringen, sowie auf die eine gewisse Beiläufigkeit zum Ausdruck bringende Formulierung *"sunt qui"*.

---

[351] Vgl. Saitta, L'umanesimo, I 516.

[352] Vgl. Zintzen, Römisches und Neuplatonisches, 367.

Während Landino also bei der Behandlung des ersten Tugendgrades eine selbständigere Interpretation des porphyrianischen Modells zeigte, und die Aussage seiner Vorlage in gewisser Hinsicht korrigierte, was beweist, daß er die ursprüngliche Version wirklich kannte, folgt er an dieser Stelle nun doch eindeutig der Blickrichtung der Vorlage. Aber er setzt auch hier die Akzente etwas anders. Er meidet bei der Charakterisierung des zweiten Tugendgrades die negativ belegten Begriffe der Flucht und Müßigkeit. Er will diese Art der Lebensführung scheinbar nicht herabsetzen, was der Intention seines Dialogs zufolge ohnehin unmöglich wäre, sondern nur deutlich machen, daß sie nicht 'jedermanns Sache' sein kann und sein muß. So ist es aus seiner Sicht keineswegs widersprüchlich, wenn er auch hier, wie sonst immer, die *"separatio animi a corpore"*, d.h. die Abkehr von den sinnlichen Begierden, mit der Charakterisierung der Philosophie als

> *"meditatio moriendi"* (III 57, 18/19)

würdigt und dieses Thema mit der dafür üblichen Ausführlichkeit vorträgt :

> *"Et profecto quid aliud, ut et* **Socrates** *et* **socraticus Cicero** *dixit, quid inquam aliud vita est philosophorum nisi mortis commentatio? Nam cum a corporeis voluptatibus refugimus, cum a negociis vel nostris vel amicorum, cum denique a republica animi sevocantur, et veluti a corpore abducti, secum esse coguntur, mori quodammodo videmur; siquidem a corpore animo seducere nihil aliud est, quam mori ediscere."* (III 57, 19-26)[353]

Diese rhetorische Tirade soll wohl den Ersatz für die näheren Definitionen der Kardinaltugenden auf dieser Stufe liefern. Warum Landino auf diese verzichtet, bleibt letztlich offen. Es ist allerdings insofern auffällig, als er sich im übrigen im Verlauf der Darstellung immer enger an seine Quelle anschließt. Macrobius gibt an dieser Stelle die Definitionen allerdings auch nicht, sondern verweist auf seine vorausgehende allgemeine Bestimmung der Tugenden des Philosophen.[354] Diese könnte Landino, falls er seine Quelle hier nur unter dem Stichwort der Stufen-Lehre konsultierte, entgangen sein.

c) Die *"virtutes animi iam purgati"*

Hatte Marsuppini die Vertreter der zweiten Gruppe mit *"perpauci"* veranschlagt, so schätzt er die der dritten auf

> *"rarissimi"* (III 58, 6),

---

[353] Vgl. Cic. *Tusc.* I 74/75.

[354] *Comm.* 1. 8, 8: *"harum* (sc. *virtutum purgatoriarum*) *quid singulae velint superius expressimus, cum de virtutibus philosophantium diceremus, quas solas quidem aestimaverunt esse virtutes."*, i.e. 1. 8, 4.

eine Abstufung die Macrobius nicht vornimmt, so daß sich der Eindruck verstärkt, daß Landino durch die Betonung der Exklusivität der höheren Tugendgrade ihren Geltungsbereich und damit ihre Bedeutung einschränken will. Auch Marsuppinis Hinweis, daß es zur Erlangung dieses Tugendgrades einer

"vis quaedam humana maior" (III 58, 7)

bedürfe, läßt sich in dieser Richtung interpretieren. Es ist durchaus eine Auszeichnung, diese Stufe zu erreichen, aber sie wird nur wenigen zuteil, während die Mehrheit in der Ausübung der *"officia media"* des praktischen Lebens ihre Bestimmung findet.

Unter diesen 'Vorzeichen' gibt Marsuppini nun die Definitionen der Kardinaltugenden. Die Bestimmungen der *"prudentia"*, *"temperantia"* und *"iustitia"* orientieren sich an der Vorlage:

Landino	Macrobius
"Itaque apud hos ***prudentia*** *est divina, non quasi electione quadam, praeferre, sed tanquam nihil aliud praeterea sit, ea sola nosse, atque intueri.* ***Temperantiam*** *vero non ad reprimendas cupiditates, sed ad eas penitus dediscendas adhibent. Hinc illud est Iuvenale: 'Nesciat irasci, cupiat nihil.' ...* ***Iustitiae*** *postremo munus id solum ducunt, ut cum superis divinisque mentibus sociati perpetuum cum illis foedus servent."* (III 58, 7-25)	*"illic* ***prudentiae*** *est divina non quasi in electione praeferre, sed sola nosse, et haec tamquam nihil sit aliud intueri:* ***temperantiae*** *terrenas cupiditates non reprimere, sed penitus oblivisci ...* ***iustitiae*** *ita cum supera et divina mente sociari ut servet perpetuum cum ea foedus imitando."* (*Comm.* 1. 8, 9)

Die Definition der *"fortitudo"* fällt auf bemerkenswerte Weise aus dem Rahmen:

*"**Fortitudo** autem apud hos non id efficit, ut quae se ultro offerunt gravia et periculosa ea illi superent, sed ... ita isti in suis secundis rebus aspera quaedam et horrenda sibi obiici cupiunt, ut fortunae casibus exercitati temeritatem illius, cum crudelissime saevit, tum maxime rideant."* (III 58, 13 -22)[355]

Es sind auffällig popularphilosophische Gedanken, die die Seele auf ihrer

---

[355] Vgl. Macr. *Comm.* 1. 8, 9: *"**fortitudinis** (est) passiones ignorare, non vincere, ut 'nesciat irasci, cupiat nihil'..."* Das Iuvenal-Zitat hat Landino an anderer Stelle untergebracht.

höchsten Kontemplationsstufe noch im Kampf gegen die sich nach gängiger Vorstellung auf irdische (!) Glücksgüter richtende Fortuna sehen wollen. Anstatt gerade hier, wie es die Vorlage unternimmt, auf die Vereinigung mit dem göttlichen Geist abzuheben, die insbesondere noch im Prooemium zu diesem III. Buch von Landino in den höchsten Tönen als Ziel des menschlichen Lebens gepriesen wurde, greift er auf sein 'Hausrezept' für das tägliche Leben: *"virtus"* contra *"fortuna"* ' zurück. Immer wieder drängt sich der Eindruck auf, daß statt nach philosophischer logischer Erkenntnis nach griffigen Formulierungen, Topoi und Etiketten gesucht wird. Tiefgründige philosophische Vorstellungen geraten dabei in Gefahr, zu Platitüden und rhetorischen Phrasen zu verkommen.
Wie wenig Landino am genauen Nachvollzug des eigentlichen, neuplatonischen Aufstiegsmodell letztlich gelegen ist, zeigt sich in seiner Behandlung des vierten und höchsten Tugendgrades, den *"virtutes exemplares"*[356].

d) Die *"virtutes exemplares"*

Nachdem Marsuppini die Bestimmungen der drei unteren Stufen, die er abschließend als

> *"veluti **ordines** in vita degenda"* (III 58, 26)

charakterisiert, nochmals zusammengefaßt hat, erwähnt er recht unvermittelt, und, so ist es wohl zu verstehen, nur der Vollständigkeit halber zum Schluß auch die vierte Stufe.

> *"Nam quartum quod ponunt earum, quas vocat 'exemplares', **nihil ad praesentem disputationem pertinet. Non enim in hominum animis**, de quibus nunc agitur, reperiuntur; sed in mente Dei, in qua si ceterarum omnium rerum ideas esse oportet, multo magis virtutum ideae erunt, quarum exemplo reliquae omnes per ordinem fluunt."* (III 59, 5-11)

Die Begründung, warum auf diese Tugenden nicht näher eingegangen wird, d.h. die in der Vorlage angeführten Einzeldefinitionen übergangen werden, will nicht recht überzeugen. Denn die Grundlage des gesamten Systems, als dessen Teil die menschliche Seele zu begreifen ist, ist durchaus von philosophischem Interesse. Doch ist sie ein ontologisches Problem, während es Landino vorwiegend um den ethischen Aspekt geht. Es wurde schon darauf hingewiesen, daß er für die ontologische Grundlage des so häufig gepriesenen *"regressus animi"* wenig Interesse zeigt.

[356] Vgl. Zintzen, Bemerkungen, 431 ff.

2.5.2.4 Resümee

Marsuppini schickte das folgende Resumee, das bezeichnenderweise nur die unteren Tugendgrade umfaßt, der Erwähnung der *"virtutes exemplares"* voraus:

> *"Hi tres sunt veluti* ***ordines in vita degenda,*** *ut* ***primi*** *in civili societate honeste vivant, et officia, si non recta, saltem mediocria servent;* ***alteri,*** *suae divinae originis memores, a mortalium coetu ea ratione discedunt, ut immortalium vitam assequantur;* ***tertii*** *vero, illam iam adepti, animum, quamvis adhuc in corporis tenebris versentur, ab omni tamen corporea contagione purum servant."* (III 58, 25 - 59, 2)

Die drei unteren Tugendgrade werden nicht als solche, sondern als *"ordines"* bezeichnet. Hier sind Wort und Numerus von Bedeutung. Die drei Stufen sind nicht Bestandteil einer (!) hierarchischen Ordnung[357] und als solche sukzessive zu durchlaufen, sondern erscheinen vielmehr als drei gleichberechtigte Systeme und Modelle, nach denen drei verschiedene (!) Gruppen - wie aus der numerischen Aufzählung hervorgeht - leben. Den vorausgehenden Ausführungen Marsuppinis zufolge unterscheiden sich diese Gruppen auch in der Zahl ihrer Mitglieder. Nochmals ist besonderes Augenmerk auf die Charakterisierung der *"virtutes civiles"* zu richten. An dieser Stelle werden sie eindeutig dem stoisch-ciceronianischen *"officium medium"* zugerechnet, dem die Mehrheit (!) der Menschen nachkommen muß, während das *"officium rectum"* nur der Weise zu vollziehen in der Lage ist. Damit ist der Bogen zurück zur Einleitung in die Tugendlehre des Macrobius geschlagen. Bereits dort hatte Landino, wohl durch eine Bemerkung seiner Vorlage ermutigt[358], Marsuppini die radikale altstoische Auffassung zurückweisen lassen, nur der Weise sei wirklich tugendhaft, und gewissermaßen als Konzession an die menschliche Schwäche das vierstufige Modell des Macrobius eingeführt. Als Wirkungsbereich der vielen (!), normalen Sterblichen wurden dann die *"virtutes civiles"* deklariert, während nur wenigen der Aufstieg vorbehalten sei. Wenn, nach dieser abschließenden Bemerkung zu urteilen, die vielen das *"officium medium"* ausüben, dann sind die wenigen, die über dieses Ziel hinausgelangen, nichts anderes als die stoischen Weisen. Die zahlenmäßige Abstufung leistet die Angleichung der stoischen Konzeption an das Vier-Stufen-Modell des Macrobius, der dafür natürlich seinerseits genügend

---

[357] Vgl. dagegen Macr., *Comm.* 1. 8, 4: *"Plotinus ... gradus earum* (sc. *virtutum*) *... per* ***ordinem*** *digerit."*

[358] Vgl. Anm. 337.

Ansätze bietet. An dieser Interpretation kann auch die Tatsache nichts ändern, daß Landino die ursprüngliche Bedeutung der niedersten Stufe kennt. Denn die Modifikation auf der Grundlage der stoischen Ethik, mit der er sie wieder einführt, läßt ihm genug Raum, das System seiner Intention zufolge, die der des Macrobius trotz allem näher kommt als der des Porphyrios, zu verändern. Dabei geht es ihm offenbar nicht um eine Abwertung der zwei höheren dem Menschen zugänglichen Tugendgrade, für deren Konzeption er während des ganzen Dialogs Zustimmung erkennen läßt. Die Rückbesinnung der Seele auf sich selbst und Abkehr vom Irdischen sind ja geradezu der Leitfaden des Dialogs. Sondern es geht ihm um eine Aufwertung des praktischen und vor allem des politischen Lebens, das er der Kontemplation als gleichwertig zur Seite stellt. Er formuliert dabei ebensowenig wie sonst einen dezidierten eigenen Standpunkt, sondern versucht durch Nuancierungen in Ausdruck und Gebrauch der Vorlage sein Ziel zu erreichen. Dadurch entsteht der Eindruck der Unausgeglichenheit und des Schwankens, wenn nicht gar der Widersprüchlichkeit.

Wie kann Landino einerseits die Notwendigkeit seines Dialogs damit begründen, daß es dringend nötig sei, die Seele durch die Aufdeckung ihres Ursprungs zu diesem durch die Kontemplation zurückzuführen, und nun hier zu verstehen geben, daß dieser Lebensentwurf nicht der allein 'seligmachende' sei? Wahrscheinlich hätte er die Antwort zu diesem Zeitpunkt selbst nicht geben können. Er schwankt zwischen der wohl eher gefühlsmäßigen Zuneigung zur (neu-)platonischen Philosophie und damit zur *"vita contemplativa"*, und der nicht zuletzt durch die eigenen Lebensumstände erkannten Notwendigkeit der *"vita activa"*. Eine Lösung dieses Gewissenskonfliktes wird ihm erst in den *Disputationes Camaldulenses* gelingen, die er nur ein Jahr später, d.h. 1472, vollendet. Doch zeigt sich, daß er hier bereits mit diesem Problem ringt.

Die gesamten Darstellung der Tugendlehre wirkt noch unausgereift und es ist spürbar, daß Landino Schwierigkeiten hat, die ihm aus der Tradition bekannten Elemente richtig zu ordnen. So bleibt das Verhältnis von den intellektuellen zu den moralischen Tugenden und ihren vier Graden, insbesondere bezüglich der Rolle der *"prudentia"*, hier unklar und kann nur vor dem Hintergrund der Tugendlehre Thomas von Aquins erschlossen werden, auf deren theoretische Grundlegungen sich Landino aber nicht mehr direkt bezieht. Es ist vielmehr wahrscheinlich, daß er die auf Thomas zurückgehende Synthese der verschiedenen Tugendsysteme in ihren Grundzügen kannte, daß er sie aber in seinem Bemühen, sie auf ihre antiken Quellen zurückzuführen, was für ihn in erster Linie Cicero und Macrobius bedeutete, wieder in ihre Bestandteile auflöste, die er dann nicht mehr zu verknüpfen wußte. Sie lieferte ihm immerhin die Rechtfertigung oder zumindest den Anstoß, auch hier Aristoteles und Platon, d.h. Macrobius, unter der Omnipraesenz Ciceros zu verbinden, dessen von Landino adaptierter Auffassung von Philosophie die Modifikationen hin zu einer am praktischen Leben orientierten Konzeption zuzuschreiben sind, die im Dialog zu Widersprüchen führen. Es bleibt des weiteren festzuhalten, daß Landino für diese Darstellung ausschließlich auf traditionelle, lateinische Quellen zurückgreifen konnte.[359]

Mit der Tugendlehre ist der Gesichtspunkt der *"vires mentis"* nun endgültig abgeschlossen. Es folgt der letzte und von seinem Anspruch her wohl bedeutendste Teil des Dialogs: die Beweise der Unsterblichkeit der Seele.

---

[359] Bezüglich der eigentlichen Bedeutung der *"virtutes civiles"* genügte wohl ein Hinweis von Ficino. Landinos gesamte Darstellung des Vier-Stufen-Modells läßt sonst nämlich keine Anzeichen dafür erkennen, daß er auf das Original des Porphyrios zurückgegriffen hätte.

2.5.3 Die Beweise der Unsterblichkeit der Seele

2.5.3.1 Einleitung

Um der Bedeutung dieses letzten Themas Rechnung zu tragen, gestaltet Landino die Überleitung besonders kunstvoll.

Marsuppini gesteht, daß er wegen seiner angegriffenen Gesundheit die Behandlung der Unsterblichkeit der Seele eigentlich hatte verschieben wollen. Aber erstens gelte es,

> *"trinitatem in omnibus rebus venerari"* (III 59, 20),

zum zweiten habe er aber auch eine Ermahnung von 'oben' erhalten:

Ein alter Mann, Plato selbst - muß der Leser aus der Beschreibung schliessen - sei ihm im Traum erschienen und habe ihn aufgefordert:

> *"Gere morem adolecentibus, eaque illis refer, quae nisi vera essent, ego hic non essem. Sunt enim, mihi crede,* ***immortales hominum animi****; sed tu satis adolescentibus feceris, si* ***quae ego de immortalitate nostra pluribus in locis disputavi****, ea illi qui per aetatem per se assequi nequeunt, te duce assequantur."* (III 60, 16-21)

Dieser Autorität habe er sich also fügen müssen, erklärt Marsuppini, denn, so zitiert er Homer und kommt damit zu dem einzigen (!) griechischen Zitat des gesamten Dialogs:

> "Καὶ γὰρ τὄναρ ἐκ Διός ἐστιν". (III 60, 25/26)[360]

Daß dies sofort geschehen müsse, begründet er mit dem bald bevorstehenden eigenen Tod (III 60). Vor diesem Hintergrund erhält der Beweis der Unsterblichkeit natürlich zusätzliches Gewicht. Es ist, wenn auch weniger tragisch, das Szenario des platonischen *Phaidon.*

Der Erörterung über die Unsterblichkeit der Seele stellt Marsuppini eine radikale Ablehnung des Selbstmordes voraus. Die Begründung ist rein christlich: Die Menschen sind in Gottes Hand. Eigenmächtiges Handeln wäre in diesem Fall

> *"nefas impiumque"* (III 61, 4).

Nichtsdestoweniger ist für die folgende Untersuchung durch dieses Präludium nochmals ausdrücklich die Schirmherrschaft Platos beschworen worden. Zwar steht der gesamte Dialog unter der Autorität des griechischen Philosophen, aber dessen besonderes Verdienst in den Augen der Renaissance-Platoniker war es ja gerade, die Unsterblichkeit der Einzelseele bewiesen zu haben. Das will auch Landino besonders hervorheben.

Doch wird er sich auch hier nicht auf die Argumente Platos beschränken, sondern seiner Methode treu bleibend aus allen erdenklichen Quellen

---

[360] *Il.* A 63.

Argumente für die Unsterblichkeit herbeitragen, so daß die folgende Darstellung keineswegs eine zusammenhängende stringente Argumentation, sondern eine reine Aufzählung ist. Was die Herkunft der wirklich platonischen Argumente anbelangt, so sei daran erinnert, daß sich Kardinal Bessarion in der von Landino bereits im I. Buch ausgiebig benutzten Schrift *In calumniatorem Platonis* mit der Frage der Unsterblichkeit auseinandersetzt. Daher überrascht es nicht, daß Landino, nachdem er für die Behandlung der *"vires animae"* nicht aus ihr schöpfen konnte, bei der erstmöglichen Gelegenheit wieder auf sie zurückgreift. Gerade bei der Darstellung der platonischen Lehre erscheint er wesentlich unselbständiger, als bei vielen innerscholastischen Fragestellungen.

Der Scholastik kann er auch in der wichtigen Frage der Unsterblichkeit der Seele nicht aus dem Weg gehen, so daß er in der folgenden Abhandlung vor der Aufzählung positiver Argumente die Widerlegung der Gegenpositionen, insbesondere der des Averroes, aber auch der Stoa und Epikurs, versuchen muß.

Zu diesem Zweck trifft Marsuppini eine erste Unterteilung der philosophischen Antworten zu diesem Problem:

> *"Disceptamur enim non,* ***felicesne*** *an* ***miseri*** *futuri sint animi nostri, cum a corpore discesserint; sed utrum Epicureorum sententiis capite plectantur, an potius praestantissimorum philosophorum patrocinio defensi et sapientissimorum virorum iudicio absoluti postquam ex longa servitute in patriam redierint postliminii iure beatorum spirituum senatui reddantur."* (III 61, 8-14)

Die Epikureer werden hier als Platzhalter für sämtliche Leugner der Unsterblichkeit der Seele genannt, doch zeigt die folgende weitergehende Untergliederung, daß von einer anderen Seite die größere Gefahr droht.

Marsuppini nennt drei Gruppen:

- diejenigen, die die Seele für sterblich halten,
- diejenigen, die

  > *"**divinitatem** ipsorum* (sc. *animorum*) *admirati"* (III 61, 22)

  die Seele für unsterblich halten; hier führt er zunächst nur die pythagoräische Seelenwanderungslehre als Beispiel an; und
- eine letzte Gruppe, die glaube, daß allen Menschen eine gemeinsame *"mens"* zukomme. Als deren Vertreter stellt er die

  > *"inter Peripateticos facile principes"* (III 61, 29/30)

  Alexander von Aphrodisias und Averroes vor.

2.5.3.2 Eine erste Auseinandersetzung mit Averroes

Diese letzte Theorie läuft, wie bereits dargelegt [361], ebenfalls auf die Sterblichkeit der Einzelseele hinaus, wenn auch der 'Eine' Intellekt ewig ist. Da sie von dem hoch angesehenen arabischen Aristoteles-Kommentator - auch Landino zollt ihm in der oben zitierten Formulierung den nötigen Respekt - mit gewichtigen Argumenten vertreten wurde, galt sie als weitaus schwieriger zu widerlegen als der allseits verachtete Materialismus Epikurs. Es blieb nur die Alternative, zu versuchen, innerhalb der allgemein akzeptierten Philosophie des Aristoteles eine mit dem Christentum verträgliche Lösung zu finden, oder die Gültigkeit der Lehre des Stagiriten in diesem Punkt zu leugnen.

Auf so schwieriges Terrain begibt sich Landino nicht gern allein. So greift er sofort auf Bessarion zurück und läßt Marsuppini das Problem - etwas verkürzt - wie folgt darlegen:

Landino	Bessarion
"*Et profecto* ***in iis libris,*** *quae* ***'Metaphysica'*** *appellat,* ***refert eas formas, quae materia careant et quae ut sint nullo modo ex materia pendent, singulas singula, nec plura habere individua, quandoquidem universa species in uno solo servari posse videatur;*** *ei autem speciei plura tribuit individua, quae quoniam eorum sit quae corrumpi possunt in uno individuo servari non possit.*" (III 61, 31 - 62, 5)	"*... licet nec Aristoteles nec commentator posuerit individua in genere substantiae distingui sub eadem specie per quantitatem aut per aliquid exterius, sed per interius, tamen multitudinem individuorum speciei eiusdem in corruptibilibus tantum posuerunt, quoniam natura speciei servari in uno indiviuo non potest. Quam ob rem* ***ubi tota species in uno aliquo servari posse videbatur,*** *frustra poni eiusdem speciei individua putaverunt nec adiici oportere conditiones individuales speciei arbitrati sunt. Itaque* ***in formis carentibus materia nec suo esse dependentibus ex materia singula individua singulis speciebus posu-***

[361] S. Einleitung.

***erunt**, ut **duodecimo Metaphysicae** constat.* (*In cal. Plat.* 375, 15-24)

Soweit die Darstellung des Problems. Interessant ist vor dem Hintergrund dieser Quelle vor allem der Schluß, den Landino Marsuppini daraus ziehen läßt. Zunächst eine Salvations-Wendung:

"*Ego tamen de tanto philosopho* (sc. *Aristotele*) *nihil temere cuiquam assentiendum puto*" (III 62, 6/7),

um dann nochmals auf die Vorlage zurückzugreifen:

"*quamquam **Scotus**, inter Christianos acutissimus, quem ob ingenii excellentiam 'subtilem' appellant, **affirmare audeat, illum de anima non semper idem sentire, sed dubitabundum modo hoc modo illud ponere.***" (III 62, 7-10).

"*Sed **Scotus** quidem in quarto Sententiarum **neque persistere Aristotelem in eadem sententia, quoties de anima agit, sed dubitare et modo hoc, modo illud adducere ait.***" (ibid. 375, 24-26)

Obwohl er die Autorität Bessarions hinter sich weiß, ist Landino sichtlich unwohl bei der Vorstellung, auf einen Standpunkt festgelegt zu werden. So wird die Interpretation von Scotus als Wagnis bewertet, und, um keinerlei Zweifel bezüglich der eigenen Position aufkommen zu lassen, nochmals durch Marsuppini versichert:

"*Sed hoc viderint qui huiuscemodi rem exactius investigarunt.*" (III 62, 10/11)

Auch die Auswahl aus der Vorlage ist für Landino bezeichnend. Bessarion diskutiert in dieser Passage die Behauptung seines Gegners, Trapezuntios, daß Aristoteles im Gegensatz zu Plato die Unsterblichkeit der menschlichen Einzelseele bewiesen habe, und kommt zu folgendem Schluß:

"*Igitur alterum de his duobus dicat* (sc. Trapezuntios), ***necesse est**, aut enim **unum eundemque intellectum omnibus esse** aut **una cum corpore animam interire. Quo fit, ut nemo ex Aristotelis opinione possit animam dicere distingui ad corporis distinctionem et eandem post corporis corruptionem permanere.***" (*In cal. Plat.* 375, 4-8)

Der Kardinal bezieht also im Gegensatz zu Landino aus seiner umfassenden Kenntnis der aristotelischen Philosophie dezidiert Position und stellt sich damit gegen bedeutende Vertreter der abendländischen Scholastik. Gleichzeitig sucht Bessarion aber auch, seine Argumentation durch die abendländischen Theologen zu stützen, die eine ähnliche Auffassung vertreten. Seine Wahl fällt auf Albertus Magnus und Duns Scotus, wobei er letzteren nicht nur mit der von Landino aufgenommenen Bemerkung zitiert. Diese dient ihm vielmehr nur als Einleitung in die Darlegung der Meinung des *"doctor subtilis"*, der die Widersprüchlichkeit des Aristoteles als ein Indiz dafür ansah, daß sich mit dem Stagiriten die Unsterblichkeit der menschliche Seele überhaupt nicht beweisen lasse. Die entsprechenden Argumente führt der Kardinal im Anschluß auf.[362]

Landino hat sich also nur die unverfänglichste Bemerkung aus der Vorlage herausgesucht und damit die Argumentation des Kardinals derartig 'zurechtgestutzt', daß der dessen Intention diametral entgegengesetzte Eindruck entsteht, Aristoteles habe sich zwar unterschiedlich geäußert, dennoch lasse sich unter diesen verschiedenen Ansätzen sehr wohl einer finden, demzufolge die Meinung des Averroes im Rahmen der aristotelischen Philosophie widerlegt werden könne.

Genau dies wird Landino einige Seiten später mehr oder weniger aus eigener Kraft versuchen, in Anlehnung an die Argumentation derjenigen christlichen Scholastiker, die eben diesen Versuch, die Lehre des Aristoteles auch in diesem Punkt mit dem Christentum zu vereinbaren, unternommen haben, Alberts und Thomas von Aquins. Angesichts der offenkundigen Scheu vor einer dezidierten Stellungnahme zu dieser Frage ist somit bezeichnend, mit welcher Argumentation sich der Autor auf der den Umständen entsprechenden sicheren Seite fühlt. Vor der Auffassung Bessarions, dem er in Hinblick auf Plato vorbehaltlos folgt, schreckt er jedenfalls zurück, obwohl sie einem überzeugten Platoniker, wie er es gerne sein möchte, wesentlich willkommener sein müßte.[363]

Daß Landino hier durchaus in der Antithese Plato-Aristoteles denkt, zeigt die anschließende Bemerkung Marsuppinis:

> *"Plato autem, qui proxime ad Christianorum opinionem accedit, singulis nobis singulos animos tribuit, eosque non modo immortales esse duxit, verum primus ex omnibus Graecis, cur ita crederet plurimas vehentissimasque argumentationes attulit."* (III 62, 12-16)

Die Auffassung des Aristoteles ist zumindest schwer zu interpretieren, Platos aber ist eindeutig und, so wird die Einschätzung des Augustinus[364]

---

[362] Bess. *In cal. Plat.* 375 ff.

[363] Bemerkenswerterweise kann sich auch Ficino nicht zum Standpunkt des Kardinals durchringen, sondern versucht die Harmonisierung zwischen Plato und Aristoteles (s. Anhang). Die lateinischen Platoniker fühlen sich augenscheinlich stärker an die scholastische Tradition, in der sie aufgewachsen sind, gebunden.

[364] Aug. *Civ. Dei*, VIII 5. Vgl. Land. *De ani.* I 32 1-4.

(und Bessarions) dem Leser nochmals eingeschärft, mit dem Christentum am besten zu vereinbaren.

Doch stehen seine Argumente zunächst noch nicht im Mittelpunkt, was den Eindruck der antithetischen Gegenüberstellung verstärkt. Diese erste Würdigung, die inhaltlich nichts Neues bringt, wird nur eingeschoben, um vor der ausführlichen Auseinandersetzung mit den Gegnern der Unsterblichkeit der eigenen Position Rückhalt zu verschaffen.

2.5.3.3 Die Widerlegung Epikurs und der Stoa

Die aus der Sicht Marsuppinis am leichtesten aus dem Felde zu schlagenden Gegner sind natürlich die Epikureer. Zu ihrer Widerlegung bedürfe es keines großen Geistes. (III 62, 16/17)

Marsuppini gibt zuerst einen kurzen Überblick über die einschlägigen Argumente, wie sie zur Abfassungszeit des Dialogs vor allem aus Diogenes Laertios und Lukrez[365], der auch zitiert wird, bekannt waren:

- Alles besteht aus Atomen, so auch die Seele, wenn auch aus den feinsten.
  "Diffinit autem animam corpus esse tenuissimis partibus per totum animal disseminatum." (III 62, 23-25)
- Außer der Leere (als Raum für die Bewegung der Atome) gibt es nichts Unkörperliches. (III 62, 25/26)
- Das *"inane"* kann weder leiden noch handeln, sondern gewährt den Atomen nur Raum für die Bewegung. Die Seele handelt und leidet. Daraus folgt (im folgenden: ⇒): Sie ist dem *"inane"* ungleich . ⇒ Sie ist ein Körper. (III 62, 27-29)
- Was mit dem Körper entsteht, muß auch mit ihm vergehen. Die Seele wächst und verfällt mit dem Körper. Ergo. (III 62, 30 - 63, 6)
- Wie der Körper, so kann auch die Seele krank werden. Was erkrankt, kann auch sterben. (III 62, 10-15)

Die gesamte epikureeische Argumentation basiert natürlich auf der Definition der Seele als Körper. Diese aber war bereits im I. Buch ausführlich zurückgewiesen worden, so daß die weitere Auseinandersetzung mit Epikur eigentlich unnötig ist. Doch ist diese Vorgehensweise als Erbe der scholastischen Tradition anzusehen, die gebietet, in der Quaestio disputata aus der eigenen Position heraus alle gegnerischen Einzelargumente zu entkräften, ein Schema, das Landino durch die Form des aristotelischen Dialogs wieder auf seinen Ursprung zurückführt, indem er in der Regel die Gegenargumente einem anderen Dialogpartner zuweist. Hier aber übernimmt Marsuppini,

---

365 Diog. Laert., *Vitae philosoph.*, X 63 ff.; Lukrez, *De rerum natura*, III 417-1094.

mit dem entsprechenden rhetorischen Waffengerassel, auch die Zurückweisung, wobei er sich der Standard-Argumente bedient:

- Er verweist ausdrücklich auf den ersten Gesprächstag: Dort ist die Unkörperlichkeit der Seele bereits bewiesen worden. (III 63, 17/18).
- Die Krankheiten der Seele werden durch ihre Berührung mit dem Körper verursacht. (III 63, 28 -30)
- Geisteskranke sind häufig körperlich voll entwickelt, so daß Geistes- und Körperzustand nicht zwangsläufig identisch sind. (III 64, 1-14)
- Bei Kindern kann der Verstand noch nicht in vollem Umfang tätig werden, da die körperlichen Hilfsmittel, d.h. die Sinne, noch nicht vollständig entwickelt sind, nicht aber weil die Seele noch unterentwickelt ist. (III 64, 15-18)

Der erste Gegner ist damit, ohne große Mühe, wie Marsuppini noch mehrmals betont (III 64/65), besiegt. Nun werden die anderen klassischen Vertreter der Körperlichkeit der Seele, die Stoiker, in den Blick genommen. Hier beschränkt sich Marsuppini auf den Verweis auf das I. Buch. Dort waren die Stoiker namentlich umfassend widerlegt worden.

2.5.3.4 Ein Versuch, das Problem aus eigener Kraft im Rahmen der Scholastik zu lösen

Die nun folgende Argumentation ist erst recht eine in Dialogform gekleidete scholastische Quaestio disputata. Marsuppini hält vorgeblich die Auseinandersetzung mit den Verneinern der Unsterblichkeit der Seele für abgeschlossen. Doch hier meldet sich der junge Landino nach langer Zeit einmal wieder mit einem Beitrag zu Wort, der über eine bloße Frage hinausgeht. Von seinem Meister ermutigt, da es nötig sei,

> *"omnem mortalitatis opinionem radicitus" evellere* (III 65, 28/29),

trägt er einige Argumente gegen die Unsterblichkeit der Seele vor, natürlich in der Hoffnung, widerlegt zu werden:

a) Was eine gemeinsame substantielle Qualität hat, geht auch auf gleiche Weise zugrunde.
   "Anima vegetativa", *"sensitiva"* und *"rationalis"* sind dem Körper als Formen verbunden. Die beiden niederen Vermögen gehen zugrunde.
   ⇒ Auch die *"mens"* geht zugrunde.
b) Jede *"mens"* und jedes Vermögen ermüdet, nachdem es aus der Potenz in den Akt übergegangen ist. Diese Schwäche entsteht, wenn die jeweiligen Instrumente nicht gehorchen.
   ⇒ Die *"mens"* wird durch die Widerspenstigkeit des Körpers geschwächt.
   Was nicht eigenständig handelt, ist untrennbar mit dem verbunden, mit

dem es gemeinsam tätig wird. Die *"mens"* ist mit dem Körper verbunden, da sie durch ihn geschwächt wird.

⇒ Sie ist vergänglich.

c) Ein Argument, das nur eine Modifikation des ersten darstellt:
Was dieselbe *"essentia"* hat, geht auch auf dieselbe Weise zugrunde. Die Seelenkräfte haben eine gemeinsame Essenz.
Die niederen Seelenkräfte (*"vis vegetativa"* und *"vis sensitiva"*) gehen zugrunde.
⇒ Auch die *"mens"* geht zugrunde.

d) Eine Modifikation des Argumentes b): Jeder *"essentia"* entspricht eine *"actio"*. Die Aufgabe der *"mens"* ist das Erkennen von Phantasmata. Diese aber sind untrennbar mit dem Körper verbunden.
⇒ Auch die *"mens"* ist *"corruptibilis"*.

e) Die Wirkung einer Ursache dauert solange an, wie die Ursache wirksam ist. Die Ursache körperlichen Lebens ist die Seele.
⇒ Ist die Seele ewig, so ist es auch der Körper.
Der Körper geht zugrunde.
⇒ Auch die Seele geht zugrunde. (III 65, 32 -67, 7)

Das ist eine sehr vordergründige, formal-logische Argumentation, die ohne Rücksicht auf die Ergebnisse der vorausgehenden Erörterung über das Wesen der Seele im Rahmen der aristotelelisch-scholastischen Philosophie einige Standard-Einwände anführt. Die Argumente, die auf der Abhängigkeit der Geistseele (*"mens"*) von den Hilfsmitteln des Körpers beruhen (b) und d)), sind gegenstandslos, da Marsuppini ja bereits vorher die Unabhängigkeit der *"anima rationalis"* ausführlich bewiesen und die Verstandestätigkeit mittels der Phantasmata erklärt hatte.

Einen neuen Aspekt bietet in diesem Zusammenhang allerdings das *"Unitas"*-Problem, das den Argumenten a) und c) zugrunde liegt und in der Lehre des Aristoteles verwurzelt ist [366]. Zwar hatte Marsuppini mehrmals die Einheit der menschlichen Seele postuliert, aber noch nicht genau erklärt, in welchem Verhältnis die niederen Seelenvermögen zur *"anima rationalis"* als der spezifischen Form des menschlichen Körpers stehen, insbesondere dann, wenn die Seele sich nach dem Tod vom Körper trennt, und sie keine Funktion mehr haben.

Dies holt er nun in seiner Antwort zu den unter a) und c) genannten Argumenten nach:

Es besteht ein Unterschied zwischen *"vis"* und *"essentia"*. Die *"mens"* ist

[366] Aristoteles hatte einerseits die Einheit der menschlichen Seele postuliert, andererseits aber die vegetative und sensitive Seele für sterblich erklärt. Vgl. *De ani.* 413 ff.

im Gegensatz zu den beiden unteren Vermögen nur durch ihre Essenz, nicht aber durch ihre *"vis"* an den Körper gebunden. Denn sie ist nicht aus der Materie, wie die Seelen der anderen Lebewesen, sondern aus der

"bonitas Dei" (III 67, 18)

geschaffen.

Die menschliche rationale Seele (*"animus"*) führt die beiden niederen Vermögen virtuell mit sich, wenn sie den Körper verläßt und

"sui iuris effectus et in originem suam reversus sola caelestia meditatur" (III 68, 6-8),

ohne sie zu gebrauchen.

Das ist die Lehre Alberts und Thomas von Aquins, aufgrund derer Marsuppini bereits die Simultan-Beseelung des Embryos dargelegt hatte (III 8), auf die er hier anspielt. Die Einheit der Seele kann nur gewährleistet werden, wenn angenommen wird, daß die *"anima rationalis"* als höchste Form die Funktionen der niederen Seelenvermögen virtuell übernimmt, sei es, daß sie sie in Verbindung mit dem Körper, dessen Form sie ist, ausübt (d.h. im irdischen Leben), sei es, daß sie sie vom Körper gelöst (d.h. im Jenseits) nicht mehr aktualisiert.

Die übrigen Argumente werden aus den genannten Gründen nur kurz abgehandelt:

Zu b)

Nicht die Seele selbst ermüdet, sondern der Körper. (III 67, 25/26)

Zu d)

"Quod vero phantasmata attinet, concedam hominum animos dum corporis tenebris et carcere caeco demersi sunt, ***non posse, nisi ad phantasmata convertantur, quicquam percipere."*** (III 67, 18-21)

Sobald sie aber vom Körper getrennt werden,

"eadem ratione, qua daemones intelligunt." (III 67, 23)

Das ist die Auffassung des Aquinaten, die Marsuppini hier scheinbar uneingeschränkt gelten läßt, während er sich bei der Erörterung des Erkenntnisproblems bemühte, sie zugunsten einer intuiven Erkenntnis des Intelligiblen zu unterhöhlen.

Zu e)

Nicht die Seele als

"effectrix vitae" (III 68, 16)

trägt die Schuld, wenn der Mensch stirbt, sondern der Körper, der

"fragile" (III 68, 19)

ist.

Dem Körper ergeht es wie manchen Gegenständen, die zwar von der Sonne erwärmt werden, solange diese am Tage scheint, die aber abkühlen, wenn die Sonne untergeht, ohne daß die Sonne selbst zugrunde geht. Ebenso erfährt er nur die Wirkung der von ihm unabhängigen Seele.

Marsuppini bleibt also mit seinen Antworten innerhalb der aristotelisch-scholastischen Philosophie. Wiederum ist es die Interpretation der Dominikaner, an der er sich orientiert.

Eine direkte Vorlage für diesen Passus läßt sich nicht nachweisen. Die angeführten Argumente entstammen dem üblichen Kanon, tragen keine spezifischen Merkmale. Landino scheint auch hier wieder auf seine 'Schulkenntnisse' zurückzugreifen, die augenscheinlich der thomistischen Tradition entstammen.

Diese, nach der von Marsuppini geäußerten Einschätzung, recht leicht zu bestehende scholastische Diskussion dient nur zur Vorbereitung der nochmaligen Auseinandersetzung mit einem weit gefährlicheren Gegner: mit Averroes und seiner Lehre vom 'Einen' Intellekt, der sich den Menschen nur mitteile, ohne ihnen wesensmäßig anzugehören.

Doch vorher muß sich Marsuppini gewissermaßen selbst Mut zusprechen. Dazu nimmt er Zuflucht zu dem Argument der *"ἔμφυτος πρόληψις"*.

2.5.3.5 Der Unsterblichkeitsbeweis gemäß der *"ἔμφυτος πρόληψις"*

An dieser Stelle beschränkt sich Marsuppini auf eine knappe Feststellung:

> *"Est enim ea nostrorum **animorum divinitas**, ut eos immortales esse credere, nos **natura ipsa compellat.**"* (III 69, 1-2)

Die Vorstellung ist stoisch.[367] Sie besagt, daß sich gewisse, vor allem ethische Begriffe, aber auch die Überzeugung von der Existenz Gottes, in den Menschen von selbst, also qua natura, ohne äußere Einwirkung entwickeln. Cicero argumentierte in diesem Sinne mit dem *"consensus omnium"*, den er u.a. zum Beweis der Unsterblichkeit benutzte. Genau darauf wird Marsuppini noch zu sprechen kommen.

Das Argument ist von zentraler Bedeutung für Ficinos Konzeption der *"pia philosophia"*[368], die sich auf die Grundlage 'Einer' allen Menschen gemeinsamen Wahrheit stützt, und für die sich Landino im I. Buch ebenfalls ausgesprochen hatte. Das Vertrauen auf das Wissen, das der Menschheit am Anbeginn von Gott gegeben wurde, das der Menschennatur also per se

---

[367] Vgl. Pohlenz, Die Stoa, I 58 f.

[368] Vgl. Kristeller, Humanismus, II 112 und ders., Philosophie, 325/326.

zugänglich ist, das der Mensch, allein dadurch, daß er Mensch ist, instinktiv aufzuspüren trachtet, und, soweit es seiner begrenzten Natur möglich ist, erlangen kann, dieses Vertrauen gibt Landino die Sicherheit, Marsuppini in die Auseinandersetzung mit Averroes entlassen zu können, auch wenn die Argumente des Kommentators von hoher logischer Durchschlagskraft sind. Sie können nur falsch sein, wenn jeder Mensch fühlt, daß er unsterblich ist.

2.5.3.6 Die endgültige Zurückweisung des Monopsychismus des Averroes

Es ist, wie bereits angemerkt, auffällig, daß der Autor sich mit diesem Problem zweimal auseinandersetzt. Vordergründig ist er zwar salviert, da er sich selbst, nachdem Marsuppini die Widerlegung der Leugner der Unsterblichkeit der Seele für beendet erklärt hatte, die Bitte um nähere Erläuterung in den Mund gelegt hatte, der Marsuppini mit diesem neuen Ansatz nachkommt. Aber angesichts des offensichtlichen Unbehagens bei der ersten Stellungnahme zu dieser Frage, wäre zu erwarten gewesen, daß Landino diese Schwierigkeit stillschweigend übergeht. Zumal er Marsuppini mit dem Verweis auf die Experten bezüglich einer endgültigen Lösung hatte enden lassen. Andererseits aber konnte zur Abfassungszeit des Dialogs keine ernstzunehmende Abhandlung über die Unsterblichkeit der Seele die gewichtigen Argumente des arabischen Kommentators außer acht lassen[369], da sie, auch in Italien (Bologna/Padua) noch vehemente Vertreter hatten, und das Problem noch keine abschließende Lösung gefunden hatte. Auch der umfassendste Lösungsversuch, die Lehre Thomas von Aquins, wurde ja nicht allgemein akzeptiert. Es sei hier, neben den lateinischen Vertretern der *"via moderna"*, besonders an die Auffassung Bessarions erinnert, mit der Landino ja hautnah konfrontiert war.

So wird sein Streben um Anerkennung auf dem Gebiet der Philosophie schließlich doch über sein Angst vor dieser brisanten Frage gesiegt haben, und der zweifache Ansatz, der der Komposition des Werkes nicht gerade förderlich ist, Ausdruck dieses Ringens mit sich selbst sein.

Wie bereits angedeutet, bewegt sich Landino bei diesem zweiten Versuch im Gegensatz zum ersten in traditionellen Bahnen, greift nicht mehr auf die Vorlage Bessarions zurück, sondern orientiert sich wiederum an der Philosophie Alberts und seines Schülers.

Marsuppini versucht nun, das Übel gleichsam an der Wurzel zu fassen, indem er zunächst Anaxagoras kritisiert, der der Materie (*"ὕλη"*) den einen

[369] Ficino widmet ihr das gesamte XV. Buch seiner *Theologia Platonica.*

gestaltenden Geist (*"νοῦς"*) [370] gegenüberstellte, und daher von den Befürwortern des 'Einen', allen gemeinsamen Intellekts, als Autorität zitiert werden konnte. Damit kommt Marsuppini zur Lehre des Averroes selbst, die er kurz umreißt:

> *"Dixerunt enim quam 'mentem' nos in homine vocamus,* ***lumen esse primae mentis, sed id unicum.****"* (III 69, 24/25)

Dieses Licht, eine Metapher, die Averroes auch selbst gebraucht, bleibt getrennt von den Seelen der Lebewesen, 'vermischt' sich aber auf Zeit dem Körper - Marsuppini zitiert hier Vergil

> *"magno corpori admisceat"* (III 69, 28)[371]

und umgeht damit die Schwierigkeit, einen Begriff für diesen Vorgang zu finden - , d.h. die *"mens"* teilt sich den Lebewesen mit, die der Aufnahme des Geistigen fähig sind, und 'erleuchtet' (*"elucere"*, III 69, 29) sie gewissermaßen. Die Menschen vermögen diese Erleuchtung aufgrund ihrer *"sensus interni"* aufzunehmen. Geht der Körper zugrunde, bleibt jedoch nichts Individuelles bestehen. Nur die 'Eine' *"mens"* bleibt in ihrer Einheit unvergänglich.

Der junge Landino, der sich in dieser letzten Phase des Gespräches immer lebhafter engagiert, glaubt diese Theorie mit der Hilfe der *"Peripatetici"* widerlegen zu können:

a) Er führt zunächst ein Argument an, daß auch Albert und Thomas in ihrer Auseinandersetzung mit den Averroisten benutzen [372] : Wenn es nur einen, universellen Intellekt gäbe, müßten alle Menschen dasselbe wissen, was ja nicht der Fall sei. (III 70, 21-30)

b) Auch das zweite Argument orientiert sich an der Auffassung des Aquinaten:

> *"... si una sit mens separata a nobis, nobis tamen omnibus communis, unus erit numero homo. In omnibus enim animantibus, quorum* ***prima absolutio substantia separata*** *est, sic profecto reperies, ut nulla species plus uno singulari habeat."* (III 70, 30 - 71, 2)

Der junge Landino beruft sich auf die von Aristoteles in der Spätzeit angenommenen Sphärengeister und auf seine Aussage in *De caelo* [373], daß es nur eine Welt gebe, da es nur einen Beweger gebe.

Doch bleibt seine Argumentation unklar. Gemeint ist wohl folgendes:

---

[370] Arist. *De ani.* 429a/b.

[371] Verg. *Aen.* VI 727.

[372] Alb. *De unit. intell.* c.5 (15. *ratio*); Thom. *S.Th.* I 2, q.76, a.2; ders. *De unit. intell.* c.II.

[373] I 9.

Die immaterielle Substanz (*"substantia separata"*) kann als Inbegriff einer Species nicht individuiert werden, da nach Aristoteles die Materie das Prinzip der Individuation ist. Averroes begreift den Intellekt als eine solche immaterielle Substanz und zieht daraus die Konsequenz, daß den Menschen als zahlreichen Vertretern derselben Species kein individueller Intellekt zukomme. Thomas von Aquin aber leugnet diese Praemisse. Seiner Auffassung nach ist der Intellekt Bestandteil der menschlichen Seele, die erst als *"anima rationalis"* zur *"forma subsistens"* des einzelnen Menschen wird, und die Schlußfolgerung des Averroes für die Menschen daher nicht zutreffend.[374]

Der Beweisgang des jungen Landino ist also unvollständig und müßte lauten: Wäre der menschliche Intellekt eine *"substantia separata"*, gäbe es nur 'Einen' Menschen. Da es aber mehr als einen Menschen gibt, kann der Intellekt keine *"substantia separata"* sein. Statt dessen bemüht er sich ausführlich zu beweisen, was gar nicht zur Debatte steht, nämlich, daß eine *"substantia separata"* nicht individuiert wird.

Diese unscharfe Argumentation ist vielleicht vom Autor beabsichtigt; denn sie liefert Marsuppini, wenn er nun in die Rolle des Averroes schlüpft, eine Angriffsfläche, um diese Argumente des eifrigen aber eben noch nicht perfekt argumentierenden jungen Mannes zu widerlegen. Auch hier wird wieder die scholastische Diskussionsform gewahrt.

Vor seiner Stellungnahme zugunsten des Gegners würdigt er diesen nochmals als

"homo in rebus omnibus perspicax" (III 71, 25).

Zu a)

Der Mensch ist nicht nur dadurch, daß er ein vernunftbegabtes Wesen ist, vor den anderen Lebewesen ausgezeichnet, sondern auch, damit verbunden, dadurch, daß er

"vi ipsius mentis in rerum cognitionem venit" (III 71, 27).

Diese *"cogitatio"* erlangt er aber nur durch die Phantasmata, die ihm die

---

[374] *S.Th.* I 1, q.76, a.2: *"Respondeo dicendum quod intellectum esse unum omnium hominum, omnino est impossibile ... si secundum sententiam Aristotelis, intellectus ponatur pars, seu potentia, animae quae est hominis forma. Impossibile est enim plurium numero diversorum esse unam formam, sicut impossibile est, quod eorum sit unum esse: nam forma est essendi principium. S.Th.* I 1, q.79, a.5: *"Respondeo dicendum quod veritas huius quaestionis dependet ex praemissis. Si enim intellectus agens non esset aliquid animae, sed esset quaedam substantia separata, unus esset intellectus agens omnium hominum. Et hoc intelligunt qui ponunt unitatem intellectus agentis. - Si autem intellectus agens sit aliquid animae, ut quaedam virtus ipsius, necesse est dicere quod sint plures intellectus agentes, secundum pluralitatem animarum, quae multiplicantur secundum multiplicationem hominum, ut supra dictum est."*

Sinne liefern, und die die *"vis cogitandi"* dann weiterverarbeitet. Diese Kraft ist nun in jedem Menschen individuell (da sie als *"sensus internus"* dem Körper verhaftet ist). Aus ihr resultiert das unterschiedliche Denken der Menschen. (III 71, 24 - 72, 12).

Zu b)

Marsuppini bezieht sich ebenfalls nur auf den Gesichtspunkt, ob eine immaterielle Substanz individuiert werden könne, was aus der Sicht des Averroes berechtigt ist; denn dieser setzt voraus, daß der dem Menschen sich mitteilende Intellekt eine *"substantia separata"* ist.

Er leugnet dies ohne nähere Begründung nur für

"aeterna" (III 72, 17).

Außerdem sei die Species 'Mensch' ein *"unum"*, das allerdings unendlich viele

"secunda perfectibilia" (III 72, 17)

habe.

Zum dritten werde der Mensch durch die *"vis cogitandi"* vollendet, die ebenfalls immateriell sei. (III 72, 17-20)

Marsuppini fügt noch einen neuen Gesichtspunkt ein:

c) Der

"ordo naturae"

fordert ein

"medium"

zwischen den vernunftlosen Wesen und dem reinen immateriellen Geist. (III 72, 20-29)

Die gesamte Argumentation ist keineswegs zwingend [375] und soll es wohl auch nicht sein, auch wenn der junge Landino sich mit großem Bedauern geschlagen sieht. Der Autor muß Marsuppini ja die Möglichkeit offenhalten, diese gefährliche Theorie in einem letzten Gegenschlag doch noch zu besiegen. Für diesen verläßt er nun vorgeblich die aristotelische Philosophie, was ein deutlicher Hinweis auf deren Unzulänglichkeit in dieser so eminent wichtigen Frage ist. **Platonische** Argumente will er nun vortragen, jedoch nicht ohne vorher, wie immer, wenn er sich auf den *"vir divinus"* beruft, zu betonen, daß er die christliche Dogmatik nicht zu unterlaufen gedenke:

> *"Egone a Platonis Christianisque deficiam, qui tum demum mihi aliquid sapere videar cum* ***utrorumque sententiam rite coniunxe-***

[375] Thomas verwendet das Argument c) zur Widerlegung des Averroes. (*De unit. intell.* c. 18).

ro?" (III 73, 7-9)

Die Argumente selbst, die Averroes nun endgültig widerlegen sollen, sind jedoch allenfalls insofern auf Plato zurückzuführen, als sie Anleihen bei platonischen Vorstellungen machen. Diese werden aber dann in ein scholastisch-formales Argumentations-Schema gepreßt, so daß sie kaum einzulösen in der Lage sind, was Marsuppini verspricht:

a) *"Ostendunt igitur Platonici* ***corpus nostrum animae umbram esse.****"* (III 73, 9-10)

Diese Bild entstammt Ficinos Interpretation des platonischen Höhlengleichnisses. Es ist durchgängiges Motiv der *Theologia Platonica* [376]; wird aber von ihm auch schon im Kommentar zum platonischen Symposion, *De amore*, benutzt.

Diesem platonischen Gedanken folgt eine rein formale Argumentation:

Der Intellekt ist die Form des Seele (schon diese Praemisse ist fraglich), die Seele das Fundament des Körpers.

Jedes Fundament hat nur einen Schatten.

Jede Form hat nur ein Subjekt.

⇒ Gäbe es nur einen Intellekt, gäbe es auch nur eine Seele und alle Lebewesen wären gleich, was den Tatsachen widerspräche. (III 73, 7-20)

b) *"Adde, quod si omnia fecunda sunt quae a divina mente producuntur, mentem ipsam fecundam esse oportet."* (III 73, 20-22)

Fruchtbarkeit bedeutet, daß das fruchtbare Wesen in der Lage ist, zahlreiche, ihm ähnliche Wesen zu schaffen, die es allerdings an Perfektion überragt. Das ist sogar bei Pflanzen und Elementen zu erkennen.

⇒ Es muß erst recht für den über der Materie stehenden Geist gelten.

⇒ Auch der eine Schöpfergeist (Gott) ist in der Lage eine Vielzahl von Intellekten zu zeugen. (III 73, 20-28)

Hier ist der platonische Hintergrund noch schwerer zu finden. Die platonische Auffassung kann allenfalls darin gesehen werden, daß hier die Materie als Prinzip der Individuation geleugnet und die Fruchtbarkeit des Schöpfergeistes eher im Sinne der plotinischen Emanation des Einen gesehen wird, das über die Hypostase des Logos die Vielheit erzeugt. Doch gibt der Autor selbst keinen Hinweis auf diese Interpretation.

---

[376] Fic. *Th.Pl.* I 227: *"Sed esse te putas in infimo loco mundi, quia teipsam quidem non cernis super aethera pervolantem, sed* ***umbram tuam corporis*** *vides in infimo."* Interpretation des Höhlengleichnisses 232 ff. Vgl. auch Alb. *De uni. intell.* c.5 (10. *ratio*): *"Adhuc ordo est in istis formis quod semper una est* ***umbra*** *et resolutio alterius secundum quod magis vel minus immergitur materiae.* ***Umbra*** *enim intellectus est sensus, et* ***umbra*** *sensus est vegetabile."*

c) Das folgende Argument hat den Vorzug, daß es sich jeder Richtung der abendländischen Philosophie anpassen läßt. Thomas von Aquin führt es u.a. in seiner Schrift *De unitate intellectus* an[377]:
Wenn der Mensch der *"intelligentia"* nicht teilhaftig ist, fällt damit sein artspezifischer Unterschied gegenüber den niederen Lebewesen weg. (III 74, 1-19)

d) Nun modifiziert Marsuppini ein Argument, das er, als es der junge Landino vorgetragen hatte, als nicht schlagkräftig zurückgewiesen hatte. Es gehört ebenfalls zum üblichen Kanon[378]:
Er argumentiert mit der Definition des kontradiktorischen Widerspruchs:
"Docent enim (sc. *dialectici*), *si duo sint firmi assensus ex iis, quos contradictorios nuncupant, adeo diversam inter se vim habere, ut eodem tempore eadem in re simul esse non possint."* (III 74, 19 -22)
Zwei Menschen aber können durchaus unterschiedlicher Meinung über denselben Sachverhalt sein.
⇒ Es muß mehrere *"mentes"* geben.

Mit dieser Argumentation, die wenig spezifisch platonisches Gedankengut enthält und sich an der scholastischen Tradition orientiert, geben sich die Gesprächsteilnehmer zufrieden. Damit ist zunächst nur die Individualität der *"mentes"* bewiesen und das erste Hindernis zur Annahme der Unsterblichkeit der Einzelseele beseitigt. Die positive Beweisführung steht noch aus. Für diese greift Marsuppini nun auf ein Argument zurück, das er bereits mit dem Hinweis auf die *"ἔμφυτος πρόληψις"* kurz angeschnitten hatte.

2.3.5.7 Ciceros Beweis des *"consensus omnium"*

Ausdrücklich beruft sich Marsuppini für diese Argumentation auf den von Landino so geschätzten Autor:

"Ad hanc autem rem comprobandam M. Tullius pro gravissimo testimonio, et ut omnes docti indicant, non iniuria, ***antiquitatem*** *affert. Refert enim in ea, quam de 'contemnenda morte' disputatione scripsit, priscos illos homines et primis saeculis natos, quo*

[377] *De uni. intell.* c.4.

[378] Vgl. Thom. *S.Th.* I 1, q.76, a.2.

propinquius ortum nostrum attigerant, eo magis naturam nosse." (III 75, 3-9)[379]

Ebenso wie Cicero stützt sich Marsuppini auf das Zeugnis früherer Autoren:

> *"Ego autem cum* ***Latinorum*** *tum* ***Graecorum scriptorum ductu*** *... ad prima hominum saecula regrediens, quo quamque nationem reliquas vetustate anteire reperio, eo constantius animorum immortalitate affirmare animadverto."* (III 75, 12-16)

Doch führt er zunächst einen Zeugen an, auf den sich Cicero in diesem Zusammenhang natürlich nicht berufen konnte, und dessen Werk auch den Humanisten erst durch die Übersetzung Ficinos in lateinischer Sprache zugänglich gemacht worden war: Hermes Trismegistos.

Auf die große Bedeutung dieser hermetischen Schriften in der Renaissance, die darauf zurückgeht, daß man sie fälschlicherweise für das älteste Schriftzeugnis überhaupt hielt, während sie in Wahrheit aus dem 1. nachchristlichen Jahrhundert stammen, wurde bereits hingewiesen. Auch Landino hatte sie entsprechend der Konzeption Ficinos von der *"pia philosophia"* in seinem Exkurs zur Philosophiegeschichte im I. Buch als Quelle des 'Urwissens' der Menschheit eingeführt. (I 18, 18/19) Nun liefert er die Begründung für diese Einschätzung:

Marsuppini setzt Hermes Trismegistos gemäß der schon im Altertum verbreiteten Auffassung mit Thot, dem ägyptischen Gott der Schrift und Wissenschaft, gleich.

Doch wird auch hier sofort der Schutz der christlichen Autoritäten gesucht. Marsuppini beruft sich auf die Wertschätzung von seiten des Laktanz und bemerkenswerterweise auf Augustinus:

> *"... huius viri ingenium et* ***Aurelius*** *et* ***Lactantius*** *ita extollunt, ut* ***alter inter Sybillas*** *ac* ***prophetas enumeret****, alter multa eum a daemonibus cognosse, multa etiam astrorum peritia scisse non dubitet."* (III 75, 32 - 76, 3)

Diese Formulierung suggeriert augenscheinlich eine positive Einschätzung des ägyptischen Gottes durch die Kirchenväter, was im Falle des Laktanz auch durchaus berechtigt ist.[380] Augustinus dagegen diskutiert zwar die Kenntnisse der heidnischen Weisen in der *Civitas Dei* (woraus Landino

---

[379] Vgl. Cic. *Tusc.* I 26: *"Auctoribus quidem ad istam sententiam, quam vis obtineri, uti optimis possumus, quod in omnibus causis et debet et solet valere plurimum, et primum quidem omni antiquitate, quae quo propius aberat ab ortu et divina progenie, hoc melius ea fortasse quae erant vera cernebant."* Wie bereits dargelegt, hat Landino zu diesem Werk Ciceros eine Vorlesung gehalten.

[380] Vgl. *Divin. Institut.* II 14.

schon öfters schöpfte), gelangt aber bezüglich des Hermes Trismegistos zu dem Urteil, daß er zwar einige Erkenntnisse besessen, diese aber aufgrund der fehlenden christlichen Offenbarung pervertiert habe:

> *"Erat enim de his, de quibus dicit apostulus, quod 'cognoscentes Deum non sicut Deum glorificaverunt aut gratias egerent, sed evanuerunt in cogitationibus suis, et obscuratum est* ***insipiens cor eorum; dicentes*** *enim* ***se esse sapientes stulti facti sunt*** *et immutaverunt gloriam incorrupti Dei in simillitudinem imaginis corruptibilis hominis' et cetera."*[381]

So dürfte Hermes Trismegistos aus der Sicht des Kirchenvaters wohl kaum für das Christentum adaptierbar sein. Diese Konsequenz aber interessiert Landino nicht. Ihm genügt es, eine Autorität anführen zu können, die die von ihm vorgetragene Auffassung behandelt, ob sie sie teilt oder nicht, ist zweitrangig. Er kann sagen, 'es steht bei Augustinus'.

Zur Aussage dieser 'uralten' Quelle selbst: Zitiert wird aus dem hermetischen Werk *Pymander,* und wieder steht das bereits ausführlich behandelte Genesis-Zitat im Mittelpunkt der Argumentation:

> *"Cum enim dixisset* (sc. Trismegistos) ***Deum hominem ad suam imaginem fecisse*** *post addit:' ex universis terrenis animantibus solum duplicis naturae censeri, mortalem quidem propter corpus, immortalem propter animum, quem ipsum hominem appellat, nec iniuria".* (III 76, 5-8)[382]

Die Gottesebenbildlichkeit wird entsprechend der (popular)-platonischen Ausrichtung des Werkes ausschließlich in der immateriellen Seele des Menschen gesehen, die sein Wesen ausmache, während der Körper, wie Marsuppini mit dem in diesem Dialog allgegenwärtigen Bild sagt, nur der 'Kerker' der Seele sei:

> *"Nam corpus, ut cuique gravissimo philosopho placet, in primis autem Platoni, non homo censetur, sed* ***ipsius hominis vinculum atque carcer."*** (III 76, 9-11)

Hier bedient sich Landino einmal wirklich platonischer Vorstellungen, und so erstaunt es nicht, daß er dazu auf seine - mit Ausnahme der hier in Rede stehenden - einzige, heidnische, platonische Quelle zurückgreift, den Kommentar des Macrobius.

Marsuppini belegt die "Σῶμα"-"Σῆμα"-Formel mit einer dort angeführten

[381] Aug. *Civ. Dei.* VIII, c.23.

[382] *Pimander,* M. Ficino interpr. etc., c. I in: Fic. *Op. om.* 1837 ff; vgl. *Poimander,* ed. Reitzenstein, 332.

Etymologie: "*δέμας*" leite sich ab von "*δέσμα animi*". (III 76, 11/12)[383] Dann kommt er auf einen sehr wichtigen Aspekt zu sprechen, der allerdings in erster Linie für das Verständnis des Menschen überhaupt und erst daran anknüpfend für den Beweis seiner Unsterblichkeit von Bedeutung ist, was aus Landinos Darstellung nicht klar wird. Man spürt, wie der Autor sich bei seiner Auswahl mehr davon leiten läßt, ob ihm ein Gedanke bedeutend und daher per se mitteilenswert erscheint, als davon, ob er innerhalb des vorliegenden Argumentationszusammenhangs relevant ist. Dieses unsystematische Vorgehen findet seinen Niederschlag auch in der Verknüpfung der Sätze. An die oben angeführte Etymologie schließt Marsuppini an:

> "*Quin et 'solum hominem cunctorum* ***arbitrium*** *obtinere dicit. Cetera vero viventia, quae mortalia sunt, fato subiecta esse et pati'.*" (III 76, 13-15)

Dieser Gedanke, der hier nur als einer unter vielen vorgetragen wird, war für das Selbstverständnis der Renaissance-Menschen eminent wichtig. Erst das Postulat des freien Willens machte den Menschen zum Herrn seiner selbst, ließ ihn durch die Fähigkeit zu selbstbestimmtem Handeln in Parallele zum allmächtigen Schöpfertum Gottes treten, zur "*imago Dei*" werden [384]. Seine letzte Konsequenz sollte es in der berühmten Schrift Pico della Mirandolas *De dignitate hominis* finden.[385] In einer an Hybris grenzenden Euphorie proklamierte Pico die Vorrangstellung des Menschen auch vor den Engeln, da nur er aufgrund seiner "*duplex natura*" die Wahl habe, sich zum Geistigen zu erheben oder aber den materiell-sinnlichen Genüssen verhaftet zu bleiben.

Marsuppini läßt diese Idee hier einfach im Raum stehen und zitiert eine letzte Stelle aus dem *Pymander,* die sich auf 'Gottes Wort' beruft:

> "*... ac paulo post ipsum rerum omnium opificem Deum his verbis hominem alloquentem scribit:' Vos insuper quibus mentis portio concessa est, genus vestrum recognoscite,* ***vestramque naturam***

---

[383] Macr. *Comm.* 1. 11, 3.

[384] Vgl. Ficino, *Th.Pl.* II 210 f: "*Atque ut ad vim revertar rationalem, saepe eam aiunt ... in perpetuo* ***liberoque motu*** *versari. Denique facultas illa rationalis, quae propria est animae verae natura,* ***non*** *est ad aliquid unum* ***determinata****, nam* ***libero motu*** *sursum deorsumque vagatur. ... Quandoquidem ratio menti cohaeret, ubi surgit in providentiam ... .*". II 224 f.: "*Similis ergo ferme vis hominis est naturae divinae, quandoquidem* ***homo per seipsum****, id est per suum consilium atque artem regit seipsum a corporis naturae limitibus minime circumscriptum, et singula naturae alterioris opera aemulatur. ... Universalia providentia Dei, qui est universalis causa propria est.* ***Homo*** *igitur qui universaliter cunctis et viventibus et non viventibus providet est* ***quidam Deus.***"

[385] S. Anm. 123.

> ***immortalem*** *considerate. Amorem corporis mortis causam esse scite."* (III 76, 15-19)

Deutlich wird der Offenbarungscharakter dieses Werkes, der ihm in den Augen der Humanisten eine so große Beweiskraft verlieh. So kann Marsuppini von diesem Zeugnis uralter Weisheit, diesem Dokument der *"pia philosophia"*, den Bogen zurück zu Ciceros Gedankenführung schlagen:

> *"Potuit ergo apertius immortalitatem animorum affirmare? Illud autem nullius docti iudicio contemnendum censebimus: quod populariter ab universis hominibus creditur, id veluti* ***naturae ipsius oraculo*** *editum existimandum esse."* (III 76, 19-23)

Mit dem gebührenden rhetorischen Aufwand umschreibt Marsuppini in den für diesen Zweck abgewandelten Formulierungen Ciceros dieses Phänomen: Es ist der

> *"impulsus nunquam errantis naturae"* (III 76, 32),

der bewirkt, daß

> *"... nullae usquam fuerunt gentes, tam efferae, nulla unquam saecula adeo rationis expertia, quae animos post suum a corporibus discessum non victuros crederent."* (III 77, 1-3)[386]

Analog zu Cicero[387] verweist Marsuppini auf die unterschiedlichen Riten und Gebräuche bei den einzelnen Völkern, denen bei aller Verschiedenheit doch der Glaube an die Unsterblichkeit der Seele gemeinsam sei.

Hier bietet sich dem Autor wieder eine Gelegenheit, die eigene Gelehrsamkeit unter Beweis zu stellen: Marsuppini läßt nun, unabhängig von der Vorlage, die verschiedensten Begräbnisriten der Ägypter, Thraker, Juden etc. Revue passieren und macht einen Exkurs über den Isis-Kult und seine Adaption in Rom. (III 77/78)

Ein weiterer Beweis sei, führt Marsuppini die Argumentation der Vorlage weiter, daß es

> *"... unicuique innatum infixumque sit, ut ea multo magis curet, quae post suam mortem futura sunt, quam quae se vivente contingunt."* (III 78, 19-22)

Er übernimmt ausdrücklich die Argumente Ciceros:[388]

- Die Bauern pflanzen Bäume, deren Früchte sie selbst nicht mehr ernten werden.

---

[386] Vgl. Cic. *Tusc.* I 30: *"Ut porro firmissimum hoc adferri videtur cur deos esse credamus, quod nulla gens tam fera, nemo omnium tam sit inmanis, cuius mentem non imbuerit deorum opinio ... - quis est igitur, qui suorum mortem primum non eo lugeat, quod eos orbatos vitae commodis arbitretur?... "*

[387] Vgl. Cic. *Tusc.* I 27.

[388] Cic. *Tusc.* I 31.

- Alle Menschen bemühen sich, durch reiche Nachkommenschaft, imposante Grabstätten und entsprechende testamentarische Auflagen ihr Andenken zu wahren. (III 78)

Einen Aspekt, der dem Humanisten besonders am Herzen liegen mußte, zieht Marsuppini hier vor:

> *"Nam quid aedificando, quid **ii, quos doctiores** putamus, **scribendo** efficere volunt, nisi ut apud posteros et memoriam et desiderium sui relinquant."* (III 78, 27-30)[389]

Im Grunde ist er nach eigenem Bekenntnis weiterhin bemüht, die Reihenfolge Ciceros beizubehalten.

Das folgende Argument ist, da es der Autor hier ohne Einschränkung gelten läßt, interessant für die Tugendproblematik, d.h. die Relation von *"vita activa"* und *"vita contemplativa"*:

Man erkenne die Natur eines Wesen nur dann richtig, wenn man das

> *"excellentissimum"* (III 79, 2)

in ihm betrachtet. Was bzw. wer bei den Menschen diesen Platz einnimmt, scheint außer Frage zu stehen:

> *"In genere autem humano quis non videat, **eos, qui ut societatem, ad quam nati sumus, tutentur, iuvent, augeant, nullis laboribus, nullis periculis parcunt, ceteris omnibus esse praeferendos**."* (III 79, 2-6)

Diese edlen, Marsuppini nennt einige Helden der Antike, wie die Decii, Epaminondas, Leonidas, erkennen die

> *"vis naturae"* (III 79, 6).

Sie halten ihre Seele für unsterblich, sonst würden sie nicht die

> *"mors voluntaria"* (III 79, 18)

auf sich nehmen, in der Hoffnung, daß ihre Seelen nach dem Tod

> *"sempiterna gloria egregiis virtutibus parta fruentur."* (III 79, 25)[390]

Für die Kontemplation, die Hinwendung auf sich selbst und zum Göttlichen, bleibt in der hier gepriesenen Lebenshaltung offensichtlich wenig Raum. Das sollte aber nicht überbewertet werden; denn es hat sich bereits häufig gezeigt, daß Landino zugunsten der engen Anlehnung an eine Vorlage, Widersprüche zu anderen Aussagen des Dialogs in Kauf nimmt. Doch angesichts seines Bemühens, die politische Tätigkeit innerhalb des neuplatonischen Tugendsystems aufzuwerten, kann auch die bedingungslose Parteinahme an dieser Stelle nur als Ausdruck seiner - nicht immer eingestandenen - hohen Wertschätzung der *"vita activa"* interpretiert werden, die

---

[389] Cic. *Tusc.* I 34.

[390] Vgl. Cic. *Tusc.* I 32/33.

mit dem neuplatonischen Ansatz kaum zu vereinbaren ist.
Diese letzte Argument gibt Marsuppini den Anlaß, auch in der

> *"religio nostra"* (III 79, 26)

Indizien für den *"consensus omnium"* aufzuzeigen:
Gott liebt zwar alle Menschen, doch die am meisten,

> *"qui ardentiori religione sibi addicti devotique sint"* (III 79, 28/29)

Für diese will er das Beste und gibt ihnen eine *"mens"*, die sie die irdischen Verlockungen verachten und gegebenenfalls den Tod freiwillig auf sich nehmen läßt.

> *"Hoc autem illis non modo malum, sed summam etiam omnium malorum sit necesse est, nisi pro vitae huius iactura* ***quaedam praemia consequantur****."* (III 80, 6-8)

Wie sich bereits in dem Rückgriff auf die religiös gefärbte hermetische Quelle andeutete, wird hier der *"impulsus nunquam errantis naturae"* mit Gottes Wirken gleichgesetzt, ein Vorgehen, das der der *"consensus"*-Theorie zugrunde liegende stoische Naturbegriff nahelegt.
Nachdem mit diesem *"consensus"*-Argument eine sichere Grundlage für den Beweis der Unsterblichkeit der Seele gewonnen ist, kann Marsuppini zu spezielleren Argumenten übergehen, die sich ja alle als Konsequenz der instinktiven Grundüberzeugung von der eigenen Unsterblichkeit verstehen lassen. So fährt Marsuppini fort:

> *"Sed redeamus ad Platonem,"* (III 80, 11)

und versucht den Eindruck zu verstärken, daß er sich in der vorausgehenden Argumentation bereits auf dem Boden der platonischen Philosophie bewegt habe.

2.5.3.8 Das Argument der Selbstbewegung

Im Falle des nun folgenden Argumentes ist die Zuweisung wirklich berechtigt. Den Beweis der Unsterblichkeit der Seele aufgrund ihrer Selbstbewegung hatte Plato im *Phaidros*[391] aufgestellt und in den *Leges*[392] später wieder aufgegriffen. Doch bereits sein Schüler Aristoteles hatte seine Argumentation im 8. Buch der *Physik* kritisiert und damit eine Auseinandersetzung entfacht, die noch zu Landinos Zeit zu keinem einheitlichen Ergebnis gelangt war, wie die Stellungnahme des Kardinals Bessarion, derer sich Landino bereits in Zusammenhang mit der Seelendefinition im I. Buch

---

[391] 245 c.

[392] X 894 e ff.

bedient hatte[393], zeigt. Auf diese Vorlage wird er - ohne Angabe seiner Quelle - auch jetzt wieder zurückgreifen, und zwar auf den Passus, der sich an die im I. Buch herangezogene Stelle anschließt. Bessarion macht dort einen zweiten Ansatz, der ihm zunächst dazu dient, das Wesen der Seele zu erklären[394], auf den er aber auch im Rahmen der Unsterblichkeitsdiskussion zurückverweist[395].

Diese Zuordnung greift Landino auf, verweist aber auch auf die Erörterung des ersten Gesprächstages. Er behandelt das Argument allerdings viel ausführlicher. Erstens löst er die durchgehende Argumentation des Kardinals in den Dialog auf, wobei er sich selbst die zu widerlegende aristotelische Position zuweist. Zweitens zitiert er expressis verbis aus der Quelle, auf die sich die Interpretation des Kardinals stützt, und die von ihm selbst in anderen Passagen des Dialogs bereits ohne ausdrücklichen Hinweis herangezogen wurde: aus der Abhandlung Alberts *De natura et origine animae.* Drittens läßt er Marsuppini zunächst den ursprünglichen Beweis Platos aus dem Munde Ciceros vortragen:

> *"Omne ergo, quod se ipsum movet, id semper movere necesse est. Nunquam enim se ipsum deseret quandoquidem non aliunde movetur; posset enim, si aliunde moveretur, ab eo, a quo motum accipit, quandoque deseri; a se vero ipsum nunquam deseretur: semper enim in se est, semperque sui simile. Ergo semper se movet. Est igitur immortale; qui enim si mortale fuerit, se ipsum movere semper poterit? Habet enim principium in se; principio autem, ut etiam Cicero dicit, nulla origo est, non enim esset principium. Hoc si est, id etiam erit ipsum minime exstinctum iri. Nunquam enim occidet, quod exortum non est. Videmus igitur rem gradatim illuc deduci, ut quod se ipsum moveat, id aeternum sit. Movet autem se ipsum animus: est igitur animus aeternus. Si aeternus, nunquam a vita cessabit; nunquam*

---

[393] S. 2.3.2.4.

[394] Bess. *In cal. Plat.*, 145, 1-5: *"Sed cum uterque philosophus, Plato scilicet atque Aristoteles, cur anima sit quidve sit, conquisierit, operae pretium est videre, quomodo Plato id ex motus ratione investigarit, quem imitatus Aristoteles libro Naturalis auditionis octavo ex motu in dei cognitionem fertur, quem primum movens immovibile nominat, sive id mentem statuat sive animum."*

[395] Bess. *In cal. Plat.*, III, 367, 2-5: *"Quam* (sc. *rationem de immortalitate*) *Albertus Magnus commendat opere suo de Origine Animae his verbis:' Quibusdam, inquit, perquam paucis mutatis ratio haec Platonis fortis demonstratio est.' Sed enim intellegere motum, qui a Platone tribuitur animae, non esse aliud nisi actionem sive operationem, quae corporeo instrumento non utatur, ..."* Erst hier weist Bessarion die Argumentation ausdrücklich Albertus Magnus zu. Landino stellt den Beweis von Anfang an unter dessen Autorität.

igitur in interitum cadet: erit ergo immortalis." (III 80, 25-28)[396]

Der junge Landino legt die peripatetische Gegenposition dar: *"Movere"* und *"moveri"* sind zwei gegensätzliche Tätigkeiten, die von einem Wesen nicht zu derselben Zeit ausgeübt werden können. Die Seele kann sich also nicht selbst bewegen (III 80, 30 - 81, 10).

Marsuppini weist darauf hin, daß nicht nur die *"Peripatetici"* sondern auch Aristoteles selbst, so argumentierten, unterscheidet also hier zwischen dem Philosophen und seiner Schule, was er im Falle Platos und seiner Nachfolger an keiner Stelle des Dialogs unternimmt. Eine solche Differenzierung kann der Vorgehensweise des Autors, die darin besteht, alle erdenklichen Argumente, teilweise von höchst zweifelhafter Herkunft, unter die Autorität Platos zu stellen, in der Regel keineswegs dienlich sein, sondern wäre kontraproduktiv. Daher wird sie nur im Einzelfall gezielt eingesetzt. Marsuppini versucht, wie viele vor ihm, die Aristoteles keinen Denkfehler vorwerfen wollten[397], dessen Kritik an dem

"Homerus philosophorum" (III 81, 10)[398]

auf die persönliche Ebene zu ziehen, indem er Zuflucht zu dem unter den Humanisten beliebten Topos des *"discipulus ingratus"* nimmt[399]:

> *"Quis enim **parum vidisse** Aristotelem dicere audeat, aut quis non potius **divinitatem ingenii in rebus omnibus** obstupescat, quam doctrinam desideret? Itaque non parum vidisse in hoc Aristotelem contenderim. Sed si vera est invidiae etymologia, **nimis** illum in hac re **vidisse** assentiar."* (III 81,16-21)

Neid - Marsuppini benutzt hier die Etymologie Ciceros[400]- , nicht Unfähigkeit ist also die Ursache der Kritik des Aristoteles, die mit dieser Einschätzung von vornherein als ungerechtfertigt charakterisiert wird, ja sogar als

*"**calumniosa** interpretatio"* (III 81, 25)

gebrandmarkt wird. Dieses überaus harte Urteil, zu dem sich Marsuppini

---

[396] Cic. *Tusc.* I 53/54 und *Rep.* VI 27.

[397] Vgl. Macr. *Comm.* 2. 15, 2: *"neque vero tam immemor mei aut ita male animatus sum ut ex ingenio meo vel Aristoteli resistam vel adsim Platoni, sed ut quisque magnorum virorum qui se Platonicos dici gloriabantur aut singula aut bina defensa ad ostentationem suorum operum relinquerunt, collecta haec in unum continuae defensionis corpus coacervavi, adiecto siquid post illos aut sentire fas erat aut audere in intellectum licebat."* Bessarion verweist ausdrücklich auf Macrobius: *"Quam rationem* (sc. *de immortalitate*) *Macrobius vir doctissimus non modo probat, sed etiam tuendo respondet argumentis Aristotelis, quibus ille negat aliquid posse movere se ipsum."* (*In cal. Plat.* 365, 39 - 367,2)

[398] Cic. *Tusc.* I 79.

[399] Field, Origins, 120.

[400] Cic. *Tusc.* III 19.

hinreißen läßt, will nicht recht zu der vorher geäußerten Zurückhaltung im eigenen Urteil passen. Man möchte hier schon beinahe von einer 'Freud'schen Fehlleistung' des Autors sprechen, der gedanklich schon bei seiner nun auszuschreibenden Vorlage *In calumniatorem Platonis* ist, die dieses Wort ja bereits im Titel trägt und den Gegner auch in der Auseinandersetzung mit diesem Attribut belegt, aber nie (!) Aristoteles auf diese Weise angreift.[401]

Marsuppini äußert nämlich die Absicht, Aristoteles nicht mit den Argumenten der Akademie zu widerlegen, was, wie er betont, natürlich durchaus möglich wäre, sondern ihn mit einem Beweis aus seinen eigenen Reihen zu schlagen (Auch hierzu ist die Differenzierung zwischen dem Philosophen und seiner Schule Voraussetzung). Zu diesem Zweck führt er nun Albertus Magnus ein, hebt nicht nur dessen *"pietas"* (III 82, 10) gegenüber Plato hervor, sondern beeilt sich, auch nochmals die Einschätzung des Aristoteles durch Augustinus ins Gedächtnis zu rufen [402]. Offensichtlich benötigt Landino in dieser heiklen Frage gleich den Schutz mehrerer Autoritäten.

Ist die Argumentation Alberts auch hilfreich, so kann sich Marsuppini doch nicht enthalten, in guter Humanistentradition dessen scholastisches Latein der Eloquenz Platos entgegenzusetzen:

> *"Nam quod parum haec perspicue ab eo prolata dicat quis iam ferat, si eum qui,* ***inaudito quodam concentu et suavissimo temperamento poetica oratoria****que* ***ornamenta*** *simul* ***ex sua divina eloquentia*** *miscuerit ab* ***homine barbaro*** *et* ***utriusque linguae ignaro*** *tanquam quod concepisset exprimere non possit accusetur?* ***Utinam****, Alberte,* ***tantum eloquentia valuisses****, quantum doctrina polles!"* (III 82, 20-27)

Dann kommt er endlich zur Sache, argumentiert zunächst aber noch selbständig auf der Basis der von Bessarion zitierten Quelle:

> *"Movet se animus"* (III 83, 5)

bedeutet keine Spaltung in Tätigkeit (*"movere"*) und Erleiden (*"moveri"*), sondern, so zitiert er Albert,

---

[401] In Zusammenhang mit dem Argument der Selbstbewegung (*In cal. Plat.* 145 (II c.8); 365ff (III c.22)) enthält sich Bessarion jeder wertenden Beurteilung des Aristoteles.

[402] *De ani.* III 82, 13-19: *"Ego tamen ea, qua apud me veneratione est, damnare non audeo. Sed quae ab Augustino dicuntur, vehementer approbo. Nosti hominis multam variamque doctrinam, nosti iudicium acerrimum: nosti in rebus omnibus aequitatem singularem. Hic ergo Aristoteli, cuius doctrinae cupidissimus fuit, adversus Platonem loquenti tanquam qui in illum puer semper sit, silentium edicit."* Vgl. I, 32, 1-4.

"causa ipse ex se est omnium ***actionum*** *suarum, ..."* (III 83, 8)[403];
d.h. die Seele bewegt sich nicht im Raum, sondern ist essentiell tätig.
Dann unterläuft ihm allerdings ein Widerspruch, indem er eben diesen *"actus mobilis"* doch der Selbstbewegung zurechnet:

"... sic animus innata sibi vi ***locum mutat****, innata sibi vi operatur, appetit, speculatur, denique atque intelligit ..."* (III 83, 12-14)[404]

Unter Zuhilfenahme von Bessarions Interpretation findet er aber anschließend zur korrekten Argumentation zurück:

Landino	Bessarion
"Quod si quis et sua hebetudine tanti philosophi ingenium metiens motus illos, quos 'passivos posterosque' Peripatetici nuncupant, animo tribuisse Platonem credat, ipsa verba audiat: 'Gerit, inquit, caelum, terram, mare, mundum, suis motibus animus; horum autem nomina sunt velle, intelligere, curare, consultare, recte aut contra opinari, gaudere, dolere, audere, metuere, diligere, odisse; omnibus denique motibus, qui his cognati aut primi sunt. Hi, secundos sibi motus corporis	*"Sane motus passivos naturales et posteros ne Plato quidem animo tribuit, quod tam apertum est, ut nemo sit, qui contradicere audeat. Sed quos ille motus tribuerit animae, ex verbis eius intellegamus. 'Gerit quidem, inquit, animus caelum, terram, mare mundum suis motibus, quorum nomina sunt velle, intellegere, curare, consultare, recte et falso opinari, tum gaudere, dolere, audere, metuere, diligere, odisse, omnibus denique motibus, qui iis cognati aut primi sunt. Hi*

---

403 Vgl. Alb. *De nat. et orig. ani.* 409: *"****Anima*** *autem* ***intellectualis*** *in quantum intellectualis* ***ex seipsa est causam suarum operationum intellectualium****, ita quod a natura ad has non agitur neque impellitur, sicut patet in artibus et omnibus quorum principium est secundum intellectum operativum et prudentiam."*

404 Dagegen Alb. *De nat. et. orig. ani.* 400: *"Sed attendum est, quod cum dicit Plato primum motorem in motu locali et processivo movere se ipsum, et moveri a seipso, non intelligit, quod eodem genere motus moveat se quo movet illud quod movetur a se, quia sic moveret se localiter: et hoc non potest esse. Nec intelligit, quod secundum aliquam aliam speciem motus moveat se, secundum quam motus est exitus de potentia ad actum. Sed dicit illud movere se, quod in actu existens continue exerit et emittit actum: sicut sol in actu existens continue exerit et emittit luces sine sui mutatione. Per hunc enim modum dicit motorem primum ex se exerere et emittere motum: eo quod essentiale est sibi movere, sicut probatum est; et hoc vocat movere se, et moveri a se. Non enim intellexit hoc* ***nisi secundum quod motus*** *est* ***actus moventis*** *et* ***non secundum quod est actus mobilis****."*

assumentes, omnia ducunt in augmentum, minutionem, concretionem, discretionem et quae haec sequuntur.' ***Aperte ergo his verbis demonstrat Plato, non corporeos motus, quos 'passivos posterosque' appellant, quos etiam Aristoteles 'motus' dicit, animae attribuere, sed eas operationes motus vocat, quam*** [405] ***tam ipse quam Aristoteles 'energeias' nominant.*** *Hoc autem quis sibi vitio tribuat, cum scribenti pro arbitrio nominibus uti liceat, praesertim si ea, quae sunt alicuius formae, generi attribuantur? Omnis enim motus operatio est. Non autem contra. Ergo motus quae species operationis est, pro ipso genere posuit."* (III 83, 15 - 84, 4)

secundos sibi assumentes corporis motus omnia ducunt in augmentum, deminutionem, concretionem, discretionem et quae haec consequuntur.' ***Aperte hic Plato de corporeis motibus mentionem faciens, quos solos motus Aristoteles vocat, eos dumtaxat corpori tribuit, animae vero motus,*** *ut sunt velle, intellegere et similia,* ***quae ipse quoque Aristoteles concedit animae, communiori vocabulo motus vocat, cum id in aliis locis tam ipse quam Aristoteles energian, hoc est operationem appellent.*** *Uti enim nominibus licet pro voluntate scribentis et praesertim nominibus speciei pro nominibus generis.Quippe operationis species motus est. Nam omnis motus operatio est, sed non omnis operatio motus. Quo fit ut Plato saepius alterum pro altero nominet."* (*In cal. Plat.* 145, 10-27)

---

[405] Sofern keine Korruptel des Textes vorliegt, ist Landino hier aus der Konstruktion geraten. Diese ist auch in der Vorlage schwer zu durchschauen, was allerdings eindeutig ein Mangel der Übersetzung ist. In griechischen Original heißt es: "ψυχῆϲ δὲ κινήϲειϲ τὸ βούλεϲθαι καὶ ϲκοπεῖϲθαι, ἃ καὶ 'Αριϲτοτέληϲ αὐτῇ ἀποδίδωϲι, κοινότερον ὀνομάζει κίνηϲιν καλῶν, ὅπερ 'Αριϲτοτέληϲ καὶ αὐτὸϲ δὲ Πλάτων ἐν ἄλλοιϲ ἐνέργειαν." (*In cal. Plat.* 144, 19-21) Der Name Platos wird hier wiederholt, während die lateinische Übersetzung den letzen Relativsatz in *"... cum id in aliis locis tam ipse quam Aristoteles energeian, hoc est operationem appellent."* wiedergibt. (ibid. 145, 22/23) Landino läßt '*in aliis locis*' weg, was den Sinn entstellt und schreibt '*quam*' statt seiner Konstruktion entsprechend '*quas*', was die Vermutung nahelegt, daß er bei der Abschrift einige Worte weiter zur '*tam - quam*' - Konstruktion gesprungen ist. Sollte es daran überhaupt Zweifel gegeben haben, so ist hier vollkommen eindeutig, daß Landino ausschließlich die lateinische Übersetzung benutzt hat.

Soweit schreibt Landino seine Quelle wörtlich aus und übernimmt auch die Übersetzung des Plato-Zitates, was den Schluß zuläßt, daß er auf das Original überhaupt nicht zurückgreift. Allein gegenüber dem Beispiel, das Bessarion im Anschluß anführt, um zu beweisen, daß auch Aristoteles in seiner Terminologie nicht immer genau ist, wagt er eine Änderung. Bessarion gibt zu bedenken, daß Aristoteles manchmal ebenfalls der sinnlichen Wahrnehmung und dem Verstand ein *"pati"* und *"moveri"* zuspreche, obwohl sie keine *"motus secundi"* seien. Landino dagegen läßt Marsuppini anführen, daß Aristoteles manchmal nicht genau zwischen *"intellectus"* und *"vis cogitativa"* unterscheide, und wählt damit ein wesentlich einfacheres Beispiel, das allerdings weniger gut in diesen Zusammenhang paßt.

Des weiteren macht Marsuppini darauf aufmerksam, daß es auch gegen diese Argumentation Einwände gebe. Die zwei, die er nun weitgehend unabhängig von der Vorlage Bessarions anführt, sind nicht besonders stichhaltig und sollen wohl nur dem Diskussions-Schema Rechnung tragen:

a) Wenn das Tätigsein der Seele Grundlage ihrer Unsterblichkeit ist, sind auch die niederen Lebewesen unsterblich. (III 84, 14-18)

b) Auch Körper bewegen sich auf dieselbe Weise durch sich selbst.

Die Widerlegung folgt sofort:

Zu b)

Aristoteles sagt selbst in der *Physik*, daß sich die Körper nicht *"sua sponte"* (III 84, 22)[406] bewegen, denn sie vermögen nicht, aus eigener Kraft zum Stillstand zu gelangen, wenn sie sich in Bewegung befinden. Sie können sich der Kraft, die sie bewegt, nicht widersetzen, nicht einmal die Bewegungsrichtung ändern.

Zu a)

Hier greift Marsuppini auf Altbewährtes zurück: Die Seelen der Tiere sind vom Körper abhängig. Sie lassen sich von körperlichen Begierden

---

[406] VII 1.

leiten (Die menschliche Geistseele aber ist vom Körper unabhängig.).[407] Anschließend nimmt er nochmals einen Aspekt der Argumentation Alberts auf. Dessen Auslegung der Selbstbewegung bezieht das Handeln als Ausdruck der selbstbestimmten Tätigkeit der Seele mit ein [408] und bietet somit einen willkommenen Anlaß, die moralische Verfaßtheit des Menschen, den Gegensatz zwischen Sinnlichkeit und Vernunft, nochmals in den Vordergrund zu rücken.

Marsuppini verweist auf die Nikomachische Ethik des Aristoteles. Ihr zufolge handeln die Menschen

> *"sua voluntate suoque consilio"* (III 85, 20).[409]
>
> *"Agere sua sponte nullus dicitur qui ab alio movetur."* (III 85, 20/21)

Und nun führt er wieder mit großem rhetorischem Schwung Beispiele der Antike, wie das des Mucius Scaevola, an, die belegen sollen, was er schon mehrmals dargelegt hat, daß die Seele in ihrer Tätigkeit unabhängig vom Körper ist, da sie ihm oft zuwiderhandelt.[410]

Eine weitere mögliche Ursache der Seelentätigkeit muß er nun allerdings auch ausschließen: Gott. Sein Eingreifen würde die Selbständigkeit und damit die Unsterblichkeit der Seele gefährden. Letztlich ist es das alte Problem der *"providentia"*. In diesem Sinn argumentiert Marsuppini auch, allerdings ex negativo, ohne das Verhältnis zwischen Gottes Voraussicht und dem menschlichen Willen zu klären:

Würde Gott die Menschen zum Guten zwingen, lautet sein Beweis, entgingen sie der Verantwortung, in diesem Fall dem Lob, für ihre Handlungen.

---

[407] Auch Bessarion nimmt zu diesem Einwand Stellung, argumentiert aber subtiler auf der Grundlage der (neu-)platonischen Seelenlehre: *"Sequitur et alter error adversarii. Nam cum Platonem audivisset omnem animam immortalem posuisse, brutorum quoque animas ab eo immortales constitutas existimat. Etenim quomodo Plato genera animarum distribuerit, ut animae nomen acceperit, non satis audivit vel, si audivit, haud intellexisse se simulat. Etsi enim Plato eodem nomine tam bruti quam hominis animam saepenumero vocet, de hominis tamen univoce, de bruti anima aequivoce loquitur nec animas dici brutorum censet, sed vitas quasdam et simulacra animarum."* Er zitiert die Aussage Platos über die sensitive Seele aus dem *Timaios*, 69 c/d, derzufolge diese sterblich ist, und kommt zu dem Schluß: *"Quis igitur tam impudens sit, ut Platonem ausit asserere animam sensitivam et cum brutis communem opinari esse immortalem, cum tam saepe tamque aperte affirmet eam esse mortalem. Plura a Peripateticis contra haec dici solere non ignoro, sed argumenta eorum omnia dissolvi facile possunt. "* (*In cal. Plat.* 163, 36 - 165, 22)

[408] S. Anm 403.

[409] *EN* III (1109 b ff)

[410] In diesem Zusammenhang zitiert er auch Horaz (*Ep.* I 1,45): Die Kaufleute wagen sich um des Gewinns willen auf das gefährliche, rauhe Meer.

Daß Gott die Menschen zum Schlechten zwingt, ist per se unmöglich. (III 87, 19-25)

Von dem früher zitierten Argument des Hermes Trismegistos bezüglich des nur dem Menschen eigenen *"liberum arbitrium"*, das sich in diesem Zusammenhang anböte, macht Landino bezeichnenderweise keinen Gebrauch. Wieder einmal werden die einzelnen Argumente eher 'unverdaut' vorgetragen, ohne daß ein übergreifender Argumentationszusammenhang hergestellt wird. Dieser ist nur in den popularphilosophisch ethischen Gesichtspunkten zu erkennen, auf die dieser allgemeine Beweis Alberts und seine entsprechende Interpretation Bessarions reduziert wird.[411] Die von Landino vor allem aufgrund ihrer ethischen Konsequenzen beschworene Unabhängigkeit der Seele vom Körper, die sich immer wieder als kleinster gemeinsamer Nenner postulieren läßt, liefert auch hier das Motiv für das entsprechend allgemeine Resümee dieses ersten, zumindest seinem Ursprung nach, platonischen Beweises:

> *"Cum igitur animi actiones a nullo cogantur, a nullo pendeant corpore, non erit a corpore natus animus; non ergo cum corpore interibit; sed a se causam motus habens, nunquam se ipse deseret."* (III 87, 26 - 88, 1)

2.5.3.9 Das Argument der *"speculatio divinorum"*

Auch der nun folgende Beweis kann für sich in Anspruch nehmen, wenn auch nicht auf Plato selbst, so doch auf neuplatonische Vorstellungen zurückzugehen. Er gründet sich auf die Konzeption des Aufstiegs der immateriellen Seele zum Intelligiblen. Marsuppini schmückt ihn mit dem bereits bekannten Motiv:

> *"Adde etiam, quod cum **clausi tenebris et carcere caeco** tamen **ad divinorum speculationem erigantur animi** iudicant se **divinis esse cognatos: divini igitur sunt.**"* (III 88, 1-4)[412]

---

[411] Im folgenden wird er nochmals, unabhängig von Bessarion, auf diese Schrift zurückgreifen.

[412] Vgl. Alb. *De nat. et orig. ani.* 413: *"Amplius, quorumcumque idem est bonum et optimum secundum naturam eorum, est una et communis natura genere, vel specie, vel ad minus secundum analogiam ad boni vel optimi illius proportionem. ... Est autem omnis intellectualis naturae secundum naturam optimum, et illud est ipsa contemplativa felicitas, ... est autem felicitas illa contemplatio divinorum, ... quae Deo convenit et intellectibus divinis omnibus caelestibus et homini. Propter quod Aristoteles dicit quod homo non est nisi intellectus, eo quod bonum intellectus sibi solum proprium et connaturale est."*

2.5.3.10 Das Argument der *"simplicitas animi"*

Es entstammt der neuplatonischen Tradition insofern, als daß ihm die Auffassung von der Seele als unkörperlicher Wesenheit zugrunde liegt, und es von Augustinus in *De quantitate animae* entwickelt wird. Marsuppini gibt den Beweis sehr verkürzt wieder und verweist auf die vorausgehenden Beweise der Unkörperlichkeit der Seele. Aus dieser leitet er nochmals ab, daß die Seele (*"animus"*)

"simplex et individuus" (III 88, 6)

sei; denn nur der Körper habe Ausdehnung und könne geteilt werden, etwas Unkörperliches dagegen nicht. Was nicht geteilt werden kann, kann auch nicht zugrunde gehen.

⇒ Die Seele ist unsterblich.

2.5.3.11 Die Seele als Idee

Nun stellt Marsuppini das letzte Argument des platonischen *Phaidon* [413] vor. Und wie immer, wenn es um die originäre Lehre Platos geht, nimmt Landino Zuflucht zu Bessarion:

Landino	Bessarion
"Omne quod rei alicui, quam suapte natura praecedat, quippiam affert, contrarii eius quod affert impatiens sit necesse est; *at anima corpori, quod illa sua natura praecedit vitam affert; ergo eius contrarii impatiens erit. Contraria autem vitae mors est; impatiens igitur mortis erit anima.* ***Item formas, quae ita haerent alicui subiecto ut nunquam illi contrarium afferant, easdem semper manere necesse est. Animam autem formam corporis esse omnes fatentur.*** *Haec autem ita corpori adhaeret, ut vitae*	***"Formas, quae ita applicantur subiecto, ut nunquam illi contrarium afferrant, semper easdem manere necesse est.*** *Atqui anima ita corpori applicatur, ut vitae, qua corpus afficit, contrarium, hoc est mortem, nunquam afferrat. Animam igitur semper vitam semperque vitae nunquam mortis participem esse oportet, quem ad modum ternarius imparis semper, paris nunquam particeps est, cum ea, quae complectitur, non modo tria, sed etiam imparia sint.* ***Item quidquid alicui rei aliquid affert, ipsam, cui affert,***

[413] *Phaid.* 95 a -107 a.

qua corpus afficit, contrarium idest mortem, nunquam afferat. Erit igitur vitae semper, mortis vero nunquam particeps; veluti ternarius numerus imparis semper, paris autem nunquam particeps efficitur, quandoquidem ea quae complectitur, non modo tria, sed etiam imparia sunt." (III 88, 10-23)

rem praecedens, contrarii eius,quod affert, impatiens est. *At anima corpori, quod natura praecedit, vitam affert. Impatiens igitur contrarii eius est. Id autem esse mortem constat."* (*In cal. Plat.* 149, 16-25)

Landino übernimmt diesen Beweis wörtlich aus seiner Vorlage, stellt allerdings die Reihenfolge der ihn konstituierenden Syllogismen um, was aber keinen Einfluß auf die Aussage hat. Allerdings bereitet Bessarion das Argument ausführlich vor.[414] Da Landino diese einleitenden Bemerkungen nicht übernimmt, sondern sofort in medias res geht, ohne den Zusammenhang zu beachten, unterläuft ihm auch hier wieder eine Unstimmigkeit. Im Gegensatz zu Bessarion bezeichnet er die Seele an dieser Stelle expressis verbis ohne Einschränkung als *"forma corporis"* und gerät damit in Widerspruch zu seiner platonischen Seelendefinition. Bessarion benutzt den Begriff der Form im weiteren Zusammenhang seiner Argumentation zwar auch, weist aber zu Beginn ausdrücklich darauf hin, daß er mit diesem Begriff den der platonischen Idee wiedergebe[415], so daß der Charakter der Seele als unabhängige Wesenheit gewahrt bleibt. Landino hingegen glaubte, auf diese Einleitung verzichten zu können, und sah sich dadurch genötigt, an der zitierten Stelle die unglückliche Erklärung der Seele als *"forma corporis"* einzufügen.

2.5.3.12 Die Seele kann nicht durch ihre spezifischen Übel zugrunde gehen.

Für Platos Unsterblichkeitsbeweis aus dem 10. Buch der *Res publica*[416] bleibt Landino seiner Vorlage anfangs treu. Er läßt Marsuppini erklären:

---

[414] Vgl. *In cal. Plat.* 147, 29 ff.

[415] Mit der Wendung *"Cum formas quasdam, quas ideas vocat, esse demonstrasset..."* (*In cal. Plat.* 147, 31) gibt Bessarion "δείξας γὰρ εἶναι τε εἴδη ..." (ibid. 147, 30) wieder.

[416] *Res p.* 608 d - 611 b.

Landino	Bessarion
"In libros vero 'De republica' ostendit Plato unius cuiusque rei et bonum esse et malum, et bonum quidem servare, malum corrumpere eam rem, cui utrumque tribuitur; veluti videmus morbo, qui malum corporis est, corrumpi ipsum corpus.	***"Decimo etiam de Re publica libro habetur uniuscuiusque rei tum bonum esse tum malum, ac bonum quidem servare, malum vero corrumpere eam rem, cui utrumque tribuitur, quippe morbum qui malum corporis est, corpus corrumpere,***

Dann fährt er in Abweichung (!) von der Vorlage in wörtlicher Rede fort:

Deinde addit: 'Quicquid interit, id non alieno, sed suo malo interire. Videmus enim corpora nostra non cibi vitio sed morbo qui ex cibo contrahitur, exstingui'.	*sanitatem, quae bonum est, servare, tum unamquamque rem suo, non alieno malo interire. Cibi enim vitium nequaquam corpus perimere, nisi morbum in eo contraxerit,quod ipsius malum est.*

Um dann in etwas freierer Wiedergabe der Quelle zu erklären:

Quae omnia cum docuerit, ad postremum ita colligit animos alieno malo perire non posse. Hoc enim commune illi est cum ceteris rebus; malum autem animorum nihil aliud esse, nisi vitium, ut avaritia, intemperantia et cetera huiuscemodi. Hoc autem depravare quidem posse, non autem dissolvere; ergo erunt immortales animi, si neque alieno neque suo malo pereunt." (III 88, 24 - 89, 6)	*Atque ita colligit minime id numerari debere inter ea, quae pereunt, quod malum habens, quo depravetur, non dissolvitur ab eo neque interit. Quibus ita positis animam dicit habere aliquid mali, quo depravetur, utpote iniuriam, intemperantiam, avaritiam, inscitiam et reliqua huiusmodi vitia, quae depravare quidem animam possunt, non tamen dissolvere eam atque perimere ita, ut anima non sit, ..."* (*In cal. Plat.* 151, 15-27)

Dem Gedankengang ist Landino genau gefolgt. Auch hier hat er seine Vorlage gekürzt[417] und zudem den Eindruck zu erwecken versucht, daß er

---

[417] Vgl. *In cal. Plat.* 153, 15 ff .

sich von ihr löse, d.h. auf das Original selbst zurückgreife. Eine näherer Blick auf das 'Zitat' zeigt aber, daß es keineswegs eine Übersetzung der entsprechenden Passage des platonischen Dialogs ist[418], sondern nur eine in wörtliche Rede gekleidete Zusammenfassung, die inhaltlich nicht über Bessarion hinausgeht. Auch für die Wiedergabe dieses Argumentes brauchte Landino das Original demnach nicht zu bemühen.
Damit sind die Unsterblichkeitsbeweise, die wirklich auf Plato zurückgehen, dargelegt. Doch gibt sich Marsuppini noch nicht zufrieden, sondern fügt noch einige weitere an, die nur noch unter der allgemeinen Überschrift 'platonisch' laufen, ohne daß dieses Etikett für sie ausdrücklich in Anspruch genommen würde.

2.5.3.13 Das Argument der *"corruptio per se"* oder *"per accidens"*

Dieser Beweis bringt, wie Marsuppini selbst zugibt, nichts Neues. Nochmals zählt Marsuppini die möglichen Ursachen für das Zugrundegehen eines Wesens auf, um sie sofort als für die Seele nicht zutreffend abzulehnen:

a) Materie und Form können getrennt werden.
   Aber: die Seele hat keine Materie.
b) Das Wesen kann in seine Teile aufgelöst werden (*corruptio per se*).
   Aber: die Seele ist unteilbar.
c) Einem Wesen kann das Subjekt, dem es anhaftet, entzogen werden (*corruptio per accidens*)
   Aber: die Seele ist nicht vom Körper abhängig.
   Hier ist die Begründung interessant:

> *"Non enim ita adiacet corpori ut accidens aliquod suo adiacet subiecto, neque* ***ut forma materiae.****"* (III 89, 23/24)

An dieser Stelle wird also die Auffassung der Seele als *"forma corporis"*, die kurz zuvor noch herausgehoben worden war, zugunsten ihrer Bestimmung als vom Körper unabhängige Substanz bestritten. Einmal mehr wird das Verhältnis der aristotelischen zur platonischen Seelendefinition, wie es im I. Buch bestimmt worden war, verwischt. Dabei ist es eben nur die

---

[418] Das 'Zitat' faßt zusammen: Plat. *Res P.* X 609 a: "Τὸ cύμφυτον ἄρα κακὸν ἑκάστου καὶ ἡ πονηρία ἕκαστον ἀπόλλυcιν, ἢ εἰ μὴ τοῦτο ἀπολεῖ, οὐκ ἂν ἄλλο γε αὐτὸ ἔτι διαφθείρειεν." und 609 e:" 'Εννόει γὰρ, ἦν δ' ἐγώ, ὦ Γλαύκων, ὅτι οὐδ' ὑπὸ τῆc τῶν cιτίων πονηρίαc, ἣ ἂν ᾖ αὐτῶν ἐκείνων, εἴτε παλαιότηc εἴτε cαπρότηc εἴτε ἡτιcοῦν οὖcα, οὐκ οἰόμεθα δεῖν cῶμα ἀπόλλυcθαι. ἀλλ' ἐὰν μὲν ἐμποιῇ ἡ αὐτῶν πονηρία τῶν cιτίων τῷ cώματι cώματοc μοχθηρίαν, φήcομεν αὐτὸ δι' ἐκεῖνα ὑπὸ τῆc αὐτοῦ κακίαc νόcου οὔcηc ἀπολωλέναι. ὑπὸ δὲ cιτίων πονηρίαc ἄλλων ὄντων ἄλλο ὂν τὸ cῶμα, ὑπ' ἀλλοτρίου κακοῦ μὴ ἐμποιήcαντοc τὸ ἔμφυτον κακόν, οὐδέποτε ἀξιώcομεν διαφθείρεcθαι."

letztere, die der Seele als vom Körper unabhängige Substanz, die Unsterblichkeit sichert; mit Ausnahme der thomistischen Lösung der Definition der Seele als *"forma subsistens"*, auf die Landino allerdings an keiner Stelle Bezug nimmt.

2.5.3.14 Fünf Argumente für die Unabhängigkeit der Seele vom Körper und seiner Vergänglichkeit

Die Unabhängigkeit der Seele vom Körper, ihre 'Übernatürlichkeit', sollen auch die fünf folgenden Argumente bekräftigen, die Landino wieder in der bereits zitierten Schrift Alberts *De natura et origine animae* finden konnte. Er selbst unterbricht die Argumentation dieser Vorlage allerdings durch Beweise anderer Herkunft und löst sich soweit wie möglich von ihrem 'barbarischen' Latein. Zur besseren Übersicht werden die Argumente im folgenden zusammengestellt:

- Die Seele wird nicht von der Zeit bedroht:
  Alles Sterbliche wird vom 'Zahn der Zeit benagt'.
  Die *"mens"* wird um so stärker, je mehr sie sich betätigt.
  ⇒ Sie wird von natürlichen Faktoren nicht zerstört und ist damit unsterblich. (III 89, 31 - 90, 1)[419]

- Die Seele kann nicht von ihrem Objekt zerstört werden
  (Ein Argument, das auf Aristoteles selbst zurückgeht[420]):
  Jede Kraft kann durch ihr Objekt, falls dieses zu stark sein sollte, vernichtet werden, so z.B. der Gesichtssinn durch zu grelles Licht.
  Der Verstand hingegen wird durch ein anspruchsvolles Objekt geschärft.
  ⇒ Die Geistseele wird von natürlichen Faktoren nicht zerstört und ist damit unsterblich. (III 90, 10-17)[421]

- Die Geistseele ist nicht auf ein körperliches Instrument angewiesen:
  Marsuppini erklärt:
  "... quidquid ita ex sese est ut ab aliis per eas quoque actiones, quae

---

[419] Alb. *De nat. et. orig. ani.* 401: *"Adhuc etiam aetas quae est corruptio naturalis, debilitat quaecumque sunt organica, sicut sensus et imaginationes corrumpuntur in senibus: et tamen in his sunt fortiores et certiores intelligentiae: non enim iuvenes aequaliter iudicant sensibus presbyteris: et sic iterum est clarum intellectum organicam virtutem non esse."*

[420] Arist. *De ani* 424 a.

[421] Alb. *De nat. et orig. ani.* 401: *"Adhuc autem quia omne operans in organo, laeditur ab excedenti harmoniam organi sui, sicut visus a claritate solis. Intellectus autem a maxime intelligibilibus non laeditur, sed confortatur. Separatus igitur esse dignoscitur et non coniunctus alicui organo."*

suae essentiae sunt, omnino separatum sit, id etiam ab iis sua essentia separatum dicetur." (III 91, 26-29)

Der Beweis wird ex negativo geführt:

Eine *"vis corporea"*, wie z.B. einer der fünf Sinne, ist, da sie sich als

"actus corporis" (III 91, 31)

manifestiert, essentiell

"ex analogia corporis" (III 92, 1)

tätig und somit auf die Fähigkeiten ihres körperlichen Instrumentes beschränkt. Aus diesem Prinzip läßt sich ableiten:

"... si igitur vis aliqua corporea, quae corpori affixa est, non aget ea actione quae sua et propria est, nisi ad proportionem corporis, facile cernemus eadem ratione id quod ad nullius corporis harmoniam operatur, esse ab omni corpore sua essentia separatum." (III 92, 9-13)

Die *"mens"* erkennt

"infinita",

was ihr nicht möglich wäre, wenn sie auf die begrenzten Instrumente des Körpers angewiesen wäre.

"Est igitur a corpore sua essentia separata mens. Non igitur cum corpore interit." (III 92, 16/17)[422]

- Die Seele trifft Entscheidungen, die dem Körper zuwider laufen:

Das Bild des Steuermanns, der ein Schiff nach seinem Ermessen, Entschluß und Ziel lenkt, von seinem Objekt also unabhängig ist, soll das Verhältnis der Seele zum Körper verdeutlichen:

"Amplius, quicquid ita regit atque movet corpus, ut vim tamen eius regendi et formam sui motus minime ab eo mutuetur, id ita separatur ab illo, et ex sese est, ut nullo pacto idem essentia esse possit. Regit enim atque movet navem, qui ad temonem sedet gubernator; non tamen eundem esse gubernatorem et navem dicimus, quandoquidem non vi accepta a navi, sed sua et propria illi moderatur gubernator." (III 92, 18-24)

Hier läßt sich wieder gut ein mythisches Exemplum einfügen, um die trockene Argumentation der Scholastik rhetorisch etwas aufzubereiten:

---

422 Vgl. Alb. *De nat. et orig. ani.* 409: *"Si enim detur per esse et essentiam coniunctum esse, sicut actus corporis coniungitur cum corpore cuius est actus, non operabitur essentialem operationem nisi ad harmoniam corporis illius cuius est actus, sicut visus non operatur nisi ad harmoniam et debitam compositionem ac temperantiam ipsius oculi, ... Destruamus ergo hoc consequens dicendo, quod id quod non operatur ad alicuius corporis harmoniam, necessario per esse et essentiam est separatum. Quod autem per esse et essentiam est separatum ab aliquo, nullo pacto perit destructo illo a quo separatum est per esse et essentiam. Anima igitur intellectualis ad destructionem corporis non destruitur."*

Marsuppini wählt die Argo mit ihrem Steuermann Tiphys.
Ebenso, nimmt Marsuppini den Beweisgang wieder auf, lenkt die Seele den Körper zu ihm fremden, ihr aber affinen Zielen:
- *"ad vim rerum efficiendarum"*
- *"ad rationem honesti"* und
- *"ad veri inquisitionem"* (III 92, 30-93, 1).

⇒ Die Geistseele ist also vom Körper unabhängig.[423]

- Die Geistseele erstrebt das *"honestum"*:

Dieses letzte Argument ist interessant für Landinos Behandlung seiner Vorlagen. Vom Wortlaut der Schrift Alberts hatte er sich bis jetzt immer soweit wie möglich zu lösen versucht und nur einzelne prägnante Sätze und Definitionen wörtlich übernommen.
Das in Rede stehende Argument nimmt den bereits im vorigen erwähnten ethischen Gesichtspunkt der *"ratio honesti"*, zu der die Seele den Körper treibe, wieder auf, ein Gedanke, der Landino besonders lieb und vertraut sein muß. Und doch schließt er sich gerade in dieser Argumentation zunächst sehr eng an Albert an und kehrt erst im weiteren Verlauf zu einer freieren, sich an den Motiven der Vorlage orientierenden Darstellung zurück, die die sehr langatmige Argumentation Alberts zu straffen versucht. Dabei unterläuft ihm eine für ihn sehr charakteristische logische Ungenauigkeit.

<u>Landino</u>	<u>Albertus Magnus</u>
"Amplius, quod a sese suaque ratiocinatione ea investigando assequitur, quae vel in vita humana iusta,	***"Amplius quidquid de se rationes invenit honestorum et piorum ad religionem et honestatem pertinentium,ad***

[423] Vgl. Alb. *De nat. et. orig. ani.* 410: *"Amplius quidquid est causa gubernationis et motus alicuius corporis, absque eo quod accipiat virtutem gubernationis ab eo, secundum esse et essentiam separatur ab ipso quod sic gubernat. ... est autem anima intellectualis in quantum intellectualis est, hoc modo gubernans corpus, quando scilicet intellectualiter gubernat ipsum in omnibus virtutibus intellectualibus, in quibus non gubernatur corpus nisi ad rationem rectam factivorum, sicut in artibus mechanicis, aut ad rationem rectam in prudentialibus agibilibus per nos, in quibus gubernatur in honestis: aut ad rationem rectam investigativam causae essentialis alicuius effectus, in quibus movetur in scientia: aut ad rationem, quae est ipsa prima ratio eorum quae sunt in tota rerum natura speculatione intellectualium et communium, sicut in sapientia: aut in complexione principiorum, in quibus movetur secundum virtutem intellectualem, quae intellectus vocatur. ... Iste igitur est intellectus Aristotelis et omnium Peripateticorum dicentium animam non esse sic perfectionem corporis, sicut forma est materiae, sed potius sicut nauta est perfectio navis gubernatae ..."* (Zum Mißverständnis dieser Aristoteles-Stelle, *De anima* 413 a, von seiten Alberts s. Schneider, Psychologie, 43, Anm. 1)

vel in Dei cerimoniis religiosa vocamus, id a corpore nunquam dependet. *Est enim honestum huiuscemodi, ut propter se et vi sua, nulla omnino proposita utilitate, expetatur: nec alia ratio religionis erit. Nam cum ea sit divinarum cerimoniarum disciplina, quis non videat non modo* ***appetitionem****, sed* ***inquisitionem*** *quoque ac* ***inventionem earum nullum cum corpore habere commercium?"*** (III 93, 4-12)	***corpus non habet dependentiam****: quod probatur per hoc quod scilicet honestum est, id quod propria et sua sive sibi essentiali vi nos trahit, et propria et sua sive sibi essentiali dignitate nos allicit: et hoc est quod propter se appetimus, quamvis nihil utilitatis vel alterius delectationis haberet adiunctum. Religio autem est scientia et cura cerimoniarum divinarum;* ***horum*** *autem* ***appetitus*** *et* ***inquisitio*** *et* ***inventio non est nisi secundum aliquid his simile in anima;"*** (*De nat. et orig. ani.* 411)

Bis zum letzten Nebensatz sind Gedankengang und Formulierung in Vorlage und Adaption weitgehend identisch. In diesem deutet sich aber bereits an, daß Landino hier springt. Sofort läßt er Marsuppini zum Gegensatz Körper-Seele übergehen, ohne zuvor die Basis der Argumentation Alberts, die von diesem in der zitierten Stelle bereits vorbereitet wird, auch nur zu nennen. Albert fährt nämlich fort:

> *"dico autem simile, sicut id quod est in potentia, et simile quod est in actu. Omnis enim appetitus et inquisitio per aliquid simile perficitur* ***nec unquam aliquid appetitur nisi per hoc quod est simile appetenti,"*** (ibid.)

um dann den Nachweis zu erbringen, daß das *"honestum"* nur der Seele affin sei.[424] Erst hier setzt Landino wieder ein und nimmt die Gedankenführung nun in freierer und knapperer Form wieder auf. Spürbar wird förmlich, wie er bei der Abschrift des langen Beweisganges ermüdete und zugunsten der besseren Lesbarkeit - und zu Lasten der formalen Logik - eingriff.

Marsuppini fährt fort:

> *"Nam quidquid a corpore expetitur, ea ratione quod illi et quadret et conveniens sit expetitur. At corpori nihil nisi quod ut* ***utilitatem*** *aut* ***voluptatem pariat****, expedit."* (III 93, 10/11)

Dies sei daraus zu erkennen, daß die Tiere, denen der *"sensus"* und nicht die *"ratio"*

> ***"dux"*** und ***"rector"***

sei, nicht zum *"honestum"* strebten.

Daß die Menschen dies tun, muß also in ihrer Geistseele begründet liegen. Sie vollführt dem Körper fremde, wenn nicht gar zuwiderlaufende, Handlungen (denn das *"honestum"* wird ja um seiner selbst willen erstrebt).

⇒ Sie ist vom Körper unabhängig.

2.5.3.15 Der Beweis der Unsterblichkeit der Seele aufgrund der Unsterblichkeit ihres Objektes, der Wahrheit.

Den zweiten berühmten Beweis des Augustinus[425] hatte Marsuppini in die formale Argumentation Alberts eingestreut und ebenfalls in die starre Terminologie der Scholastik gezwängt:

Vom Wesen des Objektes läßt sich auf die Vermögen seines Subjektes schließen; denn

---

[424] Alb. *De nat. et orig. ani.* 412 :*"virtus autem operans in corpore, nec appetit, nec operatur, nisi secundum inclinationem et harmoniam corporis. Igitur omne quod appetit, est secundum conveniens coniuncto: quidquid autem appetitur secundum conveniens coniuncto tali corpori, appetitur et quaeritur secundum rationem utilis, aut secundum rationem delectabilis: ergo honestum pium et religiosum appetitur et quaeritur secundum rationem utilis aut delectabilis: et hoc est contra diffinitionem honesti, pii et religiosi; ergo impossibilis fuit illa positio, qua scilicet ponitur, quod honestum et pium ac religiosum appetantur et quaerantur a virtute dependentiam habente ad corpus. Et huius signum est, ..., quod nullum aliorum animalium praeter hominem aliquid umquam appetit vel quaerit honestorum vel piorum vel religiosorum. Accipiatur igitur omnibus praemissis ista propositio, scilicet quod quidquid appetit et quaerit et invenit ea quae sunt honesta et pia et religioni convenientia, non habet dependentiam ad corpus: animam autem rationalem haec appetere et quaerere et invenire non est, qui ambigat: igitur ad corpus non habet secundum esse et operationes huius dependentiam:"*

[425] Aug. *Solil.* II, c.2-13.

> *"proportio optima (est) inter id quod cognoscitur et id quod cognoscit"* (III 90, 20/21),

aus den Vermögen auf seine Essenz:

> *"Est autem mens nostra essentia quaedam, cuius facultas est* ***vis intelligendi****; illius autem obiectum est* ***veritas****. At* ***veritas immortalis*** *est."* (III 90, 23-25)

⇒ Auch die *"mens"* ist unsterblich.

2.5.3.16 Das Argument des *"appetitus naturalis"*

Zunächst wiederholt Marsuppini den Beweis *"nostrae religionis"*:
Viele Menschen erhalten zu Lebzeiten keinen gerechten Lohn für ihre Taten.
⇒ Die Belohnung muß demnach im Jenseits erfolgen.
⇒ Es gibt ein Leben nach dem Tod.
Hier leitet er allerdings zu einem anderen Gedanken über, wobei der Zusammenhang allerdings nur impliziert wird: Aus der Gewißheit erwächst das Begehren: Im Vertrauen auf die ausgleichende Gerechtigkeit Gottes erstreben die Menschen das Jenseits, das ihnen die Belohnung bringt:

> *"Dabis enim sapientis animum* ***nihil frustra appetere****, nihil temere concupiscere. At, ut quisque sapientissimus est, ita ardentissime se immortalem exoptat. Hoc autem, si supra conditionem humanam sit, stultissime cupiat frustraque exoptet. Sunt igitur immortales animi."* (III 91, 8-12)

Das Argument, das Ficino im Rahmen seines philosophischen Systems zu einem der zentralen Unsterblichkeitsbeweise machen sollte [426], erscheint hier als eines unter vielen. Doch die Einleitung Marsuppinis deutet zumindest an, wie eng diese Vorstellung mit der des *"consensus omnium"* und damit auch mit der Konzeption der *"pia philosophia"* verbunden ist. Der *"appetitus naturalis"* ist gleichsam der Ausdruck des *"impulsus nunquam errantis naturae"*.[427]
Verdeutlicht wird dieser Zusammenhang durch die allgemeinere Fassung des Argumentes, die Marsuppini noch nachreicht:

> *"Quicquid suapte natura movetur, ei* ***naturalis quaedam facultas*** *est ut finem ad quem movetur, attingere possit, ne, quod in natura nusquam reperies,* ***motus ille frustra sit****."* (III 91, 13-16)

Die Seele erstrebt

---

[426] Vgl. Kristeller, Philosophie, 323 ff.

[427] Zu dem Gedanken-Komplex *"appetitus naturalis"* und *"consensus omnium"* bei Ficino vgl. Anhang.

"natura impellente" (III 91, 16)

das

"summum bonum" (III 91, 17)

Sie erstrebt die Unsterblichkeit.

⇒ Diese muß erreichbar sein.

Den großen Bogen zurück zum Argument Ciceros spannt Landino allerdings nicht. Auch hier werden Gedanken, die für Landinos Dialog grundlegend sind, wieder unreflektiert vorgetragen, ja lediglich aufgezählt.

2.5.3.17 Der Mensch als Bindeglied zwischen Geist und Materie

Gleiches gilt auch für den letzten Unsterblichkeitsbeweis. Er gründet auf der zentralen Stellung des Menschen im Universum, mit der die Renaissance ihre euphorische Sicht des Menschen rechtfertigt. Bei Landino erscheint er jedoch so knapp und nüchtern, daß er zu dem formalen Argument verblaßt, das er bereits in der Scholastik abgab.[428]

Marsuppini erklärt, daß der

"ordo naturae"

immer eine Verbindung zwischen zwei Extremen fordere. Daher muß es auch zwischen den vernunftlosen Lebewesen und dem reinen Geist, den

"substantiae separatae",

ein Mittleres geben, das so beschaffen ist

"ut ex simplici et commixto, corporeo incorporeoque, atque postremo et ea vi, qua intelligat, et ea, quae non intelligat, constet" (III 94, 13-15).

Dieses Bindeglied ist der Mensch: sein Körper ist vergänglich.

⇒ Die Seele ist unvergänglich.

2.5.3.18 Zusammenfassender Rückblick auf die Unsterblichkeitsbeweise

Damit ist die Beweisführung zur Unsterblichkeit der individuellen Einzelseele beendet. Überschaut man die Reihe der 'platonischen' Argumente, lassen sie sich folgendermaßen gruppieren:

- Drei Beweise gehen wirklich auf Plato zurück. Landino entnimmt sie allerdings alle Bessarions Schrift *In calumniatorem Platonis.* Es sind
  - -- der Beweis der Selbstbewegung aus den *Leges*,

[428] Wie gesehen (III 72, 20-79), führt ihn bereits Averroes an, um zu beweisen, daß eben aufgrund dieser Ordnung der Natur, der Übergang vom Geist zur Materie sich so vollziehe, daß der 'Eine' getrennte Intellekt den Menschen nur erleuchte, ohne ihm wesensmäßig anzugehören, der Mensch mit seiner Seele also sterblich sei.

-- der Beweis aufgrund der Auffassung der Seele als Idee aus dem *Phaidon* und
-- der Beweis aufgrund der spezifischen Übel der Seele, die sie nicht zerstören können, ebenfalls aus dem *Phaidon.*

- Zwei weitere Beweise sind immerhin neuplatonischen Ursprungs:
-- der Beweis aufgrund der *"speculatio divinorum"* und
-- der Beweis aufgrund der Stellung des Menschen im Kosmos als Bindeglied zwischen Geist und Materie.

- Ebenfalls zwei Beweise stammen von Augustinus und haben insofern auch eine Verwandtschaft zur platonischen Philosophie:
-- der Beweis der *"simplicitas animae"* aus *De quantitate animae* und
-- der Beweis aufgrund der Ewigkeit des Objekts der Seele, der Wahrheit, aus den *Soliloquia.*

- Zwei Beweise entstammen zwar nicht der (neu-)platonischen Philosophie, fanden aber durch Ficino Eingang in den christlichen Renaissance-Platonismus, was allerdings für Landinos Darstellung keine direkten Konsequenzen hat:
-- der Beweis des *"consensus omnium"*, den Landino anhand der Vorlage von Ciceros *Tusculanae disputationes* entwickelt, und
-- der Beweis des *"appetitus naturalis".*

- Zwei Beweise entlehnt Landino der Scholastik:
-- den scholastischen Beweis 'par excellence' der *"corruptio neque per se neque per accidens"* und
-- die fünf Argumente für die Unabhängigkeit der Seele vom Körper, die teilweise älter sind als die Scholastik, die Landino aber aus der Schrift *De natura et origine animae* des Albertus Magnus entnimmt.

- Die Widerlegung der Theorie des Averroes vom 'Einen' Intellekt orientiert sich ebenfalls an der Lehre Alberts und Thomas von Aquins.

2.5.4 Marsuppinis Resümee zum gesamten Dialog

Der junge Landino zeigt sich über die von seinem Lehrer vorgetragenen Unsterblichkeitsbeweise sehr erfreut:

> *"Fit enim, nescio quo pacto, ut cum ea, quae* ***nostra sponte libenter credimus, rationibus*** *quoque ac* ***testimonio gravissimorum virorum confirmantur****, nos et a principio recte sensisse gaudeamus, et deinceps sententia nostra hac via* ***corroborata*** *nulla a contraria parte dubitatione insurgente, suavissime perfruamur."* (III 94, 23-29)

Mit dieser Bemerkung wird nochmals das harmonische Zusammenspiel des *"impulsus nunquam errantis naturae"* und der Philosophie heraufbeschworen. Ein ähnliches Schlußwort hatte Marsuppini am Ende des I. Buches formuliert. Dort hatte er die Übereinstimmung von Religion und Philosophie hervorgehoben. Vor dem Hintergrund der Konzeption der *"pia philosophia"* und des *"consensus omnium"* ist aber klar, daß religiöser Naturinstinkt und die christliche Religion zwar nicht als identisch angesehen werden, letzere aber als positive Institutionalisierung des ersteren verstanden wird. Die Offenbarung ist eine Bestätigung und Verdeutlichung dessen, was vom Menschen aufgrund seiner Naturanlage bereits unklar empfunden wird. Diesem in der Natur des Menschen angelegten, metaphysisch-religiösen Empfinden können die Errungenschaften des ihm ebenfalls wesensgemäß angehörenden Verstandes, d.h. die Philosophie, nicht entgegenstehen, sondern müssen es vielmehr bestärken. Glaube und Philosophie verschmelzen so zu einer *"pia philosophia"* oder *"docta religio"*.

Diese Auffassung will der Autor am Ende seiner Abhandlung offenbar nochmals hervorgehoben wissen. Nachdem er sie zunächst Marsuppini in den Mund gelegt hat [429] und sich nun auch selbst an exponierter Stelle zu ihr bekennen läßt, darf sie wohl als seine eigene interpretiert werden. Das dürfte ebenso für den Platz gelten, den er Plato in diesem Weltbild einräumt. Dessen Philosophie ist es, so lautet die Botschaft, wenn auch hier nur für die Seelenlehre bewiesen, die sich in völliger Übereinstimmung mit dem christlichen Dogma befindet. So fährt der junge Landino fort:

> *"Itaque cum Platonem nostrum, a quo* ***omnia, quae de immortalitate animorum a te disputata sunt, manare demonstrasti****, hactenus tuo ore, tanquam inter philosophos primum vehementer admiratus sim, nunc demum, iis auditis, quae me ad hanc diem latuerant,*

[429] Vgl. I 49, 35 - 50, 3: *"Expressi, ni fallor, originem animorum nostrorum divinam illam atque immortalem, et quae non modo auctorum praestantia, et religionis nostrae maiestate sit reliquis omnibus longe anteponenda, sed quae tot tamquam variis argumentationibus corroboretur, ut sine ulla sit dubitatione approbanda."*

eum *iam non ut* ***hominem excellentissimum*** *illum quidem, sed ut* ***aliquid supra hominem penitus obstupesco.***" (III 94, 29 -95, 3)

Plato ist nicht nur der alle anderen überragende Philosoph, der den Menschen die rationale Bestätigung ihres metaphysischen Urempfindens ermöglicht hat, er hat vielmehr übermenschliche Züge, da er, so ist es wohl zu verstehen, den Menschen auch übermenschliches Wissen offenbart, wie ja bereits mit seiner Einordnung in die christliche Heilsgeschichte angedeutet wurde.[430] Dabei ist zu bemerken, daß Landino hier das Verhältnis der im Dialog vorgetragenen Unsterblichkeitsbeweise zur Lehre des griechischen Philosophen mit dem Verbum *"manare"* kennzeichnet und damit zum ersten Mal (!) ein Zugeständnis an die Geistesgeschichte macht, das zumindest seiner Intention, wenn auch nicht allen Einzelheiten seiner Darstellung, eine gewisse Glaubwürdigkeit verleiht.

Doch will Landino es offensichtlich noch nicht bei diesen allgemein-resümierenden Überlegungen belassen, sondern noch eine Salvation 'seines' Philosophen anführen, die zwar aus kompositorischen Gründen ihren Platz besser vor dieser Schlußbetrachtung gefunden hätte, die aber unumgänglich ist, wenn Platos Lehre wirklich uneingeschränkt für den Christen Gültigkeit haben soll.

Sich selbst läßt er mit dem angemessenen Unbehagen den Kardinal-Einwand der Gegner der platonischen Philosophie vortragen:

Plato habe zwar die Unsterblichkeit der Seele bewiesen und damit in Übereinstimmung mit dem christlichen Dogma der ausgleichenden Gerechtigkeit Gottes ihren Platz eingeräumt, doch sei seine Stellung zur Seelenwanderung problematisch.

Aber natürlich kann Marsuppini den jungen Landino - und Bessarion den Autor, der auch in dieser letzten Plato betreffenden Frage wieder bei ihm nachschlägt - beruhigen. Marsuppini antwortet:

Landino	Bessarion
"Non igitur hoc sensit. Sed, ***Timaeum imitatus,*** *huiscemodi* ***omnia deterrendorum a vitiis hominum causa finxit. Timaeus*** *enim* ***in eo libro 'De mundo'*** *cum longo ordine*	*"De beluarum autem corporibus reliquisque huiusmodi non modo a* ***Platone,*** *sed etiam a* ***Timaeo deterrendi causa vulgo proditum fuit,*** *ut homines poenae formidine a vitiis de-*

[430] Vgl. I 42, 20-25.

quae ad rem pertinere videbantur de anima disputasset, ad postremum ***admonet*** *adversus pervicaces obduratosque homines non modo* ***supplicia legibus esse adhibenda,*** *verum etiam* ***timorem futurae vitae figmentis quibusdam incutiendum,*** *quo, gravissimis poenis perterrefacti, a scelere declinent; additque haec esse fingenda, ut timido animo qui fuerint, ob idque officium reliquerint, ii muliebre corpus induant; salacis autem animus suillum, levioris volucrem, ociosi et ignavi pisciculum subeat."* (III 95, 21-32)

traherentur, quod aperte ***Timaeus ait in eo libro, quem de Mundo et Anima scripsit, quem postea imitatus est Plato.*** *Cum enim exposuisset, quomodo anima bonis moribus instueretur, addit: 'Pertinacibus autem, protervis et obduratis* ***supplicia adhibeantur a legibus*** *ac* ***etiam timor vitae futurae a sermone,*** *qui perterreat poenis superis inferisque gravissimis et indeprecabilibus, nisi virtutem coluerint. ...*
Quo quidem in loco necessaria esse video poenarum genera quaedam inaudita, ut puta vitiosas animas varia pro vitiorum ratione induere corpora et timidi hominis animam muliebri corpori tradi, turpissimi dedecoris gratia homicidae ferino ad aerumnas et cruciatus, salacis suillo, levis atque superbi volucri, otiosi et ignavi aquatili.'" (*In cal. Plat.* 163, 5-21)

Nur aus pädagogischen Gründen hat Plato also diesen Mythos benutzt, um die Menschen durch Angst vor derartigen Strafen im Jenseits zu einer tugendhaften Lebensweise zu bewegen, nicht aber weil er selbst an die Seelenwanderung glaubte.

Damit sind auch die letzten Zweifel an der 'Orthodoxie' seiner Lehre aus dem Weg geräumt und Marsuppini kann ihre Gebote seinen Gesprächspartnern gleichsam als Vermächtnis - nochmals spielt er auf seine äußerst angegriffene Gesundheit an - mit auf den Weg geben. Er findet dafür nur sehr allgemeine Worte, greift nochmals auf die nun nur allzugut bekannten Motive zurück, und ermahnt seine Zuhörer:

> "... *vos non modo hortor, verum etiam oro obsecroque, ut* ***divinitatem vestram*** *nobiscum et inter vos saepissime repetatis, atque omnes animi vires pernoscatis; quem quidem a Deo purum*

> *homini traditum, quicumque* ***ab omni corporis contagione impollutum*** *servaverit, et omni virtutis genere excultum reddiderit. is profecto et dum in hac mortalium vita versabitur* ***omnibus perturbationibus vacuus*** *in summa quiete ac tranquillitate deget; et postquam a Deo* ***molestissimis corporis vinculis*** *solutus fuerit, et in* ***originem suam****, quae caelestis est,* ***reversus incommutabili sempiternoque bono fruetur.****"* (III 96, 15-27)

Das ist verkürzt das Anliegen, das Landino in eigener Person in den Prooemien als Ziel des Dialogs formuliert hatte. Der Mensch soll sich auf sich selbst zurückbesinnen und seine Geistnatur und die darin begründete Gottähnlichkeit erkennen, zu einer dieser Natur gemäßen Lebensführung gelangen und damit seine Bestimmung, die Vereinigung mit Gott als seinem Ursprung und Ziel, erfüllen. War diese Forderung auch in den Prooemien schon sehr allgemein gehalten gewesen, so gerät sie hier in die Nähe eines Gemeinplatzes. Löst man die 'Siglen', d.h. die Motive aus der stoischen und platonischen Philosophie und der christlichen Theologie, die hier noch einmal in der für den Dialog charakteristischen Verbindung erscheinen, in ihrer Bedeutung für Landino auf, so bleibt nicht viel übrig, was die hier getroffene Aussage einer speziellen philosophischen Richtung zuordnen ließe. Die *"divinitas animi"* ist die Geistseele in ihrer Unsterblichkeit und gehört damit zum platonisch-christlichen Vorstellungskreis. Aber sie soll ihre Vollendung in der Vereinigung mit dem Intelligiblen, also mit Gott, erst nach (!) dem Tod des Menschen finden. Die neuplatonische, von Augustinus übernommene Konzeption des *"regressus animi"* (hier angedeutet in der Formulierung *"in originem suam reversus"*) zu Lebzeiten, eben die zweite Variante der im Dialog selbst zitierten *"duplex mors"*, wird damit unterlaufen. Der Gedanke nimmt in der Terminologie des Augustinus eine rein christliche Wendung (*"frui Deo"*), worüber auch das so häufig bemühte Σῶμα-Σῆμα-Schema nicht hinwegtäuschen kann. Das Ideal der Lebensführung, hier formal in die stoische Vorstellung der Apatheia gekleidet (*"omnibus perturbationibus vacuus in summa quietate ac tranquillitate"*), soll sich in allen Genera der Tugenden verwirklichen, deren neuplatonische Hierarchie ebenfalls im Vorausgehenden nivelliert wurde. Es soll in der Überwindung der körperlichen Begierden liegen, eine Forderung, die von der gesamten abendländischen Philosophie geteilt werden dürfte. Das ist nun wirklich der kleinste gemeinsame Nenner, der Landino aber - und das muß zu seiner Entschuldigung gesagt werden - nicht in Konflikt mit der Kirche bringen konnte. Er ist das Ergebnis eines eklektizistischen Systems, zu dem sich

Landino als Christ, der der heidnischen Philosophie einen Platz einräumen will, genötigt sieht. Er ist aber auch offenbar das 'Maß an Philosophie', das Landino für den normalen Menschen als ausreichend erachtet. Erinnert sei an seine Rechtfertigung dieses Dialogs, der, wie er zugibt, ja nichts Neues bringt. Er soll denjenigen Zeitgenossen, die sich selbst aus Zeitgründen nicht ausgiebig mit Philosophie beschäftigen können, ein sprachlich wohlgefälliges und leicht verständliches Kompendium zu dem wichtigsten Problem, dem ihrer eigenen Natur, an die Hand geben. Diese Intention legt Landino am Ende des Dialogs seinem Lehrer in den Mund.

Marsuppini weist abschließend, in der Gewißheit, sie gemeistert zu haben, auf die Schwierigkeit hin, ein so kompliziertes, komplexes und von der Scholastik traktiertes Thema rhetorisch geschickt und eingängig darzustellen:

> *"... et huius diei disputatio huiuscemodi fuit, in qua plurima eademque difficillima tractanda essent, et ea* ***non ex uno certo loco,*** *sed e* ***pluribus iisdemque diversis*** *accersenda, et ab iis praecipue scriptoribus mutuanda, a quibus doctissime quidem et in primis acute omnia tractantur. Sed ita cuncta ab omni genere dicendi abhorrent, ita dialecticorum senticetis horrent, squalidaque sunt, ut vix ad mansuetiores* ***Musas*** *traduci et oratorio cultu nitescere valeant."* (III 96, 8-15)

Das Ideal der Verbindung von Philosophie und Rhetorik, das in der Philosophie in erster Linie eine Lebenshilfe sieht, rahmt also den Dialog ein, wird sowohl vom Autor selbst als auch von der Hauptfigur seines Dialogs vorgetragen und bestätigt sich damit als das grundlegende Anliegen des Werkes. Es liegt auf der Hand, daß eine so an der Praxis orientierte Philosophie weniger Interesse daran hat, daß ihre Anhänger einzelne komplizierte Philosopheme verstehen, als daß sie sich einige handliche Formeln für den 'täglichen Gebrauch' zu eigen machen. Und darin ist eine weitere Erklärung für die groben Vereinfachungen zu sehen, die hier am Ende begegnen. Es bleibt anzumerken, daß darin, daß Marsuppini hier genau die Gedanken wiederholt, die der Autor in den Prooemien in eigener Person äußerte, ein deutliches Indiz dafür zu sehen ist, daß Landino die fiktive Person seines Lehrers als Sprachrohr seiner eigenen Anschauungen benutzt, auch wenn sich dies nicht für alle Einzelaussagen im Verlaufe des Dialogs mit letzter Sicherheit nachweisen läßt. Gerade darin liegt ja für denjenigen, der ein so vorbelastetes Thema wie die Frage nach der menschlichen Seele und ihrer Unsterblichkeit behandelt, der Vorzug dieser literarischen Form.

3. Zusammenfassung

3.1 Inhaltliche Aussage des Dialogs selbst

Doch soll nicht Marsuppinis Resümee am Ende stehen bleiben, mit dem der Autor aus den genannten Gründen seine eigenen Bemühungen beinahe Lügen straft. Der folgende kurze Rückblick will noch einmal die inhaltlichen Ergebnisse der drei Gesprächstage festhalten:

Plato wird direkt zu Beginn als der Philosoph vorgestellt, der das Problem der menschlichen Seele bereits umfassend und völlig zufriedenstellend auf bewundernswerte Weise behandelt und keine Fragen mehr offen gelassen hat. Er hat die Grundlagen dieses religiös-metaphysischen Wissens aus Ägypten, jener Wiege der Menschheit, die dieses Wissen, nachdem Gott es den Menschen bei der Schöpfung mitgegeben hatte, in den Schriften ihres Weisen Hermes Trismegistos bewahrt und damit den griechischen Philosophen zugänglich gemacht hat. Dieses Urwissen um die Natur des Menschen, seine Stellung in der Welt und zu Gott, diese erste Offenbarung Gottes an die Menschheit wurde, nachdem es teils schon in Vergessenheit geraten war, durch Platos *"ingenium"*, d.h. durch seine Philosophie, den Menschen wieder zugänglich gemacht. Seine positive Bestätigung erfuhr es durch die christliche Offenbarung, als deren Wegbereiter sich der griechische Philosoph verstand. Es gibt demnach nur 'Ein' Wissen und 'Eine' Wahrheit, die sich, da sie in der Natur des Menschen angelegt sind, auch wieder mit seiner Naturanlage, dem Intellekt, erkennen lassen. Glaube und Philosophie sind dasselbe. Widersprüche gibt es nicht. Jede Glaubenswahrheit läßt sich rational begründen. Ihre Erkenntnis ist demnach auch Nichtchristen möglich. Das ist Ficinos Konzeption von der *"pia philosophia"* oder *"docta religio"*, die Landino nicht mit diesen Termini bezeichnet, die es ihm aber erst möglich macht, die Glaubensfrage der Seele mit der heidnischen Philosophie Platos zu beantworten. Denn obwohl dieser Ansatz nicht christlich-dogmatisch ist, bewegt sich das gesamte Werk im Rahmen des christlichen Dogmas, was mehrmals ausdrücklich hervorgehoben wird. Die Vorstellung von der *"pia philosophia"* soll zumindest vordergründig nicht dazu dienen, die christliche Religion überflüssig zu machen, sondern dazu, der heidnischen, d.h. der platonischen Philosophie, innerhalb des Glaubens einen Platz zu verschaffen. Die Konfrontation mit der Kirche wird unter allen Umständen vermieden.

Als zusätzliche Salvation wird die christliche Autorität des Augustinus eingeführt, die die Übereinstimmung Platos in konkreten Einzelfragen mit der Kirche, vor allem aber die grundsätzliche Einschätzung Platos, wie Landino sie hier vorstellt, bestätigen soll. Das Urteil des Kirchenvaters über die heidnische Antike hat zwei weitere Implikationen, die sich Landino ebenfalls zunutze macht. Durch die Bemerkung des Augustinus, daß Vergil in seiner Unterweltsschilderung im VI. Buch der *Aeneis* platonisches Gedankengut verarbeite, veranlaßt macht Landino ihn zum *"poeta platonicus"* schlechthin und damit zum Verkünder des 'Einen' Wissens der Menschheit. Für die Aussage des Dialogs ist allerdings der andere Aspekt von größerer Bedeutung. Wenn auch die Einschätzung Platos durch den Kirchenvater nicht so euphorisch ist, wie Landino glauben machen möchte, so stellt er ihn doch über alle anderen antiken Philosophen, d.h. auch über Aristoteles. Eine so klare Aussage über den Philosophen der Kirche des 15. Jahrhunderts wagt Landino nicht, auch wenn an einigen Stellen erkennbar ist, daß er sie gerne treffen würde. Aber er nutzt die Bewertung, um Plato zumindest als gleichberechtigt neben seinen Schüler treten zu lassen. Sein Bemühen um die *"concordia"* durchzieht den gesamten Dialog. Dabei wird der Stagirite jedoch nicht in den Wissens-Transfer der *"pia philosophia"* eingeordnet und seine Stellung in der 'Philosophie-Geschichte' nicht genau festgelegt.

Landino ist sich dessen bewußt, daß diese Einschätzung der antiken Philosophie nicht die zu seiner Zeit allgemein akzeptierte ist. Ausdrücklich weist er auf die Differenz zur zeitgenössischen Scholastik hin, die er als selbstgerecht und respektlos gegenüber dem antiken Erbe charakterisiert. Daß er sich nur gegen die Zeitgenossen, nicht aber gegen die Hochscholastik wendet, wird darin deutlich, daß er Albertus Magnus als zweite Autorität neben Augustinus expressis verbis zitiert (Als dritte nutzt er Kardinal Bessarion, den er allerdings nicht nennt) und eine seiner Schriften zur grundlegenden Vorlage für weite Teile des Dialogs macht. Dabei ist seine Wahl nicht von ungefähr auf diese Richtung der scholastischen Philosophie gefallen. Albertus Magnus bemühte sich um eine Synthese aus der Theologie des Augustinus und der aristotelischen und platonischen Philosophie.

Für die Seele selbst bedeuten diese Voraussetzungen folgendes:

Die spezifisch menschliche Seele wird in der Interpretation der Lehre Platos definiert als *"essentia rationalis, incorporea, se ipsam movens"*. Für die Seele allgemein in ihrem Verhältnis zum Körper wird die aristotelische Definition als *"forma et actus corporis"* zugelassen. Das ist die Lösung Alberts, die der Kardinal Bessarion in seiner Schrift *In calumniatorem Platonis* wieder aufgreift. Des weiteren wird die Seele aufgefaßt als 3. Hypostase der neuplatonischen Hierarchie des Kosmos, die an der ihr nächst höheren Stufe der *"mens"* bzw. des *"angelus"* teilhat. Diese Auffassung entspricht prinzipiell der Lehre des Augustinus. Die Formulierungen legen allerdings nahe, daß sich Landino hier an Ficino orientiert. Nichtsdestoweniger wird der Ursprung der Seele ausschließlich im Rückgriff auf Augustinus und Albertus Magnus erklärt. Die (neu-)platonische Alternative wird zwar in Anlehnung an Macrobius genannt, bleibt aber kommentarlos im Raum stehen und hat keinen Einfluß auf das Ergebnis. Die menschliche Einzelseele wird von Gott in der *"creatio ex nihilo"* simultan mit der menschlichen Zeugung des Körpers geschaffen. Im Anschluß an Aristoteles und die Scholastik wird sie dreigeteilt in *"anima vegetativa"*, *"sensitiva"* und *"rationalis"*. Diese Gliederung wird ebenfalls im Sinne Alberts als rein virtuell aufgefaßt. Die Seele ist 'Eine' Substanz mit unterschiedlichen Vermögen. Sie bestimmt sich durch ihr vornehmstes, die *"vis intellectiva"*, die sie vor allen anderen irdischen Lebewesen auszeichnet. Diese Geistnatur der menschlichen Seele wird - auch wenn das nicht deutlich zum Ausdruck kommt - im Sinne des Neuplatonismus und des Augustinus unter dem Aspekt der Verwandtschaft des Menschen zu Gott als dem reinen Intelligiblen gesehen. Von daher wird sie als *"divinitas"* apostrophiert.

Die niederen Seelenvermögen, die dem Körper verhaftet sind, sind allenfalls Zuträger für diese *"anima intellectiva"*, die ihrerseits in völliger Unabhängigkeit vom Körper tätig ist. Die (jeweils fünf inneren und äußeren) Sinne, die im Sinne Alberts definiert, aber im Anschluß an Augustinus als aktiv eingestuft werden, liefern die Grundlagen für die abstrahierende Erkenntnis. Die niederen Strebekräfte unterstehen dem Diktat des Intellekts.

Die wesensmäßige Tätigkeit des letzteren ist natürlich die Erkenntnis. Hier werden mit Blick auf die Erkenntnisgegenstände zwei Ebenen unterschieden:

- die abstrahierende, diskursive Erkenntnis entsprechend dem aristotelischen Erkenntnismodell, die in der Interpretation der arabischen Kommentatoren aus dem Zusammenspiel des tätigen und passiven Verstandes resultiert. Beide Vermögen werden entsprechend der Auffassung Alberts als der Seele immanent angesehen. Ihre Objekte sind die Gegenstände der Sinnenwelt.
- eine intuitive Erkenntnis im Sinne der *"ratio superior"* des Augustinus, die sich auf das reine Intelligible, in scholastischer Terminologie auf die *"substantiae separatae"* richtet. Sie vollzieht sich in der Abkehr von der (trügerischen) Sinnenwelt, in der Rückbesinnung auf die eigene Geistnatur und in der Hinwendung zu Gott als der Quelle des wahrhaften Seins und bedeutet eine Angleichung an das höchste Wesen, dem sie entstammt. Es ist das Modell des plotinischen *"regressus animi"*, der zur

"ὁμοίωσις θεῷ" führt, das als solches aber ebensowenig explizit eingeführt wird wie die zugrunde liegende Auffassung von der Verwandtschaft der Seele mit Gott.

Die Anregung zu dieser philosophisch bedenklichen Synthese entnimmt Landino der *Isagoge in libros de anima* des Albertus Magnus, die mit dieser Aussage im Werk des Scholastikers singulär ist. Landino bemüht sich allerdings, den platonischen Charakter des höheren Erkenntisvermögens stärker hervorzuheben, als das in der Vorlage geschieht. Seine eindeutige Vorliebe gilt dem platonischen Erkenntnismodell und der damit verbundenen Weltsicht.

Die Abwendung von der sinnlichen Körperwelt, die für diesen Weg der Erkenntnis nötig ist, wird durch die (neu-)platonische Vorstellung der *"meditatio mortis"* bzw. *"ratio moriendi"* charakterisiert. Hier liegt die Aufgabe der Philosophie, der Metaphysik, aber vor allem auch der Ethik. Denn die Besinnung auf die eigene Geistnatur ist eine ethische Forderung, da der Mensch nur durch die Erkenntnis seiner selbst in die Lage versetzt wird, seine Bestimmung zu erkennen und ihr auch gerecht zu werden. Um zu dieser Erkenntnis zu gelangen, muß er den Einfluß des Körperlich-Sinnlichen zurückdrängen. Diese Botschaft durchzieht den Dialog wie ein roter Faden. Platonische Bilder, wie das Σῶμα-Σῆμα-Schema und der Lethe-Fluß, aus dem die Seelen das Vergessen ihrer Natur trinken, sind allgegenwärtig. Unterstützt werden sie von stoischen Vorstellungen, indem der platonische Gegensatz Körper/Geist mit dem stoischen Gegensatzpaar irrational/rational gleichgesetzt wird. Demgemäß kämpft die Ratio gegen Fortuna und Affekte. Die Wirksamkeit der letzteren wird in konfuser Ausführlichkeit in einem Neben- und Durcheinander von stoischen und platonischen, aber auch peripatischen Vorstellungen ausgebreitet. Die *"remedia"* gegen die *"perturbationes"* sind die Tugenden; die dianoetischen Tugenden des Aristoteles und die vier platonisch-stoischen Kardinaltugenden, die über die vier neuplatonischen Stufen des Macrobius den Aufstieg zum Intelligiblen ermöglichen. Die Rolle des Willens in diesem Zusammenhang bleibt ungeklärt. Durch den Einbezug einer stoischen Ethik, die sich an den Lehren der mittleren Stoa orientiert, wie sie Cicero übermittelt, droht dieses kontemplative Modell zudem unterlaufen zu werden. Die *"ratio moriendi"* wird zur *"ratio vivendi"*, die häufig nicht über bloße Lebensweisheiten hinauskommt. Hier wird bereits der Zwiespalt in der Bewertung von *"vita activa"* und *"vita contemplativa"* deutlich, dem Landino seinen zweiten Dialog widmen sollte. Die rigorose Forderung der Rückwendung zum reinen Intelligiblen, das *"redire ad te ipsum"* des Augustinus, wird in diesem Zusammenhang plötzlich durch das Eingeständ-

nis gemildert, daß diese ohnehin nur wenigen Menschen möglich sei, während der großen Mehrheit nur die Ausübung der Pflichten des öffentlichen Lebens bliebe.
Ist demnach diese Variante der *"duplex mors hominis"* nicht jedem anzuempfehlen, so ist die zweite doch unausweichlich, und die Aussage des Dialogs eindeutig: Die individuelle Einzelseele des Menschen ist unsterblich. Es wird als Platos Verdienst gewürdigt, die Beweise dafür erbracht zu haben, auch wenn die Argumente, die dann aufgezählt werden, nicht einmal alle für sich in Anspruch nehmen können, auch nur aus der platonischen Tradition zu stammen. Neben den drei Unsterblichkeitsbeweisen Platos, die aus Bessarions Werk *In calumniatorem Platonis* übernommen werden, und den zwei wichtigsten Beweisen des Augustinus greift Landino auf Cicero und die Scholastik zurück. Der Aspekt der Gottesverwandtschaft der menschlichen Seele, der aufgrund der (neu-)platonischen Auffassung von der Seele als grundlegendes Argument zu erwarten gewesen wäre, findet kaum Beachtung. Indem auch hier Argumente der *"Peripatetici"* mit einbezogen werden, wird die Harmonie zwischen Plato und Aristoteles, die nur durch gelegentliche Seitenhiebe zu Lasten des letzteren gestört wird, bis zum Schluß gewahrt.
Auch im Dialog selbst wird mehrmals auf den Vorzug der rhetorisch ausgefeilten und leicht verständlichen Darstellung verwiesen, mit der das schwierige metaphysische Problem der Seele hier vorgetragen werde.

3.2 Intention des Autors

Die Notwendigkeit dieser Art der Darstellung und nicht etwa die neuer Erkenntnisse ist für Landino, nach dem Bekenntnis in eigener Person in den Prooemien, Anlaß gewesen, diesen Dialog zu schreiben. Ein so wichtiges Thema, das jeden Menschen angeht, darf nicht unter dem Siegel der für Laien unverständlichen Fachsprache verschlossen bleiben, sondern muß jedem leicht und ohne allzu großen Zeitaufwand zugänglich sein. Das ist der Anspruch des "Kultur- und Bildungsprogramms des Humanismus" und macht den Dialog als Zeitdokument wertvoll. Natürlich dient das so formulierte Anliegen dem Autor auch als Salvationsklausel, um sich als selbsternannter Laie weder der Kritik der Philosophen noch der weit gefährlicheren Kritik der Kirche auszusetzen. Aber er hat eine Begründung gewählt, die im Mittelalter nicht vorstellbar gewesen wäre, die Ausdruck einer anderen Vorstellung von den Aufgaben und Zielen des Menschen und der Rolle der Philosophie ist. Die Philosophie und mit ihr die Theologie sollen aus ihrem Elfenbeinturm hervorkommen. Das *"nosce te ipsum"*

soll vielleicht nicht Lebensaufgabe für jeden sein, aber jeder (sc. Gebildete) soll gewisse Grundeinsichten und Handlungsmaximen an der Hand haben, die er im täglichen Leben heranziehen kann. Daß diese, wie der Rückgriff auf die heidnische Antike zeigt, schon allein durch rationale Überlegung gewonnen werden können, bedeutet eine zusätzliche Säkularisation der Philosophie, die auch durch die Konzeption der *"pia philosophia"* nicht aufgehalten wird.
Diesen Ansatz Ficinos erwähnt Landino in den Prooemien, d.h. in eigener Person, ebensowenig wie die Verdienste des *"Plato divinus"* um das zu behandelnde Thema. Er erhebt nur allgemein in der Formulierung des *"redire ad te ipsum"* des Augustinus die Forderung nach Selbsterkenntnis, zu der er mit der Darstellung der Auffassungen, die er *"e pluribus ac diversis voluminibus"* zusammengetragen hat, einen Beitrag leisten will. Auch darin kommt sein ängstliches Bemühen zum Ausdruck, nicht mit der Kirche in Konflikt zu geraten. Sollte sich eine der Aussagen des Dialogs aller Vorsicht zum Trotz nicht als 'linientreu' erweisen, kann er sich immer noch hinter seine fiktiven Persönlichkeiten zurückziehen. Diese geraten allerdings an keiner Stelle in Widerspruch zu der Minimal-Position der Prooemien, sondern nehmen die dort getroffen Aussagen sogar wörtlich auf. Das eigentliche Gespräch läßt sich somit als Explikation der Prooemien deuten, in der die Person des Marsuppini zum Sprachrohr Landinos wird.

3.3 Gestaltung

Ob Landino allerdings in diesem Werk seinem Anspruch einerseits und der Philosophie andererseits überhaupt gerecht wird, ist eine andere Frage. Aus heutiger Sicht vermißt man ein gewisses Maß an Originalität und historischer Genauigkeit. Der Ruf nach einer künstlerischen, angenehm zu lesenden, leicht verständlichen Darstellung eines wissenschaftlichen Themas weckt vor allem im deutschen Sprachraum, in dem 'populär-wissenschaftlich' schon fast ein Schimpfwort ist, großes Mißtrauen. Aber selbst wenn man diese modernen Maßstäbe beiseite legt und in Rechnung stellt, daß zur Entstehungszeit des Dialogs weder das Bewußtsein für die Historizität des menschlichen Denkens und der Texte, in denen es sich manifestiert, noch das Kriterium der Originalität verbunden mit dem Genie-Begriff entwickelt waren, stößt man sich dennoch an der mangelnden logischen Stringenz des Werkes. Sie ist zum einen in seiner Anlage begründet. Der Dialog ist nicht nur ein Werk des Eklektizismus, er ist vielmehr über weite Strekken eine bloße Kompilation, fast schon eine Aneinanderreihung verschiedener Quellen, die zwar unter dem Gesichtspunkt eines einheitlichen Grundtenors nicht ohne Verständnis für die Problematik ausgewählt worden sind, die aber natürlich aufgrund ihrer unterschiedlichen Herkunft nie völlig übereinstimmen. Landino hat nicht versucht, diese Widersprüche argumentativ zu lösen oder zumindest aufzuzeigen. Das Fehlen dezidiert herausgearbeiteter Positionen und nachvollziehbarer Gedankengänge ist der große Mangel des Dialogs. Allein mit sprachlichen Mitteln versucht der Autor die 'Abgründe' zwischen seinen einzelnen Vorlagen zu überwinden und so eine vordergründige formale Einheitlichkeit zu erreichen. Er verwendet Bezeichnungen mehrdeutig, jongliert geradezu mit der unterschiedlichen Bedeutung eines Wortes in den verschiedenen Vorlagen. Er löst einzelne Aussagen aus ihrem Zusammenhang, verändert die grammatischen Konstruktionen der Quellen, um eine Aussage in seinem Sinne zu erreichen. Wo diese Mittel nicht ausreichen, verlegt er sich auf die wichtigste Kunst des Kompilators, die des 'richtigen Weglassens'. Die sprachliche Gefälligkeit des ciceronianischen Lateins, die häufig der Darstellung seiner Vorlagen weit überlegen ist, ist oft nur ein schöner Schein, der die wirklichen Schwierigkeiten nur verhüllt.

Natürlich sollte mit dem Autor nicht zu hart ins Gericht gegangen werden. Kompilation und Eklektizismus sollen ihm nach seinen Vorstellungen die Möglichkeit schaffen, im Rahmen des christlichen, von der aristotelischen Philosophie bestimmten Glaubens die heidnische Philosophie Platos zu entwickeln. Dennoch bleiben sie Ausdruck einer großen Unselbständigkeit und Unsicherheit, komplexe abstrakte Gedanken eigenständig zu formulieren. Dieses zeigt sich auch darin, daß Landino oft das Gefühl für die grundlegende Bedeutung eines Gedankens fehlt. Wichtige Gesichtspunkte erscheinen häufig nur in einem Nebensatz, werden verspätet nachgetragen. Ein ziemlich willkürlich gewähltes Stichwort muß dann den Anlaß für eine unumgängliche Ergänzung abgeben. Erinnert sei nur an die Konzeption der *"pia philosophia"*. Sie trägt den gesamten Dialog und macht Platos Einordnung in die christliche Heilsgeschichte überhaupt erst möglich. Erst nach 15 Seiten des I. Buches wird sie überhaupt auf eine Bemerkung des jungen Landino hin eingeführt. Ihre theoretische Rechtfertigung muß der Leser 20 Seiten später aus einem einzigen Nebensatz entnehmen. Dieses assoziative Vorgehen wird äußerlich durch die Dialogform gerechtfertigt. Jederzeit kann einer der Gesprächspartner die notwendige Frage stellen. Doch kann diese literarische Form weder die inhaltliche noch die kompositorische Schwäche des Werkes verdecken. Daß diese Einschätzung nicht etwa doch aus einer falschen Erwartungshaltung des modernen Lesers erwächst, zeigt das wenig schmeichelhafte Urteil eines Zeitgenossen, Giovanni Brancatis, der Landino nach der Lektüre von *De anima* als *"philosophaster"* einstuft.[431]

Es ist zu bedauern, daß ein Autor mit seinem Werk auf solche Kritik stoßen muß, der von seinem Ansatz her Wichtiges für seine Zeit zu leisten unternimmt, der die Bedeutung der lange Zeit verdrängten platonischen Philosophie richtig einzuschätzen weiß. Er hat die Zeichen der Zeit erkannt, indem er das erste eindeutig positive Signal für Plato von kirchlicher Seite, die Schrift des Kardinals Bessarion *In calumniatorem Platonis* aufgreift, um auf dieser Grundlage selbst einen Beitrag zur Verbreitung der Lehre des *"Homerus philosophorum"* zu leisten. Auch von dieser Seite her ist Landinos Dialog als Zeitdokument von Bedeutung. Eindrucksvoll zeigt sich hier das Zusammentreffen von mittelalterlichem Erbe und der neu entdeckten Antike der Renaissance.

3.4 Quellen

Betrachtet man jedoch Landinos Quellen näher, sollte man vielleicht besser von der Schwellenangst vor den wiedergewonnenen Erkenntnissen sprechen. Denn er orientiert sich überwiegend an der christlichen, lateinischen Tradition der Patristik und des Mittelalters, an Augustinus, Laktanz, dem lateinischen Nemesios von Emesa und der Scholastik der Dominikaner Albertus Magnus und Thomas von Aquin. Seine einzigen antiken heidnischen Quellen sind Cicero und Macrobius, die ebenfalls zum tradazistischen Allgemeingut des Mittelalters gehören. Kennzeichnend für den humanistischen Zugriff Landinos ist allerdings, daß er sich auf die Originaltexte stützt und sich um die Adaption des ciceronianischen Stils bemüht. Eine Sonderstellung kommt den hermetischen Schriften zu, die er ebenfalls an einer Stelle zitiert, da ihnen, obwohl sie heidnischen Ursprungs sind, seit der Patristik ein gewisser Offenbarungscharakter zuerkannt wurde. An konkreten Vorlagen ergaben sich für die Epoche der (Spät-)Antike:

- Augustinus,	*De quantitate animae,*
	Civitas Dei,
	De anima et eius origine. Liber tertius ad Vincentium Victorem,
	De origine animae hominis liber, seu ep. CLXVI (ad Hieronymum).
<Augustinus>	*De spiritu et anima.*
- Nemesios von Emesa,	*De natura hominis* (lat. Version).
- Macrobius,	*Commentarii in somnium Scipionis.*
- Cicero,	*Tusculanae disputationes.*
- Corpus Hermeticum	*Pymander.*

[431] Croce, Brancati, 20/21.

Doch ist das Denken des Augustinus und Ciceros in weitaus größerem Umfang praesent.
Für die scholastische Epoche konnten die Schriften

Albertus Magnus,	*De natura et origine animae,*
	Isagoge in libros de anima

und zudem

Avicenna latinus,	*Liber de anima seu sextus de naturalibus*

als Vorlagen nachgewiesen werden. Aber auch hier gehen Landinos Kenntnisse über diese Quellen hinaus. Es ist zu bedenken, daß aristotelisch- scholastische Philosophie zu Landinos Zeit zum Kanon der universitären Ausbildung gehörte. Eine Stelle des Dialogs weist Parallelen mit einer Mitschrift zur Vorlesung des Lehrstuhlinhabers für Philosophie am Studio Fiorentino, Argyropulos, zu Aristoteles, *De anima* auf. Es ist daher nicht unwahrscheinlich, daß Landino die Vorlesungen des byzantinischen Lehrers der Philosophie besuchte.
In dieser Zwischenbilanz fehlen allerdings die Quellen, die besonders zu erwarten gewesen wären: die Original-Schriften Platos (und vielleicht auch des Aristoteles) oder wenigstens lateinische Übersetzungen. Die Lehre des historischen Plato stellt Landino ausschließlich mit Hilfe der Schrift

Bessarion,	*In calumniatorem Platonis*

dar, die er wörtlich ausschreibt. An keiner Stelle des Dialogs ist es notwendig, weitergehende Kenntnisse der Schriften Platos anzunehmen.
In jüngerer Zeit sind Zweifel an Landinos Griechisch-Kenntnissen laut geworden.[432] Es ist wirklich auffällig, daß er sich für die Darstellung der griechischen Philosophie auf lateinische Quellen in Form von Sekundärliteratur beschränkt und, obwohl er schnell mit Zitaten lateinischer Dichter bei der Hand ist, im gesamten Dialog nur ein halbzeiliges griechisches Zitat (Homer) anführt. Daraus läßt sich nicht mit Sicherheit schließen, daß er des Griechischen nicht mächtig war. Eindeutig ist aber, daß er mit der griechischen Literatur zu diesem Zeitpunkt nicht so vertraut war wie mit der lateinischen, und daß er sich nicht die Zeit nehmen wollte oder konnte, um sich das platonische Werk selbst zu erschließen. Daß sich Landino unter Zeitdruck befand, ist in hohem Maße wahrscheinlich.
Die Abhängigkeit von Bessarions Schrift läßt den Schluß zu, daß Landino seinen Dialog erst 1469 begann. Er beendete ihn nachweislich 1471. Bereits 1472 stellte er aber schon die *Disputationes Camaldulenses* fertig. Da er diesen Dialog wesentlich selbständiger gestaltet hat als sein erstes Werk und auch auf die Komposition mehr Mühe aufgewandt hat, ist es

[432] Field, Origins, 234 f.

unwahrscheinlich, daß er für ihn nur ein Jahr benötigte, für *De anima* aber zwei. Es ist vielmehr denkbar, daß er entweder parallel an beiden Dialogen arbeitete und dabei wenig Zeit auf *De anima* verwandte, oder daß er seinen ersten Dialog viel eher abschloß, als er ihn dann schließlich veröffentlichte. Die zweite Möglichkeit würde auch das in der Einführung zitierte Epigramm Gentile Becchis *"Cur non ederet de anima Landinus ad Ficinianum excusatio"* erklären, das den Autor indirekt aufforderte, den Dialog herauszugeben, von dem demnach bekannt war, daß er schon einige Zeit in der Schublade lag. Zeitmangel wäre eine plausible Erklärung für die kompositorischen Mängel von *De anima*, die seine späteren Werke nicht mehr aufweisen. Warum sich Landino dann gerade für sein Debüt so wenig Zeit nahm, bleibt fraglich. Vielleicht betrachtete er es nur als 'Fingerübung' für seine Hauptwerke, die alle um die allegorisierende und grammatische Dichtungsinterpretation kreisen. Vielleicht ergab es sich beinahe von selbst, aus den Quellen, die er sich für dieses Hauptziel zusammenstellte, nebenher einen eigenen Dialog zu schreiben. Vielleicht bemerkte er aber auch selbst, daß er sich mit diesem theoretischen Thema, das er u.U. in Konkurrenz mit Ficino begonnen hatte, etwas zuviel zugemutet hatte, und verlor die Lust daran. Jedenfalls liegt eine gewisse Ironie darin, wenn er sich selbst im Dialog mit seinem Rat an den jungen Ficino aus dem Jahr 1456 zitiert, daß dieser unbedingt Griechisch lernen solle, um die Philosophie Platos auf der Grundlage der Kenntnis der Originalschriften darstellen zu können, und dann selbst noch 13 Jahre später alles aus Sekundärquellen abschreibt.
Wie dem auch sei, die Darstellung der Seelenlehre Platos anhand der Schrift *In calumniatorem Platonis* ist die erste inhaltliche Neuerung gegenüber der mittelalterlichen Tradition. Die Betonung liegt dabei auf 'inhaltlich'. Denn, was den Dialog Landinos von den traditionellen Abhandlungen über die Seele unterscheidet, ist natürlich der Gesichtspunkt, unter dem das tradazistische Gut aufgenommen wird. Sowohl die mittelalterlichen als auch die antiken Quellen werden daraufhin neu gelesen, ob sie einen Ansatz bieten, Plato einen Platz vor oder zumindest neben Aristoteles in der christlichen Philosophie einzuräumen. Allein danach werden sie ausgesucht. In der Patristik ist das einfach. Plato ist der Philosoph des Augustinus und des Nemesios. Insbesondere das Urteil des ersteren wird ja von Landino auch immer wieder als Rechtfertigung seines Vorhabens zitiert. In der Scholastik ist es per se wesentlich schwieriger. Dort bildet Albertus Magnus den Rettungsanker, da er noch am Anfang jener Bewegung stand, die genau das Umgekehrte versuchte, nämlich dem Aristoteles einen Platz in der platonisch-christlichen Theologie des Augustinus einzuräumen. Auch

Avicenna, der von Albertus Magnus ebenfalls ausführlichst traktiert wird, bietet sich an, da er, im Gegensatz zu Averroes, viel neuplatonisches Gedankengut verarbeitet hat. Mit dem Schicksal Platos wird auch das des Macrobius revidiert. Sein Werk, das nie in Vergessenheit geriet, wurde von der Scholastik - eine Ausnahme bilden die Platoniker von Chartres - so 'gegen den Strich gekämmt', daß es in die aristotelisch geprägte Philosophie paßte. Erinnert sei hier an die Interpretation des vierstufigen Tugendmodells, wie sie sich bei Thomas von Aquin findet. Landino dagegen sieht in Macrobius wieder den Neuplatoniker. Cicero bietet, da ihn Landino vorwiegend für allgemein-ethische Erwägungen beizieht, überhaupt keine Probleme. Der Autor ist also seinem in der Einleitung bekundeten Vorsatz treu geblieben, nichts Neues zu bringen, sondern nur Bekanntes zusammenzutragen. Er hat, in genauer Einsicht in die Problematik, wie zu konzedieren ist, einen neuen Ansatz in ein traditionelles Gewand gehüllt, zum einen vielleicht, weil ihm keine anderen Mittel zu Gebote standen, zum andern aber auch, um dem Vorwurf der Häresie zu entgehen.
Dieser Ansatz, der Plato in die christliche Heilsgeschichte einordnet und die Ergebnisse seines Denkens denen der christlichen Offenbarung gleichsetzt, ist der Anstoß jenes Denkers, den man im Dialog ebenso vermißt wie Plato, Marsilio Ficinos. Nur für zwei Stellen innerhalb des gesamten Dialogs kann es als wahrscheinlich angesehen werden, daß Landino sie Ficinos Kommentar zum platonischen Symposion, *De amore*, entlehnte. Aber selbst dort wäre er dann seiner Vorlage wesentlich freier gefolgt als den übrigen. Das einzige, was Landinos *De anima* eindeutig zu einem Werk des Florentiner Renaissance-Platonismus ficinianischer Prägung macht, ist die Konzeption der *"pia philosophia"* mit ihren Konsequenzen für die Harmonisierung der platonischen Philosophie mit der christlichen Tradition. Sie unterscheidet sich grundlegend von dem historisch orientierten, zeitgenössischen Zugang Bessarions zur platonischen Philosophie, von dem Landino in concreto so ausgiebig Gebrauch macht.
Wenn von daher die Einschätzung geäußert wird, daß in Landinos Dialog durchgehend der Einfluß Ficinos spürbar sei, ist dieses Urteil gerechtfertigt. Wenn dabei jedoch der Eindruck erweckt wird, daß der Dialog insofern neuplatonisch geprägt sei, als er von Ficinos neu erschlossenen neuplatonischen Quellen beherrscht werde, ist das ein Fehlurteil. Die neuplatonischen Elemente entstammen alle der lateinischen, zum größten Teil der christlichen Tradition. Sie sind allerdings, wenn auch in verwässerter Form, im Dialog vorhanden, und insofern ist es auch nicht richtig, von einer platonischen, aber nicht neuplatonischen Orientierung des Werkes zu sprechen. Den Dialog als eine Synthese aus Platonismus und Thomismus zu

interpretieren, trifft den Kern der Sache ebenfalls nicht. Thomistisches Gedankengut ist zwar ebenso wie das Bemühen um eine Aussöhnung von Plato und Aristoteles vorhanden, aber die grundlegende Einschätzung der Relation von der platonischen und aristotelischen Seelendefinition ist die des Albertus Magnus. Die thomistische Seelendefinition des Seele als *"forma subsistens"* wird weder akzepiert noch diskutiert, sie wird nicht einmal erwähnt. Des weiteren finden sich keine für die Auffassung von der Seele zentralen Aussagen, die eindeutig auf Thomas von Aquin weisen und sich nicht auch auf Albert zurückführen lassen. Allein die Synthese der antiken Tugendsysteme trägt die Handschrift des Aquinaten.

Soll dem Dialog ein Etikett gegeben werden, so ist er der Versuch, Plato in die christliche Philosophie zurückzuführen, auf der Grundlage eines neuen Verständnisses von Philosophie und Theologie, aber im Rückgriff auf die alten Quellen der Tradition, unter Zuhilfenahme des ersten Vorstoßes im lateinischen Sprachraum, das Denken des historischen Plato wiederzugewinnen. Er liefert so ein eindrucksvolles Bild einer Zeit des Umbruchs, des Zusammentreffens von mittelalterlicher Tradition, sowohl mit dem rhetorisch-ethischen Humanismus der ersten Hälfte des Quattrocento also auch mit der metaphysisch-spekulativen Richtung des Florentiner Renaissance-Platonismus. Für Landino war er das erste und letzte Werk, das er der Metaphysik widmete. Es ist vielleicht nicht völlig geglückt, birgt aber schon den Kern seiner Grundüberzeugungen, die er zur Basis für seine Dichtungsinterpretation der *"theologia poetica"* machen sollte: die neuplatonische Philosophie mit ihrer Konzeption des *"regressus animi"* als Bestimmung des Menschen und dem damit verbundenen Postulat der Unsterblichkeit der menschlichen Einzelseele sowie die Einschätzung Vergils als des Verkünders dieser urmenschlichen Wahrheit und ethischen Forderung.

Noch in seinem großen *Dante*-Kommentar blickt Landino 10 Jahre später sogar mit einer gewissen Genugtuung und in seiner charakteristischen vereinfachenden Sicht der Dinge auf dieses Werk zurück:

> *"Nè allegai miei libri perchè sia sì arrogante che mi preponghi agli altri; ma perchè in quegli sono raccolte molte cose, le quali non si truovano altrove insieme, perchè congiunsi la* ***platonica*** *con la* ***aristotelica*** *e* ***stoica disciplina;*** *e quelle ho sottomesse alla* ***christiana verità.***"[433]

[433] *Comento di C.L. fiorentino sopra la Comedia di Dante*; Firenze, per Nicholò di Lorenzo della Magna, M.CCCC. LXXXI, c.61; zitiert von Gentile in der Praefatio zu Land. *De anima* III, XIII.

Anhang: Der Dialog *De anima* als Beitrag zum Schaffen der Platonischen Akademie Marsilio Ficinos

Landinos Dialog *De anima* macht deutlich, daß sein Autor als platonischer Denker nicht zu Unrecht im Schatten seines jüngeren Freundes Marsilio Ficino steht. Obwohl er eines der bekanntesten Mitglieder der Platonischen Akademie ist, kann er weder mit diesem noch mit späteren Werken der Spekulation Ficinos ein eigenständiges Pendant entgegensetzen, sondern ist zumindest im Falle von *De anima* gezwungen, seine Meinung aus 'Mosaik-Stückchen' der unterschiedlichsten Vorlagen zusammenzusetzen. Dennoch bleibt die Frage, inwieweit die auf diese Weise zusammengefügte Aussage des Dialogs Frucht des Gedankenaustausches im Kreise der *Accademia Platonica*, vor allem mit Ficino ist. Dieser rekurriert in seiner *Theologia Platonica* selbst auf ein solches Gespräch über die Seele.[434] Daß es sich nur um allgemeine, inhaltliche Anregungen von seiten Ficinos handeln kann, versteht sich angesichts der vorausgehenden Analyse von Landinos Dialog von selbst. Direkte Anleihen aus den zum Zeitpunkt der Abfassung zur Verfügung stehenden Werken Ficinos konnten nur für zwei kurze Passagen überhaupt in Erwägung gezogen werden.

Aber eine von Landino eher implizit getroffene als reflektiert vorgetragene Voraussetzung hat sich eindeutig als Eigentum Ficinos erwiesen: die Konzeption der *"pia philosophia"*, die sich grundlegend vom Platonismus Bessarions unterscheidet und Landino des öfteren zu recht bemerkenswerten Modifikationen nicht nur dieser Vorlage nötigte. Von hier aus ergibt sich ein Ansatz, den Einfluß Ficinos noch etwas besser zu fassen, aber auch seine Grenzen deutlich zu machen. Es ist zu untersuchen, inwieweit diese Konzeption der Einheit von Philosophie und Religion unter der Kuratel der platonischen Philosophie im 15. Jahrhundert zu zwingenden Konsequenzen für die Seelenlehre führen mußte, die sich im Werk beider Autoren auffinden und aufgrund der erwiesenen geringen philosophischen Eigenständigkeit Landinos Ficino zusprechen lassen. Da es nur um gedankliche, inhaltliche Abhängigkeiten, nicht aber um Textanklänge geht, erscheint es legitim und von der Thematik her unumgänglich, vor allem Ficinos Haupt-

[434] Fic. *Th.Pl.* I 223: *"Haec olim in agro Regnano apud Ioannem Cavalcantem, unicum amicum nostrum, kalendis Martiis sub Lauro disputaveram. Quibus disserendis interfuerunt praecipui familiares nostri tres, Christophorus Landinus, Bernardus Nuthius, Georgius Antonius Vespuccius, viri probitate et doctrina clarissimi."* Dieses Gespräch fand aller Wahrscheinlichkeit nach erst 1480 statt. Ficino fügte diesen Hinweis demnach erst bei der Überarbeitung seines Werkes nachträglich ein. (S. Kristeller, Suppl.Fic. I, LXXIX ff) Nichtsdestoweniger ist er eine Hommage an Landino als Experten für dieses Thema.

werk, seine *Theologia Platonica de immortalitate animorum* zum Vergleich heranzuziehen, was durch die Vorstellung, daß beide Werke in Konkurrenz zueinander entstanden sind, zusätzlichen Reiz erhält. Selbstverständlich kann hier keine vollständige Interpretation dieses Werkes gegeben werden [435], sondern geboten ist die Beschränkung auf charakteristische Übereinstimmungen und Unterschiede. Dabei ist es unvermeidlich, dem in seiner Anlage von *De anima* gänzlich verschiedenen Werk, das ausschließlich auf den Beweis der Unsterblichkeit der Seele ausgerichtet ist und nur unter diesem Gesichtspunkt auf das Wesen der Seele eingeht, Gewalt anzutun und es in die lineare Abfolge der sich an der aristotelischen Schrift über die Seele orientierenden Untersuchung Landinos zu pressen. Als Fixpunkte ergeben sich somit:

- Intention und Methode,
- Seelendefinition,
- Ursprung der Seele,
- Aufbau der Seele,
- Geistseele und Erkenntnisprozeß,
- Tugendlehre,
- Unsterblichkeitsbeweise.

a) Intention und Methode

Erster Ausdruck der Intention ist die literarische Form des Werkes. Landino wählte den ciceronianischer Dialog mit den entsprechenden Konsequenzen für die Art der Darstellung und die Möglichkeit der Fixierung der eigenen Position des Autors. Ficino verfaßt eine philosophische Abhandlung mit auffälliger Ähnlichkeit zu einer scholastischen Summe. Darin liegt bereits das Bekenntnis zu einer eigenen philosophischen Überzeugung und, in diesem Fall, auch zu einem selbst entwickelten Gedankengebäude. Entsprechend selbstbewußt formuliert Ficino im Prooemium Ziel und Zweck seines Werkes:

> *"Reor autem, nec vana fides, hoc providentia divina decretum, ut et perversa multorum ingenia, quae soli divinae legis auctoritati haud facile cedunt, platonicis saltem rationibus religioni admodum suffra-*

[435] Grundlegend für das Verständnis der *Theologia Platonica*: Kristeller, Philosophie. Wenn auch in seinem rigorosen Ansatz wohl nicht haltbar und von daher von Kristeller a.a.O. z.T. mißbilligt, so doch als erster Zugang zur Erkenntnislehre Ficinos sehr aufschlußreich: Heitzmann, L'agostinismo avicennizzante. Einzelaspekte des traditionellen Erbes Ficinos beleuchten: Gilson, Ficin. Lloyd, Primum in genere. Collins, The secular. Canavero, S.Agostino. Den humanistischen Einfluß betont: Trinkaus, Image II, 461-505. Zur scholastischen Ausbildung Ficinos s. Kristeller, Renaissance Thought, I 35-97.

gantibus acquiescant, et quicumque philosophiae studium impie nimium a sancta religione seiungunt, agnoscant aliquando se non aliter aberrare, quam si quis vel amorem sapientiae a sapientiae ipsius honore vel intelligentiam veram a recta voluntate disiunxerit. Denique, ut qui ea solum cogitant quae circa corpora sentiuntur rerumque ipsarum umbras rebus veris infeliciter praeferunt, platonica tandem ratione commoniti, et praeter sensum sublimia contemplentur, et res ipsas umbris feliciter anteponant." (*Th.Pl.* I 36/37)

Drei Gruppen will er also belehren: die Zweifler, die sich dem bloßen Glauben verschließen und rationale Beweise fordern, diejenigen, die die Trennung von Philosophie und Theologie fordern - es sei dahingestellt, ob im Sinne der doppia verità, oder nur im Sinne einer Beschränkung beider Wissenschaften auf ihr Terrain, ohne aber Widersprüche in Kauf zu nehmen - , und die Materialisten.

Diesen drei Gruppen hält er seine oder aus seiner Sicht Platos Konzeption der *"pia philosophia"* entgegen:

"Plato, philosophorum pater, ... , cum intelligeret quemadmodum se habet visus ad solis lumen, ita se habere mentes omnes ad Deum, ideoque eas nihil umquam sine Dei lumine posse cognoscere, merito iustum piumque censuit, ut ***mens humana sicut a Deo habet omnia, sic ad Deum omnia referat."*** (*Th.Pl.* I 35)

Daher sieht er in *"contemplatio cultusque Dei"* das höchste und letzte Ziel, auf das er alle philosophischen Spekulationen, sei es Ethik, Metaphysik etc., bezieht.

"Quo factum est ut et ipse sine controversia ***divinus,*** *et* ***doctrina eius*** *apud omnes gentes* ***Theologia*** *nuncuparetur".* (*Th.Pl.* I 35)

In den Prooemien Landinos fand sich, wie gesehen, nichts dergleichen. Er wollte nicht etwa Andersdenkende überzeugen, sondern denjenigen, die sich aus Zeitgründen (!) nicht ausführlich mit Philosophie befassen können, einen eingängigen, leicht verständlichen und sprachlich ansprechenden Überblick über die wichtigsten sie selbst betreffenden Fragen verschaffen, und betonte ausdrücklich nichts Neues zu bringen. Platos Name wurde an keiner Stelle der Passagen, in denen der Autor in eigener Person spricht, auch nur erwähnt. Zu diesem Zeitpunkt schien sich Landino also keineswegs sicher zu sein, die Auffassung seines Freundes in eigenem Namen vertreten zu dürfen. Nichtdestoweniger legte er sie seinem Dialog, wenn auch ohne theoretische Rechtfertigung, zugrunde.

Die entscheidende ethische Implikation dieses Ansatzes aber griff er bereitwilligst auf und machte sie auch in den Prooemien zum Leitgedanken des Dialogs, ja sie geriet in seiner Darstellung sogar in die Gefahr, sich zu verselbständigen. Die *"contemplatio Dei"* als Ziel des Menschen führte er erst im III. Prooemium ein, sie trat hinter dem Weg, der zu ihr führt, zurück. Ficino formuliert ihn, wie folgt:

> *"Quoniam vero animum esse tamquam* ***speculum*** *arbitratur, in quo facile divini vultus* ***imago reluceat****, idcirco dum per vestigia singula Deum ipsum diligenter indagat, in animi speciem ubique divertit, intelligens* ***oraculum illud 'nosce te ipsum'*** *id potissimum admonere, ut quicumque* ***Deum optat agnoscere, seipsum ante cognoscat.****"* (*Th.Pl.* I 35/6)

Selbsterkenntnis, das war die Forderung, mit der Landino sein Werk eröffnete:

> *"Cum ex omnibus philosophiae partibus ... nulla ... uberiores nobis fructus afferat, quam ea, quae* ***in nostrorum animorum vim ac naturam*** *nos inducit, ... Qua quidem re quid ad suavitatem vivendi iucundius, aut ad ultimum hominis bonum comparandum magis necessarium sit, non reperio."* (I 1, 1-11)

Ihre Überhöhung im III. Prooemium durch die Erkenntnis Gottes wirkte angesichts dieses Plädoyers schon beinahe nachgeschoben:

> *"Itaque cum in ceteris ... vincamur, ratio ipsa atque mens sola est, qua ita ab illis* (sc. *bestiis*) *discedimus, ut* ***immortali etiam Deo per illam adhaereamus****. ... Quamobrem in asotorum numero reponendus is est, qui illud nesciat, quo non modo naturae vim in abdito latentem eruimus, et ad ipsos caelos ascendimus, sed* ***summi*** *quoque* ***Dei****, ardentissima quadam cupiditate inflammati,* ***essentiam nosse tendamus:*** *quam quidem rem etsi ad integrum assequi non possimus ..., tamen quantumcumque in ipsa cognitione proficimus nonne maximi est faciendum?"* (III 4, 3-21)

Bezeichnend war, daß er sich sofort beeilte, auf die Grenzen ihrer Erreichbarkeit für den Menschen hinzuweisen, und sie nicht wie Ficino in ein Bild der neuplatonischen Lichtmetaphysik kleidete, sondern in eine Formulierung des Augustinus. Er blieb auf sicherem, christlichem Boden. Warum die Wahl auf diesen Kirchenvater fiel, wurde schon dargelegt. Und so ist auch sie als Anregung Ficinos anzusehen, der zwar ebenfalls auf die Tradition zurückgreifen konnte, aber doch bewußt und eigenständig die augustinische Theologie zum christlichen Fundament seines neuplatonischen Systems ausbaute und damit eine auch Landino leicht zugängliche Quelle für 'platonische' Gedanken erschloß. Im Gegensatz zu seinem zögerlichen Freund weist er auf dieses Vorgehen bereits im Prooemium hin.

> *"Praesertim cum Plato de his ita sentiat, ut Aurelius Augustinus eum, tamquam christianiae veritati omnium proximum, ex omni philoso-*

phorum numero elegerit imitandum, asseruitque Platonicos, mutatis paucis, christianos fore. Ego vero cum iampridem Aureliana auctoritate fretus ... Platonis ipsius simulacrum quoddam christianae veritati simillimum exprimere statuissem ..., ... universum opus Platonicam Theologiam, de Immortalitate animorum inscribendum esse censui." (*Th.Pl.* I 36)

Auch wenn Landino von dieser Einschätzung im Dialog selbst ausgiebig Gebrauch machte, so schränkte er auch dort wieder dieses sehr großzügig interpretierte Urteil des Augustinus über Plato ein:

"... nam sive de Deo, sive de anima disserat, Augustinus ita ***reliquis omnibus*** *Platonem* ***anteponit***, *..."* (I 32, 1/2)

Natürlich dient die Berufung auf eine christliche Autorität auch Ficino zur Salvation seiner Philosophie. Das Bemühen um Orthodoxie ist in seinem Werk ebenso durchgängig praesent, wie in Landinos Dialog, der es in seinen Prooemien nur deshalb nicht zu betonen brauchte, weil er sich dort ja nicht über die Grenzen des allgemein Anerkannten hinauswagte. Bezeichnend, ja fast erschütternd ist die Schlußbemerkung, mit der Ficino sein Haupt- und Lebenswerk absichern zu müssen glaubt:

"Huc nos ferme coniecturalis philosophorum ducit via, sed quoniam humana coniectio circa divina saepe multumque fallitur, multo satius tutiusque censemus, nos sanctioribus apud Christianos ducibus obedienti humilitate committere." (*Th.Pl.* III 242/3)

Ausdruck seines Bestrebens, mit der Kirche nicht in Konflikt zu geraten, ist auch der immer wiederkehrende Versuch des Ausgleichs zwischen Plato und Aristoteles. Aufgrund der scholastischen Tradition darf er sich nicht gegen den letzteren stellen, kann sich aber auch nicht dazu durchringen, ihn unter die '*pii philosophi*' zu rechnen: So nimmt er interessanterweise Zuflucht zu der Einschätzung Alberts:

"... sicut nos docent prisci theologi (!): *Zoroaster, Mercurius, Orpheus, Aglaophemus, Pythagoras,* ***Plato, quorum vestigia sequitur plurimum physicus Aristoteles."*** (*Th.Pl.* I 224)

Diesem Urteil folgte Landino nicht expressis verbis, wohl aber de facto durch die Berücksichtigung der aristotelischen Definition der Seele als *"forma corporis"*; denn auch er war um Harmonisierung der Lehrmeinungen bemüht und ging darin weiter als Ficino.

Gerade darin läßt sich wieder erkennen, was ihn grundsätzlich von seinem Freund trennt: das mangelnde Selbstvertrauen und vielleicht auch Interesse, innerhalb des gegebenen Spielraums eine eigene Philosophie zu entwickeln, die den Anforderungen der Kirche standhält, oder auch nur die neue, u.U. Kontroversen auslösende, seines Freundes zu vertreten. Er übernahm zwar stillschweigend die Grundkonzeption dieser Philosophie, wagte es aber nicht, sie in dieser Schärfe zu formulieren, und war froh, wenn er auf Quellen zurückgreifen konnte, deren unangezweifelte Autorität ihm diese Gratwanderung erleichterte. Dabei hatte er den Schwerpunkt, wie sich bereits in den Prooemien andeutete, auf die Forderung des *"nosce te ipsum"* verlegt, das ihm den Ansatz für seine popularphilosophische Ethik lieferte. Wie sehr er das elaborierte System Ficinos vereinfachte, zeigt sich bei einem näheren Blick auf die Ausfüllung dieser Markierungspunkte.

b) Seelendefinition

Landino akzeptierte, nachdem er auch der Lösung des Aristoteles seinen Tribut gezollt hatte, eine sich an der platonischen Philosophie orientierende Definition der Seele:

> *"Ait enim ille* (sc. *Plato*) *animam esse essentiam incorpoream rationalem, quae se ipsam moveat"* (I 31, 30/1),

unter dem Hinweis, daß Augustinus diese 'mutatis paucis' aufgestellt habe. Sie wird nicht aus einem ontologischen System heraus entwickelt, sondern steht am Ende einer langen Doxographie. Erst im nachhinein wird eine äußerst knappe und allgemein gehaltene Rechtfertigung dieser Bestimmung der Seele aufgrund der Hierarchie des Kosmos gegeben.

Für Ficino dagegen erschließt sich das Wesen der Seele erst aufgrund ihrer Stellung als *"tertia essentia"* in der neuplatonischen Hierarchie des Kosmos, mit deren Darlegung er sein Werk beginnt, um von diesem ontologischen Fundament her zu argumentieren:

> *"Ascendimus hactenus a* ***corpore*** *in* ***qualitatem****. Ab hac in* ***animam****. Ab anima in* ***angelum****. Ab eo in* ***Deum, unum, verum et bonum****, auctorem omnium atque rectorem."* (*Th.Pl.* I 128)
>
> ... *"animam vero inter illa summa et haec infima* ***mediam****, quam merito* ***essentiam tertiam*** *ac* ***mediam*** *more Platonico nominamus, quoniam et ad omnia media est et undique tertia. Si a Deo descenderis, tertio descensus gradu hanc reperis. Tertio quoque ascensus gradu, si supra corpus ascenderis."* (*Th.Pl.* I 137)

Von daher operiert er nicht mit einer fertigen Definition der Seele, sondern versucht, sie in immer neuen Ansätzen zu fassen. Sie ist die rangniederste unkörperliche, intelligible Wesenheit, sie ist als individuelle Einzelseele eingebettet in die Weltseele[436], sie ist Mittlerin zwischen Geist und Materie

[436] Alle Bestimmungen werden im folgenden nur mit einzelnen Beispielen belegt, die keinen Anspruch auf Vollständigkeit erheben; hier *Th.Pl.* I 161: *"Una tamen est super singulas mundi anima."*

[437], sie ist Vielheit im Gegensatz zur Einheit Gottes [438], sie ist die erste lebensspendende [439], selbstbewegende Wesenheit und Form [440], *"forma subsistens"* [441] und *"forma substantialis"* [442]. Diese Vielschichtigkeit seiner Argumentation bietet ihm den Vorteil, aristotelische, ja sogar thomistische Elemente einzubeziehen [443], ohne sie gegen die platonische Lehre ausdrücklich abgrenzen zu müssen.
Um diese vielfältigen Bestimmungen, die naturgemäß auch die Komponenten der Seelendefinition Landinos mit einschließen, zu beweisen, braucht auch er nicht immer auf originär neuplatonische Quellen zurückzugreifen, sondern kann wie Landino aus der Tradition schöpfen. So wundert es nicht, wenn in der *Theologia Platonica* viele Beweisgänge wiederkehren, derer sich auch Landino bediente. Sie dienen in der Regel - wie bei Landino gesehen - gleichzeitig zum Beweis der Unsterblichkeit der Seele, da sich dieser auf ihr Wesen gründet. Im Hinblick auf Landinos Definition finden sich bei Ficino die folgenden Beweise:

---

437 *Th.Pl.* I 141/2: *"Et cum media omnium sit* (sc. *haec tertia essentia*), *vires possidet omnium. <Quod> si ita est, transit in omnia. Et quia ipsa vera est universorum connexio, dum in alia migrat, non deserit alia, sed migrat in singula, ac semper cuncta conservat, ut merito dici possit centrum naturae, universorum medium, mundi series, vultus omnium nodusque et copula mundi."*

438 *Th.Pl.* I 128: *"Anima materiam specie terminat, neque per se, neque per inquinationem corporis est divisibilis, sed mobilis multitudo. Angelus receptaculum specierum est et multitudo immobilis. Deus super species, immobilis unitas."*

439 *Th.Pl.* I 143: *"Ex omnibus his colligitur talis quaedam essentiae tertiae definitio scilicet vita quae corpora per naturam vivificat."*

440 *Th.Pl.* I 133/4: *"Et quaecumque mobilia sunt ab alio, puta corpora et qualitates, retulimus ad animam mobilem per seipsam, per se, inquam, mobilem, quia si a Deo descendas per angelum, tam Deus quam angelus stare tibi videbitur. Primum quod mobile tibi occuret est anima. Quidquid primo tale est in aliquo genere, per se est tale ... . Sic anima quoniam est primum mobile inter omnia quae sunt mobilia, est utique per se mobilis."*

441 *Th.Pl.* I 191 f: *"Quod alicui per se convenit numquam separatur ab ipso. ... Forma illa separata, qualis est anima, per se est, ergo est semper. ... animae essentiae, quoniam est forma soluta, esse sortitur per semetipsam et in ea ipsum esse est primus et proprius actus essentiae, ..."*

442 *Th.Pl.* I 244: *"Sit igitur anima solum forma, forma, inquam, non accidentalis, sed substantialis. Nam cum anima ipsa sit rectrix motrixque corporis, ita ut* [*non*] *contineat ipsum, sistat et torqueat, corpore praestantior est. Corpus substantia est; nullum vero accidens nobilius est substantia."*

443 Eine Diskussion der Quellen und Abhängigkeiten Ficinos wird in diesem summarischen Abriß nicht angestrebt. Die unter Anm. 435 zitierten Arbeiten, die alle einen anderen Schwerpunkt setzen, vermitteln einen Eindruck davon, wie komplex sein System ist.

Beweise der Unkörperlichkeit der Seele

- Wenn die Seele ihrerseits als belebter Körper aufgefaßt wird, bedeutet das eine *"progressio ad infinitum"*. (*Th.Pl.* I 241/2)
- Zwei Körper können sich nicht vollständig durchdringen und dieselbe Stelle einnehmen. (*Th.Pl.* I 246 ff)
- Wenn die Seele ein Körper wäre, müßte sie körperliche Nahrung aufnehmen. (*Th.Pl.* I 260)
- Die Seele ist nicht Harmonie, denn diese hängt von der Mischung der Elemente und damit von der Materie ab, die Seele aber nicht. Sie vermag sich dem Körper zu widersetzen. (*Th.Pl.* I 280 ff)
- Die Seele ist nicht Komplexion, denn diese kann von unterschiedlicher Intensität sein. (*Th.Pl.* I 277 ff)
- Die Geistseele gleicht sich im Verstehensprozeß dem unkörperlichen Intelligiblen an. (*Th.Pl.* I 317 ff)

Diese Argumente, mit Ausnahme des letzteren, das im Zusammenhang mit dem Erkenntnisprozeß näher behandelt wird, schrieb Landino allerdings aus der Schrift Nemesios von Emesas ab, während Ficino sie in eigenen Worten darlegt. Das schließt natürlich nicht aus, daß über die Möglichkeiten, die Unkörperlichkeit der Seele zu beweisen, gesprochen wurde, ist aber kein ausreichender Beweis für eine direkte Abhängigkeit. Es läßt nur einmal mehr die Kluft zwischen dem selbständigen Denken Ficinos und der Unsicherheit Landinos zutage treten.

Beweis der Selbstbewegung

Die Selbstbewegung der Seele ist auch für Ficino von zentraler Bedeutung. Doch argumentiert er hier anders als Landino, nutzt weder das Argument Bessarions noch die Argumentation des Albertus Magnus. Die Selbstbewegung der Seele ergibt sich seiner Auffassung nach aus ihrer ontologischen Stellung: Sie ist das erste *"mobile"* der kosmischen Hierarchie und daher muß ihr als *"primum in genere"* die vornehmste Art der Bewegung, d.h. die Selbstbewegung, zukommen.[444]

Beweis der Rationalität

Auch diese ergibt sich letztlich aus der Stufe der *"tertia essentia"*:

> *"Tertia vero essentia illa, scilicet anima, non est secundum se totam intelligentia. Habet enim alias quasdam naturas praeter intelligentiam, expertes intelligentiae. Ergo mens in anima pars quidem est animae. Pars quoque est mentis quodammodo, mentis, inquam, altioris, quae tota solaque mens est."* (*Th.Pl.* I 60/61)

[444] *Th.Pl.* I 133. S. Anm. 477; 479.

Die Hinwendung der Seele zur Materie, die sie als erste der intelligiblen Hypostasen vollzieht, d.h. ihre Inkarnation, bindet sie zunächst an die diskursive Erkenntnis. Hier trifft Ficino wieder auf die aristotelisch-scholastische Tradition, die zu einem ähnlichen Ergebnis kam, indem sie das aristotelische Erkenntnis-Modell auf die allgemein akzeptierte hierarchische Stufung des Kosmos übertrug. Daher läßt sich auch an dieser Stelle kein direkter Einfluß seinerseits auf Landino belegen, der ebenfalls ein entsprechendes Argument vorträgt.
Die spezifische Auffassung des Platonikers wird erst in der Einschätzung der Möglichkeit faßbar, inwieweit der Mensch diese Erkenntnisweise überwindet. Sie wird daher bei dem Vergleich der Darstellung des Erkenntnis-Prozesses näher behandelt werden.

c) Der Ursprung der Seele

Landino hatte bei der Behandlung der platonischen Seelenursprungslehre ein gewisses Unbehagen insofern erkennen lassen, als er aus den Dialogen Platos nur Gedanken herausgriff, die die häretische Auffassung der Praeexistenz der Seele nicht erkennen ließen, und er die anschließende Darstellung des *"descensus animi"* nach Macrobius kommentarlos im Raum stehen ließ. Er ging dann sofort zum Christentum über, schrieb ausführlich Augustinus aus und berief sich auf Aegidius von Rom, um zu dem orthodoxen Ergebnis zu gelangen:

> *"Ergo ... in eam tandem sententiam labor, ut animae singulae a Deo creentur, ... non ergo ex sua quidem essentia, verum ex nihilo: ita tamen, ut exemplar ipsius primae causae iure dicatur anima, quandoquidem ad imaginem et similitudinem suam sit producta."* (I 46, 35 - 47, 5)

Ficino zeigt hier ebenfalls äußerste Vorsicht. Auch er hält daran fest, daß Gott die Seelen *"sine medio"* täglich neu erschaffe, sucht aber auch dafür wieder Argumente seines eigenen Systems:

- Die Seele wendet sich als erste der niederen Hypostasen zu Gott als ihrer direkten Ursache zurück.[445]
- Nur die Allmacht Gottes kann im Akt der Creatio die Differenz zwischen Sein und Nichtsein aufheben. Würde Gott die Seele durch die Engel schaffen, würde er in dieser Allmacht durch deren begrenzte Fähigkeit eingeschränkt und behindert. In die gleiche Richtung zielt die Aussage des

---

[445] *Th.Pl.* II 81: *"Cuius rei signum est, quia nulla illarum* (sc. *formarum praeter rationales*) *in Deum convertitur, quasi Deus non sit illarum proxima causa, sed potius aliena. Animam vero rationalem fieri a Deo sine instrumentis ullis ex eo potissimum coniectamur, quod in Deum proxime vertitur, ..."*

Timaios, die Landino aus Bessarions Schrift abschrieb, und auf die Ficino in diesem Zusammenhang ebenfalls rekurriert: Gott schafft die rationale, unsterbliche Seele unmittelbar, die irrationale aber durch die Engel.[446]

- Immerwährende *"procreatio"* ist die vornehmste Tätigkeit Gottes. Sie äußert sich in der Erschaffung der Seelen, während die Engel, da ewig, nur illuminiert werden.[447]

Gibt er aber platonische Auffassungen wieder, die der christlichen Lehre widersprechen, distanziert er sich ausdrücklich. So beendet er die Darstellung des *"descensus animi"* nach Macrobius mit den Worten:

> *"Haec illi. Nos autem in omnibus, quae scribimus, aetenus affirmari a nobis aliisque volumus, quatenus Christianorum theologorum concilio videatur."* (*Th.Pl.* III 197)

Derartige Salvationsklauseln finden sich im gesamten Werk nirgendwo so gehäuft wie im Zusammenhang mit der platonischen Seelenursprungslehre.[448] Hier konnte Ficino seinem Freund keine endgültig befriedigende Lösung bieten, und dieser löste das Problem daraufhin auf seine Weise: durch Auslassung der heiklen Punkte und Vermeidung einer persönlichen Stellungnahme. Die deutlichsten Abhängigkeiten zwischen den beiden

---

[446] *Th.Pl.* I 207 f: *"Sed forsitan putabit quispiam animam ita a Deo fieri, ut per angelum tamquam medium efficiatur atque Deus in ea creatione sit opifex, angelus instrumentum. Quae quidem opinio ideo videtur absurda, quoniam instrumentum hanc habet naturam, ut ipsum ab alio motum moveat aliud, afficiat subiectum aliquod formamque principalis agentis traducat in subiectum per temporis intervallum. Creatio autem neque subiectum exigit, neque fit motu vel tempore. Rursus, si creationis opus virtutem requirit immensam, quid absurdius quam ad id exsequendum virtutem ipsam quae in Deo immensa est, prius in angelo, cuius natura terminata est, terminari, deinde opus illud quod ad immensam virtutem spectat peragere? Ex supra dictis concluditur animam a Deo summo sine medio procreari."* Es folgt die Interpretation der *Timaios* - Stelle 51 b - 52 a.

[447] *Th.Pl.* III 190: *"Decet immensam Dei potentiam ita semper sese potentem ostendere mentium oculis, ut videant Deum in infimo gradu mentium propter ultimum mundi locum continue aliquid ex nihilo procreantem, ut hoc effectu continuo infinitam omnino Dei potentiam clarius agnoscant in infinitum creationis actum infinite, si placuerit, peragentem, venerentur eam illuminantem in caelis, admirentur, ut ita loquar, in terra creantem. Excellentior sane operatio est creatio quam illustratio."*

[448] *Th.Pl.* III 192: *"Undenam descendit in corpus anima? Revera cum Deus extra locum adsit in omni loco, et anima non claudatur loco momentoque et creetur et adsit, neque dicendum est proprie eam descendere, neque unde descendat est quaerendum. ...* ***Sed delectat interdum una cum Priscis confabulari.****"*; III 196: *"Qua parte caeli animae procreantur? Quamquam* ***stultum*** *est quaerere situm in his, quae situ aliquo non clauduntur ...,* ***delectat tamen cum antiquis interdum poetice ludere.****"* Bezüglich des Status der Seele nach dem Tode, also ihrer Rückkehr zum Ursprung, III 200: *"Sed cur animae quoque elementorum earumque currus ad caelestem habitationem non annituntur? Quoniam, ut* ***platonicorum potiusquam mea opinione respondeam****, ..."*

zeigen sich demnach immer wieder in den Versuchen, Christentum und Platonismus zur vereinbaren.

d) Der Aufbau der Seele

Wenn auch Ficino aus den dargelegten Gründen nicht ausführlich auf den Aufbau der Seele eingeht, so setzt er doch die aristotelische Einteilung der Seele voraus:

> *"Tria potissimum animae nostrae officia esse videntur. Siquidem agit in corpore, agit per corpus, operatur etiam per seipsam. In corpore <agit> per eam potentiam quam* ***vegetatricem*** *vocant Peripatetici, Platonici vero nostri* ***naturam,*** *quando generat corpus nutritque et auget. Per corpus agit secundum* ***sensum*** *tum* ***exteriorem,*** *quando videt, audit, olfacit, gustat et tangit, tum* ***interiorem,*** *quando eorum corporum quae sensit extrinsecus imagines quasi reliquias sensuum secum ipsa resolvit. Per seipsam agit, quando... ipsa mera vis animae incorporeaque incorporeum aliquid investigat et invenit, ... , quam quidem actionem* ***intelligentiam*** *nominamus. Habes igitur* ***actionem naturalem, sensum, intelligentiam."*** (*Th.Pl.* I 225)

Ohne das Problem in seiner scholastischen Form ausdrücklich zu formulieren, nimmt auch er die Einheit der Seele an, die sich nur virtuell in ihre einzelnen Vermögen aufgliedert:

> *"phantasiam", "sensum" et "nutriendi virtutem" "animae inesse oportet non minus quam mentem et rationem, si modo inter angelos ac bestias obtinet medium".* (*Th.Pl.* III, 120)

Insoweit hält er sich also an die aristotelisch-thomistische Tradition, vertritt aber ebenso wie Landino die Auffassung des Augustinus, daß die Wahrnehmung der Sinne aktiv sei.[449]

Im Gegensatz zu Landino argumentiert er sogar getrennt auf allen drei Ebenen der Seelenvermögen für die Unsterblichkeit der Seele. Natürlich kommt aber auch in seiner Beweisführung der *"vis intellectiva"* die bedeutendste Rolle zu.

e) Die Geistseele und der Erkenntnisprozeß

Die Untersuchung hat gezeigt, daß Landino im Hinblick auf die Erkenntnisgegenstände der sinnlich wahrnehmbaren Welt am aristotelischen Abstraktionsmodell festhielt und den Verstehensprozeß im Sinne Alberts (und

---

[449] *Th.Pl.* I 274 ff: *"Sexta ratio. Anima non necessario patitur sentiendo."*; 275 Zitat Augustinus *De musica* VI, V 10 (und Plotin III, VI, 1,2): *"Platonica haec ita Augustinus Plotinusque comprobant: ..."*

Thomas von Aquins) als das Zusammenspiel der der menschlichen Seele immanenten Vermögen *"mens agens"* und *"mens patiens"* auffaßte. Hinsichtlich der Selbsterkenntnis und der Erkenntnis Gottes versuchte er aber, ausgehend von Alberts Ansatz in der *Isagoge*, die diskursive Erkenntnis durch die intuitive Erkenntnis der *"ratio superior"* des Augustinus zu überhöhen und damit zur platonischen Sicht des Verstehensprozesses zurückzukehren, zu der er sich sogar im III. Prooemium mit der berühmten Forderung des Augustinus, *"redeat ergo in se mens"*, bekannt hatte.

Der Versuch dieser Synthese ist auch für die *Theologia Platonica* charakteristisch. Während sich Ficino jedoch um eine systematische Lösung im Rahmen seines philosophischen Systems bemüht, beließ es Landino bei einem Nebeneinander beider Modelle, ohne den Versuch zu unternehmen, ihr Verhältnis zueinander zu klären. Es ist evident, daß Ficino sich bei der Darstellung der platonischen Auffassung nicht nur auf die Interpretation des Augustinus stützt, sondern sie aus ihren Quellen entwickelt. Die Zielrichtung aber ist dieselbe. Und auch er gelangt zu keiner endgültigen Lösung, was er allerdings durch seine bereits charakterisierte Methode, eine Fragestellung von verschiedenen Seiten aus in immer neuen Ansätzen zu umkreisen, verschleiert.

Zunächst sei seine Charakterisierung der Geistseele betrachtet. Auch wenn sich ihr Wesen aus dem Wesen der Seele an sich als *"tertia essentia"* bestimmt, unterläßt es Ficino dennoch nicht, sie aufgrund des ihr eigentümlichen Handelns, d.h. gemäß dem scholastischen Grundsatz *"agere sequitur esse"*, näher zu bestimmen. Die ihr eigentümliche Handlung, die *"cognitio"* definiert er im Sinne der Scholastik als

"aequatio mentis cum rebus" (*Th.Pl.* I 330).[450]

Die *"mens"* - auch Ficino benutzt diesen Terminus für die Geistseele -

"aequat se speciei" (*Th.Pl.* I 317).

Die Species ist *"incorporea"*, *"simplex"*, *"universalis"* etc. . Also gilt Gleiches für den Verstand. Dieser, etwas verkürzt umrissene, Beweisgang begegnet in vielen Variationen wieder. Aus Landinos Dialog ist er bereits hinreichend bekannt, auch wenn der *"rhetor"* die auch in dieser kurzen Zusammenfassung bei Ficino zu erkennende logische Schärfe vermissen ließ (Die grundlegende Definition der *"cognitio"* gab Landino an keiner Stelle.). Sein Versuch, in diesen Bestimmungen den Ansatz zur Harmonisierung der Erkenntnismodelle beider Philosophen zu sehen, findet Rückhalt bei Ficino:

---

[450] Er charakterisiert sie an anderer Stelle auch als Berührung im Sinne Plotins: *Th.Pl.* II 125: *"Scite Plotinus quando de aevo disputat, inquit, haecne de aeternitate loquimur quasi de extraneis rebus testificantes ac de alienis agentes? Nequaquam. Non enim intelligimus, nisi tangamus, neque extranea tangimus."*

"Atque haec Aristotelis sententia est Platonicis comprobata." (*Th.Pl.* I 318)

Die mit diesen Attributen bestimmte Geistseele ist in ihrer spezifischen Tätigkeit von Körper und Materie unabhängig. Auch darin sind sich beide Philosophenschulen einig. Und so finden sich zum Beweis dieser Auffassung auch bei Ficino wieder aus Landinos Werk schon bekannte, traditionelle Argumente:

- Die Geistseele vereinigt in sich Gegensätze. (*Th.Pl.* I 320 f)
- Sie erreicht ihre *"summa perfectio"* in der Trennung vom Körper. (*Th.Pl.* II 11)
- Sie widersetzt sich den Täuschungsversuchen der Sinne und der Phantasie durch die Tätigkeit des *"speculari"*. (*Th.Pl.* II 12 ff)[451]
- Sie handelt in der Tätigkeit des *"consultare"*, die sie zu Tapferkeit und weiteren Tugenden veranlaßt, den Sinnen zuwider. (*Th.Pl.* II 15 ff)
- Sie hat aufgrund ihres freien Willens ein freies Urteil. (II 18)

Gleiches gilt für die Instrumente der Seele:
Sie benutzt keine körperlichen Instrumente, d.h. die Sinne, denn dann wäre sie auf deren Fähigkeiten beschränkt (*Th.Pl.* II 34/5):

- Die Sinne erkennen sich selbst nicht. (*Th.Pl.* II 36)
- Sie werden durch ein vollkommenes Objekt zerstört. (*Th.Pl.* II 37)
- Sie ermüden im Gegensatz zur Geistseele. (*Th.Pl.* II 37/8)

Bleibt die Frage des Objekts der Geistseele: Landino hatte zwar die Auffassung Thomas von Aquins erwähnt, derzufolge die inkarnierte Seele nur die *"quidditas"* und erst die durch den Tod vom Körper befreite Seele das *"ens"* als solches erkennt, diesen Ansatz aber nicht weiter verfolgt, sondern sich auf die Lösung der *Isagoge* Alberts konzentriert, die lediglich zwischen den der Materie verhafteten und daher zu abstrahierenden und den immateriellen Formen unterschied, und die Erkenntnis beider Arten durch den menschlichen Verstand für möglich erklärte.
Auch Ficino will den Bereich der möglichen Erkenntnisgegenstände nicht beschränken, sondern sucht eine - hier recht vordergründige - Übereinstimmung zwischen Plato und Aristoteles. Als Objekt der *"mens"* bestimmt er das *"ens"* oder die *"idea"* (!):

---

[451] Hier spricht der Platoniker: Der Wert der sinnlichen Wahrnehmung wird in Frage gestellt. Vgl. die vorsichtige Formulierung gegenüber Aristoteles, *Th.Pl.* II 141: *"Atque fieri forte potest ut sensus aliqua vere percipiat, ut Aristoteli placuit, numquam tamen discernit vere ne an contra percipiat, et cum veritas rerum naturalium in eo consistat ut divinae mentis congruant rationibus ..., sensus congruitatem eiusmodi non agnoscit ideoque non habet veritatis examen."*

> *"Idem in mente cogeris confiteri, ut mens libera sit a materia, cuius obiectum est a materia liberum. Talis est autem rei cuiusque* ***ratio*** *et* ***idea. Obiectum eiusmodi primum Platonici vocant*** *atque* ***Peripatetici,*** *quia primo rectoque aspectu se obiicit. Obiectum vero adaequatum esse totam mentis ipsius latitudinem arbitrantur, quia per* ***universum ens*** *intellectus abstrahendo, dividendo, componendo, definiendo percurrit.* ***Ens*** *autem tam incorporeis omnibus quam corporeis est commune atque infinitum."* (*Th.Pl.* II 90)

Diese Gleichsetzung entnimmt ihre Berechtigung der Unkörperlichkeit des Objekts, die ebenso wie die des Subjekts, von beiden Philosophenschulen postuliert wird. Die 'Gretchen-Frage' lautet aber nun, wie die *"mens"* zu ihren Erkenntnisgegenständen gelangt. Wie verläuft der Erkenntnisprozeß? Erkennt sie durch die Abstraktion des Verstandesbildes, der *"species"*, aus der Materie, benötigt sie also die *"simulacra"* der Sinne, oder erkennt sie durch die Hinwendung zum Intelligiblen, durch die Rückwendung auf sich selbst? Als Platoniker muß Ficinos Sympathie der zweiten Möglichkeit gehören. Aber auch er ist hier an die Tradition gebunden und zieht sich aus der Affäre, indem er, die Scholastik mit ihren eigenen Waffen bekämpfend, die Art der Erkenntnis von den Erkenntnisgegenständen abhängig macht; gemäß der Definition des Verstehens als *"adaequatio intellectus cum re"*:

> *"Quod si quis convicerit intelligentiam, dum* ***rerum naturalium rationes*** *considerat,* ***earumdem simulacris indigere,*** *hoc* ***forsitan disputationis gratia*** *concedemus, propterea quod sicut humanitatem ipsam communio ad singulos homines comitatur, sic humanitatis intelligentiam huius vel illius hominis cogitatio. Non tamen in* ***rebus divinis*** *id facile concedemus, ut quotiens angelicas essentias speculamur, totiens cogamur corporalia simulacra intueri. Quia sicut* ***essentiae tales ad materiam hanc aut illam non declinant,*** *ita* ***speculationes nostrae quibus illis aequamur*** *quodammodo cognoscendo,* ***non*** *necessario corporalibus imaginibus astringuntur. Earum enim cognitionem non a corporibus proprie animus mutuatur, sed ab* ***ideis*** *vel* ***ingenitis,*** *quando* ***revertitur in seipsum,*** *vel* ***infusis,*** *quando* ***supra se surgit."*** (*Th.Pl.* II 78)

Diskursive Erkenntnis richtet sich auf die Sinnenwelt, intuitive Erkenntnis auf die eigene Seele und die *"substantiae separatae"*. Das ist die Lösung, die auch Landino mit dem Rückgriff auf die *"ratio inferior"* und *"ratio superior"* des Augustinus versuchte, ohne sie allerdings in einer Beweisführung herzuleiten.

Ficino folgert die Möglichkeit der Erkenntnis der *"substantiae separatae"*, die Aristoteles im dunkeln gelassen, Thomas geleugnet hatte, und die Anlaß endloser innerscholastischer Auseinandersetzungen war, aus der Erfahrung:

> *"Quid quod **philosophica mens** intuetur in universo et in seipsa cognitionem quamdam angelicam et divinam a simulacris liberam? Primo quidem probat eiusmodi cognitionem esse debere, et cuius sit, et qualis, et quare, et quomodo fiat in seipsa describit. Ac etiam assequitur eam secundum formam experiturque describendo. ..."* (*Th.Pl.* II 78)

Wenn er auch seine Argumentation nie linear entwickelt, sondern sich immer wieder bemüht, sich den Problemen von anderen Seiten her zu nähern, was es schwierig macht, seine Auffassung in bestimmte Formulierungen zu komprimieren, so hält er doch an der Erkenntnis der *"substantiae separatae"* als der unabdingbaren Grundlage der *"contemplatio Dei"*, die er aus neuplatonischer Sicht als Vereinigung mit dem Intelligiblen versteht, fest.[452]

Bezüglich der diskursiven Erkenntnis ist er aus naheliegenden Gründen weniger konsequent, aber doch immer wieder um Ausgleich mit Aristoteles bemüht:

> *"Denique inter cognitionem divinam et sensitivam cognitio intellectualis est media, ergo et medias habet conditiones. Deus cognoscit per essentiam suam immobilem, sensus per mobiles qualitates, id est species peregrinas. Quapropter mens cognoscet per qualitates immobiles, quae **species innatae** vocantur. Ordo denique universi requirit ut quemadmodum purae mentes in se respiciunt, sensus autem in alia solum, sic **anima mentis sensusque particeps** non modo extra se formas, sed in se quoque respiciat. Ubi autem **Aristotelis more mentem** dicere solemus **novas species procreare**, possumus etiam **proprius more platonico** dicere **innatas species ex mentis penetralibus erui**. Germanarum virium ea est natura ut se mutuo comitentur in operando sicut in existendo et se vicissim suscitent ad agendum. ... Propter... germanitatem, quando phantasia species suas profert in actum, mens quoque suas educit in lucem. ... Itaque **quam Aristoteles creationem** vocaret in speciebus **Plato coruscationem** cognominabit, per quam expergefactus oculus*

[452] Vgl. *Th.Pl.* III 84: *"... quamvis ad intelligendas communes corporum naturas simulacris propriis egeamus, tamen ad formarum intuitum divinarum non simulacris umquam propriis nos uti solere, sed naturis potius ipsis, quas simulacra comitantur. Hinc apparet ipsas divinorum notiones in mente non a simulacris, quae per accidens confluunt, sed ab ipsa mente per antecedentem speculationem iam praeparata servari."*

rationis speciebus mentis irradiatur." (*Th.Pl.* II 106/107).

Mit derartigen Interpretationen wird das aristotelische Abstraktionsmodell Schritt für Schritt zugunsten der Annahme der eingeborenen Ideen des Augustinus unterhöhlt. [453] Diesen Prozeß im einzelnen nachzuvollziehen, führt über das Ziel des Vergleichs mit Landino hinaus. Deutlich wird aber schon aus diesen Proben, daß Auffassung und grundsätzlicher Ansatz beider Autoren übereinstimmen, daß Ficino aber auch dieses Problem auf höherem Niveau zu lösen versucht.

Diese Konzeption umfaßt natürlich viele Einzelaspekte. Einige griff auch Landino in für ihn charakteristischer Modifikation auf: *"mens agens"* und *"mens patiens"* sowie die Theorie der Illumination.

Landino behandelte das Zusammenspiel dieser beiden *"vires mentis"* ausführlich entsprechend der Auffassung Alberts und Thomas von Aquins, hielt sich also lange bei aus der Tradition nur allzu Bekanntem auf. Ficino dagegen richtet sein Augenmerk zielbewußt auf das eigentliche Problem, die Einbettung der aristotelischen Erkenntnislehre in den Platonismus. Daher sind *"mens agens"* und *"patiens"* für ihn allenfalls ein Randproblem, das er nur in übergeordneten Zusammenhängen, wie in der Auseinandersetzung mit Averroes, behandelt. Dort begreift auch er sie als zwei *"vires"* der einen Substanz der *"mens"*, läßt sie der menschlichen Seele immanent sein.

---

[453] Vgl. *Th.Pl.* II 97 ff (Buch XI, c.3: *Quod species innatae sunt menti*), bes. 104: *"Decima ratio. Praeterea, quando in scientiis perfectas demonstrationes conteximus, ex principiis quibusdam praestantioribus et latioribus solemus de speciebus proprietates aliquas demonstrare. In illis autem notionibus quae denuo finguntur ab animo, quae latior est ea est remotior a substantia, propttereaque speciei notio ad substantiam accedit propinquius quam notio generis. Quo fit ut quae in illis minus communis est ea praestantior iudicetur. Aliae igitur notiones sunt in animo praeter istas quae latiores sunt simul atque praestantiores, ex quibus demostratio vera conficitur. Quoniam vero demonstratio non ab universalibus tantum, sed ab universalibus causis proficiscitur, notiones autem quae menti innatae sunt, non sunt demonstrati effectus causae, rursusque formae in corporibus universales esse non possunt, sequitur ut super formas, et quae in corporibus, et quae in nostris mentibus sunt, quaerendae sint formae aliae in mente divina omnium conditrice, quae universales omnium causae sint, quarum formulas humana mens habet, ut per has tamquam causarum similitudines ad illas tamquam effectuum causas conclusiones referat demonstrando. Sed alias de ideis."*; II 125: *"Itaque quacumque gradiamur, ad immobiles rationes nobis innatas perveniemus."*; II 126 ff erklärt er Lernen im Sinne Platos als Wiedererinnerung; II 140 spricht er den Sinnen verklausuliert die Erkenntnis der Wahrheit ab (vgl. Anm. 451); II 174: *"Quod autem anima hominis ab ipso suo formatore formis rerum insignita descendat atque his formis non sufficienter rerum substantias comprehendat, sed per eas tamquam praeparationes ideis reformata comprehendere valeat, hoc inquam **et Plato ex mente propria saepe affirmasse videtur, et Augustinus summopere comprobasse."***

[454] Die Konsequenz der thomistischen Auffassung, die der Seele die Eigenständigkeit in der Erkenntnis bewahrt, zieht auch er nicht, sondern konzediert, wie Landino in der Nachfolge Alberts, die platonisierende augustinische Vorstellung der Erleuchtung des menschlichen Geistes durch den göttlichen zumindest für die Erkenntnis des reinen Intelligiblen. Dabei geht er nicht den Weg Landinos, der in der Erkenntnis der *"substantiae separatae"* Gott zur *"mens agens"* machte. Er benutzt diese belastete Formulierung an keiner Stelle, auch wenn er die Erkenntnis des Intelligiblen in einer Weise beschreibt, die diese Konsequenz nahelegt[455]:

> *"Non fit autem ex animo ac Deo tertia quaedam natura a tertio aliquo componente utrumque invicem et ad tertium actum dirigente utrumque, sicuti fit in naturalium rerum compositione, sed quia in animo contemplante Deus et primus motor est, et formator ultimus, ideo totus actus est Deus, quo quidem actu et ipse semper est Deus, et animus fit saltem quandoque divinus."* (*Th.Pl.* II 172)

Das mag einerseits in der Vorsicht begründet liegen, sich nicht durch die Verwendung derartiger Termini in eine bestimmte Richtung der arabisch-scholastischen Philosophie drängen lassen zu wollen, es ist aber wahrscheinlicher, daß er gar nicht in diesen scholastischen Kategorien denkt und sie nur heranzieht, wenn sie für seine christliche Glaubwürdigkeit unvermeidbar sind. Damit tritt wiederum der Unterschied zu Landino deutlich zutage. Auch er hatte das Problem erkannt, vermochte es aber nur im Rückgriff auf eine traditionelle scholastische Quelle zu lösen.

Ficino dagegen argumentiert konsequent mit dem *"mysterium Platonicorum"*:

> *"Idcirco mens illa sublimis nostram mentem per ideas quotidie formatura, ad hanc formationem olim disposuit eam per characteres idearum signavitque, quemadmodum Propheta canit: 'Super nos vultus sui lumen, ut lumen in suo lumine videremus.' Videlicet ut per formulam opportune excitatam idea non aliter accenderetur in mente, quam aut ignis per sulphur in ligno aut per naturam perspicuam serenamque in aere lumen. Et quia sicut natura ad suam se habet materiam, ita pene Deus ad suam, natura vero caelestem, ut*

---

[454] *Th.Pl.* III 59f: *"Quod autem intellectum agentem atque capacem duas esse affirmant essentias, ex quibus unum esse intellectualis animae constituitur, id quidem superfluum et absurdum ..."*

[455] Vgl. seinen Brief vom 6.2.1490 an Matthias, König von Ungarn (*Op.om.* I 896): *"... una* (sc. *mens*) *quidem omnibus hominibus sit communis, et ea dumtaxat mens divina humanas ubique mentes illustrat quem Peripatetici intellectus vocant agentem."* Zitiert von Purnell, Philosophic Concord, 414.

quidam putant, materiam semel cunctis formis ornavit, elementalem singulis momentis exornat, ideo ***probabile est Deum*** *quoque materiam, ut ita loquar, angelicam semel ideis omnibus implevisse,* ***animalem implere quotidie."*** (*Th.Pl.* II 151)

Begrifflich exakt beschreibt er diesen Akt Gottes nicht, sondern bleibt - wohlweislich - innerhalb der Grenzen der neuplatonischen Lichtmetaphysik. Wie die Sonne das Auge,

"ita mens nostra, ***Dei radio illustrata, in eo ipso*** *intelligit rerum omnium rationes, quarum fons est Deus, et quae Deus ipsae sunt; ideo et per Dei lumen intelligit et ipsum divinum dumtaxat lumen cognoscit."* (*Th.Pl.* II 156)

Gott und die Ideen werden hier zu Einem, weil letztere im Geist Gottes existieren. Da sich das Erkennende dem Erkannten angleicht, das Erkennen ein Berühren ist, verschmelzen Seele und Gott im Erkennen.[456] Doch ist die Erkenntnis Gottes erst der Endpunkt eines Prozesses, in dem sich die Seele sukzessive von der Erkenntnis einzelner Ideen zur Erkenntnis Gottes vorarbeitet:

"Quamvis autem per Dei lumen quotidie omnia cognoscamus et ipsum quoque lumen sub tali aut tali rerum figura refulgens gradatim percipiamus, puram non ***prius videbimus, quam eum mentis purissimae statum adipiscamur."*** (II *Th.Pl.* 156/157)[457]

Es ist ein Prozeß der Reinigung von den irdischen Einflüssen, der Rückwendung auf die *"species innatae"*, die die Ideen im Geiste Gottes reflektieren, und der Angleichung an Gott.

Und hier ist genau der Punkt, an dem Landino wieder einsetzen und ihn in den strahlendsten Farben der Rhetorik ausmalen kann: die Seele hat sich aus dem *"carcer caecus"* des Irdischen, den *"procellae fortunae"* zu befreien, ihre eigene Natur zu erkennen und in den *"portus virtutum"* zu fliehen.

---

[456] *Th.Pl.* II 74: *"Ac si per cognitiones inferiores concludimus animam ex materia non esse, per cognitionem supremam, scilicet per intelligentiam, animam non esse a materia concludere possumus. ... tamquam materiae domina eam subiicit formis, dum ipsam refert ad formas ac, tamquam Deo similis, formas sequentes ad primam refert formam ipsumque Deum. Atqui in hoc ipso surgit supra materiam maxime, quod eam tollit supra seipsam. Deo quoque fit proxima, quod formas omnes reducit in Deum. Ex quibus liquido constat quod iamdudum quaerimus, rationalem scilicet animam ex omnibus formis corporis Deo simillimam evadere, usque adeo ut nequeat alia similior fieri, ..."*

[457] Vgl. *Th.Pl.* II 161/2: *"Theologus tum agendo tum disputando purgat a corporeis affectibus animum, segregat rationem a fallacibus rerum sensibilium coniecturis, invitat mentem ut ad veritatem huiusmodi se gradibus conferat speciebus, id est insitis ab origine formulis, per species, id est per formationem quae nobis provenit ab ideis, ad species, id est ad ipsas ideas et rerum naturalium species considerandas."*

f) Die Tugendlehre

Die *"contemplatio Dei"* ist damit nicht bloß ein metaphysisches Problem, sondern wie Ficino und Landino übereinstimmend in ihren Prooemien erklären, eine ethische Forderung. Auch Ficino vertritt den eudaimonistischen Grundsatz:

> *"Bonum enim necessario volunt omnia, cuius ratione volunt quicquid volunt, sicut necessario malum ipsum nolunt, cuius ratione nolunt quicquid nolunt."* (*Th.Pl.* I 127)

Das *"summum bonum"* ist natürlich Gott. Als *"bonitas"* und *"veritas ipsa"* ist er das Ziel der beiden die rationale Seele konstituierenden Kräfte *"intellectus"* und *"voluntas"*.[458] Ficino verwendet für dieses Verhältnis seine bekannte Interpretation des Bildes der gefiederten Seele aus dem platonischen *Phaidros*, auf das Landino zwar im II. Buch von *De anima* rekurrierte, das er aber nicht in der folgenden speziellen Deutung Ficinos vortrug:

> *"Concludamus animam nostram per* ***intellectum et voluntatem tanquam geminas illas platonicas alas*** *idcirco volare ad Deum, quoniam per eas volat ad omnia. Per primam omnia sibi applicat, per secundam se applicat omnibus."* (*Th.Pl.* II 259)

Erkennen aber bedeutet für Ficino, sich den ewigen Ideen und damit Gott anzugleichen. Wollen bedeutet demnach, sie zu erstreben. Er faßt es in die berühmte Formulierung Plotins:

> *"Itaque anima cupit, conatur, incipit* ***deus fieri,*** *proficitque quotidie."* (*Th.Pl.* II 259)

Landino gebrauchte sie in seinem 3. Prooemium zusammen mit zwei weiteren beliebten Motiven:

> *"Quod si aliquando ... se excitet* (sc. *animus*) *et rationis lumen ... ex profundo ad summum educat, potest tum demum, in naturam suam reversus, non modo humana, verum etiam divina intelligere, quorum speculatione, veluti ambrosia nectareque nutritus, mira ... voluptate fruitur ac felix efficitur. Veram enim sapientiam nactus animadvertit, quibus plerique mortales aut ex concupiscentia incenduntur aut ex avaritia exagitantur, aut ex ambitione insaniunt, ea non modo non beatam, sed miserrimam vitam efficere; ... Illud autem, quod verbis quidem omnes praedicant, re autem esse pauci approbant, verum*

---

[458] *Th.Pl.* II 156: *"Nam si res bonae sub bonitatis ratione voluntatem movent, atque ideo bonitas ipsa voluntatem movet per bonitatem ad bonitatem, neque aliud quicquam nisi bonitatem ipsam in singulis exoptamus, sequitur ut quia res verae sub ratione veritatis intellectum movent, idcirco veritas ipsa per veritatem ad ipsam veritatem moveat intellectum, neque aliud quicquam quam veritatem ipsam intellectus intelligat. Ipsam vero bonitatem et veritatem esse Deum ambigit nemo."*

> *esse cognoscit, ut* ***vanitas vanitatum sit et omnia vanitas.*** *Quapropter hominum stultitias vel ut* ***alter Heraclytus*** *miseratur, vel* ***Democritus risu explodit,*** *omnibusque quae temporanea sunt ... abiectis ..., solis divinis incumbit, ex quibus ipse* ***alter paene deus efficitur."*** (III 5, 13 - 6, 4)

Es ist eine der deutlichsten Anlehnungen an Ficino. [459] Aber auch hier zeigen sich sofort wieder die Grenzen von Landinos Adaption. Mit dem 'zweiten Flügel', der *"voluntas"*, wußte er nichts anzufangen. Dabei ist er für Ficino der wichtigere, was Landino noch in den *Disputationes Camaldulenses* falsch wiedergibt.[460]

Es war aufgefallen, daß Landino überhaupt eine sehr diffuse Darstellung des Strebevermögens gegeben und die Tugendlehre nicht aus dieser entwickelt, sondern ohne weitere Erklärung angeschlossen hatte. Andere sich aufdrängende Fragen, wie das Problem des freien Willens, wurden in diesem Zusammenhang überhaupt nicht erörtert. Statt dessen aber erstellte er detailierteste Tugend- und Affektkataloge, wobei er wenig Verständnis für den eigentlichen Sinn der zugrunde liegenden Tugendsysteme zeigte. Seine Auffassung von Ethik ließ sich beinahe auf die in seinem Dialog allgegenwärtige Forderung nach der Abwendung von der Sinnlichkeit reduzieren, die in ihrer Allgemeinheit und Losgelöstheit von den Maximen einer konkreten philosophischen Konzeption in die Nähe einer bloßen Lebensweisheit zu gelangen drohte. Gerade hier in der Ethik zeigt der Vergleich mit dem Werk Ficinos, daß es Landino in erster Linie daran

---

[459] Auch Ficino zitiert das zu seiner Zeit beliebte Bibelwort, um das Irdische und die Sinnlichkeit zu brandmarken: *"Quoniam igitur tota sensibilis machina vanitas quaedam est vanitatisque quotidie sensibus causa, ideo exclamavit Salomon: "Vanitas vanitatum et omnia vanitas".* (*Th.Pl.* II 140) Das Motiv des lachenden und weinenden Philosophen schätzte er so sehr, daß er es nicht nur häufig zitierte, sondern sogar einen Raum seiner Villa in Carregi damit bemalen ließ. (Kristeller, Philosophie, 277, vgl. S.43). Besonders bemerkenswert: Ficinos *Epistola de stultitia miseriaque hominum* an Landino, *Lettere I*, 114/5 (Brief 59): *"... Quid bona procul queritis, peregrini, cum prope sint, immo intra vos sint? Admirari et hoc, Landine, sepe soleo, qua ratione mortem unam duntaxat timeamus, eam videlicet que finis est moriendi, quotidianas vero mortes nequaquam: nempe quolibet momento corporis temperatio variatur et vita preterita desinit. Denique, ut mihi videtur, quoniam falso virtutes, vitio vero revera exercemus, iccirco, quantum in nobis est, falso felices, revera miseri evademus. Hec risit Democritus, hec deploravit Heraclitus, curare voluit Socrates, curare potest Deus. O quam miserum animal homo est, nisi aliquando evolet super hominem, commendet videlicet se ipsum Deo, Deum amet propter Deum et cetera propter ipsum: hec unica problematum illorum solutio est requiesque malorum."* Die Datierung des Briefes ist leider ungewiß. Gerne würde man in der Darstellung Landinos ein Echo sehen. Zumindest aber ist der Brief ein weiteres Indiz für den regen Gedankenaustausch der Freunde zu diesem Themenkomplex.

[460] Land. *Disp. Cam.* II. S. Wadsworth, Landino's Disputationes Camaldulenses.

gelegen war, die komplexe Philosophie seines Freundes 'für den Hausgebrauch zurechtzustutzen'. Ficino gewichtet nämlich genau umgekehrt. Das Verhältnis von Willen zu Intellekt und ihrer beider Bedeutung für die Vollendung der Bestimmung des Menschen, sowie die Willensfreiheit werden ausführlich erörtert, während die Tugenden nur kurz und an verschiedenen Stellen zur Sprache kommen, wo sie auch nur im übergeordneten Zusammenhang des Systems behandelt werden. Dabei deckt sich die Grundaussage bis auf einige charakteristische Unterschiede mit der Landinos.

Auch Ficino trifft die aristotelisch-thomistische Einteilung in dianoetische (*"speculativae"*) und moralische Tugenden:

> *"Virtutum duo sunt genera, aliae in intellectu, in appetitu vero sive rationali sive irrationali aliae. Illae speculativae vocantur, istae morales."* (*Th.Pl.* I 296)[461]

Zu den ersteren zählt er *"sapientia"*, *"scientia"*, *"prudentia"* und *"ars"*, zu den letzeren die Kardinaltugenden mit Ausnahme der *"prudentia"*. Ihre Doppelfunktion erklärt auch er nicht genau. Das mag bei ihm darin begründet sein, daß er an einer Erstellung eines exakten Tugendkataloges nicht interessiert war[462]; er unterschlägt ja auch den *"intellectus"* der spekulativen Tugenden.[463]

Bemerkenswert ist jedenfalls, daß Landino gerade diese Rolle der *"prudentia"* Schwierigkeiten bereitete. Auf eine Lösung seines Freundes konnte er - aus welchen Gründen auch immer - augenscheinlich nicht zurückgreifen. Dieser bemüht sich hingegen um die Bestimmung der Rolle der Tugenden überhaupt, um ihre Verankerung innerhalb seiner Philosophie:

> *"**Moralis** (sc. virtutis) quidem **finis, animam a corpore divisibili purgare atque seiungere.**"* (*Th.Pl.* I 298)

---

461 Vgl. die frühe *Epistola de divino furore* (1456), Fic. *Lettere I*, 21 (Brief 6): *"Id autem duabus virtutibus, ea videlicet que ad mores, ea insuper que ad contemplationem pertinet, assequi nos philosophus ille divinus existimat, quarum alteram communi vocabulo iustitiam, alteram vero sapientiam nominat. Quapropter geminis - inquit - alis (has mea sententia virtutes intelligens) animos ad superos evolare, ..."* Hier sind die Tugendarten noch selbst die Seelenflügel, während es in der *Theologia Platonica* ihre Träger *"intellectus"* und *"voluntas"* werden.

462 Vgl. *Epist. de virtutum definitione, officio, fine*, Fic. *Lettere*, 184/5 (Brief 106): *"Petis, Antoni ... ut virtutes tibi definiam; expectas forsitan a me **minutissimas illas Peripateticorum Stoicorumque partitiones.** Calderine, **non ita Platonici nostri solent:** nempe virtutis vis in unione potius quam in divisione consistit; ... Definiam ergo brevissime, presertim cum virtutes exercere satius admodum sit quam nosse."*

463 S. Rombach, Vita activa und vita contemplativa, 102.

Das ist wieder der von Landino so überaus geschätzte Gedanke, den er so häufig und bildreich ausfüllte, aber nicht zu theoretischen Erwägungen benutzte, wie die der Abgrenzung der moralischen Tugenden von den spekulativen, die Ficino hier vornimmt:

> "***speculativae*** (sc. *virtutis finis*) ***autem incorporeas universalesque rerum rationes a dividuis corporibus procul positas comprehendere.***" (*Th.Pl.* I 298)

Damit ist jede Art der Tugenden einem 'Seelenflügel' zugeordnet. Die Tugenden werden eingebettet in die Zweisträngigkeit des Kontemplationsmodells, die das ganze Werk schon mit dem Prooemium beginnend durchzieht.[464]

Landino vernachlässigte zwar, wie gesehen, den Träger der moralischen Tugenden, behandelte aber diese und ihr Ziel mit aller Ausführlichkeit, wobei er Bilder benutzte, die sich aufgrund der platonischen Herkunft des Gedankens natürlich auch bei Ficino finden: das Σῶμα-Σῆμα-Schema, das auch Ficino häufig mit dem schon von Augustinus zitierten Vergil-Vers umschreibt[465], das Bild des Lethe-Flusses für das Eintauchen der Seele in

---

[464] Mit verschiedenen Begriffspaaren versucht Ficino das Wesen der beiden Vermögen der rationalen Seele immer klarer zu fassen; *Th.Pl.* I 35: "*... sive circa* ***mores*** *philosophemur ...; sive* ***rerum causas*** *perscrutemur, ...*"; I 36: "*Reor autem ... ut et perversa multorum ingenia ... et quicumque* ***philosphiae studium*** *impie nimium* ***a sancta religione*** *seiungunt, agnoscant aliquando se non aliter aberrare, quam si quis vel* ***amorem sapientiae a sapientiae ipsius honore*** *vel* ***intelligentiam veram a recta voluntate*** *disiunxerit.*"

[465] Auch Ficino ist der Auffassung, daß Vergil im VI. Buch der *Aeneis* in der Rede des Anchises platonische Gedanken zum Ausdruck bringt: *Th.Pl.* III 236: "*Oraculum vero illud Maronis in sexto nullo pacto contemnendum est quasi poeticum, in quo partim* ***Mercurium*** *partim* ***Platonem*** *secutus affectus describit quatuor, ...*" Vgl. *Opusculum Theologicum* XIX (ed. Marcel III 281): "*Igneus est ollis vigor ... Hinc metuunt cupiuntque dolent gaudentque, nec auras respiciunt,* ***clausae tenebris et carcere caeco.*** (*Aen.* VI 730-734). *Quid in his carminibus* ***platonicus Maro noster*** *voluerit, videamus ...*" Hier gilt Vergil sogar allgemein als der platonische Dichter, wie in der Einschätzung Landinos. Vers VI 731 stellt Ficino seiner *Theologia Platonica* im ersten Kapitel voran: "*At si lucem suam humanae mentes nequaquam respiciunt, '****clausae tenebris et carcere caeco****', unde saepenumero cogimur propriae divinitati diffidere, solvamus obsecro, caelestes animi caelestris patriae cupidi, solvamus quamprimum vincula compedum terrenarum, ut alis sublati platonicis ac Deo duce, in sedem aethereaam liberius pervolemus, ubi statim nostri generis excellentiam feliciter contemplabimur.*" (I 38) Vgl. die Interpretation des Höhlengleichnisses I 232 ff, dort I 233: "*Siquidem hic animae miserae moribundi corporis 'clausae tenebris et carcere caeco', neque seipsas umquam, neque alia ulla revera, neque verum solem, immo sui aliorumque umbras et exilem quamdam veri solis imaginem intuentur.*"

die Sinnlichkeit des Irdischen [466], die Bestimmung der Philosophie als *"ratio moriendi"* [467] und - grundlegend für Ficinos Philosophie überhaupt - den Aufstieg der Seele [468], durch den sie sich in der Kontemplation aus dem Irdischen zu Gott erhebt.

Das Aufstiegsmodell, das sich an den neuplatonischen Aufbau des Kosmos knüpft, wird von Ficino in immer neuen Ansätzen zu erklären versucht. Entsprechend den zwei 'Flügeln der Seele' lassen sich zwei prinzipielle Strukturen erkennen, die natürlich nur zwei Brechungen ein- und desselben Prozesses sind, den die 'Eine' Seele durchläuft. Der eine Aspekt dieses Aufstiegs ist der Weg der Erkenntnis, den die Seele im Verstehensprozeß beschreitet, indem sie sich von der sinnlichen Wahrnehmung über die diskursive zur intuitiven Erkenntnis wendet:

> *"Tertiam nunc disputationis partem aggrediemur, quae propositum nostrum ostendit* ***per intelligendi virtutem,*** *sic prius exposuerimus quo pacto animus noster* ***secundum Platonicorum sententiam per quatuor gradus cognoscendo a corpore ascendit ad spiritum,*** *quorum est postremus intelligentia.* ***Ascendit enim per sensum, imaginationem, phantasiam intelligentiam."*** (*Th.Pl.* I 285)

Diesen Weg beschrieb auch Landino. Er stützte sich allerdings auf die pseudo- augustinische Schrift *De spiritu et anima*, die eine etwas andere Einteilung der Erkenntniskräfte voraussetzt. Das Prinzip aber ist dasselbe. Es liegt auch dem etwas anders konzipierten Aufstiegsmodell zugrunde, das Landino aus Ficinos Kommentar zum Symposion Platos übernahm und dem vorgenannten zur Seite stellte. Diesem zufolge bildeten *"natura"*, *"opinio"*, *"ratio"* und *"mens"* die vier Aufstiegsstufen.

Der Weg der *"voluntas"* [469], der andere Aspekt des Aufstiegs, führt über die vier Stufen der Kardinaltugenden des Macrobius, die Ficino entsprechend

---

466 *Th.Pl.* II 272: *"Merito igitur oblectamenta terrena non implent animum, sed titillant. ... Quamobrem si neque alicuius rei temporalis, neque cunctarum temporalium rerum potus sitim mentis extinguit, non temporalem sitit liquorem, sed aeternum. Ac si sitim superno sole accensam impleri oportet quandoque, atque numquam* ***Lethaeo flumine*** *satiatur, aliquando* ***aeterno nectaris haustu*** *satiabitur."* Vgl. auch nochmals die frühe *Epistola de divino furore*, Fic. *Lettere I*, 21 (Brief 6): *"Cum vero ob terrenarum rerum cogitationem appetitionemque animi ad corpora deprimuntur, tunc qui prius ambrosia ac nectare, id est Dei cognitione perfectoque gaudio, nutriebantur, continuo in ipsa descensione* ***flumen Letheum,*** *id est oblivionem divinorum, haurire dicuntur; ... "*

467 *Th.Pl.* III 143: *"Totum hoc philosophiae studium, ut inquit Plato, est* ***meditatio mortis,*** *siquidem mors est animae a corpore liberatio."*

468 S. folgendes Zitat (*Th.Pl.* I 285).

469 von Ficino nicht so bezeichnet.

dem porphyrianischen System konzipiert[470], während Landino den hierarchischen Charakter untergrub, indem er ihn mit dem stoischen Tugendsystem verband. Landinos Ziel war dabei die Aufwertung der politischen Tätigkeit gegenüber dem rein kontemplativen Lebensideal. Ficinos philosophische Konzeption muß dagegen in die Kontemplation münden, wie er selbst schon im Prooemium erklärt. Dennoch finden sich auch bei ihm Ansätze, die innerweltliche Tätigkeit des Menschen aufzuwerten, die zwar Landinos Umwandlung des neuplatonischen Tugendsystems nicht legitimieren, aber doch erkennen lassen, daß auch Ficino für das humanistische Lebensgefühl empfänglich war, daß also derart weltliche Ideen auch in der Platonischen Akademie ihren Platz hatten.
Die Kardinaltugenden sind nach Ficino eine Möglichkeit des Menschen, sich zu vollenden, *"deus fieri"*. Gott zu werden oder gottähnlich zu werden bedeutet für den Menschen, sich in seiner, ihn vor allen übrigen Lebewesen auszeichnenden, eigentümlichen Geistnatur zu verwirklichen und entsprechend tätig zu sein.[471] Seine Geistnatur vermag sich über die Materie zu erheben und ist daher nicht auf ein enges Tätigkeitsfeld begrenzt wie die der Tiere, sondern der Mensch vermag *"omnia fieri"*, und diese relative Allmacht setzt ihn in Parallele zu der absoluten, unbegrenzten Allmacht Gottes. Diese sucht er aufgrund seiner wesensmäßigen Verwandtschaft nachzuahmen. Ficino bezeichnet die Seele als *"aemula Dei"* (*Th.Pl.* II 229). Die

---

470 Er greift allerdings insofern zu einer Hilfskonstruktion, als er den Tugendstufen die Bezwingung unterschiedlicher Affekte zuweist: *Th.Pl.* II 268: *"Omnes igitur Deum quaerunt. Quaerunt autem illi Deum rectissimo calle, qui primo per civiles virtutes affectus animi secundos amputant, deinde per virtutes purgatorias eos extirpant, tertio loco per virtutes animi iam purgati affectus primos insuper moderantur, quibus temperatis denique virtutibus exemplaribus quae sunt in Deo formentur. Formari vero quandoque virtutibus exemplaribus proculdubio possumus. ... Deus qui virtus ipsa exemplaris est, animae humanae speciem afficit ab initio seminibus quibusdam incitamentisque virtutum, per quae humanis virtutibus, id est civilibus, purgatoriis, purgati animi ad exemplares divinasque virtutes commode praeparamur. Quod tres eiusmodi virtutes humanae praeparationes sint ad divinas, ex eo coniicimus quod ex divinis inserentur nobis et excitantur, quod illarum imagines sunt ita perspicuae, ut per ipsas agnoscantur illae, quod ad illas gradatim magis magisque accedunt, quod ita nos afficiunt, ut in his non quiescamus, sed afficiamur ad illas."* Vgl. Zintzen, Bemerkungen, 429 ff.

471 *Th.Pl.* II 250: *"... Deum ipsum appetimus. Sed quid in eo potissimum affectamus? **Illi similes fieri**. Omnia enim pro capacitate naturae in ipsum tendunt tamquam finem, et ipsi suo modo cupiunt similia fieri: corpora vita carentia, secundum esse tantum; viventia, secundum vitam; sensitiva secundum sensum; **secundum intellectum, rationalia**.";* II 256: *"Ostensum est animum nostrum in omnibus suis actibus primam illam Dei dotem pro viribus comparare, id est totius veri totiusque boni possessionem. Secundam vero illam quaeritne? An conatur **omnia fieri sicut Deus est omnia**? Conatur mirum in modum."*

Möglichkeiten dieser Nachahmung sind vielfältig. Sie ergeben sich auch aus der Stellung des Menschen zur Welt. Er erkennt aufgrund seiner Ratio den Plan Gottes, nach dem dieser die Welt geschaffen hat, und der Nachvollzug dieses Prinzips ermöglicht ihm, seinerseits in begrenztem Rahmen die Welt zu formen, sei es, daß er künstlerisch tätig wird, sei es daß er den Staat lenkt.

> *"Sed artes huiusmodi, licet materiam mundi figurent et animalibus imperent, atque ita Deum naturae artificem imitentur, sunt tamen* ***artibus illis*** *inferiores,* ***quae regnum imitatae divinum humanae gubernationis suscipiunt curam."*** (*Th.Pl.* II 225)

Die Beschreibung des Wirkungskreises des *'regnum hominis'* gleicht der Landinos (und Ciceros):

> *"Singula bruta vix ad sui ipsius vel brevem natorum curam sufficiunt; homo autem unus tanta abundat perfectione,* ***ut sibiipsi imperet primum, ..., gubernet deinde familiam, administret rempublicam, regat gentes et toti imperat orbi."*** (*Th.Pl.* II 225/226)

Hier wie dort liegt das stoische Kreismodell zugrunde. Es versteht sich von selbst, daß diese Herrschaft, die bei der Selbstbeherrschung beginnt, tugendhaft ausgeübt wird. Als Beispiel für die *'aemulatio virtutis'* wird sie später noch ausdrücklich genannt.[472] Aber auch die Begründung wird gegeben:

> *"Et quasi qui ad regnandum sit natus est omnino servitutis impatiens".* (*Th.Pl.* II 226)

Der Mensch strebt also danach, alles zu beherrschen und zu überwinden:

> *"Qui etiam si servire cogatur, odit dominum, utpote qui serviat contra naturam. Superare autem obnixe qualibet in re contendit, pudetque vel in rebus minimis ludisque levissimis superari, tamquam id sit contra naturalem hominis* ***dignitatem,*** *et omnino pudoris verecundiaeque affectus humano generi proprius* ***nescioquid augustum*** *latere in nobis significat, quod nefas sit temerari, quodve sit* ***veneratione dignissimum."*** (*Th.Pl.* II 260)

Politische Tätigkeit, wesensgerecht ausgeübt, ist demnach, sogar vor der künstlerischen Tätigkeit, Indiz des göttlichen Funkens und dem Menschen eigentümlich und damit wertvoll. Aus diesem Ansatz heraus manifestieren sich zwangsläufig auch in ihr die moralischen Tugenden. Doch kann die Tätigkeit des Staatsmannes in Ficinos Konzeption nicht Selbstzweck werden. Sie ist ein Ausdruck des menschlichen Wesens, aber nicht der wichtigste; d.h. Ficino nimmt diese Wertung ausdrücklich gar nicht vor. Es geht ihm

---

[472] *Th.Pl.* II 266/7: *"Hominis animam inspice divinae prudentiae aemulam. ... Iustitiam quoque divinam mens nostra venatur. Quot legibus suum subiicit corpus, familiam gubernat, temperat civitatem, moderatur et regna!"*

ja nicht um fertige Definitionen und Ergebnisse; er versucht nicht, mit der 'Brechstange' die unterschiedlichen Systeme anderer Philosophen zu vereinigen. So läßt er diesen Aspekt des menschlichen Tätigseins neben dem vornehmsten, der *"contemplatio Dei"*, stehen, ohne die offensichtliche Hierarchie zu thematisieren. Der Gedanke selbst ist kein Beweis für die gegenseitige Abhängigkeit der Autoren, die Art aber, wie traditionelles Gedankengut, in diesem Fall das Erbe der ersten Humanistengeneration, in die platonische Konzeption eingebunden wird, zeigt auch hier die vergleichbare Intention, auch wenn unterschiedlich gewichtet wird.

g) Unsterblichkeitsbeweise

Ficinos *Theologia Platonica de immortalitate animorum* läßt das Ziel des Werkes schon im Titel erkennen. Der Beweis der Unsterblichkeit der Seele steht im Zentrum.

Der Plural *"animorum"* deutet an, daß Ficino, wie auch Landino, an dem Beweis der Unsterblichkeit der individuellen Einzelseele gelegen ist. Daher sieht auch er sich zur Auseinandersetzung mit dem gefährlichsten Gegner, Averroes, genötigt. Er widmet dieser Widerlegung ein ganzes Buch[473], so daß schon von daher der Unterschied zu Landino augenfällig ist. Ficino argumentiert aber ebenso wie Landino sowohl mit scholastischen Beweisgängen innerhalb der aristotelischen Philosophie als auch als Platoniker. Von den zahlreichen scholastischen Argumenten Ficinos fanden sich bei Landino nur zwei. Sie gehörten zum Kanon:

- 'Ein' Intellekt kann nicht gleichzeitig Gegensätzliches denken, was die Menschen in ihrer Summe aber tun. Ergo. (*Th.Pl.* III 101)
- Die Konzeption des 'Einen' Intellekts nimmt dem Menschen seine artspezifische Differenz zu den Tieren. (*Th.Pl.* III 38)

Die platonische Argumentation, die bei Landino nur mit Mühe als eine solche zu erkennen war, führt Ficino natürlich souverän. Von der platonischen Position her, jedoch ohne sich selbst anzuschließen, stellt er, wie auch an anderen Stellen, die Materie als alleiniges Prinzip der Individuation in Fra-

[473] *Liber quintus decimus. Solvit quaestiones Averrois de intellectu.* (III 8-104)

ge.[474] Auch Landino unternahm einen zaghaften Versuch in diese Richtung. Die Übereinstimmung beider ist daher auch hier nur in der Intention und prinzipiellen Vorgehensweise zu sehen. Beide führen die innerscholastische Auseinandersetzung und versuchen ihre Argumentation durch platonische Gesichtspunkte zu stützen. Beide meiden auch hier wieder den Affront gegenüber der aristotelischen Philosophie, ja sogar gegenüber Averroes, der als Denker von beiden gewürdigt wird. Wenn Ficino sich auch gegenüber dem letzteren im Eifer des Gefechts zu gegenteiligen Bemerkungen hinreißen läßt[475], so beschließt er doch die Erörterung auffallend versöhnlich:

> *"Quoniam vero Themistius asserit unam fuisse Platonis, Aristotelis, Theophrasti de mente sententiam, si cupimus* ***Peripateticam hanc disputationem felici fine*** *concludere,* ***veritatem ipsam platonicam peripateticamque*** *per plures dispersam interpretes ita* ***colligamus in unum.*** *Accipiamus ab Averroe capacem intellectum esse immortalem. Accipiamus ab Alexandro capaces intellectus esse vires quasdam animabus nostris naturaliter insitas, totidem numero quot sunt animae. Concludamus hominum animas immortales esse. Atque haec est* ***conclusio Platonicorum Christianorumque*** *et* ***Arabum Theologorum priscis Peripateticis maxime consona."*** (*Th.Pl.* III 104)

---

474 *Th.Pl.* III 72: *"Sed ut cum Plotino loquamur, quidnam Platonis animam distinguit a Socratis anima?* ***Divinus ille conceptus,*** *qui vivificam animae platonicae vim primo ad talis cuiusdam temperavit caelestis corporis indumentum, perque hoc ad talem quamdam praecipue elementalis corporis complexionem gignendam regendamque accommodavit, ita et ad sua quaedam Socratis animam. Sic ergo vivificas animarum vires discrevit* ***propter materiam,*** *immo propter compositum ex materia mundani ornamenti gratia,* ***vires autem animarum earumdem intellectuales*** *discrevit ad animarum distinctionem."* Vgl. III 188: *"Multiplex profecto fit anima hominis in multis corporibus. ... Talis vero non fit ex specie sua, per quam est una, sed, ut quidam putant,* ***quodammodo ex corporibus,*** *immo* ***ex Deo animarum corporumque conciliatore."***

475 *Th.Pl.* III 8: *"Averrois, hispanus patria, lingua arabs, Aristotelis doctrinae deditus, graecae linguae ignarus, aristotelicos libros in linguam barbaram e graeca perversos potiusquam conversos legisse traditur, ut non mirum sit, si in quibusdam rebus reconditis brevissimi scriptoris mens eum latuerit. Quod illi contigisse platonicus Plethon testatur ac peritissimi quique graecorum. Et quod maximum est, adversus Averroim graeca Aristotelis verba reclamant. Ait ipse Plethon Aristotelem sine controversia censuisse hominum animos esse multos et sempiternos."* Ausdrücklich konstatiert Ficino in diesem Zusammenhang unter Berufung auf Plethon die Möglichkeit, innerhalb der Philosophie des Aristoteles die Unsterblichkeit der Seele beweisen zu können, und stellt sich damit gegen die Auffassung Bessarions. (Vgl. seine Interpretation der entsprechenden Aristoteles-Stellen *Th.Pl.* III 45 ff.) Landino folgte ihm in der generellen Einschätzung, obwohl er damit die Quelle verlassen mußte, aus der er so ausgiebig schöpfte.

Für andere Gegner hat er weniger Pardon. Die Epikureer kanzelt er ebenso ab wie Landino.[476] Die Argumentation ist vergleichbar. Sie begnügt sich mit der Bestimmung der Seele als unkörperlich. Auch viele positive Unsterblichkeitsbeweise, in der Regel von scholastisch formaler Art, ergeben sich sofort aus Bestimmungen der Seele als *"rationalis"*, *"incorporea"*, *"se ipsam semper movens"*, *"indivisibilis"*, *"simplex"*, *"forma subsistens"* und *"forma vitalis"* aufgrund ihrer Stellung als *"tertia essentia"*. Alle Überlegungen über das Wesen der Seele stehen ja im Dienste des Beweises ihrer Unsterblichkeit. Sie münden in elaboriertere Beweise, die sich aufgrund ihrer Ausführlichkeit und Ficinos eigentümlicher Methode nur mit Gewalt auf knappe Formeln bringen lassen, die sie mit Landinos Versionen vergleichbar machen.

Auch hier geht es nicht um eine erschöpfende Behandlung der ficinianischen Lösung des Unsterblichkeitsproblems, sondern um die Frage, inwieweit Landino sich für seine Darstellung Anregung bei seinem Freund holen konnte. Es zeigt sich, daß alle komplexeren Beweise Landinos in der *Theologia Platonica* ihr Pendant haben:

Selbstbewegung

Für diesen Beweis ist allerdings die Einschränkung zu machen, daß Ficino ihn auf der Grundlage seiner Ontologie führt, derzufolge der Seele, aufgrund ihrer Stellung als *"tertia essentia"*, als erster Stufe die Selbstbewegung zukommen muß. Sie ist *"multitudo"* und *"mobilitas"*, während der Engel *"multitudo"* und *"status"*, Gott aber *"unitas"* und *"status"* ist. Als *"primum in genere"* muß sie ganz von 'Beweglichkeit' durchdrungen sein.[477] Das bedeutet Selbstbewegung. Sie erhält den Impuls zur Bewegung durch die höchste Hypostase, Gott, indem sie sich ihm anzugleichen trachtet. Angleichung ist Bewegung. Da Gott ewig ist, ist auch der Impuls zur Bewegung ewig. Die

---

[476] *Th.Pl.* I 211: *"Epicure, non ita desipimus ut ignoremus non posse mortem ab aliquo suscipi, tum quia ipsa nihil est (quod non vero est, non capitur), tum quia neque viventes eam capiunt, neque defuncti: illi, quia dum vivunt, a morte absunt; isti, quia si non sunt, ut ipse putas, nihil suscipiunt, et si supersunt, ut nostri volunt, etiam absunt a morte.* ***Desistamus ludere verbis.****"*; II 76: *"Interturbabunt disputationem nostram* ***impii duo;*** *Lucretius et Epicurus, ut* ***solent, non ratione aliqua, sed clamore.****"* II 289: *"Confutavimus obiectionem primam Lucretianorum, qua dicebatur Dei cultum humanae naturae depravatione contingere. Ubi aperuit* ***Lucretianos esse potius depravatos,*** *qui naturam hominum ex eo pessimam iudicant, quod Deo optimo iungitur."*

[477] *Th.Pl.* I 133: *"Primum quod mobile tibi occuret est anima. Quicquid primo tale est in aliquo genere, per se est tale ... . Sic anima quoniam est primum mobile inter omnia quae sunt mobilia, est utique per se mobilis.*

Seele bewegt sich ewig selbst. Selbstbewegung ist Leben.[478]

Landino argumentierte mit Albertus Magnus und Bessarion in direkter Auseinandersetzung mit Aristoteles, wobei die Rechtfertigung der Möglichkeit der Selbstbewegung an sich im Vordergrund stand, während die Frage, warum der Seele die Selbstbewegung zukomme, nur am Rande behandelt wurde. Allerdings führten ihn diese Quellen zu einer Interpretation der Selbstbewegung als *"operatio"* und nicht als *"motus localis"*, was der Deutung Ficinos als *"operatio"* im Sinne einer *"formatio"* in gewisser Hinsicht vergleichbar ist. Doch fehlte auch hier wieder bei Landino der Rückgriff auf die neuplatonische Ontologie, die die *"operatio"* zur Angleichung an Gott werden läßt.[479]

Beweis der *"Corruptio animae neque per se neque per accidens "*

> *"Anima vero propter tertiae illius essentiae proprietatem mera quaedam forma est, non composita ex materia et forma, neque recubans in materia. Ideo in seipsa permanens, quicquid in se est nihil est aliud praeter formam. Ipsa igitur sua essentia non formatur per aliud quicquam, sed sui ipsius est forma, id est ipsamet et forma est. Nihil est autem quod per se a sua essentia separetur, quia nihil a seipso discedit. Omnia siquidem naturali instinctu nixuque perpetuo seipsa servant pro viribus sibique inhaerent. Igitur anima, si numquam a se disiungitur et ipsa sui forma est, numquam a sua forma disiungitur. Itaque numquam desinit esse, cum esse a forma semper hauriatur.*

---

478 *Th.Pl.* I 136: *"Similiter apud Platonicos anima rationalis perpetuo quodam lumine Deum quodammodo et angelum cogitat sive auguratur, seque ipsam appetit ad eorum similitudinem pingere, tum speculatione, tum moribus atque actione, sese paulatim formando, se movet. Motio haec ex animae ipsius natura effluit proprie, tanquam fonte proprio motionis, <id est> operationis scilicet temporalis."*

479 In diesem Zusammenhang sei nochmals die befremdliche Erklärung in Erinnerung gerufen, mit der Landino den Beweis der Selbstbewegung im I. Buch zu verdeutlichen suchte: I 33, 29-34: *"Motus autem ipsius ... id profecto initium erit, quod ipsum ex se movetur. Dices, cur non id, quod principium rerum omnium immobile est? Quia quodcumque a principio hoc infinito seiunctum est, id alio quodam modo quam illud moveatur necesse est: hoc enim praefinita circumscriptaque vi, illud autem infinita liberaque movetur. Quod si ab infinito principio moventur reliqua quae moventur, neque a suo principio degenerarent neque movendi rationem immutarent. Non igitur stabile illud, sed quod ipsum ex se movetur motus initium erit."* Vielleicht soll das Argument den folgenden Gedanken Ficinos wiedergeben: *Th.Pl.* I 134: *"... ad motorem aliquem pervenire compellimur, qui iam non moveatur ab alio. Sed motor ille qui proxime praecedit corpora quae moventur ab alio non est prorsus immobilis, longius enim distant duo haec, quod ab alio mobile, quod omnino <est> stabile. Medium eorum est quod ex se ipso <est> mutabile."*

Sua quidem sponte a se non separatur, ut diximus, sed neque etiam ab extrinseca violentia cogitur ut a seipsa secedat, quoniam quicquid extrinsecus accipit, suo quodam accipit modo." (*Th.Pl.* I 189)

Diesen Beweis führte auch Landino mehrmals an, ohne jedoch die Seele ausdrücklich als *"forma subsistens"* zu bezeichnen, wovon ihn augenscheinlich sein Verständnis der Seele im Sinne Alberts abhielt.

Die Seele als Idee (*Phaidon*)

"... ego superioribus rationibus adducor ut animam per se vitam appellem, ***vitam****, inquam,* ***naturalem formamque vitalem****. Vitae autem formaeque vitali contraria mors quodammodo dicitur, seu aliqua mortifera qualitas formae, sicut caliditati frigiditas, humiditati contraria < est > siccitas. Ea vero est contrariarum natura formarum , ut neque aliqua earum aliam capiat ..., neque substantia cui una illarum formarum est propria etiam suscipiat aliam formam suae formae contrariam, ... anima quoniam aut vita ipsa naturalis est aut vitam habet tamquam naturalem sui pedissequam, mortem, ut dixi, ipsius contrariam non admittit. Si non admittit mortem ita ferme immortalis est."* (*Th.Pl.* I 210/211)

Landino schrieb diesen, wie auch den folgenden Beweis von Bessarion ab.

Die Seele geht weder an den Übeln des Körpers noch an ihren spezifischen zugrunde.

"Hic succurrit nobis ratio illa quam affert in decimo de Republica Socrates apud Platonem, quod per nullum corporis morbum rationalis animus moriatur. 'Quo enim pacto, inquit corporis morbo peribit qui proprio morbo non deficit?' Corpus siquidem nostrum non alieno perit morbo, sed suo. Quod si cibi vitio et aeris putredine interit, non prius per hoc perit, quam ex hoc in proprium incidat morbum, quo proprie morbo dissolvitur. Ac si morbo proprio non periret, nunquam etiam alieno. Nam si non laedatur febre, insalubri cibo vel aere non laedetur. Animus autem propria labe, id est iniquitate non perit. Iniquus enim animus non minus est animus vitalis quam sit aequus." (*Th.Pl.* II 38)

"Appetitus naturalis"

Grundlage des Beweises, den Landino stark verkürzte, ist folgende:

"A primo namque rerum principio, tamquam a primo bono appetibilique, omnis naturalis ducitur appetitus. Idem primus est motor. Idem et finis est ultimus. Siquidem ad agentium ordinem ordo sequitur et

> *in finibus, quia sicut supremum agens sequentia movet agentia, ita ad finem supremi agentis referri oportet fines agentium reliquorum. Quicquid enim agit primum ipsum agens, propter finem suum agit."* (*Th.Pl.* II 247)

Dieses *"primum ipsum agens"* ist Gott. In seiner *"bonitas"* ist Anfang und Ende. Alle Menschen streben danach, sich Gott anzugleichen. Also beginnt und endet dieses Streben in Gott, denn er gibt es den Menschen ein und macht sich selbst zu ihrer Bestimmung und Ziel. Erst in Gott findet das *"naturale desiderium"* Ruhe. Dieses Ziel muß erreichbar sein, denn *'natura nihil facit frustra'*. Zu Lebzeiten ist das nur begrenzt möglich. Hindernis ist der Intellekt, der in der inkarnierten Seele Gott nicht völlig erkennen, d.h. berühren kann. Also kann sie ihre Bestimmung nur nach der Trennung vom Irdischen erfüllen. Sie muß also nach dem Tode weiterleben.

Ist auch Gott letztes Ziel des Menschen, so äußert sich der *"appetitus naturalis"* jedoch auch schon indirekt in der fehlenden Furcht vor dem Tod. Der Mensch setzt sich im Vertrauen auf die Ewigkeit schon für untergeordnete Ziele der Todesgefahr aus: um das Vaterland zu retten[480] oder um Nachruhm zu erlangen[481]. Ausdruck des auf Erden nicht zur Ruhe kommenden Strebens ist auch das Bemühen um materiellen Gewinn.[482] Die Argumentation verschmilzt mit der Vorstellung des *"consensus omnium"*, die Landino getrennt, aber mit denselben Argumenten behandelte. Auch der Hinweis, daß alle Menschen für ihre Nachkommen Sorge tragen, findet sich hier wieder.[483] Ficino geht sogar noch einen Schritt weiter und zieht in dem *"appetitus naturalis essendi"* die Parallele zu den Tieren, die

---

[480] *Th.Pl.* II 226: *"Adde quod boni publici gratia subit mortem, quod bruta non agunt, utpote qui singula haec mortalia despicit bona, communis aeternique boni firmitati confisus."*

[481] *Th.Pl.* II 261/2: *"Conatur quoque esse et semper, ut Deus. Duobus autem id quaerit modis. Primo quod per omne futurum tempus in ore hominum restare contendit ... . Non prodest laus quae non sentitur. Quapropter species humana vaticinatur se in saeculis futuris sensu non carituram, cum saepe etiam praesentem contemnat vitam ut a posteris celebretur."*

[482] *Th.Pl.* II 269: *"Imprudentes autem homines opinantes maiestatem divinam bonis insuper corporalibus perfrui, appetunt insuper corporalia et ad summum. ... Non corpori serviunt isti, sed obsunt, neque damni corporalis ignari non corpori obsequuntur, sed divinae felicitatis invidi immensam sibi illius copiam tam rerum quam voluptatum usurpare contendunt, atque ut hanc assequantur corpus suum perdunt, afflictant animum vitamque perturbant. Tandem neque prudentes, licet accedant proprius, neque imprudentes hac in vita ingentes illos quos cupiunt thesauros consequuntur, ideo hic quiescunt numquam."*

[483] *Th.Pl.* II 262: *"Posterorum quoque suorum cum in omni vita, tum in vitae calce summam habet curam, existimans ad se futura saecula pertinere* (sc. *species humana*)*."*

ihre Sehnsucht nach Ewigkeit durch die Fortpflanzung befriedigen. (*Th.Pl.* II 262 f) Dabei geht es ihm aber nur um das Prinzip. Den Eigenwert des menschlichen, geistigen Strebens will er durchaus gewahrt wissen. Spezifisch menschlich und allen Menschen gemeinsam ist die Erkenntnis und Verehrung Gottes, die Religion:

> *"Est et alter quia scilicet soli nos animantium omnium colimus Deum, soli nos Deum ... honoramus. Quod Plato in Protagora maximum esse vult* ***nostrae divinitatis indicium****, quod soli nos tanquam* ***sortis divinae participes ob cognationem quamdam*** *Deum agnoscimus et cupimus tamquam auctorem ... . Sicut enim sol sine sole non cernitur ..., ita neque Deus sine Deo cognoscitur. Sed* ***animus Deo plenus*** *tantum* ***in Deum*** *dirigitur, quantum et divino lumine illustratus* ***agnoscit*** *Deum et divino calore accensus* ***sitit*** *eumdem."* (*Th.Pl.* II 274/5)

Religiöses Empfinden ist nur aufgrund der geistigen Verwandtschaft zu Gott möglich, die dem Menschen ihrerseits die Unsterblichkeit garantiert. Auch Ficino denkt hier nicht in eng christlichem Rahmen:

> *"Cum religionem dico,* ***instinctum ipsum omnibus gentibus communem naturalemque intelligo,*** *quo ubique et semper providentia quaedam, regina mundi, cogitatur et colitur"* (*Th.Pl.* II 281),

greift aber ebenso wie Landino in diesem Zusammenhang eine Vorstellung auf, die dem Christentum überaus konform ist, auch wenn sie als allgemeinmenschliche Empfindung ein weiteres Argument des *"consensus omnium"* ist:

Ein weiteres Indiz für die Unsterblichkeit der menschlichen Seele ist die Notwendigkeit der ausgleichenden Gerechtigkeit, die allen widerfahren muß:

> *"Hominis sanctissimi probitati praemium dignum debetur. Probitas per summum habitum confirmata indelebile bonum est, ac si mille annorum milia vixerit, semper similiter aget. Praemium igitur ea dignum nullum est nisi indelebile et aeternum ... . Adde quod, si verae virtutis praemium est aeternum (Deum enim a quo tanquam principio pendet, respicit tamquam finem), sequitur ut vitii, quod deficit ab aeterno tam virtutis praemio quam vitae principio, supplicium sit sempiternum."* (*Th.Pl.* II 292/3)

Ficinos und Landinos Argumentation sind also auch innerhalb dieses Beweises weitgehend identisch, auch wenn, wie schon diese geraffte Zusammenfassung zeigt, Ficino wieder wesentlich systematischer vorgeht als Landino, der das Phänomen des *"appetitus naturalis"* nicht erklärte, sondern es als gegeben hinnahm und das Argument des *"consensus omnium"* in enger

Anlehnung an Cicero darlegte. Wie bereits angemerkt, sind diese beiden miteinander verwandten Vorstellungen von grundlegender Bedeutung für die Konzeption der *"pia philosophia"*.

Die menschliche Seele als Subjekt der ewigen Wahrheit

Zielte das vorausgehende Argument auf die *"voluntas"*, so stützt sich das folgende auf den anderen Seelenflügel, den *"intellectus"*, der das Objekt der Seele *"sub ratione veri"* erfaßt. Diese Formel interpretiert Ficino in Anlehnung an den berühmten Unsterblichkeitsbeweis des Augustinus: Der Intellekt kann nur urteilen, wenn er das Kriterium, die Wahrheit, in sich trägt. Er ist das Subjekt der Wahrheit. Die Wahrheit aber ist ewig, wie die Ratio, mit der sie erfaßt wird. Gleiches muß für den Intellekt auch gelten:

> *"Si ergo in ipsis speciebus est veritas rerum, species autem definitione comprehenditur et definitio mente, quis non videat esse in mente hominis veritatem? Quae si est immortalis, satis declarat mentem, cui inhaeret inseparabiliter, incorruptibilem esse."* (*Th.Pl.* II 142)

Das ist die Struktur des Beweises, und in dieser Kürze präsentierte ihn Landino. Ficino entwickelt ihn viel ausführlicher und zitiert lange Passagen aus der Schrift *De immortalitate animae* des Augustinus. In der *Theologia Platonica* ist der Gedanke immer praesent. Er ist eng verwoben mit der Erkenntnislehre; denn trägt die Seele die Wahrheit in sich, so ist ihre Rückwendung auf sich selbst und über sich hinaus zu Gott als Quelle der Wahrheit unabdingbar und das platonische Erkenntnismodell damit gerechtfertigt. Auch Ficino scheint froh, sich in dieser heiklen Frage hinter die Autorität des Kirchenvaters zurückziehen zu können, wie die ausführlichen Zitate beweisen. Doch bindet er die Argumentation auch hier organisch in sein System ein, während Landino den Unsterblichkeitsbeweis zwar anführte, ihn aber in der Erkenntnislehre nicht berücksichtigte.

Die *"contemplatio Dei"* durch Willen und Intellekt

Wie gezeigt, kreisen alle Argumente um die Fähigkeit der Seele zur Kontemplation Gottes, in der sie ihre Vollendung findet. Daher ist die Konzeption der *"contemplatio Dei"* weniger als einzelnes Argument, wie Landino sie benutzte, sondern vielmehr als Quintessenz der gesamten Unsterblichkeitsargumentation Ficinos zu sehen:

> *"Quamobrem sicut in nobis quodammodo caducae sunt nutriendi sentiendique natura et complexio corporalis, quae circa caduca versantur et cum caducis animalibus sunt communes, ita* ***immortalis erit contemplandi potestas quae circa immortalia versatur et cum immortalibus est communis****, quia non potest operatio eadem*

nisi ab eadem natura et potentia proficisci." (*Th.Pl.* II 46)

Das Leben nach dem Tode

Auch Ficino muß sich dem klassischen Einwand stellen, den die Gegner der Philosophie Platos gegenüber seiner Seelenlehre zu wiederholen nicht müde werden: der Mythos der Seelenwanderung stehe im Widerspruch zur christlichen Auffassung.

Ficino argumentiert ebenso zweigleisig wie Landino (und Bessarion). Er unterstreicht zunächst die unstrittigen Gemeinsamkeiten, daß die Auffassung Platos von einem Leben nach dem Tode, das der irdischen Lebensführung angemessene Belohnung oder Bestrafung bereithalte, sich in voller Übereinstimmung mit der christlichen Vorstellung von der ausgleichenden Gerechtigkeit Gottes befinde; um von diesem Fundament aus die angeblichen Differenzen zu leugnen. Plato habe die Lehre von der Seelenwanderung nicht *"suo sensu"* (*Th.Pl.* II 174) vertreten. Daß die Seelen in Tierkörper eingehen, sei allenfalls ein Bild für ihren Charakter oder aber ein Bild für die Strafen, die die schlechten Seelen nach dem Tode erwarten. (*Th.Pl.* III 170)

Das ist mutatis mutandis die Argumentation, die Landino aus Bessarion abschrieb. Interessanter aber ist die Rechtfertigung, die Landino nicht anführte. Während Ficino die Interpretationen der einzelnen platonischen Schulen diskutiert, denen die Mißdeutungen der Seelenwanderungsmythen anzulasten seien, weist er darauf hin, daß Plato in den in Frage kommenden Dialogen, mit Ausnahme der *Leges* und der *Epistolae*, die Darstellung der Seelenwanderung anderen (!) Personen in den Mund legt, sie demnach nicht als seine persönliche Meinung gelten müßte.[484] Daß Landino dieses naheliegende und durchschlagende Argument nicht benutzte, obwohl er in seinem eigenen Dialog sehr genau zwischen den Aussagen, die er in eigener Person treffen zu können glaubte, und solchen, die er nur seinen fiktiven Personen in den Mund zu legen wagte, unterschied, könnte als ein

---

484 *Th.Pl.* III 169: *"Num ergo nihil de divinis affirmat Plato? Quaedam proculdubio: Deum scilicet humana curare atque animae immortali operum praemia reddere vel supplicia. Aliud vero affirmat nihil. Paucula enim haec non in aliis modo dialogis asserit, in quibus aliae personae loquuntur, verumetiam in Legibus et in Epistolis, ubi loquitur ipse."*; III 174: *"Ex omnibus iis concludimus Platonem ea solum de rebus divinis affirmavisse, quae in Epistolis ac Legibus comprobavit. In iis autem circuitus animarum infiniti non approbantur atque ea, quae solum in caeteris tamquam Priscorum inventa recensuit, probabilia potius habuisse quam certa. Ac si quis ea etiam Platonem affirmavisse contenderit, nos quoque affirmare forsitan disputationis gratia concedemus, verum longe aliter quam verba designent, exponenda esse censebimus, quemadmodum declaratum est paulo ante tum Platonis verbis tum theologorum veterum testimoniis."*

weiteres Indiz dafür gewertet werden, daß er mit den Originaltexten nicht vertraut genug war, um entsprechend zu differenzieren.
So erhellt dieser letzte Aspekt dieser kursorischen vergleichenden Betrachtung noch einmal besonders den Unterschied zwischen den beiden Autoren im Umgang mit platonischen Gedanken. Ficino argumentiert aus seiner detailierten Kenntnis der Quellen heraus, Landino kommt zu demselben Ergebnis, indem er die Argumentation und Zusammenfassung eines Dritten übernimmt. Übereinstimmung im Resultat ist kein Indiz für eine direkte Abhängigkeit.

h) Resümee

Abschließend läßt sich festhalten, daß Landino und Ficino sowohl in ihrer Intention als auch in ihren inhaltlichen Aussagen größtenteils übereinstimmen. Beide wenden sich der Philosophie aus einem ethischen Anspruch heraus zu. Sie soll die Selbsterkenntnis ermöglichen, die den Menschen zu seiner ihm eigentümlichen Bestimmung führt. Beide wählen die (neu-)platonische Philosophie, mit der sich die in seiner Geistnatur begründete Gottesverwandtschaft des Menschen hervorheben läßt, die ihn vom Knecht Gottes zum *"alter Deus"* macht und ihm die individuelle Existenz nach dem Tod sichert. Beide bemühen sich dabei, nicht mit der philosophisch/theologischen Tradition zu brechen, indem sie die platonische Philosophie in die christliche Heilsgeschichte integrieren. Philosophie und Theologie werden in Eins gesetzt in der Konzeption der *"pia philosophia"*. Konsequenterweise sind demnach auch ihre Aussagen über das Wesen der Seele, ihren Ursprung und die Beweise ihrer Unsterblichkeit diesselben. Bei beiden begegnet auch der in seinem prinzipiellen Ansatz vergleichbare Syntheseversuch aus dem aristotelischen und dem platonischen Erkenntnismodell. Allein in der Vorstellung von der Bestimmung des Menschen ist ein Unterschied zu erkennen. Ficino sieht sie als Konsequenz seines neuplatonischen Systems in der *"contemplatio Dei"*, in der *"vita contemplativa"*, um es in den Denkkategorien Landinos zu sagen. Auch er erkennt zwar die politische und künstlerische Begabung und Tätigkeit als Ausdruck der intellektuellen Natur und Gottähnlichkeit des Menschen an, aber sie sind eher ein Nebenaspekt, der hinter dem kontemplativen Aufstieg auf den *"platonicae alae"* zurücktritt. Gerade die Kunst ist für Ficino ein Vehikel, um die Vereinigung mit Gott als dem Ursprung des Schönen zu erreichen. Bei Landino ist es genau umgekehrt; allen Bekenntnissen zur (neu-)platonischen Philosophie und Forderungen nach der Abkehr von der trügerischen Sinnenwelt zum Trotz, mißt er doch der *"vita activa"* wesentlich größere Bedeutung bei als Ficino. Diese Einschätzung mag prinzipiell durchaus ihre Berechtigung haben. Daß sie aber in der Darstellung Landinos zu Widersprüchen führt, ist die Folge des grundlegenden Unterschieds in der Methode der beiden Gelehrten. Um es noch einmal zu betonen, Ficino entwickelt auf der Grundlage der von ihm selbst erschlossenen (neu-)platonischen Quellen unter Berücksichtigung der scholastischen Tradition ein eigenständiges philosophisches System. Landino dagegen greift die Grundpositionen seines Freundes auf und versucht, sie mit Hilfe verschiedener Textvorlagen, zu denen nicht (!) die Schriften Ficinos zählen, zu formulieren. Die fehlende selbständige Aneignung dieser Philosophie trübt offensichtlich sein Gefühl für logische Widersprüche.

So steht am Ende dieses Vergleichs das auf den ersten Blick paradoxe Ergebnis, daß sich der Einfluß des führenden Florentiner Renaissance-Platonikers auf das Mitglied seiner Akademie, Cristoforo Landino, zur Entstehungszeit von *De anima* eben nicht (!) in den von ihm neu gewonnen Quellen neuplatonischen Denkens offenbart, sondern 'nur' in der Verbindung der (neu-)platonischen Weltsicht mit der Tradition.

Quellen und Literaturverzeichnis

a) Quellen

Albertus Magnus, *Opera omnia*, 38 Bde, ed. A. Borgnet, 1890-1899. Insbes.:
--, *De apprehensione*, Bd.5, 1890, 577-589.
--, *Isagoge in libros de anima*, Bd.5, 1890, 506-536 (= Alb. *Isag.*).
--, *De natura et origine animae*, Bd.9, 1891, 375-434(= Alb. *De nat. et orig. ani.*).
--, *Summa de creaturis*, Bd.34/35, 1895/1896.
--, *Summa Theologica*, Bd.31-33, 1895 (= Alb. *S.Th.*).

I. Argyropulos, Brief an den Kardinal Bessarion vom 27.10.1469, ed. K. A. Neuhausen/E. Trapp, Lateinische Humanistenbriefe zu Bessarions Schrift "In calumniatorem Platonis", 142-145, in: Jahrbuch der österreichischen Byzantinistik 28, 141-165.
--, Vorlesung zu Aristoteles, *De anima*, MS Magliabecchi V 42.

Aristoteles, *De anima*, ed. D. Ross, Oxford 1961.
--, *Ethica Nicomachea*, ed. I. Bywater, ND Oxford 1962.
--, *De generatione animalium*, ed. H. J. Drossaart Lulofs, Oxford 1965.

A. Aurelius Augustinus, *De anima et eius origine. Liber Tertius ad Vincentium Victorem*, Migne PL 44, sp. 510-524 (= Aug. *Lib. ad. Vinc.*).
--, *De civitate Dei*, 2 Bde, ed. B. Dombart/A. Kalb, Leipzig 1929, ND Darmstadt 1981 (= Aug. *Civ. Dei*)
--, *De origine animae hominis liber, seu epistola CLXVI ad Hieronymum*, Migne PL 33, sp. 720-733 (= Aug. *Ep. ad Hier.*).
Pseudo-Augustinus, *De spiritu et anima*, Migne PL 40, sp. 779-832 (= *De spirit. et ani.*).

Avicenna Latinus, *Liber de anima seu sextus de naturalibus*, 2 Bde, ed. S. van Riet, intr. G. Verbeke, Leiden 1972/1968 (= Avicenna, *De ani.*).

Gentile Becchi, *Poesie Latine*, ed. B. Maracchi Biagiarelli/D. E. Rhodes, Florenz 1973.

Johannes Bessarion, *In calumniatorem Platonis libri IV*, ed. L. Mohler, Paderborn 1924 (= Bess. *In cal. Plat.*).

M. Tullius Cicero, *Tusculanae disputationes*, ed. M. Pohlenz, Stuttgart 1918, ^{3}1982.
--, *De inventione*, ed. E. Stroebel, Leipzig 1915.

--, *De officiis*, introduction, analysis and commentary by H. A. Holden, Amsterdam 1966.
--, *De oratore,* ed. K. Kumaniecki, Leipzig 1969.
--, *De re publica*, ed. K. Ziegler, Leipzig 1969.

Marsilio Ficino, *Opera omnia*, Basel 1573, ND Turin 1959 (= Fic. *Op. om.*).
--, *De amore*, Über die Liebe oder Platons Gastmahl, Herausgegeben und eingeleitet von P. R. Blum, übersetzt von K. P. Hasse, Hamburg 1984 (1. Aufl. der Übersetzung von K. P. Hasse, 1914).
--, *Theologia Platonica seu de immortalitate animorum*, 3 Bde, ed. et. trad. R. Marcel, Paris 1964-70 (= Fic. *Th.Pl.*).
--, *Lettere I, Epistolarum familiarum liber I*, ed. S. Gentile, Florenz 1990 (= Fic. *Lettere I*).

Cristoforo Landino, *De anima libri III*, Buch I ed. A. Paoli/G. Gentile, Annali delle Università Toscane 34 (1915); Buch II ed. A. Paoli/G. Gentile, Annali delle Università Toscane NS 1, fasc. 2 (1916); Buch III ed. G. Gentile, Annali delle Università Toscane NS 2, fasc. 3 (1917).
--, *Carmina omnia*, ed. A. Perosa, Florenz 1939 (=Land. *Carm.*).
--, *Disputationes Camaldulenses*, ed. P. Lohe, Florenz 1980 (= Land. *Disp. Cam.*).
--, *De vera nobilitate*, ed. M. Lentzen, Genf 1970 (= Land. *De vera nob.*) und ed. M. T. Liaci, Florenz 1970.
--, Reden und Briefe, ed. M. Lentzen, München 1974 (=Land. Reden)
--, Scritti critici e teorici, 2 Bde, Bd.I: Text, Bd.II: Kommentar, Rom 1974 (= Cardini, Scritti). Folgende Werke sind in dieser Edition enthalten:
- *Clarissimi viri Christophori Landini Praefatio in Virgilio habita in Gymnasio Florentino,* I 17-28.
- *Orazione fatta per Cristofano da Pratovecchio quando cominciò a leggere i sonetti di Messere Francesco Petrarca in Studio,* I 29-40.
- *Orazione fatta per Messere Cristoforo Landino quando cominciò a leggere la Divina Commedia di Dante in Studio,* I 41-55.
- *Proemi ai libri III e IV delle Disputationes Camaldulenses,* I 56-76.
- *Proemio alla Istoria Naturale di C. Plinio secondo tradotta di lingua latina in fiorentina per Cristoforo Landino,* I 77-94.

- *Proemio al Commento Dantesco*, I 95-164.
- *Orazione di Messere Cristoforo Landino Fiorentino avuta alla illustrissima Signoria Fiorentina quando presentò el Comento suo di Dante*, I 165-174.
- *Proemio al formulario di epistole*, I 175-182.
- *Proemio di Cristoforo Landino Fiorentino nella traduzione di latino in lingua fiorentina della Sforziada di G. Simoneta*, I 183-191.
- *Prohemium* zu *Christophori Landini Florentini in Q. Horatii Flacci libros omnes ad illustrissimum G. Feltrium Magni Federici Ducis filium interpretationes*, I 193-202.
- *Christophori Landini Florentini in P. Vergilii Interpretationes Prohemium ad Petrum Medicem Magni Laurentii Filium*, I 203-225.
- *Christophori Landini Florentini ad Petrum Medicem Laurentii Filium in P. Vergilii Interpretationes Prohemium*, I 226-233.

Gesondert zitiert wird:

--, *Christophori Landini viri clarissimi praefatio in Tusculanis Ciceronis habita in Gymnasio Florentino,* ed. Card. Scritti, 1-16 (= Land. *Praef.*).

A. Theodosius Macrobius, *Commentarii in somnium Scipionis*, ed. J. Willis, Leipzig 1963 (= Macr. *Comm.*).

Carlo Marsuppini, *Una consolatoria inedita*, ed. P. G. Ricci, in: Rinascita III (1940), 363-433.

Giovanni Pico della Mirandola, *De dignitate hominis*. Über die Würde des Menschen, hrsg. und eingel. v. A. Buck, übers. von W. Baumgarten, Hamburg 1990 (= Pico, *De dignitate*)

Nemesios von Emesa, *De natura hominis,* Traduction de Burgundio de Pise, ed. et intr. G. Verbeke/J. R. Moncho, Leiden 1975 (= Nem. *De nat. hom.*).

Francesco Petrarca, *De sui ipsius et multorum ignorantia*, ed. L. M. Capelli, Paris 1906 (= Petr. *De ignorantia*).

--, *Rerum memorandarum libri*, ed. G. Billanovich, Florenz 1943.

--, *Prose*, ed. G. Martellotti/P. G. Ricci/E. Carrara, Mailand/Neapel 1955. (= Petr. *Prose*).

Plato, *Opera omnia*, 5 Bde, ed. J. Burnet, Oxford 1959-1962.

Thomas von Aquin, *Summa contra gentiles*, ed. C. Pera, O.P./D .P. Marc, O.S.B./ D. P. Caramello, 3 Bde., Marietti Ed. Ltd. 1961/1967 (= Thom. *S.G.*).

--, *Summa Theologica*, ed. P. Caramello, 3 Bde., Marietti Ed. Ltd. 1952-1962 (= Thom. *S.Th.*).

Nicolai Tignosi, N. Tignosi Fulginatis in libros Aristotelis de Anima Commentarii. Ex Biblioteca Medicea 1551, Plut. XLVIII 37.

b) Sekundärliteratur

M. J. B. Allen, Marsilio Ficino and the Charioteer, Berkeley 1981 (= Allen, Charioteer).

F. Bandini, Specimen Literaturae Florentinae Saec. XV. in quo dum Cristofori Landini Gesta enarrantur virorum ea aetate doctissimorum in literariam rem publicam merita status gymnasii Florentini a Landino instaurati et acta Academiae Platonicae a Magno Cosma excitatae cui idem praeerat, recensentur et illustrantur, 2 Bde, Florenz 1747-51 (= Bandini, Specimen).

E. Berti, La dottrina platonica delle idee nel pensiero di Niccolò Tignosi da Foligno, in: Filosofia e cultura in Umbria tra Medioevo e Rinascimento, Perugia 1967, 535-565 (= Berti, La dottrina platonica).

V. Brown, Giovanni Argiropulo on the agent intellect: an edition on MS Magliabecchi V 42, ff. 224-228v, in: Essays in Honour of Anton Ch. Pegis, ed. J. R. O'Donnell, Toronto 1974, 160-175 (= Brown, Argiropulo).

W. Blum, Georgius Gemistus Pletho. Politik, Philosophie und Rhetorik im spätbyzantinischen Reich (1355-1452), übers. u. erl. von Wilhelm Blum, Stuttgart 1988 (= Blum (Ed.), Plethon, Politik, Philosophie und Rhetorik).

G. Brucker, Renaissance Florence, ^{2}1983 (zitiert wird nach der dt. Erstausgabe, Florenz in der Renaissance, Hamburg 1990 = Brucker, Florenz).

A. Buck, Democritus ridens et Heraclitus flens, in: Wort und Text. Festschrift für Fritz Schalk, Frankfurt 1963, 167-186 (= Buck, Democritus et Heraclitus).

J. Burckhardt, Die Kultur der Renaissance in Italien, ed. K. Hoffmann, Stuttgart 1985 (Nachdruck der Erstausgabe).

G. Cammelli, I dotti bizantini e le origini dell' umanesimo, 3 Bde, Florenz 1941-1954 (= Cammelli, Dotti bizantini).

S. I. Camporeale, Giovanni Caroli e le 'Vitae Fratrum S. Maria Novellae'. Humanesimo e crisi religiosa (1460-1480), in: Memorie Domenicane, n.s. 12 (1981), 141-267 (= Camporeale, Caroli).

A. T. Canavero, S. Agostino nella teologia platonica di M. Ficino, in: RFNS 70 (1978), 626-646 (= Canavero, S. Agostino).

S. Caramella, L'anima nell' umanesimo e nel rinascimento, ed. M. F. Sciacca, Brescia 1954 (= Caramella, L'anima).

C. Carbonara, Il secolo XV, Mailand 1943.

R. Cardini, La critica del Landino, Florenz 1973 (=Cardini, La Critica)

E. Cassirer, Das Erkenntnisproblem in der Philosophie und Wissenschaft der neueren Zeit, Bd.1, Berlin 1911, ND Darmstadt 1971 (= Cassirer, Erkenntnisproblem)

--, Individuum und Kosmos in der Philosophie der Renaissance, Berlin 1927, ND Darmstadt [5]1971 (= Cassirer, Individuum).

A. B. Collins, The Secular is Sacred: Platonism and Thomism in M. Ficino's Platonic Theology, Den Haag 1974 (= Collins, The Secular).

F. Copleston, S.J., A History of Philosophy, 9 Bde., Westminster 1946-1974 (zitiert wird nach Image Edition New York 1985 = Copleston, Philosophy).

F. Creuzer, Skizze der Philosophie Plotins, übers. von C. Zintzen, in: Die Philosophie des Neuplatonismus, ed. C. Zintzen, Darmstadt 1977, 3-13 (= Creuzer, Skizze).

B. Croce, Giovanni Brancati: Uno sconosciuto umanista quattrocentesco, in: Quaderni della Critica X (1948), 16-37 (= Croce, Brancati).

F. Cumont, Plotin, in: Die Philosophie des Neuplatonismus, ed. C. Zintzen, Darmstadt 1977, 14-37 (= Cumont, Plotin).

A. Della Torre, Storia dell' Accademia Platonica di Firenze, Florenz 1902, ND Turin 1960 (= Della Torre, Accademia Platonica).

O. Dittrich, Geschichte der Ethik. Die Systeme der Moral vom Altertum bis zur Gegenwart, Bd. III, Mittelalter und Kirchenreformation, Leipzig 1936, ND Aalen 1964 (= Dittrich, Ethik).

H. Dörrie, Porphyrios' "Symmikta Zetemata", Monographien zur Klassischen Altertums-Wissenschaft, Heft 20, München 1959 (= Dörrie, Symmikta Zetemata).

G. di Napoli, Il Cardinale Bessarione nella controversia tra Platonici ed Aristotelici, in: Miscellanea Francescana 73 (1973), 327-350 (= Di Napoli, Bessarione).

--, L'immortalità dell' anima nel Rinascimento, Turin 1963 (= Di Napoli, L'immortalità).

A. Field, Cristoforo Landino's First Lectures on Dante, in: Renaissance Quarterly 39 (1986), 16-48 (= Field, Lectures).

--, A Manuscript of Landino's First Lectures on Vergil, in: Renaissance Quarterly 31 (1978) 17 ff (= Field, Manuscript).

--, The Origins of the Platonic Academy of Florence, Princeton New Jersey 1988 (= Field, Origins).

R. Fubini, Ficino e i Medici all' avvento di Lorenzo il Magnifico, in Rinascimento S.II, 24 (1984), 3-52 (= Fubini, Ficino).

E. Garin, La "dignitas hominis" e la letteratura Patristica, in: Rinascita I (1938), 102-146 (= Garin, La "Dignitas hominis").

--, 'Ἐντελέχεια e ἐνδελέχεια nelle discussioni umanistiche, in: Athene e Roma, Ser. III 5 (1937), 177-187 (= Garin, 'Ἐντελέχεια e ἐνδελέχεια).

--, Medioevo e Rinascimento, Bari 1954 (= Garin, Medioevo).

--, La cultura filosofica del Rinascimento Italiano. Ricerche e documenti, Florenz 1961 (= Garin, Cultura).

--, (Ed.) Testi inediti e rari di Cristoforo Landino e Francesco Filelfo, Florenz 1949 (= Garin, Testi inediti).

D. J. Geanakoplos, The Italian Renaissance and Byzantium: The career of the Greek humanist professor John Argyropoulos in Florence and Rome, in: Conspectus of History 1 (1974), 12-28 (= Geanakoplos, Italian Renaissance)

E. Gilson, History of Christian Philosophy in the Middle Ages, New York ^{2}1980 (= Gilson, Christian Philosophy).

--, Marsile Ficin et le Contra Gentiles, in: Archives d'Histoire Doctrinale et Littéraire du Moyen Age (1951), 101-113 (= Gilson, Ficin).

--/G. Böhner, Die Geschichte der christlichen Philosophie, 3 Bde, Paderborn 1937 (=Gilson/Böhner, Christliche Philosophie).

J. Gross, Geschichte des Erbsündedogmas, Bd. III: Entwicklungsgeschichte des Erbsündedogmas im Zeitalter der Scholastik (12. - 15. Jh.),

München/Basel 1971 (= Gross, Erbsündedogma).

J. Gredt O.S.B., Elementa Philosophiae Aristotelico-Thomisticae, 2 Bde, Freiburg 1921/22 (= Gredt, Elementa).

D. Guitiérrez O.S.A., La biblioteca di Santo Spirito in Firenze nella metà del secolo XV, in: Analecta Augustiniana 25 (1962), 5-88. (= Guitiérrez, Biblioteca di Santo Spirito).

C. J. Hefele/Dom H. Leclercq, Histoire des Conciles d'après les Documents Originaux, Bd. VI, Paris 1915 (= Hefele/Leclercq, Histoire).

R. Heinze, Vergils epische Technik, Leipzig ^{2}1908, ND Darmstadt/Berlin 1957(= Heinze, Epische Technik).

K. Heitmann, Fortuna und Virtus: eine Studie zu Petrarcas Lebensweisheit (Studi italiani I), Köln/Graz 1958 (= Heitmann, Fortuna und Virtus).

M. Heitzmann, L'agostinismo avicennizzante e il punto di partenza della filosofia di Marsilio Ficino, in: Giornale critico della filosofia italiana XVI (1935), 295-322; 460-480; XVII (1936), 1-11 (= Heitzmann, L'agostinismo avicennizzante).

N. Kretzmann/A. Kenny/J. Pinborg (Eds.), The Cambridge History of Later Medieval Philosophy, Cambridge 1982, ND 1984.

P. O. Kristeller, Ficino and the Roman Curia, in: "Humanistica Lovaniensia" 34 A (1985), 83-98.

--, Marsilio Ficino as a Beginning Student of Plato, in: Scriptorium XX (1967), 41-54 (= Kristeller, Beginning Student).

--, Humanismus und Renaissance, 2 Bde, München 1974 (zitiert nach UTB, 2 Bde, München 1980 = Kristeller, Humanismus).

--, Platonismo bizantino e fiorentino e la controversia su Platone e Aristotele, in: Venezia e l'oriente fra tardo Medioevo e Rinascimento, Florenz 1966, 103-116 (= Kristeller, Platonismo bizantino).

--, Eight Philosophers of the Italian Renaissance, Stanford 1964 (=Kristeller, Eight Philosophers).

--, Die Philosophie des Marsilio Ficino, Frankfurt a. M. 1972 (=Kristeller, Philosophie).

--, Pier Candido Decembrio and his Unpublished Treatise on the Immortality of the Soul, in: The Classical Tradition: Literary and Historical Studies in Honour of Harry Caplan, Ithaca 1966, 536-558 (= Kristeller, P. C. Decembrio).

--, Supplementum Ficinianum, 2 Bde, Florenz 1937, ND 1973 (= Kristeller, Suppl. Fic.).

--, Studies in Renaissance Thought and Letters, 2 Bde, Rom 1985 (= Kristeller, Renaissance Thought).

--, Le Thomisme e la pensée italienne de la Renaissance, Montreal and Paris 1967 (= Kristeller, Le Thomisme).

H. Kurfess, Zur Geschichte der Erklärung der aristotelischen Lehre vom sog. ΝΟΥΣ ΠΟΙΗΤΙΚΟΣ und ΠΑΘΗΤΙΚΟΣ, Tübingen 1911 (= Kurfess, ΝΟΥΣ ΠΟΙΗΤΙΚΟΣ und ΠΑΘΗΤΙΚΟΣ).

L. Labowsky, Bessarion Studies 1-5, in: Medieval and Renaissance Studies 5 (1961), 108-162; 6 (1962), 173-205 (= Labowsky, Bessarion Studies).

M. Lentzen, Cristoforo Landinos Antrittsvorlesung im Studio Fiorentino, in: Romanische Forschungen 81 (1969), 60 ff.

--, Studien zur Dante-Exegese Cristoforo Landinos. Mit einem Anhang unveröffentlichter Briefe und Reden, Köln/Wien 1971 (= Lentzen, Studien).

--, Zum gegenwärtigen Stand der Landino-Forschung, in: Wolfenbütteler Renaissance Mitteilungen V (1981), 95-100.

--, Zu Problematik von "vita activa" und "vita contemplativa" in den Disputationes Camaldulenses von Cristoforo Landino, in: Wolfenbütteler Renaissance Mitteilungen XIV (1990), 57-64.

A. K. Lloyd, Primum in genere: The Philosophical background, in: Diotima 4 (1976), 32-36 (=Lloyd, Primum in genere).

E. P. Mahoney, Sense, Intellect and Imagination, in: The Cambridge History of Later Medieval Philosophy, ed. N. Kretzmann/A. Kenny/J. Pinborg, Cambridge 1982, ND 1984, 602-622 (= Mahoney, Sense)

R. Marcel, Marsile Ficin (1433-1499), Paris Diss. 1958 (=Marcel, Ficine).

D. Marsh, The Quattrocento Dialogue: Classical Tradition and Humanist Innovation, Cambridge (Mass.) und London 1980 (= Marsh, Quattrocento Dialogue).

F. Masai, Pléthon et le Platonisme de Mistra, Paris 1956 (= Masai, Pléthon).

Miscellanea Francescana 73 (1973), 249-386, Il Card. Bessarione nel V centenario della morte (1472-1972) (= Miscellanea Francescana 73).

W. Mönch, Die italienische Platonrenaissance und ihre Bedeutung für Frankreichs Literatur und Geistesgeschichte (1450-1550), Berlin 1936 (= Mönch, Platonrenaissance)

L. Mohler, Kardinal Bessarion als Theologe, Humanist und Staatsmann, 3 Bde, Paderborn 1923-1942 (= Mohler, Bessarion).

B. Nardi, Anima e corpo nel pensiero di S. Tommaso in: GCFI X (1942), 50-75 (= Nardi, Anima)

K. A. Neuhausen/E. Trapp, Lateinische Humanistenbriefe zu Bessarions Schrift "In calumniatorem Platonis", in: Jahrbuch der österreichischen Byzantinistik 28, 141-165.

E. Norden, P. Vergilius Maro - Aeneis Buch VI, Darmstadt [8]1984 (= Norden, Aeneis Buch VI).

S. Orlandi, O.P., La Biblioteca di S. Maria Novella in Firenze dal sec. XIV al sec. XIX, Florenz 1952 (=Orlandi, Biblioteca di S. Maria Novella).

--, "Necrologio" di S. Maria Novella, 2 Bde, Florenz 1955 (= Orlandi, Necrologio).

K. Park, The organic soul, in: The Cambridge History of Renaissance Philosophy (Ed. Schmitt), Cambridge 1988, 464-484 (= Park, The organic soul).

M. Pohlenz, Die Stoa, 2 Bde, Göttingen [3]1964.

F. Purnell, Jr., The Theme of Philosophic Concord and the Sources of Ficino's Platonism, in: Marsilio Ficino e il ritorno di Platone. Studi e documenti, ed. G. C. Garfagnini, Florenz 1986, 401-415 (= Purnell, Philosophic Concord).

E. Rice, The Renaissance Idea of Wisdom, Cambridge 1958 (= Rice, Wisdom).

U. Rombach, Vita activa und vita contemplativa bei Cristoforo Landino, Diss. Stuttgart 1991 (= Rombach, Vita activa und vita contemplativa).

N. Rubinstein, The Government of Florence under the Medici (1434 to 1494), Oxford 1966 (= Rubinstein, The Government).

G. Saitta, Il pensiero italiano nel' umanesimo e nel Rinascimento, 3 Bde, Bologna 1949-1951 (= Saitta, L'umanesimo).

M. Santoro, Fortuna, ragione e prudenza nella civiltà letteraria del 500', Neapel 1967 (= Santoro, Fortuna).

Ch. Schmitt (Gen. Ed.), The Cambridge History of Renaissance Philosophy, Cambridge 1988.

A. Schneider, Die Psychologie Alberts des Großen, Münster 1903 (= Albert, Psychologie).

J. E. Seigel, The teaching of J. Argyropoulos, in: Action and Conviction in Early Modern Europe. Essays in Memory of E. H. Harbison, ed. T. K. Rabb/J. E. Seigel, Princeton 1969, 237-260 (= Seigel, Teaching).

M. Sensi, Niccolò Tignosi da Foligno. L' opera e il pensiero, in: Annali della Facoltà di lettere e filosofia IX (1971), 359-495 (= Sensi, Niccolò Tignosi).

E. Skard, RE Suppl. VII (1940), sp. 561-566, s.v. 'Nemesios von Emesa'.

N. H. Steneck, Albert the Great on the Classification of internal senses, in Isis 65 (1974), 193-201 (= Steneck, Albert the Great).

C. L. Stinger, Humanism and the Church Fathers. Ambrogio Traversari (1386-1439) and Christian Antiquity in the Italian Renaissance, Albany 1977 (= Stinger, Traversari).

B. Tambrun-Krasker, Georges G. Pléthon, Traité des vertus, Edit. crit. avec Intr., Trad. et Comm., Athen/Leiden 1987 (= Tambrun-Krasker, Traité des vertus).

L. Thorndike, Science and Thought in the 15th. Century, New York und London, 1967 (= Thorndike, Science and Thought).

Ch. Trinkaus, In our Image and Likeness: Humanity and Divinity in Italian Humanistic Thought, 2 Bde, 1970 (= Trinkaus, Image).

F. Überweg, Grundriß der Geschichte der Philosophie, Bd. 2: Die patristische und scholastische Philosophie, ed. B. Geyer, ^{11}1927, ND Darmstadt 1961 (= Überweg, Grundriß)

J. B. Wadsworth, Landino's Disputationes Camaldulenses, Ficino's de Felicitate and l'Altercazione of Lorenzo de' Medici, Modern Philology L (1952), 23-31 (= Wadsworth, Landino's Disputationes Camaldulenses).

J. H. Waszink, Q. S. F. Tertulliani de anima, ed. with Intr. and Comm., Amsterdam 1947 (= Waszink, Tertullian).

E. Wolf, Cristoforo Landino, Camaldulensische Gespräche, Buch I und II eingel. u. übers., Jena 1927 (= Wolf, Cristoforo Landino).

C. M. Woodhouse, George Gemisthos Plethon. The Last of the Hellenes, Oxford 1986 (= Woodhouse, Plethon).

R. Weiss, C. Landino. Das Metaphorische in den *Disputationes Camaldulenses*, München 1981 (= Weiss, Das Metaphorische).

C. Zintzen, Zur Aeneis-Interpretation des Cristoforo Landino, M.Lat. Jb. 20 (1985), 193 ff. (= Zintzen, Aeneis-Interpretation).

--, Bemerkungen zur Nachwirkung des Macrobius in Mittelalter und Renaissance, in: Roma Renascens, Festschr. f. I. Opelt, Ed. M. Wissemann, Frankfurt 1988, 415-439 (= Zintzen, Bemerkungen)

--, Grundlagen und Eigenarten des Florentiner Renaissance Humanismus, Abhandlungen der Mainzer Akad. der Wissenschaften und der Literatur, geistes- und sozialwiss. Klasse 15, Wiesbaden 1989 (= Zintzen, Grundlagen).

--, Die Inspiration des Dichters. Ein Brief Ficinos aus dem Jahre 1457, in: Pratum Saraviense. Festgabe f. P. Steinmetz, Palingenesia 30 (1990), 189 ff (= Zintzen, Inspiration).

--, (Ed.), Die Philosophie des Neuplatonismus, Darmstadt 1977 (= Zintzen, Neuplatonismus).

--, Römisches und Neuplatonisches bei Macrobius. Bemerkungen zur πολιτικὴ ἀρετή im Comm. in Somn. Scip. I 8, in: Palingenesia 4 (1969), 357-376 (= Zintzen, Römisches und Neuplatonisches).

G. Zippel, Carlo Marsuppini da Arezzo, 1897, in: Storia e Cultura del Rinascimento, Padua 1979, 198-214 (= Zippel, Carlo Marsuppini).

Stellenregister

Personen- und Sachregister